Crime Prediction Using Big Data

빅데이터를 활용한 범죄 예측

머신러닝을 중심으로

송주영 · 송태민 지음

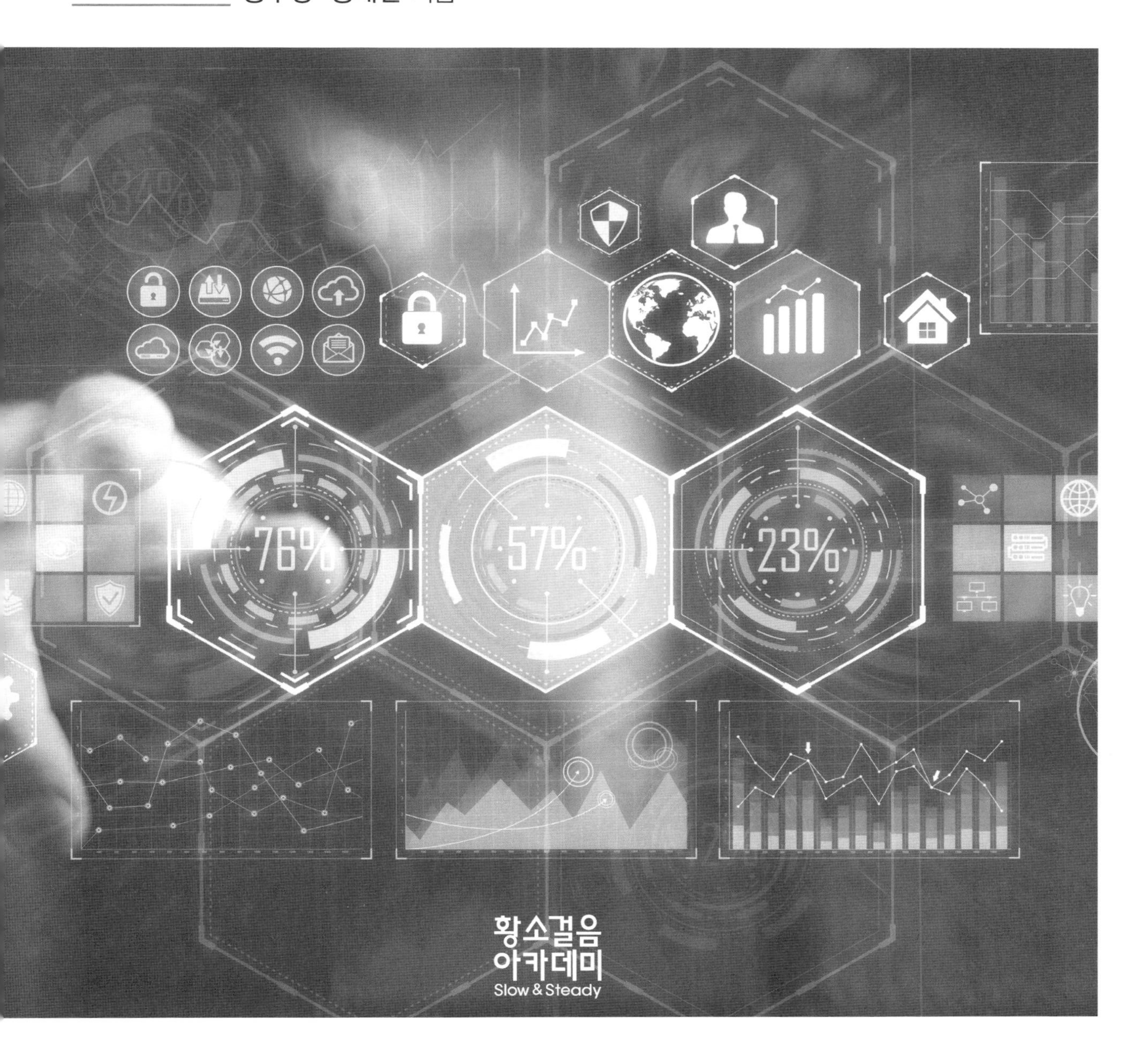

빅데이터를 활용한 범죄 예측

펴낸날 | 2018년 1월 30일 초판 1쇄
지은이 | 송주영 · 송태민
만들어 펴낸이 | 정우진 강진영
펴낸곳 | 서울시 마포구 토정로 222 한국출판콘텐츠센터 420호
편집부 | (02) 3272-8863
영업부 | (02) 3272-8865
팩　스 | (02) 717-7725
홈페이지 | www.bullsbook.co.kr
이메일 | bullsbook@hanmail.net
등　록 | 제22-243호(2000년 9월 18일)

황소걸음
아카데미
Slow & Steady

ISBN 979-11-86821-17-6 93310

교재 검토용 도서의 증정을 원하시는 교수님은
출판사 홈페이지에 글을 남겨 주시면 검토 후 책을 보내드리겠습니다.

이 도서의 국립중앙도서관 출판시도서목록(CIP)은 서지정보유통지원시스템 홈페이지(http://seoji.nl.go.kr)와
국가자료공동목록시스템(http://www.nl.go.kr/kolisnet)에서 이용하실 수 있습니다.
(CIP제어번호: CIP2018002269)

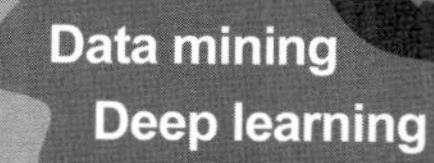

머리말

현대사회의 범죄 현상은 과거에 비해 보다 복잡하고 다양한 형태로 나타나고 있다. 따라서 범죄 현상을 예측하고 분석하는 방법도 다양하다. 특히 인공지능(AI), 사물인터넷(IoT), 빅데이터(Big Data), 모바일(mobile) 등 첨단 정보통신기술이 경제·사회 전반에 융합되어 혁신적인 변화가 나타나는 4차 산업혁명 시대의 범죄 예측은 과거에 비해 복잡하고 다양한 방법을 요구하고 있다. 인공지능은 인간의 지능으로 할 수 있는 사고나 학습 등을 컴퓨터가 할 수 있도록 하는 방법을 연구하는 정보기술을 말하며 이는 머신러닝을 통해서 학습할 수 있다. 머신러닝은 과거의 데이터를 통해 학습한 후, 학습을 통하여 발견된 속성을 기반으로 새로운 데이터에 대해 예측을 하는 것이다.

그동안은 범죄 현상을 예측하기 위해 기존의 이론을 바탕으로 연구자가 결정한 모형에 근거하여 표본을 분석하는 방법을 대부분 활용하였다. 이는 표본에 근거한 제한된 결과만을 알 수 있었을 뿐, 다양한 변인 간의 관계를 파악하는 데는 한계가 있었다. 그러나 머신러닝은 모집단인 빅데이터를 학습하고 모형을 개발하여 예측하기 때문에 복잡하고 다양한 범죄 현상을 보다 정확하게 예측할 수 있다. 머신러닝이 범죄를 정확히 예측하기 위해서는 양질의 학습데이터의 확보가 필요하고, 양질의 데이터로 학습한 머신러닝이 우수한 범죄 예측 인공지능을 개발할 수 있다. 따라서 머신러닝이 학습할 수 있는 양질의 데이터를 생산하고 데이터에 적합한 머신러닝 알고리즘을 찾아 모델링하는 범죄학자(범죄 데이터 사이언티스트)로서의 역할은 매우 중요하다. 다양한 범죄 현상에 대한 미래 예측은 과거의 기억과 현재의 경험으로 다음에 일어날 일을 예측하는 것으로 광범위한 분야에서 미래의 상황을 과학적으로 예측하는 것이다. 최근 소셜미디어의 확산으로 온라인상에 남긴, 정치·경제·문화 등에 대한 메시지가 그 시대의 감성과 정서를 파악할 수 있는 원천으로 등장하고 있다. 따라서 SNS를 비롯한 온라인 채널에서 생산되는 텍스트 형태의 비정형 데이터를 수집·분석하여 미래를 예측하는 방법은 우리 사회의 실제 현상을 반영하는 것이기에 정보로서 매우 높은 가치를 가지고 있다.

저자들은 그동안 범죄를 예측하여 선제적으로 대응하기 위해 정형화된 빅데이터와 소셜 빅데이터를 활용한 연구를 추진하였고, 이 책 역시 연구의 결과로, 실제로 빅데이터를 활용한 범죄 예측 모형을 개발하고 활용하기 위해 빅데이터의 수집부터 분석과 고찰에 이르는 전체 연구 과정을 자세히 담았다. 특히 온라인 문서에서 유용한 정보를 추출하는 텍스트 마이닝, 문서에 담긴 감정을 분석하는 오피니언 마이닝, 범죄 예측을 위한 머신러닝과 시각화 분석과정 등을 깊이 있게 다루었다.

이러한 점에서 이 책은 몇 가지 특징을 지닌다.

첫째, 이 책에 수록된 대부분의 머신러닝 연구 사례는 청소년 비행(범죄) 등과 관련한 온라인 문서를 대상으로 분석하였다.

둘째, 이 책에 수록된 머신러닝 연구 사례의 모든 분석에는 기본적으로 오픈소스 프로그램인 R을 사용하였다.

셋째, 기본적인 통계 지식을 지닌 독자라면 누구나 쉽게 따라할 수 있도록 연구 단계별로 본문을 구성하고 상세히 기술하였다.

이 책의 내용을 소개하면 다음과 같다.

1부에서는 소셜 빅데이터의 이론적 배경과 함께 소셜 빅데이터를 분석하기 위한 다양한 연구방법론을 설명하였다. 1장에는 사이버 학교폭력의 위험을 예측하기 위해 소셜 빅데이터 분석 방법과 수집 및 분류 방법, 미래신호 예측 방법론 등에 대해 상세히 기술하였다. 2장에는 빅데이터 분석 프로그램인 R의 설치 및 활용 방법을 소개하고, 빅데이터 분석을 위해 데이터 사이언티스트가 습득해야 할 과학적 연구방법에 관해 기술하였다. 3장에는 머신러닝의 이론과 머신러닝 알고리즘인 나이브 베이즈 분류모형, 로지스틱 회귀모형, 랜덤포레스트 모형, 의사결정나무 모형, 신경망 모형, 서포트벡터머신 모형과 연관분석, 군집분석, 모형 평가, 그리고 시각화 등을 적용하여 예측모형을 개발하는 전 과정을 기술하였다.

2부에서는 국내의 온라인 뉴스 사이트, 블로그, 카페, 트위터, 게시판 등에서 소셜 빅데이터를 수집하고 분석한 연구 사례를 기술하였다. 4장에는 '머신러닝을 활용한 한국의 섹스팅 위험 예측' 연구 사례를 기술하였다. 5장에는 '머신러닝을 활용한 한국 소년범의 범죄 지속 위험 예측모형 개발' 연구 사례를 기술하였다. 6장에는 '머신러닝 기반 의약품 부작용과 마약 위험 예측모형 개발' 연구 사례를 기술하였다.

이 책에 기술된 모든 연구는 해외 학회지 등에 게재하기 위해 작성된 논문으로, 구체적인 분석 내용들은 저자들의 의견임을 밝힌다.

이 책을 저술하는 데는 많은 주변 분들의 도움이 컸다. 먼저 본서의 출간을 가능하게 해주신 도서출판 황소걸음에게 감사의 인사를 드린다. 그리고 책의 집필 과정에 참고한 서적과 논문의 저자들에게도 감사를 드린다.

끝으로 빅데이터 분석을 통하여 급속히 변화하는 사회현상을 예측하고 창조적인 결과물을 이끌어내고자 하는 모든 분들에게 이 책이 실질적인 도움이 되기를 바란다. 나아가 미래 범죄학자들이 머신러닝을 활용한 빅데이터 분석을 통하여 관련 분야에서의 학문적 발전에 일조할 수 있기를 진심으로 희망한다.

2018년 1월

송주영·송태민 드림

차례

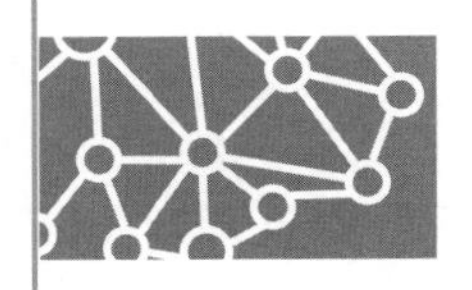

1부 ___ 빅데이터 분석방법론

1장 소셜 빅데이터 분석과 활용 방안

1. 서론 13
2. 소셜 빅데이터 분석방법 18
   2.1 사이버 학교폭력 소셜 빅데이터 주제분석(text mining) 20
   2.2 사이버 학교폭력 소셜 빅데이터 감성분석(opinion mining) 22
   2.3 사이버 학교폭력 미래신호 예측방법론 25
3. 소셜 빅데이터 기반 사이버 학교폭력 미래신호 탐색 및 예측 26
   3.1 사이버 학교폭력 미래신호 탐색 27
   3.2 사이버 학교폭력 미래신호 예측 37
4. 결론 및 고찰 42

2장 소셜 빅데이터 분석방법론

1. R의 설치와 활용 49
   1.1 R 설치 50
   1.2 R 활용 55
      1) 패키지 설치 및 로딩 55
      2) 값의 할당 및 연산 57
      3) R의 기본 데이터형 59
      4) R의 자료구조 60
      5) R의 함수 사용 63
      6) R 기본 프로그램(조건문과 반복문) 65
      7) R 데이터 프레임의 변수 이용방법 67
      8) R 데이터 프레임 작성 68

9) 변수 및 관찰치 선택 76
10) R의 주요 GUI(Graphic User Interface) 메뉴 활용 78
2. 과학적 연구설계 82
2.1 연구의 개념 83
2.2 변수 측정 83
1) 척도 83
2) 변수 84
2.3 분석단위 85
2.4 표본추출과 가설검정 86
1) 표본추출 86
2) 가설검정 88
2.5 통계분석 90
1) 기술통계분석 92
2) 추리통계분석 103

3장 머신러닝

1. 서론 163
2. 머신러닝 학습데이터 167
3. 머신러닝 기반 사이버 학교폭력 예측모형 개발 169
3.1 나이브 베이즈 분류모형 169
3.2 로지스틱 회귀모형 176
3.3 랜덤포레스트 모형 180
3.4 의사결정나무 모형 186
3.5 신경망 모형 195
3.6 서포트벡터머신 모형 208
3.7 연관분석 218
3.8 군집분석 226
4. 머신러닝 모형 평가 232
4.1 오분류표를 이용한 머신러닝 모형의 평가 235
1) 나이브 베이즈 분류모형 평가 235
2) 신경망 모형 평가 239
3) 로지스틱 회귀모형 평가 242

4) 서포트벡터머신 모형 평가 245
5) 랜덤포레스트 모형 평가 248
6) 의사결정나무 모형 평가 251
4.2 ROC 곡선을 이용한 머신러닝 모형의 평가 254
5. 시각화 260
5.1 텍스트 데이터의 시각화 261
5.2 시계열 데이터의 시각화 264
5.3 지리적 데이터의 시각화 273

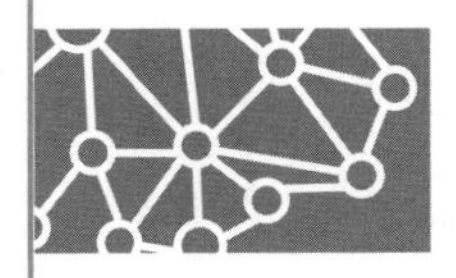

2부 ___ 빅데이터 분석 사례

4장 머신러닝을 활용한 한국의 섹스팅(sexting) 위험 예측

1. 서론 281
2. 이론적 배경 283
3. 연구방법 287
3.1 연구대상 287
3.2 연구도구 288
3.3 분석방법 290
4. 연구결과 291
4.1 섹스팅 관련 문서(버즈) 현황 291
4.2 섹스팅 미래신호 탐색 294
4.3 섹스팅 관련 소셜 네트워크 분석 305
4.4 섹스팅의 위험에 미치는 요인 307
4.5 섹스팅 관련 위험 예측모형 310
5. 결론 및 고찰 320

5장 머신러닝을 활용한 소년범의 범죄지속 위험 예측모형 개발

1. 서론 327
2. 이론적 논의 328
3. 연구대상 및 분석방법 330
3.1 연구대상 및 측정도구 330
3.2 통계분석 331
4. 연구결과 332
5. 결론 및 함의 340

6장 머신러닝 기반 의약품 부작용과 마약 위험 예측모형 개발

1. 서론 347
2. 이론적 배경(약물감시체계 시스템) 353
2.1 자발적 보고 시스템(Spontaneous Reporting System) 353
2.2 전자보건의료데이터(Electronic Healthcare Data, EHD)를 이용한 시스템 356
2.3 소셜미디어를 활용한 약물감시 358
3. 연구방법 361
3.1 연구대상 361
3.2 연구도구 364
3.3 분석방법 367
4. 연구결과 368
4.1 의약품 부작용과 마약 온라인 문서 현황 368
4.2 마약 관련 미래신호 탐색 370
4.3 머신러닝 기반 의약품 부작용과 마약 위험 예측모형 개발 377
4.4 머신러닝 기반 예측모형 평가 393
4.5 연관분석 394
4.6 군집분석 396
4.7 시각화 400
5. 결론 및 고찰 402

찾아보기 409

1부

빅데이터 분석방법론

소셜 빅데이터 분석과 활용 방안

1 서론[1]

2016년 세계경제포럼(World Economic Forum, WEF)에서 핵심 주제로 선정된 4차 산업혁명의 돌풍은 우리 사회의 대변혁을 예측하고 있다. 4차 산업혁명은 인공지능(Artificial Intelligence, AI), 사물인터넷(Internet of Things, IoT), 빅데이터(Big Data), 모바일(mobile) 등 첨단 정보통신기술이 경제·사회 전반에 융합되어 혁신적인 변화가 나타나는 차세대 산업혁명으로 인공지능, 사물인터넷, 클라우드 컴퓨팅, 빅데이터, 모바일 등 지능정보기술이 기존 산업과 서비스에 융합되거나 3D 프린팅, 로봇공학, 생명공학, 나노기술 등 여러 분야의 신기술과 결합되어 실세계 모든 제품·서비스를 네트워크로 연결하고 사물을 지능화한다.[2] 따라서 4차 산업혁명은 초연결(hyperconnectivity)과 초지능(superintelligence)을 특징으로 하기 때문에 기존 산업혁명에 비해 더 넓은 범위에 더 빠른 속도로 크게 영향을 끼칠 것으

1 This manuscript was originally written by Juyoung Song, Tae Min Song, to prepare the draft of a paper to be submitted to an international journal.

2 http://terms.naver.com/entry.nhn?docId=3548884&cid=42346&categoryId=42346, 2017. 10. 22. 인출

로 예측하고 있다.[3] 해외 주요 국가와 선도 기업들은 지능정보기술의 파격적 영향력[4]에 앞서 주목하고 장기간에 걸쳐 대규모 연구와 투자를 체계적으로 진행하고 있다(미래창조과학부, 2016). 4차 산업혁명은 인공지능과 사물인터넷 등에서 생산되는 빅데이터의 '자동화와 연결성'에 기반한 분석과 활용을 강조하는 것으로 무엇보다도 데이터의 처리와 분석 능력이 중요하다. 그동안 우리 주변의 사회 현상을 예측하기 위해 모집단(해당 토픽에 대한 전체 데이터)을 대표할 수 있는 표본을 추출하여 표본에서 생산된 통계량(표본의 특성값)으로 모집단의 모수(전체 데이터의 특성값)를 추정해 왔다. 모집단을 추정하기 위해 표본을 대상으로 예측하는 방법은 기존의 이론모형이나 연구자가 결정한 모형에 근거하여 예측하기 때문에 제한된 결과만 알 수 있고, 다양한 변인 간의 관계를 파악하는 데는 한계가 있다. 특히 빅데이터 시대에는 빅데이터가 모집단이기 때문에 표본으로 모수를 추정하기 위해 준비된 모형을 적용하고 추정하는 가설검정의 절차가 생략될 수도 있다. 따라서 데이터를 학습하여 모형을 개발하는 머신러닝이 사회현상을 보다 정확히 예측할 수 있다.

머신러닝이 미래를 정확히 예측하기 위해서는 양질의 학습데이터의 확보가 필요하다. 정답(종속변수 또는 Labels)이 불확실한 데이터로 학습한 머신러닝은 예측의 정확도가 낮아질 수 있기 때문에 머신러닝으로 인공지능을 개발하기 위해서는 다양한 분야에서 데이터의 잡음(noise)이 제거된 양질의 학습데이터가 생산되어야 한다. 특히 의료분야에서 머신러닝을 기반으로 한 인공지능의 예측 결과가 불확실하다면 치명적일 수 있기 때문에 환자의 진료기록을 통해 수집된 전자건강기록(Electronic Health Records, EHR) 시스템 등에서 머신러닝이 학습할 수 있는 양질의 데이터 생산이 필요하다. 이를 위해서는 의료 데이터의 표준화 및 공유체계가 마련되어야 할 것이다.

그동안 미래예측(foresight)을 위해 다양한 연구가 시도되어 왔으나 대부분 전문가의 지식과 의견에 따라 미래를 전망하는 방법을 사용하여 왔다(Yoo et al., 2009). 최근 소셜미디어의 확산(Twitter의 경우 2017년 1월 24일 기준 월간 활성 사용자 수는 3억 1,700만 명, 하루 활성 사용자는 1억 명, 매일 5억 개의 트윗이 생성[5])으로 온라인상에 남긴, 정치·경제·문화에 대한 메시지

---

3 상기 사이트에서 인출

4 맥킨지는 2025년에 이르면 전세계의 인공지능을 통한 지식노동 자동화의 파급효과가 연간 5.2조 달러~6.7조 달러에 이를 것으로 전망(Disruptive technologies, 2013)하고 있으며, 한국의 경우 2030년 기준 약 460조 원 총 경제효과와 2030년까지 SW엔지니어, 데이터 과학자 등 지능정보기술 분야에서 약 80만 명 규모의 신규 일자리 수요가 창출될 것으로 추정하고 있다(McKinsey, 2016).

5 https://www.omnicoreagency.com/twitter-statistics/. Accessed May 18, 2017.

가 그 시대의 감성과 정서를 파악할 수 있는 원천으로 등장함에 따라 많은 국가와 기업에서는 SNS를 통하여 생산되는 소셜 빅데이터를 분석·활용함으로써 사회적 문제의 해결과 미래를 예측하기 위해 적극적으로 노력하고 있다. 특히 SNS를 비롯한 온라인 채널에서 생산되는 텍스트 형태의 비정형 데이터는 실제 경제 및 사회에 미치는 영향력은 매우 높아 정보로서의 높은 가치를 갖고 있다(박찬국 & 김현제, 2015: p. 39).

한편, 최근 스마트 미디어의 보급이 확산되고, 일상생활에서의 모바일 인터넷과 SNS의 이용이 급속히 증가하고 있다. 개인, 집단, 사회의 관계를 네트워크로 연결하는 SNS는 실시간성과 가속성이라는 특징을 지녔기 때문에 그 어떠한 매체보다 이슈에 대한 확산 속도가 빠르다. 인터넷과 SNS는 정보검색과 온라인 채팅 등 긍정적인 효과와 함께 사이버따돌림, 인터넷 중독, 게임 과몰입 등과 같은 부정적인 효과가 나타나기도 한다. 특히, SNS는 청소년들이 일상생활에서 느끼는 우울한 감정이나 스트레스, 고민을 해소하는 공간으로 활용된다. 이러한 SNS에서 사이버따돌림에 노출된 청소년들이 자살을 선택하거나 폭력의 가해자가 됨에 따라 심각한 사회문제로 떠오르고 있다. 교육부가 발표한 '2017년도 1차 학교폭력 실태조사' 결과에 따르면 학교폭력 피해를 경험한 학생의 응답률은 0.9%이고 이중 초등학생의 피해응답률이 2.1%로 높게 나타났으며, 피해유형별로는 언어폭력 34.1%, 집단따돌림 16.6%, 스토킹 12.3%, 신체폭행 11.7%, 사이버괴롭힘 9.8%, 금품갈취 6.4%, 성추행/성폭행 5.1%, 강제심부름(셔틀) 4.0%로 나타났다. 이와 같이 학교폭력은 오프라인뿐만 아니라 온라인상에서도 나타나고 있는데, 그 형태가 사이버따돌림, 사이버언어폭력, 사이버스토킹 등 다양한 형태로 나타난다. 사이버따돌림은 인터넷이나 SNS와 같은 사이버 공간을 통하여 언제, 어디서든 지속적으로 이루어지기 때문에 심리적인 고통의 측면에서 전통적 따돌림과 같이 피해자가 공격적이거나(Sahin et al., 2012) 무기력해지고, 극단적으로 민감해지는 감정의 불균형을 가져와 자해와 자살충동과 같은 심리적 상해를 가져올 수 있다(Moon et al., 2011). 전통적 따돌림(traditional bullying)은 일반적으로 한 학생이 반복적이고 지속적으로 한 명 혹은 그 이상의 다른 학생들의 부정적인 행동에 노출되는 것을 말하며(Olweus, 1994), 이때 부정적인 행동은 심리적 · 신체적 괴롭힘 등을 포함한다(Song, 2013). 사이버따돌림(cyber bullying)은 '개인 혹은 집단이 자기 자신을 스스로 방어하기 힘든 피해자를 대상으로 반복적으로 전자기기를 통해 이루어지는 공격적 행동 혹은 행위로 정의한다(Slonje et al., 2013: p. 26). Willard(Willard, 2007)는 사이버따돌림의 방법을 다음 7가지로 정의하였다. 플레이밍(flaming)은 '무례하고 상스러운 메시지로 온라인상에서 싸우는 것'을 말한다. 사이버괴롭힘(harassment)은 '반복적으로 불쾌하고 비열하고 모욕적인 메시지를 보내는 것'을 말한다. 헐뜯기(denigration)는 '타인의 명예를 훼손하는 루머나 가십거리를 온라인상에 유포하는 것'을 말한다. 위장하기(impersonation)는 '다른 사람인 것처럼 가장하고 상대방의 평판이나 교우관계에 손해를 입히기 위한 자료를 유포하는 것'을 말한다. 아우팅(outing)은 '의도적으로 공유하고 싶지 않은 예민하거나 창피한 사적 정보가 폭로되는 것'을 말한다. 배척(exclusion)은 '온라인 그룹에서 누군가를 고의적으로 잔인하게 배제시키는 것'을 말한다. 사이버스토킹(cyberstalking)은 '공포심이나 불안감을 주는 욕설이나 협박을 담고 있는 메일을 반복적으로 송신하는 것'을 말한다. 이와 같이 사이버따돌림의 정의는 사이버폭력과 같은 포괄적인 의미로 사용된다. 일부 연구에서는 전통적 따돌림에 참여한 사람들이 사이버따돌림의 행위를 보이고(Smith et al., 2008), 전통적 따돌림을 당한 사람들이 사이버따돌림의 피해를 입는 경향이 높음을 밝혀내었다(Katzer et al., 2009). Moon 등(Moon et al., 2011)의 연구에서는 자해와 자살충동은 전통적 따돌림에서도 발견할 수 있을 뿐만 아니라 사이버따돌림과도 연관이 깊은 것으로 나타났다. 전통적 따돌림을 당하는 학생들은 충동성이 높고(Kim et al., 2001), 가해학생의 심리적 특성은 충동성(Olweus, 1994)과 관계가 있다고 보고되었다. 전통적 따돌림은 개인이 지각한 스트레스와 관련이 있는 것으로 나타났다(Coie, 1990). 전통적 따돌림은 개인과 집단 간 문화적 차이에서 오는 피할 수 없는 문화적 충돌 현상으로 보고되었으며(Park, 2000), 영화나 TV, 연극 등에서 특정 갱 집단을 보여주는 집단문화나 집단따돌림 현상을 그대로 모방·학습하여 그것을 실천하는 과정에서 전통적 따돌림 현상이 발생할 수 있는 것으로 나타났다(Lee, 2007). 전통적 따돌림의 가해자는 지배성과 유의한 정적인 상관이 있는 것으로 밝혀졌다(Olweus, 1994). 한국의 다문화 가정 자녀의 37%가 전통적 따돌림을 당하고 있다고 보고되었다(Kim, 2012). 외모가 뚱뚱해서 어울리지 못하는 등 신체적 특성에 의해 전통적 따돌림을 당하는 경우가 있으며(Noh, 2011), 전통적 따돌림 행동은 피해아동의 외모(Roland, 1988), 대인관계와 사회적 기술(Randoll, 1997)과 관련이 있다고 보고되었다. 전통적으로 한 학급에서 발생하는 따돌림은 집단에 속한 개인의 역할에 따라 가해, 피해, 방관으로 구분한다(Gini et al., 2008). 가해아동은 따돌림 행위의 주체로, 적극적이고 의도적으로 때로는 다른 아이를 선동한다. 피해아동은 따돌림 행위의 대상으로, 신체적·정신적인 피해를 경험한다. 가해자와 피해자를 제외한 다수는 방관자로, 따돌림은 자신과 무관하며, 흥미를 느끼거나 구경을 하지만 가해아동을 말리거나 피해아동을 돕는 것과 같은 개입을 전혀 하지 않는다(Jang & Choi,

2010). 이와 같이 다수의 방관자들이 사실은 또래 괴롭힘 행위를 유지 또는 악화시키는 데 크게 기여한다는 사실이 밝혀지면서(Hawkins et al., 2001) 방관자에 대한 관심도 많아지고 있다. 국내의 연구에서는 전통적 따돌림 유형을 가해성향이 높고 피해성향이 낮은 가해집단, 가해성향이 낮고 피해성향이 높은 피해집단, 가해성향과 피해성향이 모두 높은 가해피해집단, 가해성향과 피해성향이 모두 낮은 일반집단으로 구분하기도 한다(Choi et al., 2001). 전통적 따돌림의 유형별 분포는 노경아 · 백지숙(Noh & Baik, 2013)의 연구에서는 가해집단(14.1%), 피해집단(4.8%), 가해피해집단(6.8%), 일반집단(74.2%)으로 나타났으며, 노언경 · 홍세희(No & Hong, 2013)의 연구에서는 전체 청소년의 61.8%는 일반집단이며 나머지 38.2%가 가해집단, 피해집단, 가해피해집단으로 나타났다. 전통적 따돌림의 피해자는 가해자보다 불안감이 많으며(Bond et al., 2001), 전통적 따돌림으로 인한 분노가 가득하고 지속될수록 누적되어 때로는 가해자가 되기도 한다(Kim, 2004). 가장 극단적인 따돌림 피해를 입은 학생이 때로는 가장 공격적인 가해자가 될 수도 있다고 보고되었다(Perry et al., 1998).

그동안 청소년의 집단따돌림 현상은 청소년 비행의 한 유형으로 청소년 비행의 원인은 청소년의 개인적 요인뿐만 아니라 사회적·환경적 요인이 복합적으로 작용한다고 보아왔다. 특히 일반긴장이론(General Strain Theory, GST)은 개인이 일상생활에서 경험하는 긴장이 직접적으로 비행이나 범죄에 영향을 미칠 뿐만 아니라 분노와 스트레스 혹은 우울과 같은 부정적인 감정을 매개로 비행이나 범죄를 저지를 수 있는 것으로 설명하고 있다(Agnew, 1992). Agnew의 GST는 조건적 변인(부모애착, 선생애착, 친구애착, 비행친구와의 접촉, 도덕적 신념, 자기통제, 자기효능감 등)이 비행에 영향을 주는 요인으로 보고 있다. Agnew와 White(1992)의 연구에서는 비행친구와의 접촉과 자기효능감이 비행에 영향을 주는 것으로 지지하였다. 다른 연구(Mazerolle & Piquero, 1998; Hoffman & Miller, 1998)에서는 비행청소년과의 접촉, 비행태도, 자긍심 등의 변인들과 상관없이 긴장은 비행에 영향을 준다는 결과를 제시하고 있다. 사회적 상호작용모델(Patterson et al., 1989)에서는 부모의 부적응적 양육태도와 청소년 자신의 비행적 특성은 비행친구와의 교제를 이끄는 중요한 요인으로 보고 있다.

이와 같이 사이버따돌림의 심각성에도 불구하고 관련 연구는 충분히 이루어지지 않고 있다(Slonje et al., 2013). 사이버따돌림에 관한 연구는 지금까지 전통적 따돌림과 사이버따돌림에 대한 정의(Olweus, 1994)나 연관성(Smith, 2012)에 대한 것이고, 실제 사이버상에서 이루어지는 따돌림의 행위를 분석하여 전통적 따돌림과의 관계를 실증적으로 검증한 연구는 현재까지는 미흡한 실정이다.

사이버따돌림의 원인과 관련 요인을 구명하기 위하여 기존에 실시하던 횡단적 조사나 종단적 조사 등을 대상으로 한 연구는 정해진 변인들에 대한 개인과 집단의 관계를 보는 데는 유용하나 사이버상에서 언급된 개인별 버즈(buzz: 입소문)가 사회적 현상들과 얼마나 어떻게 연관되어 있는지 밝히고 원인을 파악하는 데는 한계가 있다. 이러한 점에서 소셜 빅데이터와 머신러닝을 활용한 사이버 학교폭력[6] 예측모형 개발은 인간행동의 복잡하고 역동적인 현상에서 발생하는 다양한 원인들의 상호작용 관계를 효과적으로 파악할 수 있는 적합한 도구라고 할 수 있다. 본 연구는 우리나라에서 수집가능한 모든 온라인 채널에서 언급된 사이버 학교폭력 관련 문서를 수집하여 주제분석(text mining)과 감성분석(opinion mining)을 통하여 사이버 학교폭력 관련 주요 키워드를 분류하고 머신러닝을 활용하여 사이버 학교폭력과 관련하여 나타나는 주요 원인과 방법 등에 대한 미래신호를 탐지하고 예측모형을 제시하고자 한다.

2 소셜 빅데이터 분석방법

소셜미디어에서 정보를 뽑아내고 분석하는 방법은 크게 세 가지로 나눌 수 있다(송태민·송주영, 2017). 첫째, 텍스트마이닝(text mining)은 인간의 언어로 쓰인 비정형 텍스트에서 자연어처리 기술을 이용하여 유용한 정보를 추출하는 것을 말한다. 다시 말해 비정형 텍스트의 연계성을 파악하여 분류 혹은 군집화하거나 요약하는 등 빅데이터 속에 숨겨진 의미 있는 정보를 발견하는 것이다. 둘째, 오피니언마이닝(opinion mining)은 소셜미디어의 텍스트 문장을 대상으로 자연어처리 기술과 감성분석 기술을 적용하여 사용자의 의견(긍정·보통·부정 등)을 분석하는 것이다. 셋째, 네트워크 분석(network analysis)은 네트워크 연결구조와 연결강도를 분석하여 어떤 메시지가 어떤 경로를 통해 전파되는지, 누구에게 영향을 미칠 수 있는지를 파악하는 것이다.

---

6 본 연구에서는 사이버따돌림을 사이버폭력과 같은 포괄적인 의미로 사용하고, 청소년의 사이버폭력을 사이버 학교폭력이라고 명명한다.

소셜 빅데이터 분석 절차 및 방법은 다음과 같다(그림 1-1). 첫째, 사이버 학교폭력 주제와 관련한 온라인 문서에 대해 분석 모델링을 실시하여 수집대상과 수집범위를 설정한 후, 대상채널(뉴스·블로그·카페·게시판·트위터 등)에서 크롤러 등 수집 엔진(로봇)을 이용하여 데이터를 수집한다. 이때 불용어[stopword(왕따소설, 왕따만화 등)]를 지정하여 수집의 오류를 방지하고, 사이버 학교폭력 관련 연관 키워드 그룹(사이버 학교폭력, 학교폭력, 사이버폭력, 사이버따돌림 등)을 지정한다. 둘째, 수집한 사이버 학교폭력 원데이터(raw data)는 텍스트 형태의 비정형 데이터로 연구자가 원상태로 분석하기에는 어려움이 있다. 따라서 수집한 비정형 데이터를 텍스트마이닝, 오피니언마이닝을 통하여 분류하고 정제하는 절차가 필요하다. 정제된 비정형 데이터 분석은 버즈분석, 키워드분석, 감성분석, 계정분석 등으로 진행한다. 셋째, 비정형 빅데이터를 정형 빅데이터로 변환해야 한다. 사이버 학교폭력 관련 주제분석 사례를 살펴보면, 사이버 학교폭력 관련 각각의 온라인 문서는 ID로 코드화해야 하고 문서 내에서 발생하는 키워드(대상, 원인, 방법, 장소 등)는 모두 빈도로 코드화해야 한다. 넷째, 정형화된 빅데이터는 단어빈도와 문서빈도를 이용하여 미래신호를 탐색하고, 탐색된 신호들은 분류과정을 통해 새로운 현상을 발견할 수 있는 머신러닝 분석이나 시각화를 실시할 수 있다.

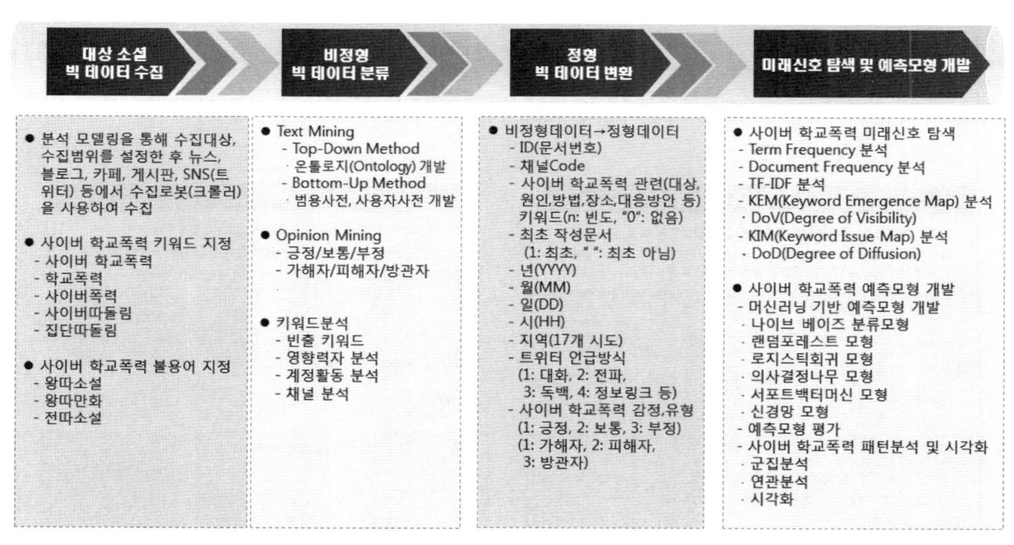

[그림 1-1] 사이버 학교폭력 소셜 빅데이터 분석 방법

2.1 사이버 학교폭력 소셜 빅데이터 주제분석(text mining)

소셜미디어의 확산으로 SNS를 비롯한 온라인 채널에서 생산되는 소셜 빅데이터는 정보로서의 높은 가치를 가지고 있지만, 미래를 탐지하고 예측하기 위해서는 이를 보다 효과적으로 수집 및 분석하기 위한 분석틀이 필요하다. 특히, 온라인 속에서 표현된 빅데이터는 '비정형 데이터'로 이들 가운데 의미 있는 키워드를 추출하고 자료를 효과적으로 수집하기 위해서는 사이버 학교폭력의 개념을 추출하고 해당 개념들 간의 관계를 나타내는 온톨로지(ontology)가 필요하다. 온톨로지는 '해당 개념을 명시적으로 정의하며, 컴퓨터가 처리할 수 있는 형태로 표현하는 용어의 논리적인 집합이면서 개념 간 관계를 명시한 사전의 역할'(No, 2009)을 의미한다. 즉, '온톨로지(ontology)는 관심 주제의 공유된 개념(shared concepts)을 형식화하고(formalizing) 표현하기 위한(representing), 컴퓨터가 해석 가능한 지식 모델(computer-interpretable knowledge model)'이다(Kim et al., 2013). 따라서 온톨로지가 있어야만 거대한 비정형 빅데이터를 분류하여 처리하고, 이를 기존 연구방법들을 통해 다양한 분석을 시도할 수 있다.

본 연구의 소셜 빅데이터의 주제분석(수집 및 분류)은 [그림 1-2]와 같이 해당 토픽에 대한 이론적 배경 등을 분석하여 온톨로지(ontology)를 개발한 후, 온톨로지의 키워드를 수집하여 분류하는 Top-down 방법과 해당 토픽을 웹크롤로 수집한 후 범용 사전이나 사용자 사전으로 분류(유목화 또는 범주화)하는 Bottom-up 방법을 병행하여 사용하였다.

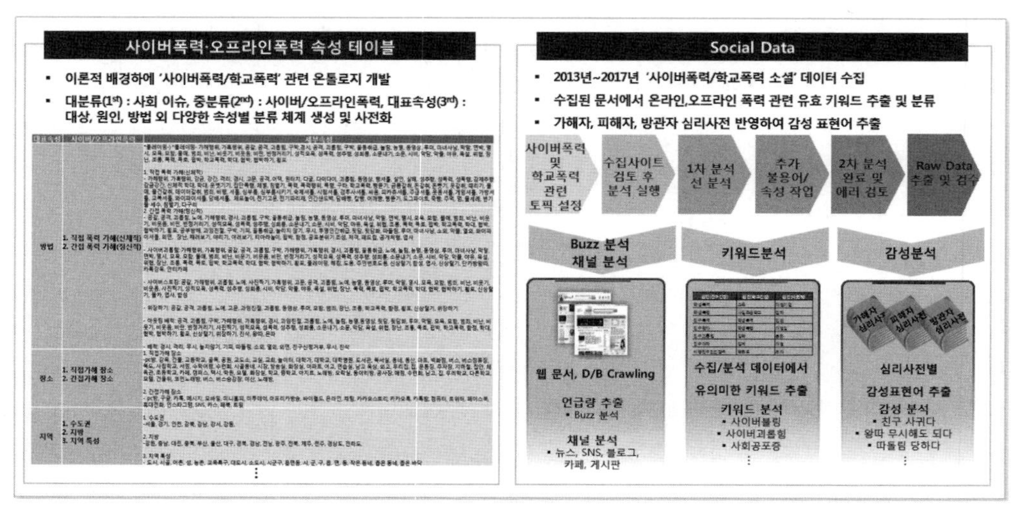

[그림 1-2] 사이버 학교폭력 소셜 빅데이터 주제분석

전술한 사이버 학교폭력 소셜 빅데이터 주제분석의 분석 프로세스에 따라 사이버 학교폭력과 관련된 특성과 행태를 분석하고 위험요인을 모니터링하고 미래신호를 예측하기 위한 분석틀로서 온톨로지와 용어체계를 개발[7]하였다.

사이버 학교폭력과 관련된 주제분류는 이론적 배경과 소셜 빅데이터에서 발현된 키워드, 그리고 Agnew의 일반긴장이론(GST)을 참조하여 긴장, 신체적원인, 피해심리, 자아통제, 애착, 열정, 가해심리, 비행의 총 8개 영역을 도출하였고 이들 영역의 관계를 그림으로 나타내면 [그림 1-3]과 같다.

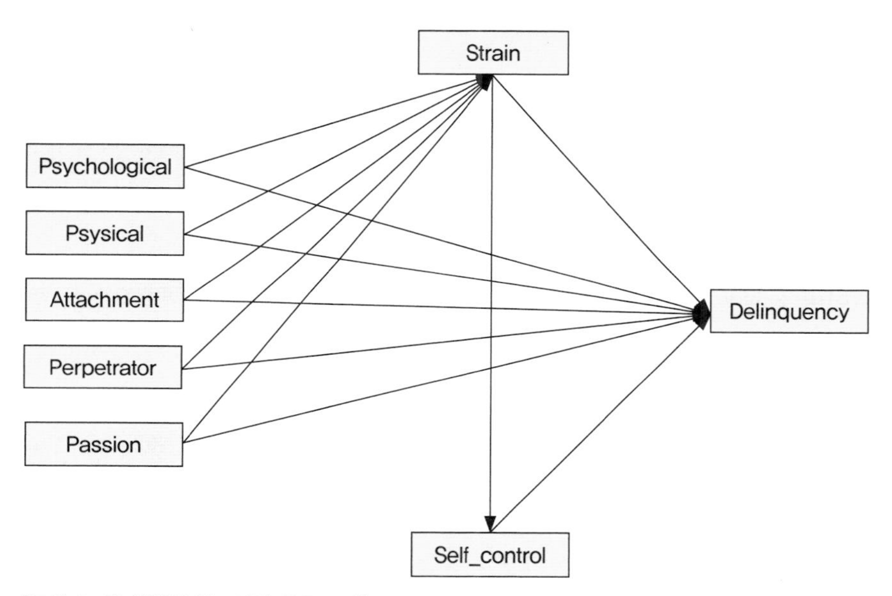

[그림 1-3] 사이버 학교폭력 온톨로지(An ontology of school cyber bullying)

본 연구의 분석에 사용된 사이버 학교폭력의 GST 요인은 텍스트 문서의 주제분석(text mining)을 통하여 다음과 같이 긴장[Strain(가족긴장, 친구긴장, 학교긴장, 사회긴장, 매체긴장)] 신체적원인[Physical(장애, 비만, 신체적특성, 외모, 피부, 위생, 탈모)], 피해심리[Psychological(사회성부족, 공주병, 고자질, 은둔형외톨이, 우울, 왕따경험, 정신장애, 자살시도, 열등감)], 자아통제[Self_

7 사이버 학교폭력 온톨로지 개발은 2016년 대한민국 교육부와 한국연구재단의 지원을 받아 수행된 연구(NRF-2016S1A5A2A03925702, 한국형 학교폭력 모형의 재정립을 위한 빅데이터 분석 및 국제비교 연구)의 일환으로 성균관대학교 한윤선 교수 연구팀, 팬실베니아 주립대학 송주영 교수, 삼육대학교 송태민 교수가 공동으로 수행하였음을 밝힘.

control(절제, 억제, 인내 등)], 애착[Attachment(애착, 친밀감, 유대감 등)], 열정[Passion(전념, 열정, 열중 등)], 가해심리[Perpetrator(분노, 이기주의, 비행경험, 자신감, 충동적)], 비행[Delinquency(유흥업소출입, 흡연, 음주, 약물, 가출, 도박, 범행, 임신, 성폭력, 성관계, 무단결석, 학교폭력)]으로 분류하였다. 사이버 학교폭력의 GST 요인은 통계분석을 위하여 해당 요인이 있을 경우 'n(문서 내 해당 요인의 출현 빈도)' 없는 경우 '0'으로 코드화하였다.

본 연구의 소셜 빅데이터 연구방법론에 사용된 사이버 학교폭력 방법은 다음과 같이 윌라드의 정의를 사용하였다.

사이버 학교폭력 방법은 플레이밍(막말, 면박, 멸시, 야유, 욕설, 비하 등), 사이버괴롭힘(구박, 경시, 꼴통취급, 놀림, 능멸, 모욕, 모함, 비난, 비하 등), 헐뜯기(루머, 마녀사냥, 소문내기, 악플, 신상털기 등), 위장하기(공갈, 위장하기 등), 아우팅(뒷담, 뒷담화, 아웃팅), 배척(경시, 격리, 무시, 놀지않기, 기피, 소외, 열외, 외면 등), 사이버스토킹(협박, 협박하기, 침해, 사이버스토킹 등)의 7개의 방법으로 분류하였다. 사이버 학교폭력 방법은 통계분석을 위하여 해당 방법이 있을 경우 'n' 없는 경우 '0'으로 코드화하였다.

본 연구의 사이버 학교폭력 미래신호 탐색과 예측에 사용된 긴장요인과 비행요인은 주제분석을 통하여 다음과 같이 분류하였다. 사이버 학교폭력 관련 긴장요인은 가정폭력, 아동학대, 부모이혼, 경제적문제, 친구폭력, 절교, 학교통제, 학업스트레스, 성적, 학교폭력경험, 전학, 개인주의, 물질주의, 왕따문화, 계급사회, 헬조선, 여성혐오, 관심병사, 교통사고, 게임, 인터넷중독, 연예인, 영화, 성인물, 개그, 채팅앱, 유튜브, 개인방송의 28개 긴장요인에 대해 해당 긴장요인이 있을 경우 'n', 없는 경우 '0'으로 코드화하였다. 사이버 학교폭력 관련 비행요인은 유흥업소출입, 흡연, 음주, 약물, 가출, 도박, 범행, 임신, 성폭력, 성관계, 무단결석, 학생폭력의 12개 비행요인에 대해 해당 비행요인이 있을 경우 'n', 없는 경우 '0'으로 코드화하였다.

2.2 사이버 학교폭력 소셜 빅데이터 감성분석(opinion mining)

사이버 학교폭력의 감성분석은 종속변수(Labels)를 측정하는 것으로 사이버 학교폭력의 위험을 예측하기 위해 해당 문서의 감정(긍정, 보통, 부정)을 측정하는 방법과 사이버 학교폭력의 유형(가해자, 피해자, 방관자)를 예측하기 위해 심리사전을 이용하여 측정하는 방법을 사용해야 한다. 본 연구의 종속변수인 사이버 학교폭력 감정(긍정, 부정)의 정의는 감정키워드에 대한 주제분석 과정을 거쳐 '가능~힐링'은 긍정의 감정으로, '가짜~희생'은 부정의 감정으로 정의하였다. 긍정은 사이버 학교폭력이 위험하지 않다는 긍정적 감정이고 부정은 사이버 학교폭력을 위험하게 생각하는 부정적 감정이다. 그리고 긍정은 '1', 보통(문서 내에 긍정과 부정 감정이 동일한 경우)은 '2', 부정은 '3'으로 코드화하였다. 그리고 이분형 범주의 통계분석을 위하여 다중비교 분석과정을 거쳐 부정(부정+보통)은 '0'으로 긍정은 '1'로 분류하였다. 본 연구자료의 분석에서 부정의 감정은 54.3%(128,204건), 긍정의 감정은 45.7%(107,710건)으로 나타났다.

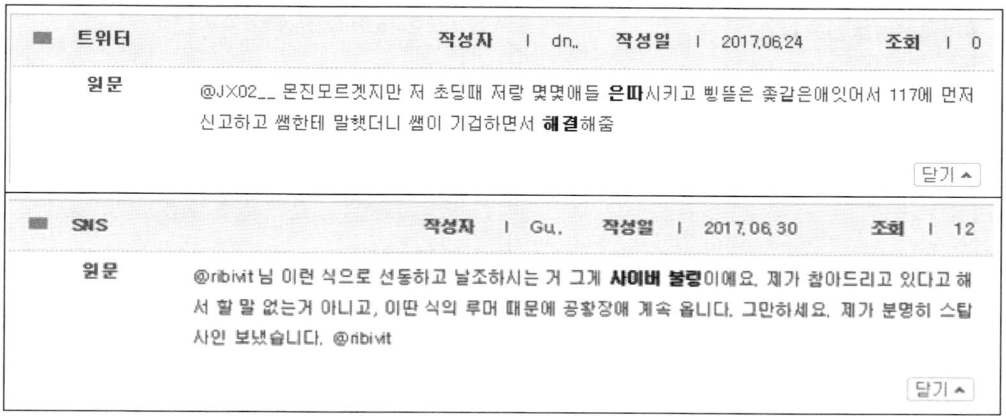

■ 트위터	작성자 ｜ dn.. 작성일 ｜ 2017.06.24 조회 ｜ 0
원문	@JX02__ 몬진모르겟지만 저 초딩때 저랑 몇몇애들 **은따**시키고 삥뜯은 좆같은애잇어서 117에 먼저 신고하고 쌤한테 말햇더니 쌤이 기겁하면서 **해결**해줌
	닫기 ▲

■ SNS	작성자 ｜ Gu.. 작성일 ｜ 2017.06.30 조회 ｜ 12
원문	@ribivit님 이런 식으로 선동하고 날조하시는 거 그게 **사이버 불링**이에요. 제가 참아드리고 있다고 해서 할 말 없는거 아니고, 이딴 식의 루머 때문에 공황장애 계속 옵니다. 그만하세요. 제가 분명히 스탑사인 보냈습니다. @ribivit
	닫기 ▲

[그림 1-4] 사이버 학교폭력 관련 트위터 긍정/부정 문서

본 연구의 종속변수인 사이버 학교폭력 유형(가해자, 피해자, 방관자)의 정의는 감성어 사전을 개발하여 각각의 문서에 대한 감정을 분석하였다. 개발된 감성어 사전을 감성로봇에 설치하여 사이버 학교폭력과 관련한 해당 문서의 유형을 가해자심리('왕따 당할만하다, 왕따 시키고 싶다, 폭력 조장하다, 빵셔틀 시키다, 왕따 당연하다' 등), 피해자심리('왕따 벗어나다, 왕따 극복하다, 괴롭힘 견디다, 괴롭힘 당하다, 따돌림 받다, 피해 당하다' 등), 방관자심리('따돌림 예방하다, 왕따 도와주다, 빵셔틀 사라지다, 왕따 되지 않다, 왕따 관련되다, 왕따 당하고 있다' 등)로 정의하였다. 최종 사이버 폭력 유형은 가해자, 피해자, 방관자 심리사전에서 표현어의 빈도를 추출한 후, 가해자[가해자>(피해자 or 방관자)], 피해자[피해자>(가해자 or 방관자)], 방관자[방관자>(가해자 or 피해자)], 가해피해자[(가해자 = 피해자)>방관자], 가해방관자[(가해자 = 방관자)>피해자], 피해방관자[(피해자 = 방관자)>가해자], 가해피해방관자(가해자=피해자=방관자), 일반인(가

해자 = 0 and 피해자 = 0 and 방관자 = 0)의 8개의 유형으로 분류하였고(그림 1-5), 해당 유형이 있을 경우 '1' 없는 경우 '0'으로 코드화하였다. 그리고 학교폭력과 유형 간의 다중비교를 실시하여 머신러닝 모형에 투입되는 종속변수의 범주를 최소화하였다. 따라서 가해자는 '1', 피해자(피해자+가해방관자+가해피해방관자)는 '2', 방관자는 '3', 복합형(가해피해자+피해방관자)은 '4', 일반인은 '5'로 분류하였다. 본 연구자료의 분석에서 가해자는 4.8%(16,925건), 피해자는 20.8%(72,813건), 방관자는 3.4%(11,935건), 복합형은 2.7%(9,496건), 일반인은 68.3%(239,145건)으로 나타났다.

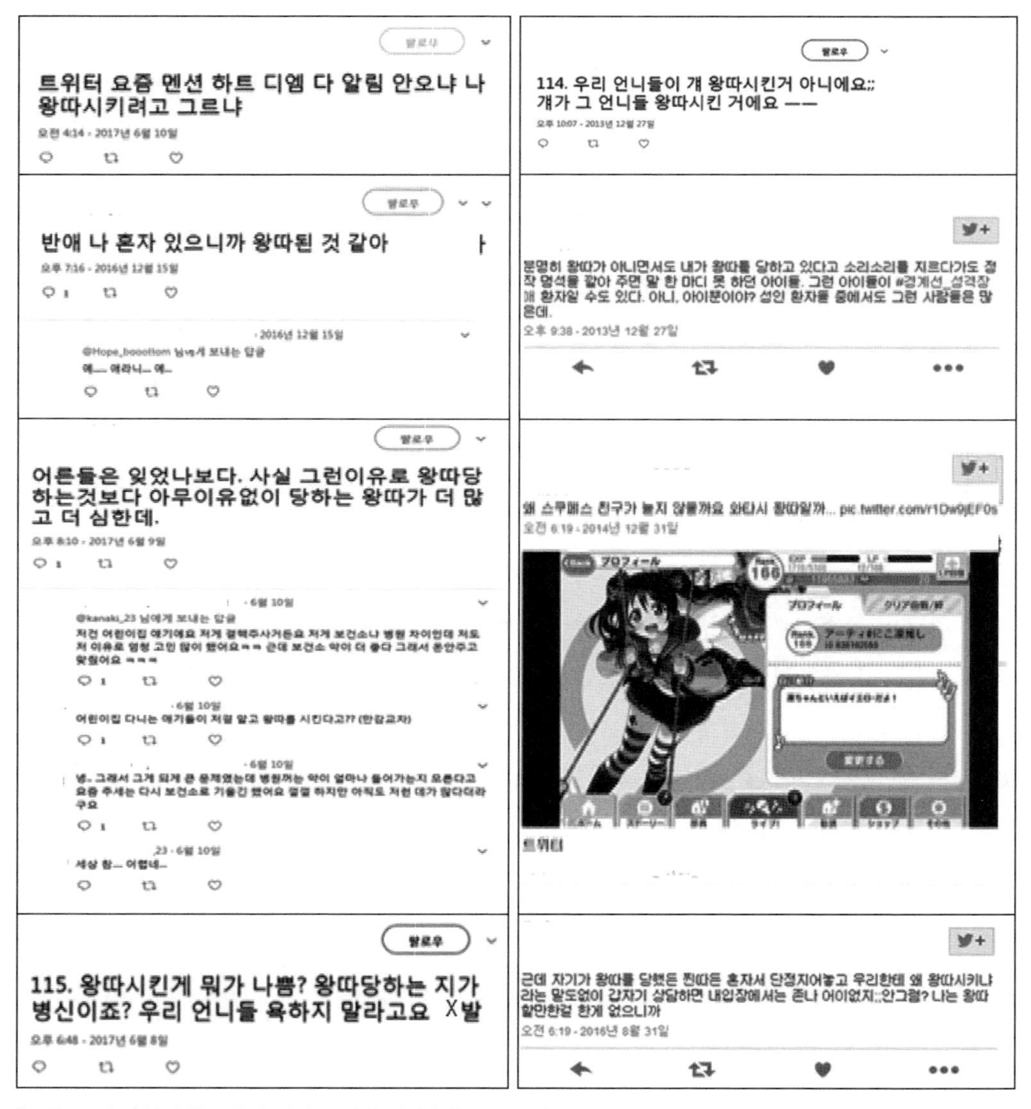

[그림 1-5] 사이버 학교폭력 관련 트위터 심리유형 8종 문서

2.3 사이버 학교폭력 미래신호 예측방법론[8]

오늘날 미래의 환경변화를 감지하기 위한 다양한 연구가 시도되고 있으며, 여러 연구 중에서 가장 많은 주목을 받고 있는 것은 미래의 변화를 예감할 수 있는 약신호(weak signal)를 탐지하는 것이다(Yoon, 2012; 박찬국 & 김현제, 2015). 약신호는 '미래에 가능한 변화의 징후'(Ansoff, 1975)로 약신호는 시간이 흐르면서 강신호(strong signal)로, 강신호는 다시 트렌드(trend)나 메가트렌드(mega trend)로 발전할 수 있다. Hiltunen(2008)은 약신호를 미래신호(future sign)라는 개념을 이용하여 미래신호를 신호(signal), 이슈(issue), 이해(interpretation)와 같이 3차원의 미래신호 공간으로 설명하였다. Yoon(2012)은 웹 뉴스의 문서를 수집하여 텍스트마이닝 분석을 통해 생성된 단어빈도와 문서빈도를 Hiltunen(2008)의 신호와 이슈로 각각 연계하였다. Yoon(2012)은 단어빈도, 문서빈도, 발생빈도 증가율을 이용하여 KEM(Keyword Emergence Map)와 KIM(Keyword Issue Map)의 키워드 포트폴리오를 작성하고 작성된 키워드 포트폴리오를 이용하여 약신호를 선별하였다. KEM은 가시성을 보여주는 것으로 DoV(Degree of Visibility)를 산출하고, KIM은 확산 정도를 보여주는 것으로 DoD(Degree of Diffusion)를 산출할 수 있다.

$$DoV_{ij} = \left(\frac{TF_{ij}}{NN_j}\right) \times \{(1 - tw \times (n-j)\} \quad \text{(식 1)}$$

$$DoD_{ij} = \left(\frac{DF_{ij}}{NN_j}\right) \times \{(1 - tw \times (n-j)\} \quad \text{(식 2)}$$

여기서 NN은 전체 문서 수를 의미하고, TF는 단어빈도, DF는 문서빈도, tw는 시간가중치[9](본 연구에서 시간 가중치는 0.05를 적용), n은 전체 시간구간, j는 시점을 의미한다. 박찬국 & 김현제(2015)는 Hiltunen(2008)과 Yoon(2012)의 연구방법을 토대로 에너지 부문의 사물인터넷 소식에서 발견할 수 있는 미래신호를 [그림 1-6]과 같은 방식으로 도출하였다.

---

8 본 절은 '송태민·송주영(2017). 머신러닝을 활용한 소셜 빅데이터 분석과 미래신호 예측. pp. 37-38' 부분에서 발췌한 것임을 밝힌다.

9 $\{1-tw\times(n-j)\}$는 시간이 멀어질수록 그 영향력을 약하게 만드는 기능(박찬국 & 김현제, 2015: p. 48)으로 tw에 따라 시간 가중치의 규모를 결정할 수 있다.

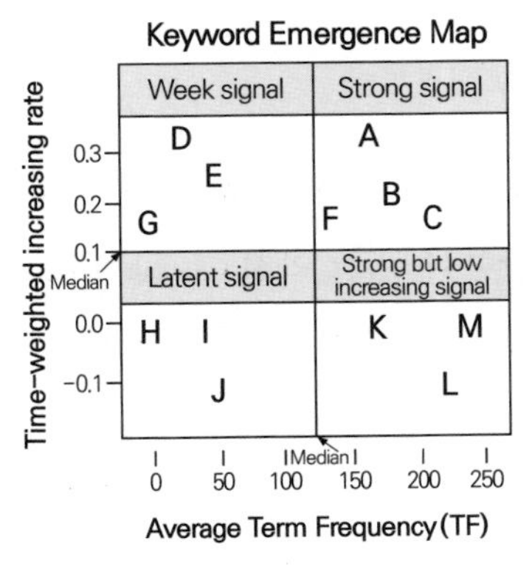

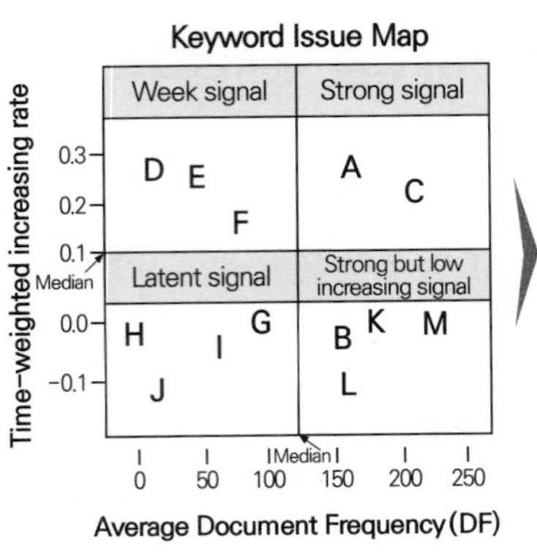

Future Signal

Category	Common terms
Week signal	D, E
Strong signal	A, C
Strong but low increasing signal	K, L, M

[그림 1-6] 미래신호 도출과정

자료: 박찬국·김현제(2015). 사물인터넷을 통한 에너지 신산업 발전방향 연구. p. 49

3 소셜 빅데이터 기반 사이버 학교폭력 미래신호 탐색 및 예측

본 연구[10]의 사이버 학교폭력 온라인 문서의 수집은 웹크롤러를 사용하였으며 사이버 학교폭력 토픽(topic)은 모든 관련 문서를 수집하기 위해 '사이버 학교폭력'과 '학교폭력' 용어를 사용하였다. 그리고 온라인 문서의 잡음(noisy)을 제거하기 위한 불용어(stop word)는 '왕따소설, 왕따만화' 등을 사용하였다. 사이버 학교폭력 소셜 빅데이터의 수집은 2013. 1. 1.~2017. 6. 30.의 기간에 해당 채널에서 요일, 주말, 휴일을 고려하지 않고 매 시간 단위로 수집이 이루어졌다.[11] 수집된 총 1,210,566건의 텍스트 문서 중 청소년(문서 내용에서 19세 이하, 초등학생, 중학생, 고등학생 언급문서)으로 판단되는 350,314건(28.9%)의 문서를 본 연구의 분석에 포함하였다. 사이버 학교폭력 대상의 문서 중 감정(긍정, 보통, 부정)을 표현한 문서는 236,914건으로 나타났다. 그리고 사이버 학교폭력 유형(가해자, 피해자, 방관자)을 표현한 문서는 111,169건으로 나타났다.

10 본 연구는 2016년 대한민국 교육부와 한국연구재단의 지원을 받아 수행된 연구(NRF-2016S1A5A2A03925702, 한국형 학교폭력 모형의 재정립을 위한 빅데이터 분석 및 국제비교 연구)임을 밝힘.

11 본 연구를 위한 소셜 빅데이터의 수집 및 토픽의 분류는 '(주)SK텔레콤 스마트인사이트'에서 수행하였다.

3.1 사이버 학교폭력 미래신호 탐색

온라인 채널에서 수집된 텍스트 형태의 문서를 분석하여 미래신호를 탐색하기 위해서는 텍스트마이닝을 통하여 우선적으로 문서 내에서 출현하는 단어빈도(Term Frequency, TF)와 문서빈도(Document Frequency, DF)를 산출해야 한다. 단어빈도의 산출은 각 문서에서 단어별 출현빈도를 산출한 후, 문서별 출현빈도를 합산하여 산출할 수 있다. 문서빈도는 특정 단어가 출현하는 문서의 수를 나타낸다. 텍스트마이닝에서 중요한 정보의 추출을 위해서 TF-IDF(Term Frequency-Inverse Document Frequency) 방법을 사용하고 있다. TF-IDF는 여러 문서로 이루어진 문서군이 있을 때 어떤 단어가 특정 문서에 얼마나 중요한 것인지를 나타내는 통계적 수치이다(정근하, 2010). Spärck(1972)는 희귀한 단어일수록 더 높은 가중치를 부여하기 위해서 역문서 빈도[Inverse Document Frequency, $IDF_j = \log_{10}(\frac{N}{DF_j})$]를 제안하였다. 따라서 단어빈도 분석에 희귀한 단어일수록 더 높은 가중치를 부여할 필요가 있다면 단어빈도와 역문서 빈도를 결합하여 '$TF\text{-}IDF = TF_{ij} \times IDF_j$'를 산출하여 가중치(단어의 중요도 지수)를 적용한다.

상기 분석방법론에 따라 단어빈도(TF), 문서빈도(DF), '단어의 중요도 지수를 고려한 문서의 빈도(TF-IDF)'의 분석을 통하여 사이버 학교폭력 관련 긴장과 비행 요인에 대한 키워드의 변화를 살펴보았다(표 1-1). 단어빈도, 문서빈도에서는 연예인, 학교통제, 성폭력, 가출, 전학, 흡연, 경제적문제 등이 우선인 것으로 나타났으나, 중요도 지수를 고려한 단어빈도(TF-IDF)에서는 학교통제, 연예인, 성폭력, 가출, 전학, 흡연, 경제적문제 등이 우선인 것으로 나타났다. 이는 학교통제가 사이버 학교폭력에서 매우 중요한 위치를 차지하고 있는 것을 알 수 있다. 그리고 키워드의 연도별 순위의 변화는 <표 1-2>와 같이 학교통제, 연예인, 가출, 성폭력이 번갈아 강조되고 있는 것으로 나타났다.

〈표 1-1〉 사이버 학교폭력 긴장과 비행 요인의 키워드 분석

순위	TF		DF		TF-IDF	
	키워드	빈도	키워드	빈도	키워드	빈도
1	연예인	44080	연예인	24453	학교통제	31440
2	학교통제	39082	학교통제	18627	연예인	30251
3	성폭력	14749	성폭력	8736	성폭력	16715
4	가출	13795	가출	7304	가출	16706
5	전학	11055	전학	6674	전학	13821
6	흡연	8395	흡연	4787	흡연	11707
7	경제적문제	7395	경제적문제	4425	경제적문제	10565
8	음주	7263	음주	4363	음주	10421
9	무단결석	5564	무단결석	3843	인터넷중독	8507
10	성관계	5046	부모이혼	3116	성관계	8474
11	인터넷중독	4984	임신	2768	무단결석	8290
12	부모이혼	4611	성관계	2485	부모이혼	7290
13	임신	4114	인터넷중독	2332	개인방송	7087
14	채팅앱	3737	약물	2166	임신	6716
15	약물	3487	가정폭력	2053	채팅앱	6621
16	개인방송	3465	채팅앱	2009	약물	6064
17	가정폭력	2976	교통사고	1705	가정폭력	5244
18	게임	2719	게임	1615	게임	5075
19	아동학대	2332	학업스트레스	1388	아동학대	4676
20	교통사고	2208	유튜브	1310	교통사고	4069
21	유튜브	1917	친구폭력	1203	유튜브	3752
22	학업스트레스	1896	학교폭력경험	1203	학업스트레스	3663
23	유흥업소출입	1403	아동학대	1173	유흥업소출입	2974
24	도박	1389	학생폭력	1090	물질주의	2936
25	학교폭력경험	1374	개인방송	1070	도박	2914

순위	TF		DF		TF-IDF	
	키워드	빈도	키워드	빈도	키워드	빈도
26	친구폭력	1353	절교	1012	개그	2743
27	물질주의	1349	헬조선	975	학교폭력경험	2740
28	개그	1242	도박	947	친구폭력	2698
29	학생폭력	1237	유흥업소출입	902	헬조선	2578
30	헬조선	1236	물질주의	791	학생폭력	2520
31	절교	1188	개그	735	절교	2458
32	계급사회	730	왕따문화	518	계급사회	1728
33	왕따문화	688	계급사회	510	왕따문화	1624
34	성인물	646	성인물	456	성인물	1561
합계		208705	합계	118744	합계	256630

〈표 1-2〉 사이버 학교폭력 긴장과 비행 요인의 연도별 키워드 순위변화(TF기준)

순위	2013년	2014년	2015년	2016년
1	학교통제	학교통제	연예인	연예인
2	연예인	연예인	학교통제	학교통제
3	가출	가출	전학	성폭력
4	성폭력	전학	가출	가출
5	전학	성폭력	성폭력	전학
6	흡연	흡연	흡연	경제적문제
7	음주	경제적문제	경제적문제	흡연
8	무단결석	음주	음주	음주
9	경제적문제	인터넷중독	인터넷중독	임신
10	개인방송	성관계	무단결석	무단결석
11	인터넷중독	부모이혼	부모이혼	성관계
12	부모이혼	무단결석	성관계	부모이혼
13	성관계	채팅앱	임신	아동학대

순위	2013년	2014년	2015년	2016년
14	채팅앱	약물	약물	채팅앱
15	약물	임신	채팅앱	약물
16	임신	게임	유튜브	가정폭력
17	게임	가정폭력	가정폭력	인터넷중독
18	가정폭력	개인방송	개인방송	교통사고
19	학업스트레스	학업스트레스	교통사고	게임
20	교통사고	유흥업소출입	게임	유튜브
21	학교폭력경험	아동학대	아동학대	개인방송
22	개그	학교폭력경험	학교폭력경험	계급사회
23	친구폭력	친구폭력	학업스트레스	도박
24	헬조선	유튜브	친구폭력	학업스트레스
25	아동학대	물질주의	도박	헬조선
26	물질주의	학생폭력	유흥업소출입	물질주의
27	학생폭력	교통사고	학생폭력	절교
28	절교	도박	물질주의	친구폭력
29	유흥업소출입	왕따문화	개그	개그
30	도박	절교	헬조선	유흥업소출입
31	유튜브	개그	절교	학교폭력경험
32	성인물	헬조선	계급사회	학생폭력
33	왕따문화	성인물	왕따문화	성인물
34	계급사회	계급사회	성인물	왕따문화

상기 미래신호 탐지방법론에 따라 분석한 결과는 <표 1-3>, <표 1-4>와 같다. 사이버 학교폭력 긴장과 비행 요인에 대한 DoV 증가율과 평균단어빈도를 산출한 결과 DoV의 증가율의 중앙값은 0.206으로 사이버 학교폭력 긴장과 비행 요인은 평균적으로 증가하고 있는 것으로 나타났다. 성폭력, 임신, 성관계는 높은 빈도를 보이고 있으며 DoV 증가율은 중앙값보다 높게 나타나 시간이 갈수록 신호가 강해지는 것으로 나타났다. 학교통제, 음주, 약물의 평균단어빈도는 높게 나타났으며, DoV 증가율은 중앙값보다 낮게 나타나 시간이 갈수록 신호가 약해지는 것으로 나타났다(표 1-3). <표 1-4>와 같이 DoD는 DoV와 비슷한 추이를 보이나 DoD의 증가율의 중앙값은 −0.0165으로 사이버 학교폭력 긴장과 비행 요인의 확산은 평균적으로 감소하고 있는 것으로 나타났다. 앞에서 제시한 미래신호 탐색 절차와 같이 DoV의 평균단어빈도와 DoD의 평균문서빈도를 X축으로 설정하고 DoV와 DoD의 평균증가율을 Y축으로 설정한 후, 각 값의 중앙값을 사분면으로 나누면 2사분면에 해당하는 영역의 키워드는 약신호가 되고 1사분면에 해당하는 키워드는 강신호가 된다. 빈도수 측면에서는 상위 10위에 DoV와 DoD 모두 연예인, 학교통제, 성폭력, 가출, 전학, 흡연, 경제적문제, 음주, 무단결석, 성관계, 인터넷중독의 순으로 포함되었다.

〈표 1-3〉 사이버 학교폭력 긴장과 비행 요인의 DoV 평균증가율과 평균단어빈도

키워드	DoV				평균증가율	평균단어빈도
	2013년	2014년	2015년	2016년		
연예인	11803	9250	8784	14243	0.430	11020
학교통제	11988	9902	8369	8823	0.153	9771
성폭력	3513	2487	2297	6452	0.914	3687
가출	4161	4577	2398	2659	0.157	3449
전학	3329	2757	2576	2393	0.135	2764
흡연	2622	2384	1812	1577	0.071	2099
경제적문제	1851	2125	1719	1700	0.241	1849
음주	2183	1980	1582	1518	0.125	1816
무단결석	1914	1071	1121	1458	0.236	1391
성관계	1184	1413	1017	1432	0.409	1262
인터넷중독	1370	1682	1214	718	0.062	1246
부모이혼	1212	1144	1053	1202	0.271	1153
임신	905	821	882	1506	0.570	1029
채팅앱	1132	1025	728	852	0.182	934
약물	996	856	881	754	0.155	872
개인방송	1738	575	665	487	−0.064	866
가정폭력	837	678	709	752	0.232	744
게임	846	690	535	648	0.190	680
아동학대	376	484	420	1052	0.994	583
교통사고	542	359	592	715	0.485	552
유튜브	312	371	724	510	0.602	479
학업스트레스	632	552	330	382	0.117	474
유흥업소출입	330	508	317	248	0.234	351
도박	330	356	319	384	0.344	347
학교폭력경험	403	389	344	238	0.066	344

키워드	DoV				평균증가율	평균단어빈도
	2013년	2014년	2015년	2016년		
친구폭력	380	375	324	274	0.134	338
물질주의	365	361	309	314	0.208	337
개그	395	296	287	264	0.113	311
학생폭력	352	360	315	210	0.074	309
헬조선	380	267	266	323	0.235	309
절교	332	323	256	277	0.204	297
계급사회	91	77	164	398	1.297	183
왕따문화	129	331	147	81	0.479	172
성인물	259	117	122	148	0.151	162
중앙값					0.206	712

〈표 1-4〉 사이버 학교폭력 긴장과 비행 요인의 DoD 평균증가율과 평균문서빈도

키워드	DoD				평균증가율	평균문서빈도
	2013년	2014년	2015년	2016년		
연예인	5584	4513	4569	9787	0.269	6113
학교통제	5756	4807	3988	4076	−0.071	4657
성폭력	1810	1295	1252	4379	0.551	2184
가출	2516	1786	1385	1617	−0.108	1826
전학	1948	1764	1513	1449	−0.046	1669
흡연	1440	1210	1117	1020	−0.059	1197
경제적문제	1132	1201	1006	1086	0.042	1106
음주	1269	1222	980	892	−0.055	1091
무단결석	1393	677	731	1042	−0.019	961
부모이혼	838	834	707	737	0.009	779
임신	536	474	525	1233	0.390	692
성관계	684	614	437	750	0.083	621

키워드	DoD				평균증가율	평균문서빈도
	2013년	2014년	2015년	2016년		
인터넷중독	700	778	463	391	−0.090	583
약물	604	547	535	480	−0.014	542
가정폭력	604	412	495	542	0.028	513
채팅앱	600	485	460	464	−0.039	502
교통사고	445	292	424	544	0.161	426
게임	456	430	384	345	−0.031	404
학업스트레스	419	419	260	290	−0.059	347
유튜브	240	267	441	362	0.316	328
친구폭력	336	313	291	263	−0.021	301
학교폭력경험	353	322	300	228	−0.064	301
아동학대	222	287	224	440	0.338	293
학생폭력	309	298	282	201	−0.048	273
개인방송	365	176	264	265	0.037	268
절교	277	276	219	240	0.002	253
헬조선	327	218	189	241	−0.064	244
도박	226	227	257	237	0.093	237
유흥업소출입	206	287	235	174	0.090	226
물질주의	229	202	180	180	−0.032	198
개그	229	181	176	149	−0.078	184
왕따문화	116	211	129	62	0.123	130
계급사회	77	72	107	254	0.565	128
성인물	169	90	77	120	−0.054	114
중앙값					−0.0165	415

[그림 1-7], [그림 1-8], <표 1-5>와 같이 사이버 학교폭력 긴장과 비행 요인 관련 주요 키워드에서 약물은 KEM에서는 강하지만 증가율이 낮은 신호로 나타난 반면 KIM에서는 강신호로 나타났다. 이는 사이버 학교폭력 약물요인은 강신호로 빠르게 확산되는 것으

로 나타났다. KEM과 KIM에 공통적으로 나타나는 강신호(1사분면)에는 성폭력, 연예인, 임신, 성관계, 부모이혼, 경제적문제, 가정폭력이 포함되었고, 약신호(2사분면)에는 계급사회, 아동학대, 유튜브, 왕따문화, 도박, 유흥업소출입, 헬조선, 절교가 포함된 것으로 나타났다. 4사분면에 나타난 강하지만 증가율이 낮은 신호는 채팅앱, 인터넷중독, 가출, 전학, 흡연, 음주, 학교통제로 나타났으며, 3사분면에 나타난 잠재신호는 학업스트레스, 학교폭력경험, 친구폭력, 개그, 학생폭력, 성인물로 나타났다. 특히 약신호인 2사분면에는 계급사회, 아동학대, 유튜브가 높은 증가율을 보이고 있어 이들 키워드가 시간이 지나면 강신호로 발전할 수 있기 때문에 이에 대한 적극적인 대응책이 마련되어야 할 것으로 본다.

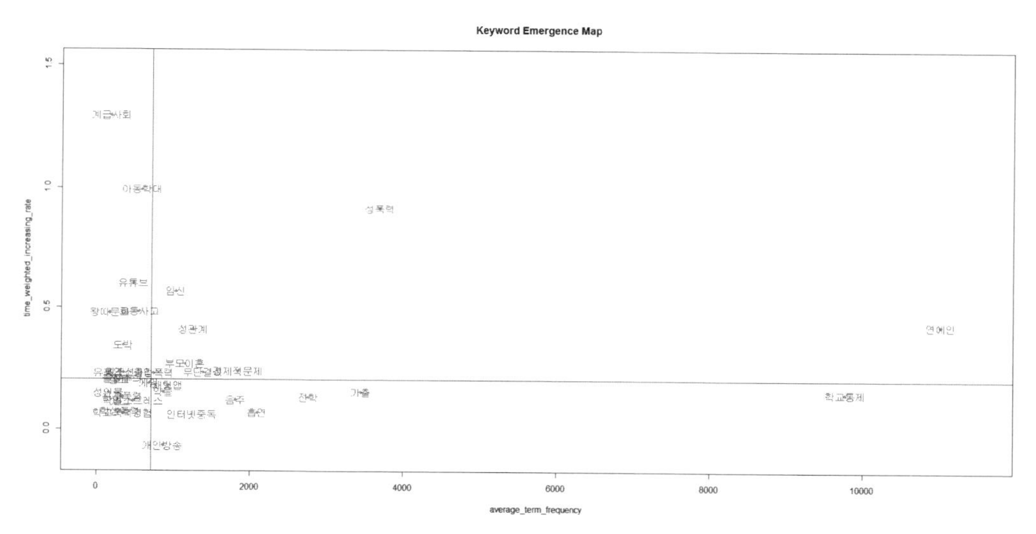

[그림 1-7] 사이버 학교폭력 긴장과 비행 요인의 KEM(Keyword Emergence Map)

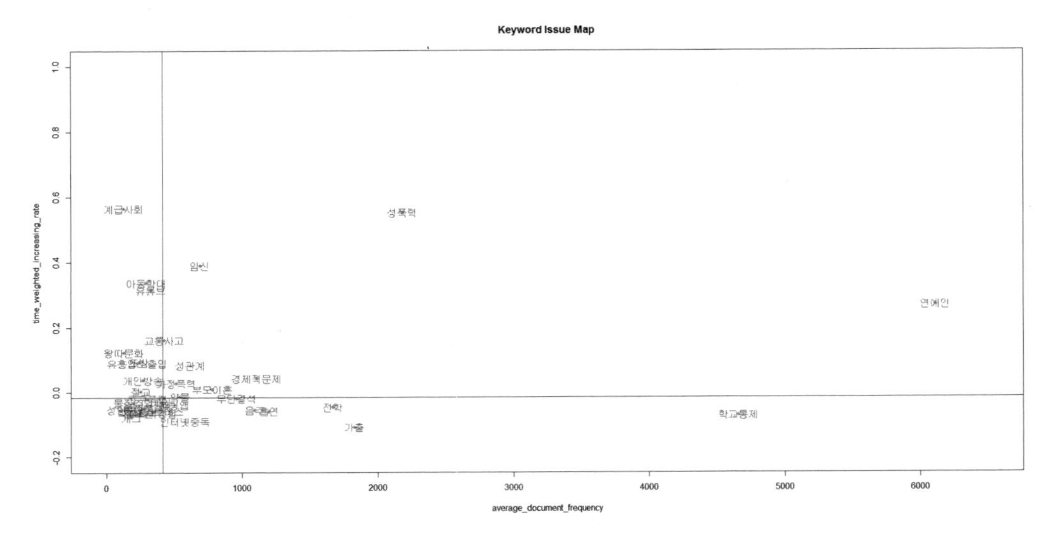

[그림 1-8] 사이버 학교폭력 긴장과 비행 요인의 KIM(Keyword Issue Map)

〈표 1-5〉 사이버 학교폭력 긴장과 비행 요인의 미래신호

구분	잠재신호 (Latent signal)	약신호 (Weak signal)	강신호 (Strong signal)	강하지만 증가율이 낮은 신호 (Strong but low increasing signal)
KEM	학업스트레스, 학교폭력경험, 친구폭력, 개그, 학생폭력, 성인물	계급사회, 아동학대, 유튜브, 왕따문화, 교통사고, 도박, 유흥업소출입, 물질주의, 헬조선, 절교	성폭력, 연예인, 임신, 성관계, 부모이혼, 무단결석, 경제적문제, 가정폭력	채팅앱, 약물, 인터넷중독, 개인방송, 가출, 전학, 흡연, 음주, 학교통제
KIM	게임, 학업스트레스, 학교폭력경험, 친구폭력, 개그, 학생폭력, 성인물, 물질주의	계급사회, 아동학대, 유튜브, 왕따문화, 도박, 유흥업소출입, 헬조선, 절교, 개인방송	성폭력, 연예인, 임신, 교통사고, 성관계, 부모이혼, 경제적문제, 가정폭력, 약물	채팅앱, 인터넷중독, 가출, 전학, 흡연, 음주, 학교통제, 무단결석
주요 신호	학업스트레스, 학교폭력경험, 친구폭력, 개그, 학생폭력, 성인물	계급사회, 아동학대, 유튜브, 왕따문화, 도박, 유흥업소출입, 헬조선, 절교	성폭력, 연예인, 임신, 성관계, 부모이혼, 경제적문제, 가정폭력	채팅앱, 인터넷중독, 가출, 전학, 흡연, 음주, 학교통제

3.2 사이버 학교폭력 미래신호 예측

랜덤포레스트 모형을 활용하여 사이버 학교폭력 감정(부정, 긍정)에 영향을 주는 긴장요인을 분석하면 [그림 1-9]와 같다. 랜덤포레스트 모형의 중요도(IncNodePurity) 그림을 살펴보면 사이버 학교폭력 감정에 가장 큰 영향을 미치는(부정과 긍정 감정을 분류하는 중요한 요인) 긴장요인은 '여성혐오'로 나타났다. 그 다음으로 친구폭력, 연예인, 학교통제, 학교폭력경험, 성적, 영화, 전학, 가정폭력 등의 순으로 나타났다.

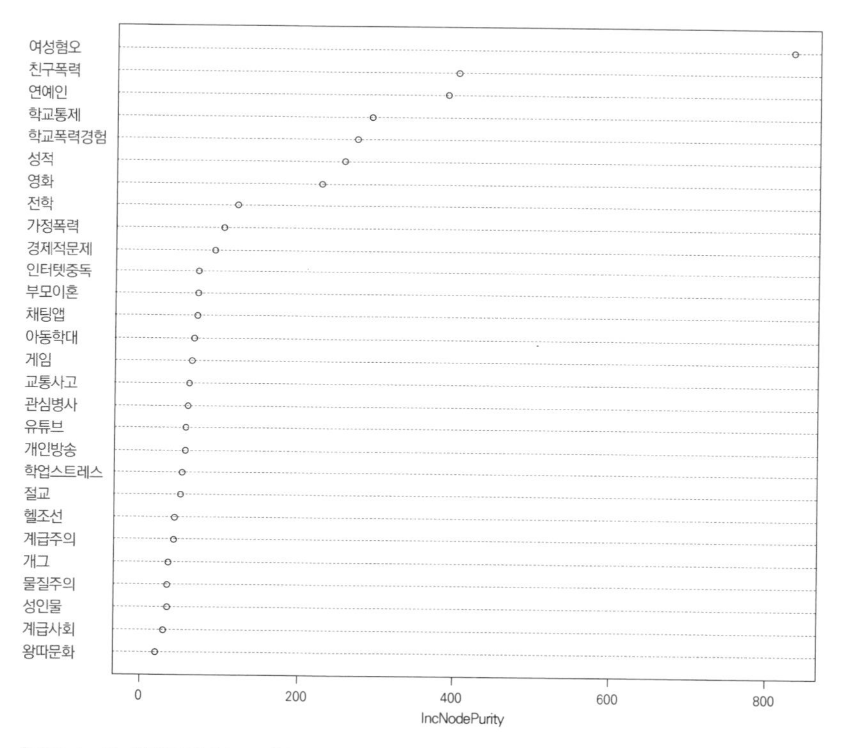

[그림 1-9] 랜덤포레스트 모형의 사이버 학교폭력 긴장요인의 중요도

랜덤포레스트 모형의 중요도로 나타난 긴장요인들이 사이버 학교폭력 감정에 미치는 영향을 로지스틱 회귀분석을 통하여 살펴본 결과 가정폭력, 아동학대, 친구폭력, 절교, 학교폭력경험, 전학, 개인주의, 여성혐오, 관심병사, 교통사고, 성인물, 채팅앱, 개인방송은 긍정보다 부정 감정의 확률이 높았다. 그리고 경제적문제, 학교통제, 성적, 물질주의, 게임, 인터넷 중독, 연예인, 영화, 개그, 유튜브는 부정보다 긍정 감정의 확률이 높았다(표 1-6).

〈표 1-6〉 사이버 학교폭력 감정에 영향을 주는 긴장요인(로지스틱 회귀모형)

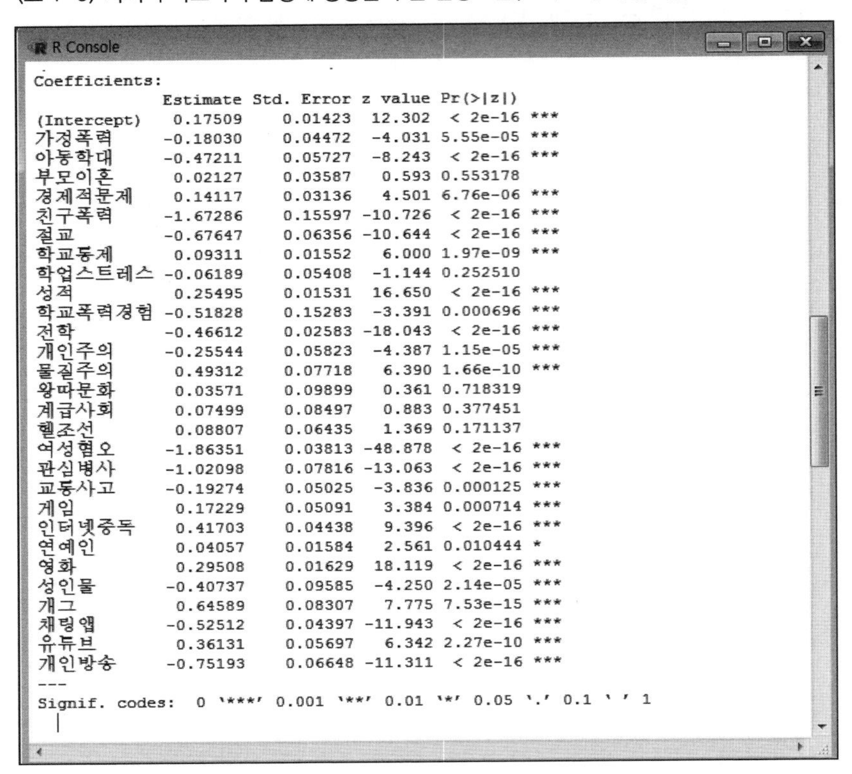

```
R Console
Coefficients:
              Estimate Std. Error z value Pr(>|z|)
(Intercept)    0.17509    0.01423  12.302  < 2e-16 ***
가정폭력      -0.18030    0.04472  -4.031 5.55e-05 ***
아동학대      -0.47211    0.05727  -8.243  < 2e-16 ***
부모이혼       0.02127    0.03587   0.593 0.553178
경제적문제     0.14117    0.03136   4.501 6.76e-06 ***
친구폭력      -1.67286    0.15597 -10.726  < 2e-16 ***
절교          -0.67647    0.06356 -10.644  < 2e-16 ***
학교통제       0.09311    0.01552   6.000 1.97e-09 ***
학업스트레스  -0.06189    0.05408  -1.144 0.252510
성적           0.25495    0.01531  16.650  < 2e-16 ***
학교폭력경험  -0.51828    0.15283  -3.391 0.000696 ***
전학          -0.46612    0.02583 -18.043  < 2e-16 ***
개인주의      -0.25544    0.05823  -4.387 1.15e-05 ***
물질주의       0.49312    0.07718   6.390 1.66e-10 ***
왕따문화       0.03571    0.09899   0.361 0.718319
계급사회       0.07499    0.08497   0.883 0.377451
헬조선         0.08807    0.06435   1.369 0.171137
여성혐오      -1.86351    0.03813 -48.878  < 2e-16 ***
관심병사      -1.02098    0.07816 -13.063  < 2e-16 ***
교통사고      -0.19274    0.05025  -3.836 0.000125 ***
게임           0.17229    0.05091   3.384 0.000714 ***
인터넷중독     0.41703    0.04438   9.396  < 2e-16 ***
연예인         0.04057    0.01584   2.561 0.010444 *
영화           0.29508    0.01629  18.119  < 2e-16 ***
성인물        -0.40737    0.09585  -4.250 2.14e-05 ***
개그           0.64589    0.08307   7.775 7.53e-15 ***
채팅앱        -0.52512    0.04397 -11.943  < 2e-16 ***
유튜브         0.36131    0.05697   6.342 2.27e-10 ***
개인방송      -0.75193    0.06648 -11.311  < 2e-16 ***
---
Signif. codes:  0 '***' 0.001 '**' 0.01 '*' 0.05 '.' 0.1 ' ' 1
```

주: 기준범주: 부정

사이버 학교폭력 긴장요인의 예측을 위한 의사결정나무 모형은 [그림 1-10]과 같다. 나무 구조의 최상위에 있는 뿌리나무는 예측변수(독립변수)가 투입되지 않은 종속변수의 빈도를 나타낸다. 뿌리마디의 사이버 학교폭력에 대한 감정의 비율을 보면 부정의 감정은 46.3%, 긍정의 감정은 53.7%로 나타났다. 뿌리마디 하단의 가장 상위에 위치하는 긴장요인이 종속변수에 영향력이 가장 높은 요인(관련성이 깊은)이므로 '여성혐오' 요인의 영향력이 가장 큰 것으로 나타났다. 즉 온라인 문서에 여성혐오 요인이 있는 경우 부정은 이전의 46.3%에서 84.0%로 증가하고, 긍정은 이전의 53.7%에서 16.0%로 감소하였다.

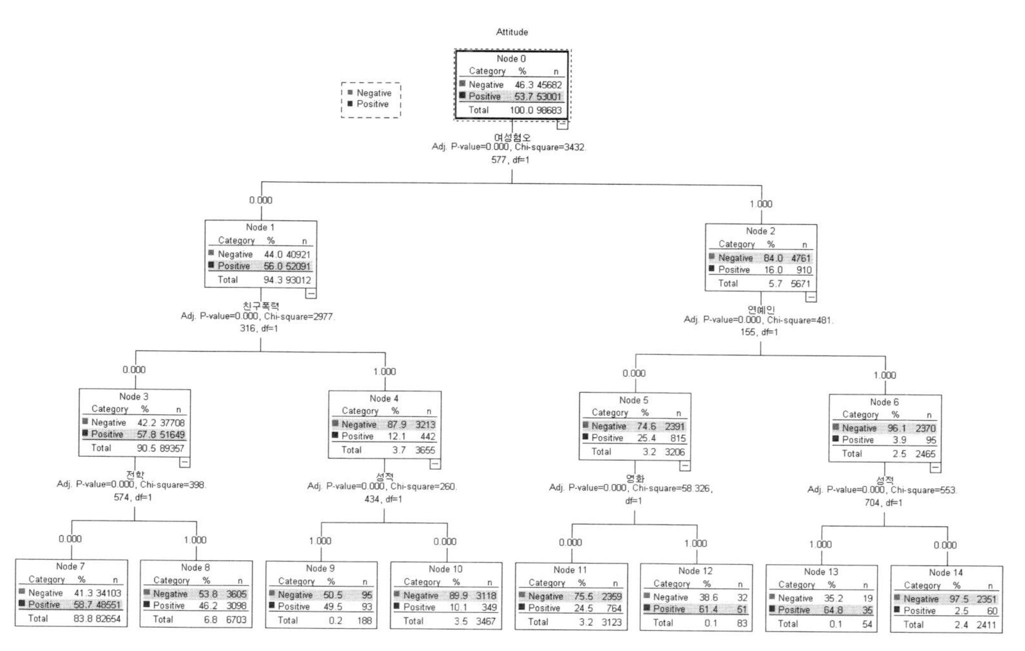

[그림 1-10] 사이버 학교폭력 긴장요인의 의사결정나무 모형

본 연구의 다층신경망은 28개의 긴장요인을 입력층으로 투입하고 은닉층은 5개로 지정하였으며 출력층은 사이버 학교폭력에 대한 태도(부정, 긍정)로 구성하였다(그림 1-11). 전체 데이터를 다층신경망 모형에 적용한 결과 사이버 학교폭력의 전체 긴장요인 대한 부정적 감정은 평균 46.01%로 나타났다. 개별 긴장요인에 대한 부정적 감정은 가정폭력 0.57%, 아동학대 0.45%, 부모이혼 0.74%, 경제적문제 0.92%, 친구폭력 1.56%, 절교 0.36%, 학교통제 8.74%, 학업스트레스 0.35%, 성적 7.85%, 학교폭력경험 1.54%, 전학 2.39%, 개인주의 0.52%, 물질주의 0.12%, 왕따문화 0.12%, 계급사회 0.12%, 헬조선 0.24%, 여성혐오 3.44%, 관심병사 0.35%, 교통사고 0.41%, 게임 0.35%, 인터넷중독 0.48%, 연예인 7.44%, 영화 5.17%, 성인물 0.13%, 개그 0.12%, 채팅앱 0.77%, 유튜브 0.32%, 개인방송 0.44%로 나타났다.

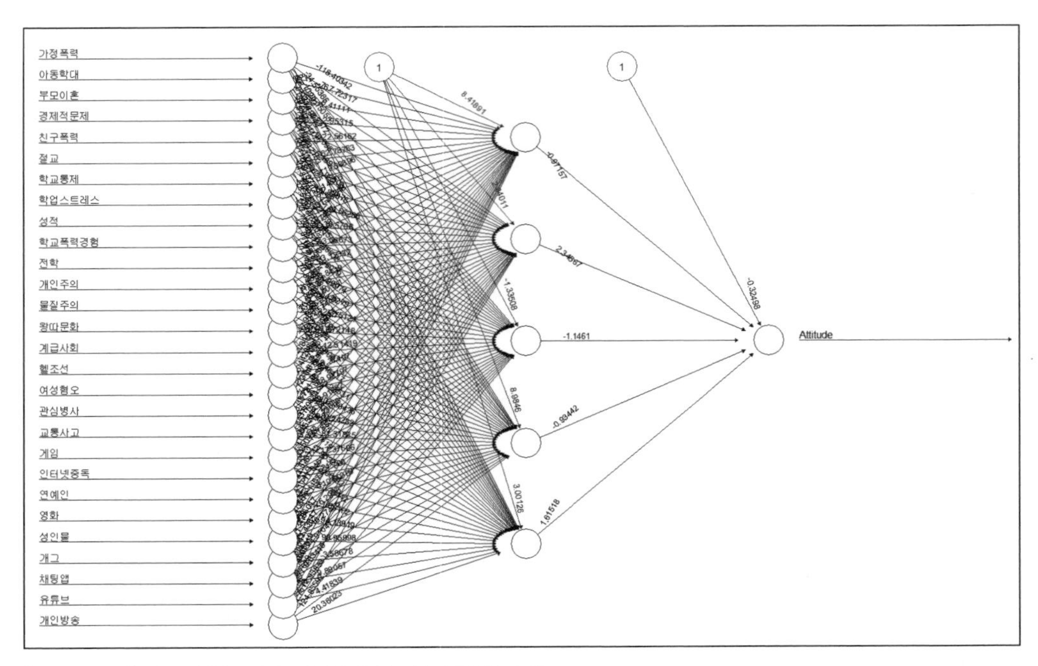

[그림 1-11] 사이버 학교폭력 긴장요인의 다층신경망 모형

소셜 빅데이터 분석에서 연관분석은 하나의 온라인 문서에 포함된 둘 이상의 단어들에 대한 상호관련성을 발견하는 것이다. 본 연구에서는 <표 1-7>과 같이 긴장요인 간의 연관규칙을 분석하였다. 그 결과 {친구폭력, 학교통제} => {학교폭력경험} 세 개 요인의 연관성은 지지도 0.004, 신뢰도는 0.987, 향상도는 26.4로 379건의 문서에서 이와 같은 규칙이 나타났다. 이는 온라인 문서에서 '친구폭력, 학교통제' 요인이 언급되면 학교폭력경험이 언급될 확률이 98.7%이며, '친구폭력, 학교통제'가 언급되지 않은 문서보다 학교폭력경험이 언급될 확률이 약 26.4배 높아지는 것을 나타낸다.

〈표 1-7〉 사이버 학교폭력 긴장요인의 연관규칙

```
R Console
> rules.sorted=sort(rules1, by="lift")
> inspect(rules.sorted)
     lhs                                rhs            support      confidence   lift        count
[1]  {친구폭력,학교통제}             => {학교폭력경험} 0.003840580444 0.9869791667 26.416616519  379
[2]  {친구폭력}                      => {학교폭력경험} 0.036125776476 0.9751094092 26.098921027 3565
[3]  {학교폭력경험}                  => {친구폭력}     0.036125776476 0.9669107676 26.098921027 3565
[4]  {학교통제,학교폭력경험}         => {친구폭력}     0.003840580444 0.9546599496 25.768246118  379
[5]  {친구폭력,성적}                 => {학교폭력경험} 0.001813888917 0.9470899471 25.348976742  179
[6]  {성적,학교폭력경험}             => {친구폭력}     0.001813888917 0.8523809524 23.007524487  179
[7]  {부모이혼,학교통제,연예인}      => {영화}         0.001560552476 0.6637931034  2.913150175  154
[8]  {학교통제,전학,연예인}          => {영화}         0.001803755459 0.6267605634  2.750627621  178
[9]  {성적,개그}                     => {영화}         0.001236281832 0.5837320574  2.561790920  122
[10] {경제적문제,학교통제,연예인}    => {영화}         0.001905090036 0.5628742515  2.470253480  188
[11] {학교통제,교통사고}             => {영화}         0.001884823120 0.5454545455  2.393804630  186
[12] {학교통제,성적,연예인}          => {영화}         0.007164354549 0.5417624521  2.377601355  707
[13] {절교,연예인}                   => {영화}         0.001033612679 0.5340314136  2.343672596  102
[14] {교통사고,연예인}               => {영화}         0.001590952849 0.5286195286  2.319921771  157
[15] {학교통제,학업스트레스}         => {성적}         0.001753088171 0.7004048583  2.310172554  173
[16] {절교,학교통제}                 => {영화}         0.001134947255 0.5185185185  2.275592056  112
[17] {연예인,개그}                   => {영화}         0.001428817527 0.4895833333  2.148605892  141
[18] {학교통제,연예인}               => {영화}         0.024218963753 0.4806918745  2.109584464 2390
[19] {학교통제,개인주의}             => {성적}         0.001175481086 0.6338797814  2.090750308  116
[20] {개인주의,연예인}               => {성적}         0.001256548747 0.6138613861  2.024722857  124
[21] {가정폭력,부모이혼}             => {성적}         0.001388283696 0.6008771930  1.981896589  137
[22] {학업스트레스,연예인}           => {성적}         0.001226148374 0.5845410628  1.928014496  121
[23] {경제적문제,물질주의}           => {성적}         0.001580819391 0.5820895522  1.919928583  156
[24] {가정폭력,경제적문제}           => {성적}         0.001965890782 0.5808383234  1.915801606  194
[25] {가정폭력,연예인}               => {성적}         0.001965890782 0.5791044776  1.910082796  194
[26] {부모이혼,경제적문제}           => {성적}         0.002523230952 0.5737327189  1.892364915  249
[27] {가정폭력,아동학대}             => {성적}         0.001722687798 0.5629139073  1.856680809  170
[28] {영화,유튜브}                   => {연예인}       0.001976024239 0.4814814815  1.849586867  195
[29] {경제적문제,학교통제,연예인}    => {성적}         0.001874689663 0.5538922156  1.826924212  185
[30] {물질주의,연예인}               => {성적}         0.001459217900 0.5538461538  1.826772285  144
[31] {경제적문제,연예인}             => {성적}         0.006961685397 0.5522508039  1.821510280  687
[32] {가정폭력,영화}                 => {성적}         0.002391496002 0.5437788018  1.793566747  236
[33] {부모이혼,전학}                 => {성적}         0.001226148374 0.5426008969  1.789681617  121
[34] {경제적문제,전학}               => {성적}         0.001134947255 0.5384615385  1.776028611  112
[35] {게임,인터넷중독}               => {성적}         0.001307216035 0.5352697095  1.765500877  129
[36] {경제적문제,연예인,영화}        => {성적}         0.002898168884 0.5257352941  1.734053144  286
[37] {경제적문제,학교통제}           => {성적}         0.005624068989 0.5255681818  1.733501951  555
[38] {학업스트레스,인터넷중독}       => {성적}         0.001550419018 0.5204081633  1.716482462  153
[39] {학업스트레스}                  => {성적}         0.007863563126 0.5183700735  1.709760151  776
[40] {학교통제,물질주의}             => {성적}         0.001449084442 0.5017543860  1.654955983  143
[41] {부모이혼,학교통제}             => {성적}         0.003587244004 0.4992947814  1.646843374  354
[42] {성적,학교폭력경험}             => {학교통제}     0.001064013052 0.5000000000  1.625642462  105
[43] {게임,영화}                     => {성적}         0.001955757324 0.4910941476  1.619794905  193
[44] {물질주의}                      => {성적}         0.004225651835 0.4865810968  1.604909335  417
[45] {학교통제,전학,연예인}          => {성적}         0.001388283696 0.4823943662  1.591100078  137
>
> |
```

사이버 학교폭력 긴장요인의 연관규칙에 대한 소셜 네트워크 분석(Social Network Analysis, SNA) 결과 [그림 1-12]와 같이 사이버 학교폭력 긴장요인은 영화에는 학교통제, 성적, 전학, 연예인, 부모이혼 등이 상호 연결되어 있으며, 성적에는 학업스트레스, 가정폭력, 게임, 인터넷중독, 부모이혼, 학교통제 등이 상호 연결되어 있는 것으로 나타났다.

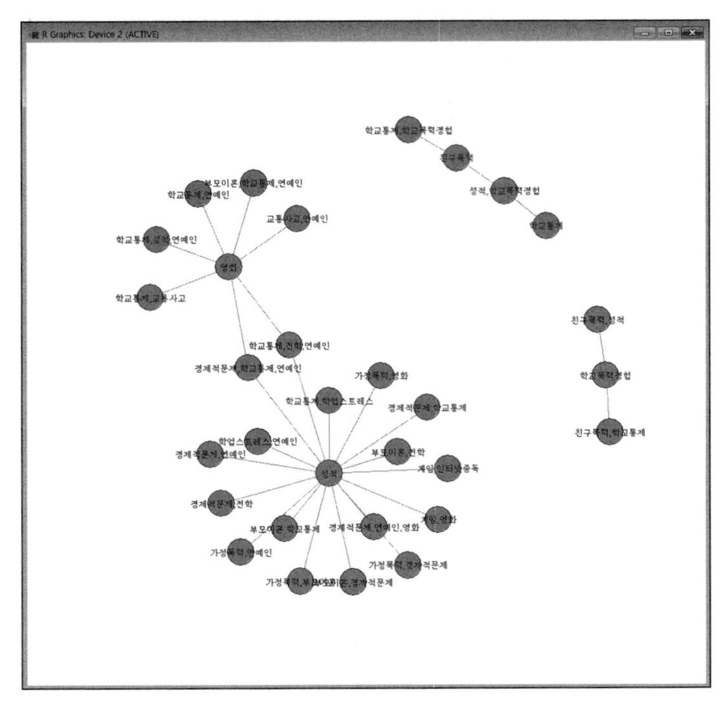

[그림 1-12] 사이버 학교폭력 긴장요인 연관규칙의 SNA

4 결론 및 고찰

본 연구에서는 사이버 학교폭력 관련 온라인 문서를 수집하여 주제분석과 감성분석을 통하여 사이버 학교폭력 관련 주요 키워드를 분류하고 머신러닝을 활용하여 사이버 학교폭력과 관련하여 나타나는 주요 원인과 방법 등에 대한 미래신호를 탐지하고 예측모형을 제시하였다. 주요 분석결과를 요약하면 다음과 같다.

첫째, 본 연구 자료의 분석에서 가해자는 4.8%, 피해자는 20.8%, 방관자는 3.4%, 복합형은 2.7%, 일반인은 68.3%로 나타났다. 둘째, 사이버 학교폭력 긴장과 비행 요인에 대한 미래신호 탐색에서 중요도 지수를 고려한 단어빈도(TF-IDF) 분석결과 학교통제가 매우 중요한 신호로 나타났다. 그리고 사이버 학교폭력 긴장과 비행 요인의 신호는 매년 증가하고 있는 것으로 나타났다. 약물요인은 확산도를 나타내는 DoD에서 강신호로 나타나 약물요인의 신호는 매년 빠르게 확산되는 것으로 나타났다. 그리고 약신호인 미래신호에서 계급사회, 아동학대, 유튜브 요인이 높은 증가율을 보이고 있는 것으로 나타났다. 셋째, 랜덤포레스트 모형에서 사이버 학교폭력 감정에 가장 큰 영향을 미치는 긴장요인은 '여성혐오' 요인으로 나타났다. 넷째, 로지스틱 회귀분석 결과, 가정폭력, 아동학대, 친구폭력, 절교, 학교폭력경험, 전학, 개인주의, 여성혐오, 관심병사, 교통사고, 성인물, 채팅앱, 개인방송 요인은 긍정보다 부정 감정의 확률이 높게 나타났다. 다섯째, 다층신경망 분석결과 긴장요인에 대한 전체적인 부정적 감정은 46.01%로 나타났으며, 학교통제, 성적, 연예인, 영화, 여성혐오, 전학, 친구폭력, 학교폭력경험, 경제적문제, 채팅앱 요인 등의 순으로 부정적 감정에 영향을 미치는 것으로 나타났다.

본 연구결과를 중심으로 논의하면 다음과 같다.

첫째, 본 연구자료의 분석에서 사이버 학교폭력의 유형은 노언경 · 홍세희(No & Hong, 2013)의 연구에서 전체 청소년의 61.8%는 일반집단이며 나머지 38.2%가 가해집단, 피해집단, 가해피해집단으로 나타난 결과와 비슷한 것으로 나타났다. 이는 소셜 빅데이터의 주제분석과 감성분석을 통한 사이버 학교폭력 유형의 분류와 예측이 어느 정도 타당함을 입증하였다. 즉, 기존의 연구에서 전통적 학교폭력 유형의 분류방법은 범주화된 응답 자료에서 표준편차와 중앙값에 의해 분류하거나, 가해경험과 피해경험에 대한 잠재계층의 수를 비교하여 분류하는 방식을 사용하였다. 본 연구의 감성분석에서는 피해자 성향 표현이 가해자나 방관자 성향 표현보다 많이 나타나면 피해자 집단으로 분류하고, 가해자 성향 표현이 피해자나 방관자 성향 표현보다 많이 나타나면 가해자 집단으로 분류하였으며, 방관자 성향 표현이 피해자나 가해자 성향 표현보다 많이 나타나면 방관자 집단으로 분류하였다. 따라서 본 연구에서는 감성분석에 의한 사이버 학교폭력의 예측과 전통적 학교폭력 유형의 예측이 비슷하게 나타나, 비정형 소셜 빅데이터의 분류에 감성분석의 적용이 타당하다는 것을 보여주었다. 둘째, 사이버 학교폭력의 긴장과 비행 요인의 미래신호 탐색에서 약물요인은 매년 빠르게 확산되고 있어, 사이버상에서 청소년들의 약물 접근을 방지할 수 있는 방안이 마련되어야 할 것이다. 그리고 미래신호 중 계급사회, 아동학대, 유튜브 요인은 높은 증가율을 보이고 있어 이들 요인들에 대한 적극적인 대응책이 마련되어야 할 것으로 본다. 셋째, 사이버 학교폭력 감정에 가장 큰 영향을 미치는 긴장요인은 '여성혐오' 요인으로 나타나 이는 사이버 학교폭력 대상이 여성이 많음을 보여주는 것으로 이에 대한 대응책이 마련되어야 할 것으로 본다. 넷째, 본 연구에서 제안한 머신러닝 모형은 사이버 학교폭력의 긴장요인에 대한 부정적 감정의 확률을 예측할 수 있다. 따라서 매일 발생하는 사이버 학교폭력의 온라인 문서에 대해 본 연구에서 개발된 머신러닝 모형을 적용하면 개별 긴장요인에 대한 위험도를 예측할 수 있을 것으로 본다. 다섯째, 본 연구는 사이버 학교폭력 위험 예측에 소셜 빅데이터를 활용하였다. 이처럼 사회 각 분야에서 다양한 형태로 존재하는 빅데이터를 효율적으로 활용할 경우, 국가 차원의 위험요인에 대한 예방대책을 수립하는 데 기여할 수 있을 것이다. 그리고 빅데이터를 활용하여 사이버 학교폭력과 같은 복잡한 사회문제를 실시간으로 예측하고 대처하기 위해서는 빅데이터를 분석할 수 있는 기술개발과 표준화된 방법론의 개발은 물론, 대규모 데이터 속에 숨겨진 정보를 찾아내는 데이터 사이언티스트(data scientist)를 양성하여야 할 것이다.

본 연구는 개개인의 특성을 가지고 분석한 것이 아니라 그 구성원이 속한 전체 집단의 자료를 대상으로 분석하였기 때문에 이를 개인에게 적용하였을 경우 생태학적 오류(ecological fallacy)가 발생할 수 있다. 또한, 본 연구에서 정의된 사이버 학교폭력 관련 요인(용어)은 온라인 문서 내에서 발생한 감성이나 단어의 빈도로 정의되었기 때문에 기존의 이론적 모형에서의 사이버 학교폭력 요인과 의미가 다를 수 있으므로 후속 연구에서의 검증이 필요할 것이다. 그러나 이러한 제한점에도 불구하고 본 연구는 소셜 빅데이터에서 수집된 사이버 학교폭력 온라인 문서를 주제분석과 감성분석을 통하여 한국의 사이버 학교폭력 유형의 분류와 위험 예측이 타당함을 검증하려 하였고, 머신러닝을 통하여 한국의 사이버 학교폭력 유형별 위험요인의 예측모형을 제시한 점에서 분석방법론적으로 의의가 있다. 또한, 실제적인 내용을 빠르게 효과적으로 파악하여 사회통계가 지닌 한계를 보완할 수 있는 새로운 조사방법으로서 빅데이터의 가치를 확인하였다는 점에서 조사방법론적 의의를 가진다고 할 수 있다.

참고문헌

1. 교육부(2017. 7. 10. 보도자료). 2017년 1차 학교폭력 실태조사 결과.
2. 미래창조과학부(2016. 12. 27). 제4차 산업혁명에 대응한 지능정보사회 중장기 종합계획.
3. 박찬국·김현제(2015). 사물인터넷을 통한 에너지 신산업 발전방향 연구－텍스트마이닝을 이용한 미래 신호 탐색. 에너지경제연구원.
4. 송태민·송주영(2017). 머신러닝을 활용한 소셜 빅데이터 분석과 미래신호 예측. 한나래출판사.
5. 정근하(2010). 텍스트마이닝과 네트워크분석을 활용한 미래예측 방법 연구. 한국과학기술기획평가원.
6. Agnew, R. (1992). "Foundation for a General Strain Theory of Crime and Delinquency." *Criminology*, Vol 30, pp. 47－87.
7. Agnew, R., & H. R. White (1992). "An Empirical Test of General Strain Theory." *Criminology*, Vol. 30, pp. 473－499.
8. Ansoff, H. I. (1975). Managing strategic surprise by response to weak signals. *Californian Management Review*, 18(2), 21－33.
9. Bond, L., Carlin, J. B., Thomas, L., Rubin, K. & Patton, G. (2001). Does bullying cause emotional problems? A prospective study of young teenagers. *British Medical Journal*, 323, 480－484.
10. Choi, Y. J., Jhin, H. K., & Kim, J. W. (2001). A study on the personality trait of bullying & victimized school childrens. *Journal of Child & Adolescent Psychiatry*, 12(1), 94－102.
11. Coie, J. D. (1990). Toward a Theory of Peer Rejection. In Asher, S. R. & Coie, J. D. (Eds.), *Peer Rejection in Childhood*. New York: Cambridge University Press, 365－401.
12. Gini, G., Albiero, P., Benelli, B., & Altoè, G. (2008). Determinants of adolescents' active defending and passive bystanding behavior in bullying. *Journal of Adolescence*, 31, 91－105.
13. Hawkins, D. L., Pepler, D. J. & Craig, W. M. (2001). Naturalistic observation of peer interventions in bullying. *Social Development*, 10, 512－527.
14. Hiltunen, E. (2008). "The future sign and its three dimensions". *Futures 40*, 247－260.
15. Hoffman, J., & A. Miller. (1998). "A Latent Variable Analysis of General StrainTheory." *Journal of Quantitative Criminology*, Vol. 14. pp. 83－111.
16. Jang, S. J., & Choi, Y. K. (2010). Development and validation of choldren's reactions scale to peer bullying. *The Korean Journal of School Psychology*, 7(2), 251－267.
17. Kim, Y. j. (2012). 37% of children of multicultural families bullying. *The Chosun Daily*, January 12.

18. Lee, J. G. (2007). Bullying and Alternative of Criminal Policy. *Victimology*, 15(2), 285–309.
19. Mazerolle, P., & A. Piquero (1998). "Linking Exposure to Strain with Anger: An Investigation of Deviant Adaptations." *Journal of Criminal Justice*, 26, pp.195–211.
20. Moon, B., Hwang, H., & McCluskey, J. D. (2011). Causes of school bullying: Empirical test of a general theory of crime, differential association theory, and general strain theory. *Crime & Delinquency*, 57, 849–877.
21. No.SG, Framework about ontology development. *Korea Intelligent Information Systems Society*. 2009.11, 141–148.
22. Olweus, D. (1994). Bullying at school: Long-term outcomes for the victims and an effective school-based intervention program. In L. R. Huesmann (Ed.), *Aggressive behavior: Current Perspectives*. New York: Plenum.
23. Park, J. K. (2000). A Socio-Cultural Study on Peer Rejection Phenomenon of Adolescent Group. *Korean Journal of Youth Studies*, 7(2), 39–71.
24. Patterson, G. R., DeBaryshe, B. D., & Ramsey, E. (1989). A developmental perspective on anti-social behavior. *American Psychologist*, 44, 306–329.
25. Perry, D. G., Kusel, S. J., & Perry, L. C. (1998). Victims of peer aggression. *Developmental Psychology*, 24(6), 807–814.
26. No, U., & Hong, S. (2013). Classification and Prediction of early Adolescents' Bullying and Victimized Experiences Using Dual Trajectory Modeling Approach. *Survey Research*, 14(2), 49–76.
27. Noh, K. A., & Baik, J. S. (2013). A Discriminant Analysis on the Determinants of Adolescent Group Bullying Type. *Youth Facility & Environment*, 11(3), 113–124.
28. Katzer, C., Fetchenhauer, D., & Belschank, F. (2009). Cyberbullying: Who are the victims? A comparison of victimization in internet chatrooms and victimization in school. *Journal of Media Psychology*, 21(1), 25–36.
29. Kim HY · Park HA · Min YH · Jeon E (2013). Development of an obesity management ontology based on the nursing process for the mobile-device domain. *J Med Internet Res*, 15(6), e130.doi: 10.2196/jmir.2512.
30. Kim, Y. j. (2012). 37% of children of multicultural families bullying. *The Chosun Daily*, January 12.
31. Kim, Y. S., Koh, Y. J., Noh, J. S., Park, M. S., Sohn, S. H., & Suh, D. H., et al. (2001). School Bullying and Related Psychopathology in Elementary School Students. *J Korean Neuropsychiatr Assoc*, 40(5), 876–884.

32. Kim, W. J. (2004). Wang-Ta: A review on its significance, realities, and cause. *Korea Journal of Counseling*, 5(2), 451–472.
33. Randoll, P. (1997). Adult Bullying: Perpetrators and Victims. London: Routledge.
34. Slonje, R., Smith, P. K., & Frisén, A. (2013). The nature of cyberbullying and strategies for prevention. *Computers in Human Behavior*, 29, 26–32.
35. Smith, P. K. (2012). Cyberbullying and Cyber Aggression. In Jimerson, S. R., Nickerson, A. B., Mayer, M. J. & Furlong, M. J. (Eds.), Handbook of School Violence and School Safety: International Research and Practice. New York, NY: Routledge, 93–103.
36. Song, J. (2013). Examining bullying among Korean Youth: An empirical test of GST and MST. *Hanyang Law Review*, 24(2), 221–246.
37. Şahin, M., Aydin, B. & Sari, S. V. (2012). Cyber bullying, cyber victimization and psychological symptoms: A study in adolescents. *Cukurova University Faculty of Education Journal*, 41(1), 53–59.
38. Spärck Jones, K. (1972). "A Statistical Interpretation of Term Specificity and Its Application in Retrieval". *Journal of Documentation*, 28, 11 – 21. doi:10.1108/eb026526.
39. Willard, N. (2007). Educator's Guide to Cyberbullying and Cyberthreats, 1–16.
40. Yoo, S. H., Park, H. W., & Kim, K. H. (2009). A study on exploring weak signals of technology innovation using informetrics. *Journal of Technology Innovation*, 17(2), 109–130.
41. Yoon, J. (2012). "Detecting weak signals for long-term business opportunities using text mining of Web news." *Journal Expert Systems with Applications*, 39(16), 12543–12550.

소셜 빅데이터 분석방법론[1]

1 R의 설치와 활용

R 프로그램(이하 R)은 통계분석과 시각화 등을 위해 개발된 오픈소스 프로그램(소스코드 공개를 통해 누구나 코드를 무료로 이용하고 수정·재배포할 수 있는 소프트웨어)이다. R은 1976년 벨연구소(Bell Laboratories)에서 개발한 S언어에서 파생된 오픈소스 언어로, 뉴질랜드 오클랜드대학교(University of Auckland)의 로버트 젠틀맨(Robert Gentleman)과 로스 이하카(Ross Ihaka)에 의해 1995년에 소스가 공개된 이후 현재까지 'R development core team'에 의해 지속적으로 개선되고 있다. 대화방식(interactive) 모드로 실행되기 때문에 실행 결과를 바로 확인할 수 있으며, 분석에 사용한 명령어(script)를 다른 분석에 재사용할 수 있는 오브젝트 기반 객체지향적(object-oriented) 언어이다.

R은 특정 기능을 달성하는 명령문의 집합인 패키지와 함수의 개발에 용이하여 통계학자들 사이에서 통계소프트웨어 개발과 자료분석에 널리 사용된다. 오늘날 CRAN

1 본 장의 일부 내용은 '송태민·송주영(2017). 머신러닝을 활용한 소셜 빅데이터 분석과 미래신호 예측.'에서 발췌한 내용임을 밝힌다.

(Comprehensive R Archive Network)을 통하여 많은 전문가들이 개발한 패키지와 함수를 공개함으로써 그 활용 가능성을 지속적으로 높이고 있다.

1.1 R 설치

R 프로젝트의 홈페이지(http://www.r-project.org)에서 다운로드 받으면 누구나 R을 설치해 사용할 수 있다. 특히 R의 그래프나 시각화를 이용하려면 현재 윈도 운영체제(OS)에 적합한(32비트 혹은 64비트) 자바 프로그램을 설치하여야 한다. R과 자바의 설치 절차는 다음과 같다.

1. R 프로젝트의 홈페이지에서 R-3.4.2-win.exe을 다운로드 받아 실행시킨다.

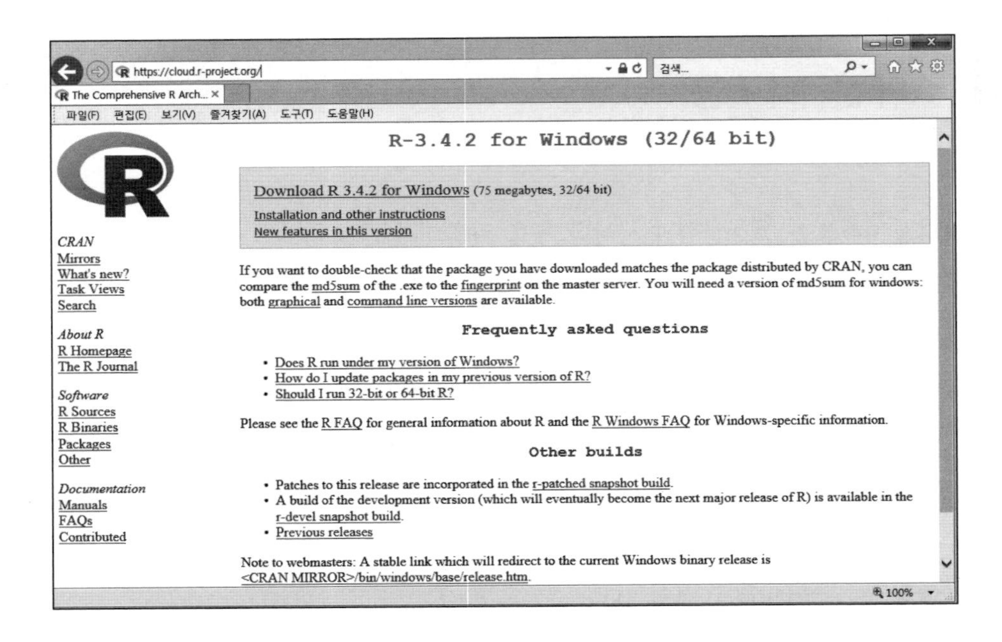

2. 설치 언어로 'English'를 선택한 후 **[확인]** 버튼을 누른다.

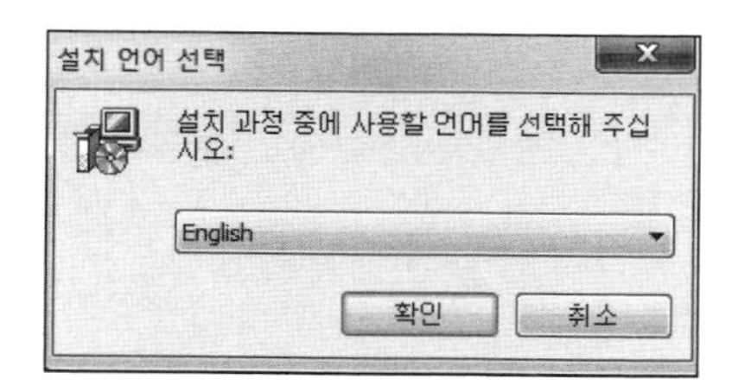

3. [Next]를 선택한 후 설치를 시작한다. 설치 정보가 나타나면 계속 [Next]를 누른다.

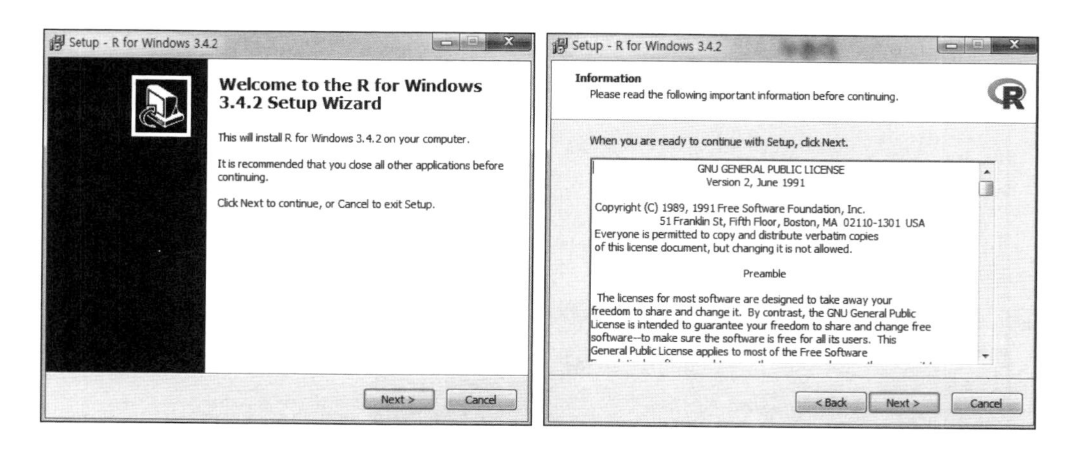

4. R 프로그램을 설치할 위치를 설정한다. 기본으로 설정된 폴더를 이용할 경우 [Next]를 선택한다. 설치할 해당 PC의 운영체제에 맞는 구성요소를 설치한 후 [Next]를 누른다.

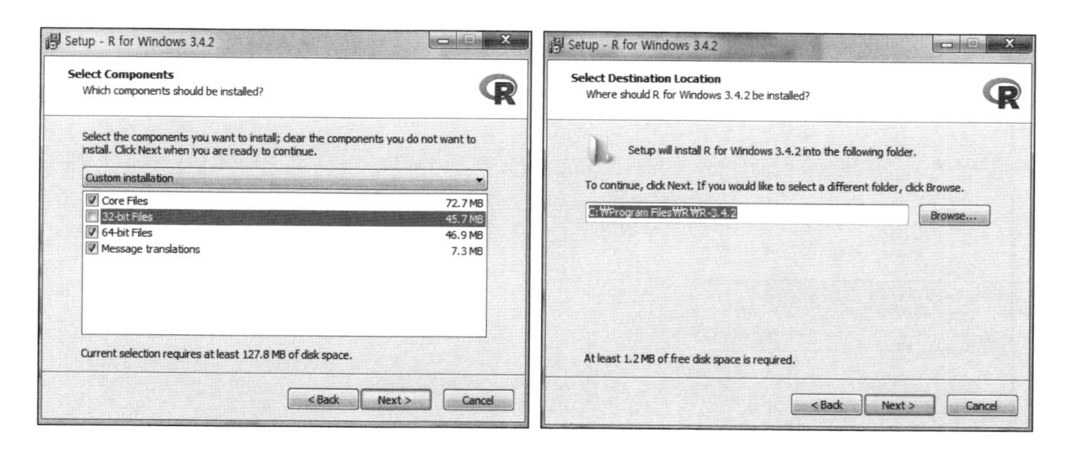

5. 스타트업 옵션은 'No(accept defaults)'를 선택하고 [Next]를 누른다. R의 시작메뉴 폴더를 선택한 후 [Next]를 누른다.

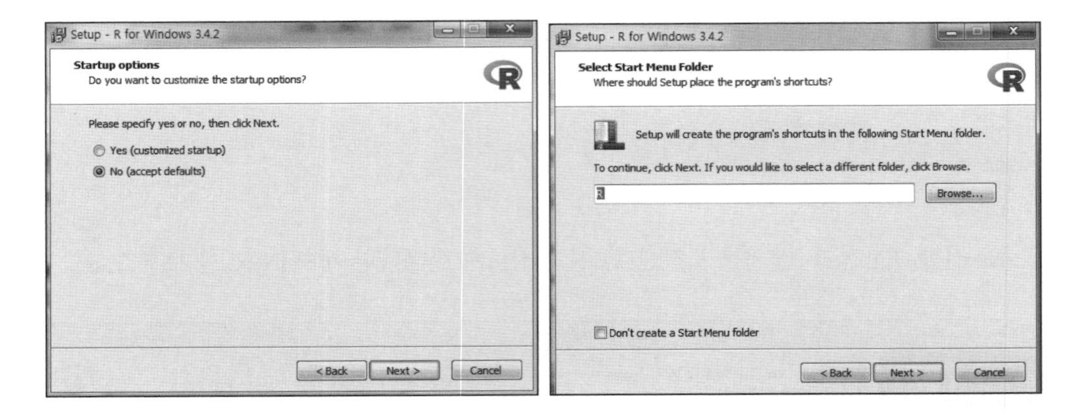

6. 설치 추가사항을 지정하고(기본값 사용) [Next]를 누른다. 설치 중 화면이 나타난 후, 설치 완료 화면이 나타나면 [Finish]를 누른다.

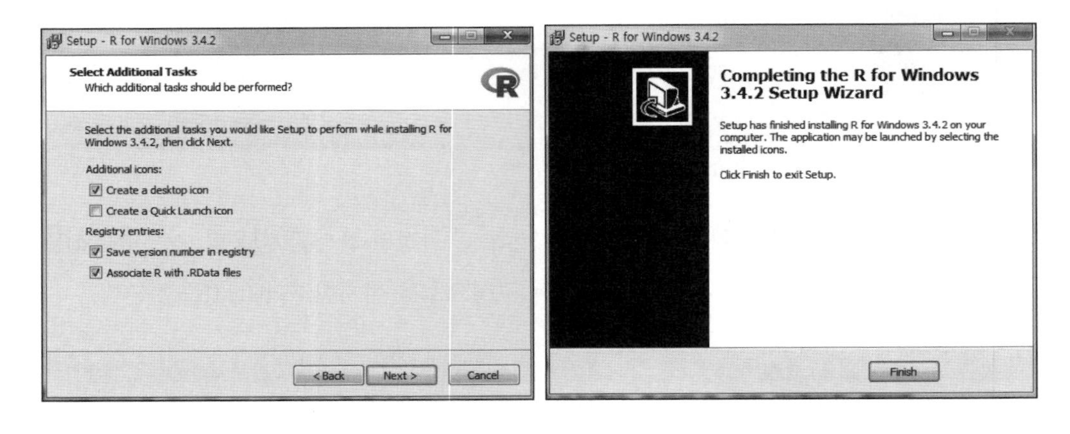

7. 구글에서 자바 프로그램(jdk se development)을 검색한 후, 다운로드 홈페이지에서 해당 PC에 맞는 jdk 파일을 다운로드하여 jdk-8u40-windows-x64를 실행시킨다.

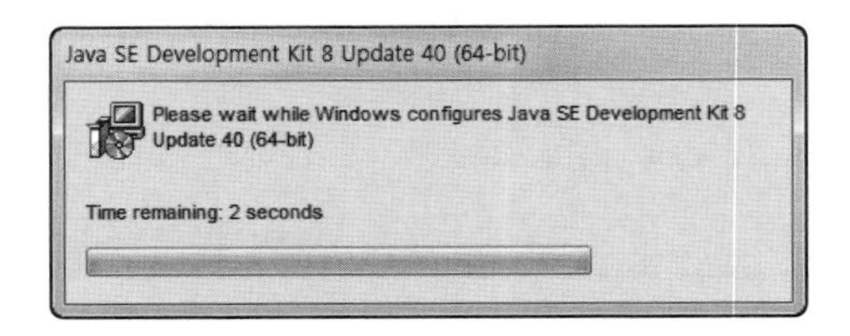

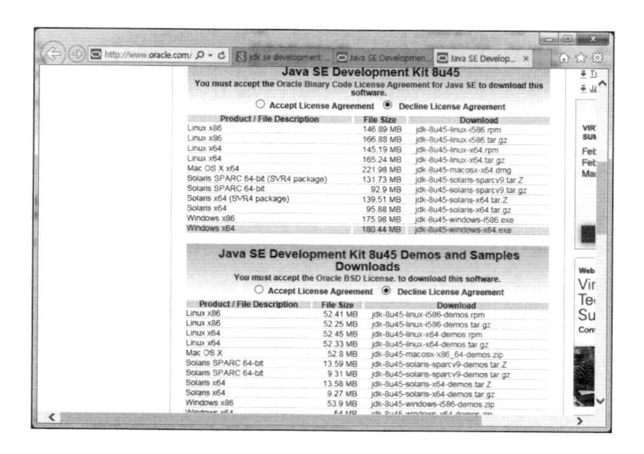

8. 자바 설치 화면이 나타나면 [Next]를 누른다. 설치 구성요소를 선택한 후(기본항목 선택), [Next]를 누른다.

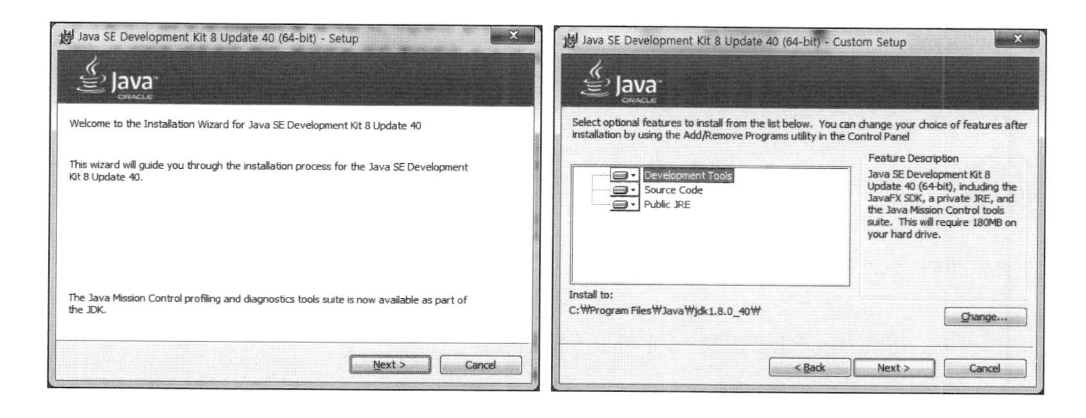

9. 자바 프로그램의 설치가 완료된 후 [Close]를 선택하여 자바 설치를 종료한다.

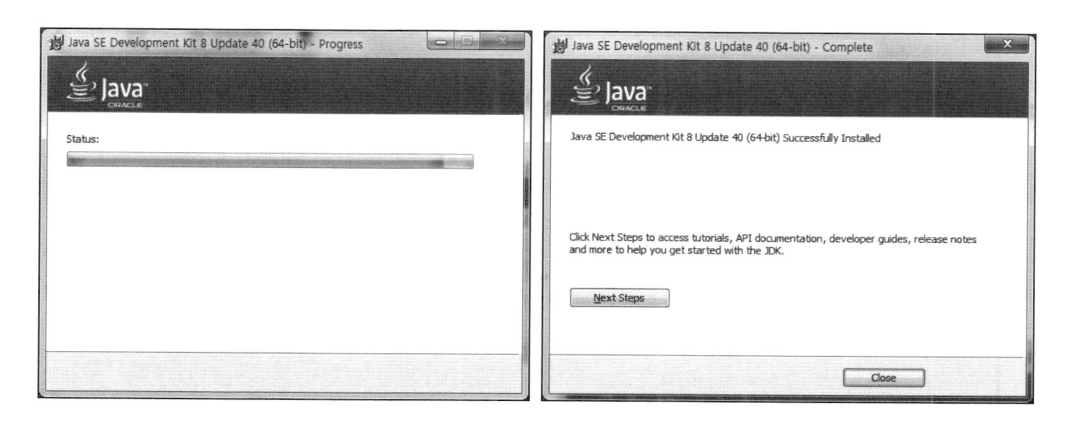

설치를 마친 후 윈도에서 **[시작]**→**[모든 프로그램]**→**[R]**을 클릭하거나 바탕화면에 설치된 R 아이콘을 더블클릭하면 실행된다. 프로그램을 종료할 때는 화면의 종료(×)나 'q()'를 입력한다.

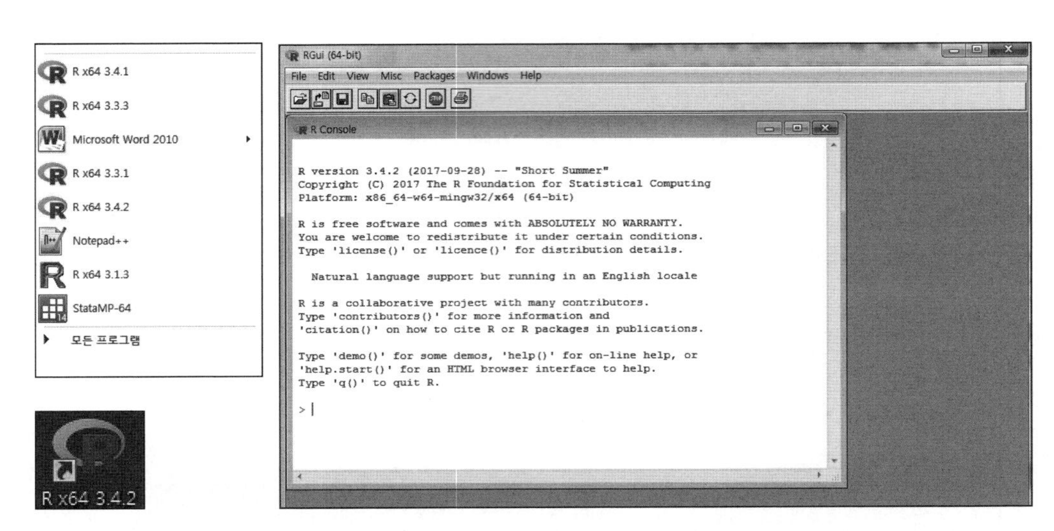

R console의 영문 변경 방법

1. 워드패더 등의 텍스트 편집기를 관리자 권한으로 실행하여 아래 파일을 연다.

   C:\Program Files\R\R-3.4.2\etc\Rconsole

2. 아래와 같이 파일 내용을 변경한다.

   (상략)

   ## Language for messages

   language = en

   (하략)

3. R-3.4.2를 재실행하면 영문 Rconsole이 출력된다.

1.2 R 활용

R은 명령어(script) 입력 방식(command based)의 소프트웨어로, 분석에 필요한 다양한 패키지(package)를 설치(install)한 후 로딩(library)하여 사용한다.

1) 패키지 설치 및 로딩

R은 오픈소스이기 때문에 배포에 제한이 없다. 즉 R을 이용해 자산화를 한다든지 새로운 솔루션을 제작해 제공하는 등의 행위에 제한을 받지 않는다. R은 분석방법(통계분석, 머신러닝, 시각화 등)에 따라 다양한 패키지를 설치하고 로딩할 수 있다. 패키지는 CRAN(www.r-project.org) 사이트에서 자유롭게 내려받아 설치할 수 있다. R은 자체에서 제공하는 기본 패키지가 있고 CRAN에서 제공하는 11,600여 개(2017. 10.23. 현재 11,658개 등록)의 추가 패키지(패키지를 처음으로 추가 설치할 경우 반드시 인터넷이 연결되어 있어야 한다)가 있다. R에서 install.packages() 함수나 메뉴바에서 패키지 설치하기를 이용하면 홈페이지의 CRAN 미러로부터 패키지를 설치할 수 있다. 미러 사이트(Mirrors site)는 한 사이트에 많은 트래픽이 몰리는 것을 방지하기 위해 동일한 내용을 복사하여 여러 곳에 분산시킨 사이트를 말한다. 2017년 10월 23일 현재 '0-Cloud'를 포함하여 49개국에 147개 미러 사이트가 운영 중이다. 한국은 3개의 미러 사이트를 할당받아 사용 중이다.

(1) script 예(사이버 학교폭력의 긴장과 비행 요인 키워드의 워드클라우드 작성)

> setwd("c:/cyberbullying_metholodogy"): 작업용 디렉터리를 지정한다.

> install.packages('wordcloud'): 워드클라우드를 처리하는 패키지를 설치한다.

> library(wordcloud): 워드클라우드 처리 패키지를 로딩한다.

> key=c('Domestic_violence','Child_abuse','Parent_divorce','Economic_problem','Friend_Violence','Break_up','School_control','Academic_stress','School_records','School_violence_experience','Transfer','Individualism','Materialism','Bullying_ culture','Class_society','Hell_Korea','Female_dislike','Interested_soldier','Traffic_accident','Game','Internet_addiction','Celebrity','Movie','Adult','Gag','Chat_app','Youtube','Personal_broadcasting')

- 사이버 학교폭력 긴장과 비행 요인의 키워드를 key 벡터에 할당한다.

> freq=c(2269,1338,3515,7269,5844,1101,32816,1503,32084,5849,8949,2348,858,539,617,1085,6452,784,1852,1764,2496,29473,24413,488,799,2253,1497,1153)

- 사이버 학교폭력 긴장과 비행 요인의 키워드의 빈도를 freq 벡터에 할당한다.

> library(RColorBrewer): 컬러를 출력하는 패키지를 로딩한다.

> palete=brewer.pal(9,"Set1")

- RColorBrewer의 9가지 글자 색상을 palete 변수에 할당한다.

> wordcloud(key,freq,scale=c(4,1),rot.per=.12,min.freq=100,random.order=F,random.color=T,colors=palete): 워드클라우드를 출력한다.

> savePlot("cyber_bullying_strain_wordcloud",type="png")

- 결과를 그림 파일로 저장한다.

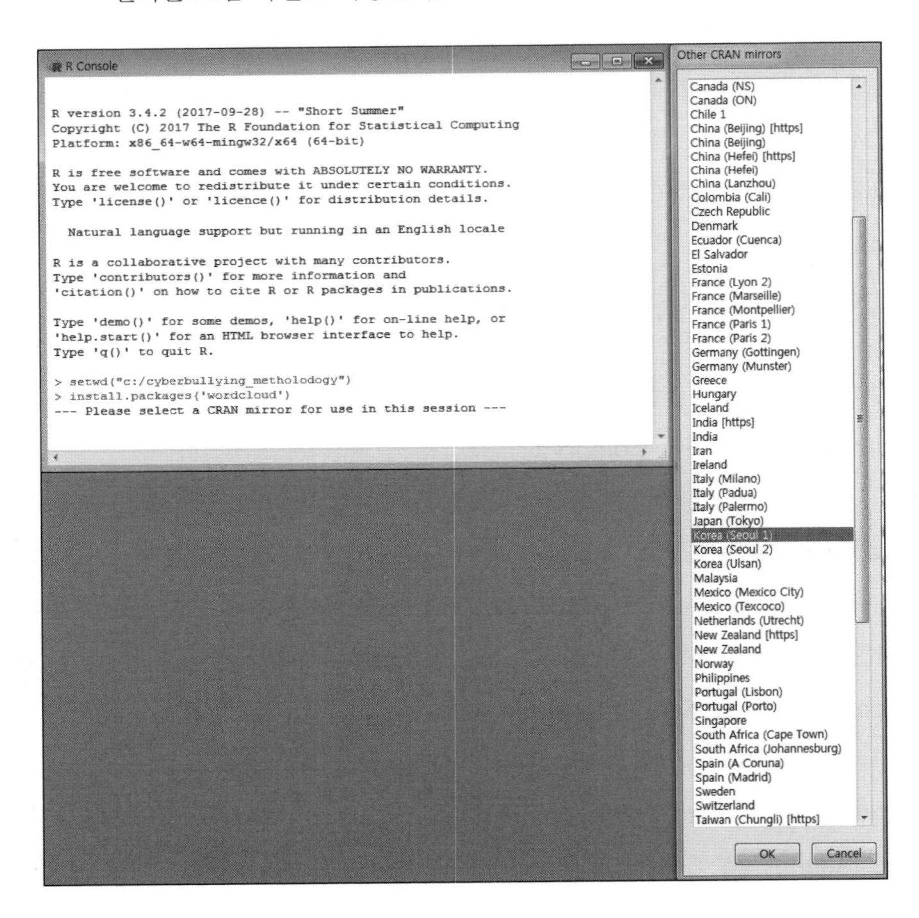

```
R Console
> library(wordcloud)
Loading required package: RColorBrewer
>
> key=c('Domestic_violence','Child_abuse','Parent_divorce','Economic_problem',
+  'Friend_Violence','Break_up','School_control','Academic_stress','School_records',
+  'School_violence_experience','Transfer','Individualism','Materialism',
+  'Bullying_culture','Class_society','Hell_Korea','Female_dislike',
+  'Interested_soldier','Traffic_accident','Game','Internet_addiction',
+  'Celebrity','Movie','Adult','Gag','Chat_app','Youtube','Personal_broadcasting')
>
> freq=c(2269,1338,3515,7269,5844,1101,32816,1503,32084,5849,8949,2348,858,539,617,1085,
+        6452,784,1852,1764,2496,29473,24413,488,799,2253,1497,1153)
> library(RColorBrewer)
> palete=brewer.pal(9,"Set1")
> wordcloud(key,freq,scale=c(4,1),rot.per=.12,min.freq=100,random.order=F,
+  random.color=T,colors=palete)
> savePlot("cyber_bullying_strain_wordcloud",type="png")
>
> |
```

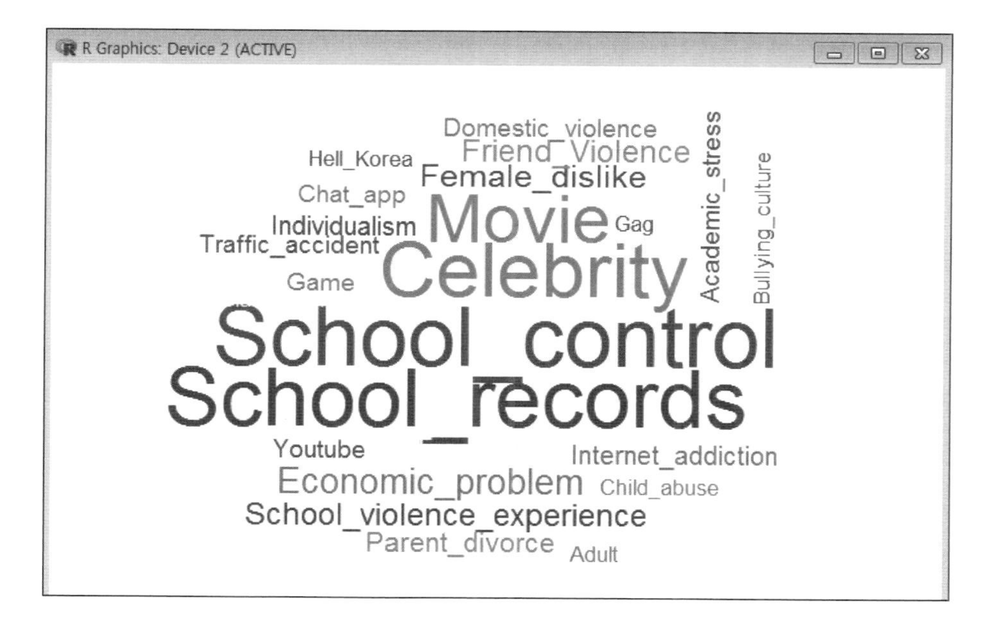

2) 값의 할당 및 연산

① R은 윈도의 바탕화면에 설치된 R을 실행시킨 후, 초기 화면에 나타난 기호(prompt) '>' 다음 열(column)에 명령어를 입력한 후 Enter 키를 선택하면 실행된다.

② R에서 실행한 결과(값)를 객체 혹은 변수에 저장하는 것을 할당이라고 하며, R에서 값의 할당은 '='(본서에서 사용) 또는 '<−'를 사용한다.

③ R 명령어가 길 때 다음 행의 연결은 '+'를 사용한다.

④ 여러 개 명령어의 연결은 ';'을 사용한다.

⑤ R에서 변수를 사용할 때 아래와 같은 규칙이 있다.

- 대소문자를 구분하여 변수를 지정해야 한다.
- 변수명은 영문자, 숫자, 마침표(.), 언더바(_)를 사용할 수 있지만 첫 글자는 숫자나 언더바를 사용할 수 없다(숫자가 변수로 사용될 경우 자동으로 첫 글자에 'X'가 추가된다).
- R 시스템에서 사용하는 예약어(if, else, NULL, NA, in 등)는 변수명으로 사용할 수 없다.

⑥ 함수(function)는 인수 형태의 값을 입력하고 계산된 결괏값을 리턴하는 명령어의 집합으로 R은 함수를 이용하여 프로그램을 간결하게 작성할 수 있다.

⑦ R에서는 연산자[+, −, *, /, %%(나머지), ^(거듭제곱) 등]나 R의 내장함수[sin(), exp(), log(), sqrt(), mean() 등]를 사용하여 연산할 수 있다.

■ **연산자를 이용한 수식의 저장**

> pie=3.1415: pie에 3.1415를 할당한다.

> x=100: x에 100을 할당한다.

> y=2*pie+x: y에 2×pie+x를 할당한다.

> y: y의 값을 화면에 출력한다.

■ **내장함수를 이용한 수식의 저장**

> x=c(75, 80, 73, 65, 75, 83, 73, 82, 75, 72): x에 10개의 벡터값(체중)을 할당한다.

> mean(x): x의 평균을 화면에 출력한다.

> sd(x): x의 표준편차를 화면에 출력한다.

R Console

```
> setwd("c:/cyberbullying_metholodogy")
>
> pie=3.1415
> x=100
> y=2*pie+x
> y
[1] 106.283
>
> x=c(75,80,73,65,75,83,73,82,75,72)
> mean(x)
[1] 75.3
> sd(x)
[1] 5.313505
>
> |
```

⑧ R에서 이전에 수행했던 작업을 다시 실행하기 위해서는 위 방향키를 사용하면 된다.

⑨ R 프로그램의 종료는 화면의 종료(X)나 ‘q()’를 입력한다.

3) R의 기본 데이터형

① R에서 사용하는 모든 객체(함수, 데이터 등)를 저장할 디렉터리를 지정한 후[예: > setwd("c:/cyberbullying_metholodogy")] 진행한다.

② R에서 사용하는 기본 데이터형은 다음과 같다.

- 숫자형: 산술 연산자[+, −, *, /, %%(나머지), ^(거듭제곱) 등]를 사용해 결과를 산출한다.
  [예: > x=sqrt(50*(100^2))]
- 문자형: 문자열 형태로 홑따옴표(‘ ’)나 쌍따옴표(“ ”)로 묶어 사용한다.
  [예: > v_name='machine learning modeling']
- NA형: 값이 결정되지 않아 값이 정해지지 않을 경우 사용한다.
  [예: > x=mean(c(75, 80, 73, 65, 75, 83, 73, 82, 75, NA))]
- Factor형: 문자 형태의 데이터를 숫자 형태로 변환할 때 사용한다.
  [예: > x=c(‘a’, ‘b’, ‘c’, ‘d’); x_f=factor(x)]
- 날짜와 시간형: 특정 기간과 특정 시간을 분석할 때 사용한다.
  [예: > x=(as.Date('2017-10-07')-as.Date('2016-10-07'))]

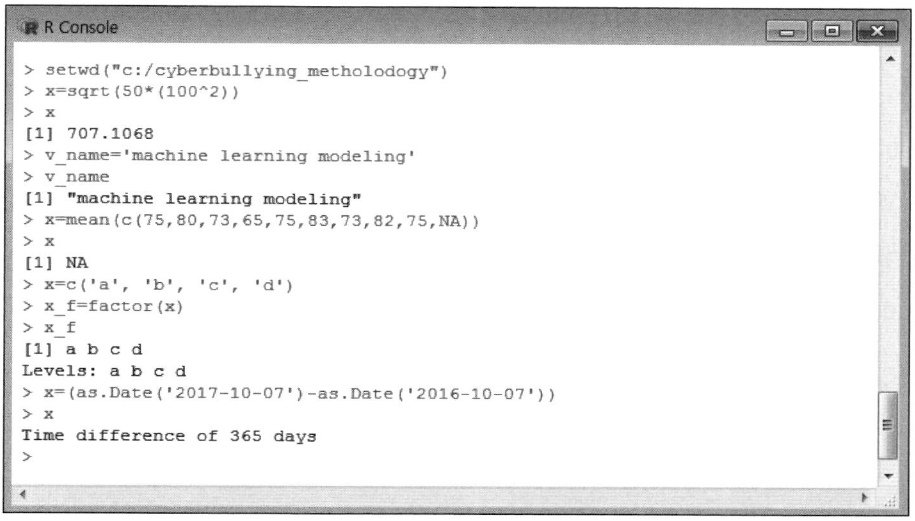

R Console

```
> setwd("c:/cyberbullying_metholodogy")
> x=sqrt(50*(100^2))
> x
[1] 707.1068
> v_name='machine learning modeling'
> v_name
[1] "machine learning modeling"
> x=mean(c(75,80,73,65,75,83,73,82,75,NA))
> x
[1] NA
> x=c('a', 'b', 'c', 'd')
> x_f=factor(x)
> x_f
[1] a b c d
Levels: a b c d
> x=(as.Date('2017-10-07')-as.Date('2016-10-07'))
> x
Time difference of 365 days
>
```

4) R의 자료구조

R에서는 벡터, 행렬, 배열, 리스트 형태의 자료구조로 데이터를 관리하고 있다.

(1) 벡터(vector)

벡터는 R에서 기본이 되는 자료구조로 여러 개의 데이터를 모아 함께 저장하는 데이터 객체를 의미한다. R에서의 벡터는 c() 함수를 사용한다.

> x=c(75, 80, 73, 65, 75, 83, 73, 82, 75, 72): 10명의 체중을 벡터로 변수 x에 할당한다.

> y=c(5, 2, 3, 2, 5, 3, 2, 5, 7, 4): 10명의 체중 감소량을 벡터로 변수 y에 할당한다.

> d=x - y: 벡터 x에서 벡터 y를 뺀 후, 벡터 d에 할당한다.

> d: 벡터 d의 값을 화면에 출력한다.

> e= x[4] - y[4]: 벡터 x의 네 번째 요소 값(65)에서 벡터 y의 네 번째 요소 값(2)을 뺀 후, 변수 e에 할당한다.

> e: 변수 e의 값을 화면에 출력한다.

```
R Console
> x=c(75,80,73,65,75,83,73,82,75,72)
> y=c(5,2,3,2,5,3,2,5,7,4)
> d=x - y
> d
 [1] 70 78 70 63 70 80 71 77 68 68
> e= x[4]-y[4]
> e
[1] 63
>
> |
```

■ **벡터 데이터 관리**

• 문자형 벡터 데이터 관리

> x=c('flaming','harassment','denigration','impersonation','outing','exclusion', 'cyberstalking'): 벡터 x에 문자 데이터를 할당한다.

> x[5]: 벡터 x의 다섯 번째 요소 값을 화면에 출력한다.

```
R Console
> x=c('flaming','harassment','denigration','impersonation',
+  'outing','exclusion','cyberstalking')
> x[5]
[1] "outing"
>
> |
```

• 벡터에 연속적 데이터 할당: seq() 함수나 ':'을 사용한다.

> x=seq(10, 100, 10): 10부터 100까지 수를 출력하되 10씩 증가하여 벡터 x에 할당한다.

> x=30:45: 30에서 45의 수를 벡터 x에 할당한다.

```
R Console
> x=seq(10, 100, 10)
> x
 [1]  10  20  30  40  50  60  70  80  90 100
> x=30:45
> x
 [1] 30 31 32 33 34 35 36 37 38 39 40 41 42 43 44 45
>
> |
```

(2) 행렬(matrix)

행렬은 이차원 자료구조인 행과 열을 추가적으로 가지는 벡터로, 데이터 관리를 위해 matrix() 함수를 사용한다.

> x_matrix=matrix(c(75, 80, 73, 65, 75, 83, 73, 82, 75, 72, 77, 76), nrow=4, ncol=3): 12명의 체중을 4행과 3열의 matrix 형태로 x_matrix에 할당한다.

> x_matrix: x_matrix의 값을 화면에 출력한다.

> x_matrix[2,1]: x_matrix의 2행 1열의 요소 값을 화면에 출력한다.

```
R Console
> x_matrix=matrix(c(75,80,73,65,75,83,73,82,75,72,77,76), nrow=4, ncol=3)
> x_matrix
     [,1] [,2] [,3]
[1,]   75   75   75
[2,]   80   83   72
[3,]   73   73   77
[4,]   65   82   76
> x_matrix[2,1]
[1] 80
>
> |
```

(3) 배열(array)

배열은 3차원 이상의 차원을 가지며 행렬을 다차원으로 확장한 자료구조로, 데이터 관리를 위해 array() 함수를 사용한다.

> x=c(75, 80, 73, 65, 75, 83, 73, 82, 75, 72, 77, 76): 12명의 체중을 벡터 x에 할당한다.

> x_array=array(x, dim=c(3, 3, 3)): 벡터 x를 3차원 구조로 x_array 변수로 할당한다.

> x_array: array 변수인 x_array의 값을 화면에 출력한다.

> x_array[2,2,1]: x_array의 [2,2,1] 요소 값을 화면에 출력한다.

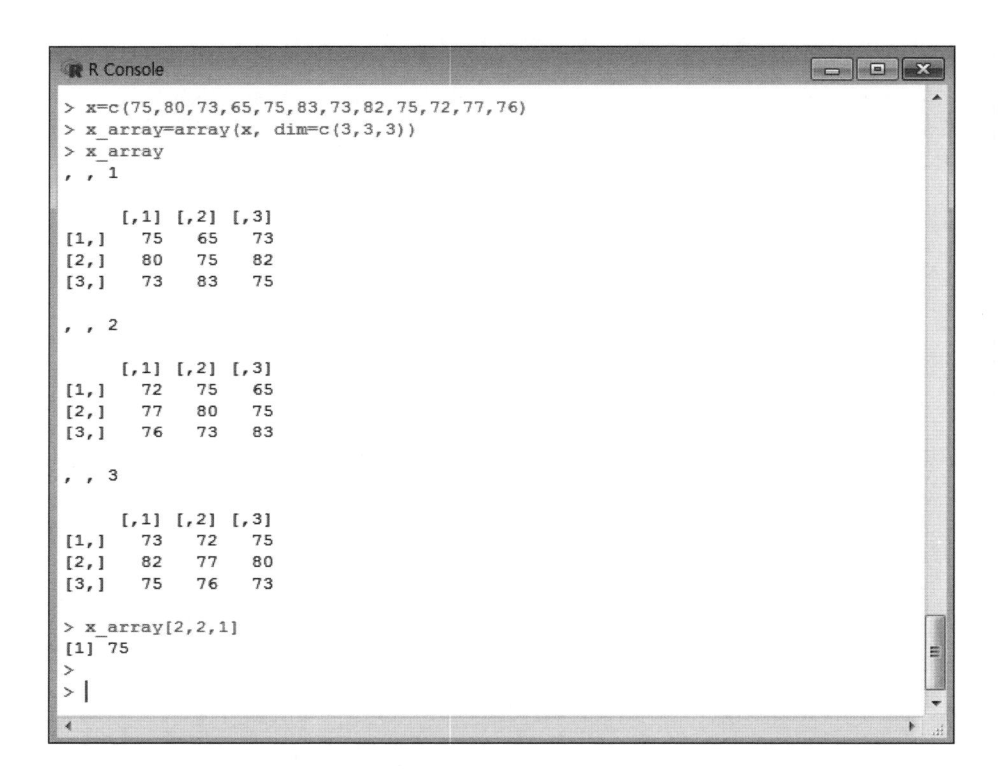

(4) 리스트(list)

리스트는 (주소, 값) 형태로 데이터형을 지정할 수 있는 행렬이나 배열의 일종이다.

> x_address=list(name='Pennsylvania State University Schuylkill, Criminal Justice', address='200 University Drive, Schuylkill Haven, PA 17972', homepage='http://www.sl.psu.edu/'): 주소를 list형의 x_address 변수에 할당한다.

> x_address: x_address 변수의 값을 화면에 출력한다.

> x_address=list(name="Sahmyook university, department of health management", address='815, Hwarang-ro, Nowon-gu, Seoul, 01795, KOREA', homepage='https://www.syu.ac.kr/')

> x_address

```
R Console
> x_address=list(name='Pennsylvania State University Schuylkill, Criminal Justice',
+  address='200 University Drive, Schuylkill Haven, PA 17972',
+  homepage='http://www.sl.psu.edu/')
> x_address
$name
[1] "Pennsylvania State University Schuylkill, Criminal Justice"

$address
[1] "200 University Drive, Schuylkill Haven, PA 17972"

$homepage
[1] "http://www.sl.psu.edu/"

> x_address=list(name='Sahmyook university, department of health management',
+  address='815, Hwarang-ro, Nowon-gu, Seoul, 01795, KOREA',
+   homepage='https://www.syu.ac.kr/')
> x_address
$name
[1] "Sahmyook university, department of health management"

$address
[1] "815, Hwarang-ro, Nowon-gu, Seoul, 01795, KOREA"

$homepage
[1] "https://www.syu.ac.kr/"

>
> |
```

5) R의 함수 사용

R에서 제공하는 함수를 사용할 수 있지만 사용자는 function()을 사용하여 새로운 함수를 생성할 수 있다. R에서는 다음과 같은 기본적인 형식으로 사용자가 원하는 함수를 정의하여 사용할 수 있다.

```
함수명 = function(인수, 인수, ...) {
        계산식 또는 실행 프로그램
        return(계산 결과 또는 반환 값)
                             }
```

예제 1 신뢰수준과 표본오차를 이용하여 표본의 크기 구하기

– 공식 : $n=(\pm Z)^2 \times P(1-P)/(SE)^2$

학교폭력 현황을 분석하기 위하여 p=.5 수준을 가진 신뢰수준 95%(Z=1.96)에서 표본오차 3%로 전화조사를 실시할 경우 적당한 표본의 크기를 구하는 함수(SZ)를 작성하라.

예제 2 표준점수 구하기

표준점수는 관측값이 평균으로부터 떨어진 정도를 나타내는 측도로, 이를 통해 자료의 상대적 위치를 찾을 수 있다(관측값의 표준점수 합계는 0이다).

– 공식: $z_i=(x_i-\bar{x})/s_x$

10명의 체중을 측정한 후 표준점수를 구하는 함수(ZC)를 작성하라.

R Console

```
> ZC=function(d) {
+  m=mean(d)
+  s=sd(d)
+  z=(d-m)/s
+  return(z)
+              }
> d=c(72, 65, 77, 80, 73, 75, 64, 85, 70, 77)
> ZC(d)
 [1] -0.2778931 -1.3585885  0.4940322  0.9571874 -0.1235080  0.1852621
 [7] -1.5129736  1.7291126 -0.5866632  0.4940322
>
> ZC_sum=sum(ZC(d))
> ZC_sum
[1] 4.551914e-15
>
>
```

예제 3 모집단의 분산 구하기

> setwd("c:/cyberbullying_metholodogy"): 작업용 디렉터리를 지정한다.

> cyber_bullying=read.table(file="cyber_bullying_descriptive_analysis.txt",header=T)

- Text 데이터를 불러와서 cyber_bullying에 할당한다.

> attach(cyber_bullying): cyber_bullying을 실행 데이터로 고정한다.

> VAR=function(x) var(x)*(length(x)-1)/length(x)

- 'function(인수 또는 입력값) 계산식'으로 새로운 함수를 만든다.
- length(x): VAR 함수의 인수로 전달되는 x변수의 표본수를 산출한다.
- x변수에 대한 모집단의 분산을 구하는 함수(VAR)를 생성한다.

> VAR(Onespread): VAR 함수를 불러와서 Onespread의 모집단 분산을 산출한다.

> sqrt(VAR(Onespread))

- VAR 함수를 불러와서 Onespread의 모집단 표준편차를 산출한다.

> VAR(Twospread): VAR 함수를 불러와서 Twospread의 모집단 분산을 산출한다.

> sqrt(VAR(Twospread))

- VAR 함수를 불러와서 Twospread의 모집단 표준편차를 산출한다.

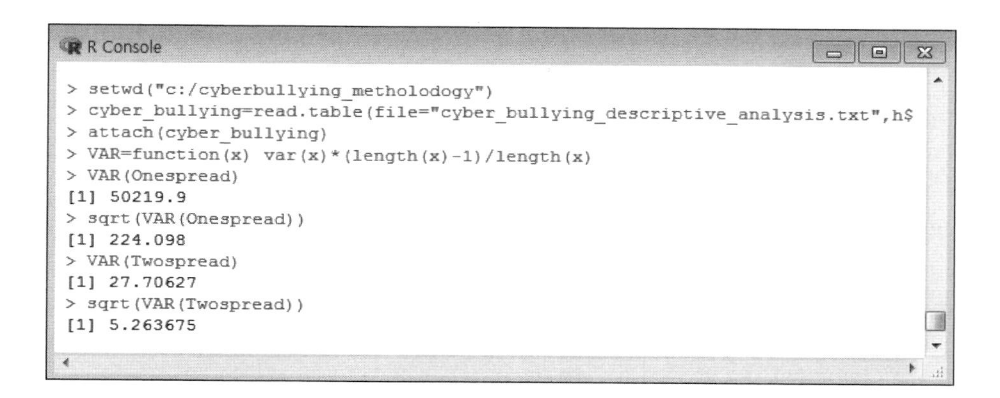

6) R 기본 프로그램(조건문과 반복문)

R에서는 실행의 흐름을 선택하는 조건문과 같은 문장을 여러 번 반복하는 반복문이 있다.

• 조건문의 사용 형식은 다음과 같다.

– 연산자[같다(==), 다르다(!=), 크거나 같다(>=), 크다(>), 작거나 같다(<=), 작다(<)]를 사용하여 조건식을 작성한다.

```
if(조건식) {
〈조건이 참일 때 실행되는 계산식〉
          }
else {
〈조건이 거짓일 때 실행되는 계산식〉
     }
```

예제 4 조건문 사용

10명의 키를 저장한 벡터 x에 대해 '1'일 경우 평균을 출력하고, '1'이 아닐 경우 표준편차를 출력하는 함수(F)를 작성하라.

```
R Console
> x=c(75, 78, 80, 67, 72, 86, 62, 90, 84, 70)
> F=function(a){
+   if(a==1) { result=mean(x)
+              return(result)
+             }
+   else {
+              result=sd(x)
+              return(result)
+         }
+              }
> F(1)
[1] 76.4
> F(5)
[1] 8.871928
>
> |
```

• 반복문의 사용 형식은 다음과 같다.

– for 반복문에 사용되는 '횟수'는 '벡터 데이터'나 'n: 반복횟수'를 나타낸다.

```
for(루프변수 in 횟수) {
   실행문
                      }
```

예제 5 반복문 사용

1에서 정해진 숫자까지의 합을 구하는 함수(F)를 작성하라.

```
R Console
> F=function(a){
+   result=0
+   for(i in 1:a){
+   result=result+i
+            }
+   return(result)
+           }
> F(100)
[1] 5050
> F(50000)
[1] 1250025000
> F(2017)
[1] 2035153
>
> |
```

7) R 데이터 프레임의 변수 이용방법

R에서 통계분석을 위한 변수 이용방법은 다음과 같다.

(1) '데이터$변수'의 활용

> setwd("c:/cyberbullying_metholodogy")

> cyber_bullying=read.table(file="cyber_bullying_descriptive_analysis.txt", header=T)

- cyber_bullying에 'cyber_bullying_descriptive_analysis.txt'를 할당한다.

> cyber_bullying_1=read.table(file="cyber_bullying_descriptive_analysis_1.txt", header=T)

- cyber_bullying_1에 'cyber_bullying_descriptive_analysis_1.txt'를 할당한다.

> sd(cyber_bullying$Onespread)/mean(cyber_bullying$Onespread)

- cyber_bullying 데이터 프레임의 Onespread 변수를 이용하여 변이계수를 구한다.

(2) attach(데이터) 함수의 활용

> attach(cyber_bullying): attach 함수는 실행 데이터를 '데이터' 인수로 고정시킨다.

> sd(Onespread)/mean(Onespread)

- '데이터$변수'의 활용과 달리 attach 실행 후 변수만 이용하여 변이계수를 구할 수 있다.

(3) with(데이터, 명령어) 함수의 활용

> with(cyber_bullying_1,sd(Onespread)/mean(Onespread))

- attach 함수를 사용하지 않고 with() 함수로 해당 데이터 프레임의 변수를 이용하여 명령어를 실행할 수 있다.

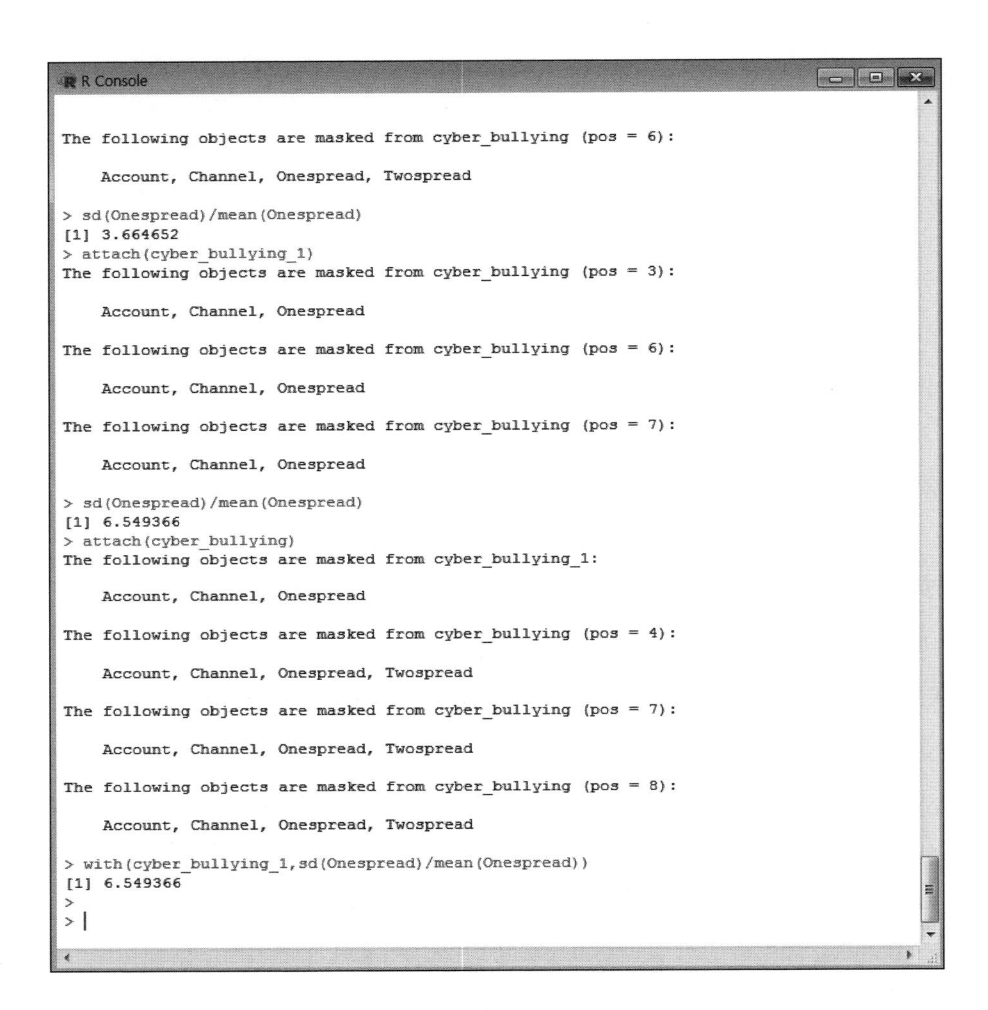

8) R 데이터 프레임 작성

R에서는 다양한 형태의 데이터 프레임을 작성할 수 있다. R에서 가장 많이 사용되는 데이터 프레임은 행과 열이 있는 이차원의 행렬(matrix) 구조이다. 데이터 프레임은 데이터셋으로 부르기도 하며 열은 변수, 행은 레코드로 명명하기도 한다.

(1) 벡터로부터 데이터 프레임 작성

data.frame() 함수를 사용한다.

> V0=1:10: 1~10의 수치를 V0벡터에 할당한다.

> V1=c(4, 7, 16, 12, 8, 11, 14, 9, 4, 8): 10개의 수치를 V1벡터에 할당한다.

> V2=c(3, 5, 11, 11, 6, 6, 13, 4, 3, 7): 10개의 수치를 V2벡터에 할당한다.

> V3=c(2, 5, 12, 17, 9, 6, 15, 6, 3, 9): 10개의 수치를 V3벡터에 할당한다.

> V4=c(1, 0, 14, 12, 0, 0, 4, 1, 0, 1): 10개의 수치를 V4벡터에 할당한다.

> V5=c(3, 2, 15, 13, 8, 2, 6, 2, 1, 4): 10개의 수치를 V5벡터에 할당한다.

> V6=c(6, 3, 12, 10, 3, 4, 5, 6, 3, 5): 10개의 수치를 V6벡터에 할당한다.

> V7=c(3, 2, 19, 15, 7, 8, 14, 4, 2, 8): 10개의 수치를 V7벡터에 할당한다.

> willard_data=data.frame(ID=V0,flaming=V1,harassment=V2,denigration=V3, impersonation=V4,outing=V5,exclusion=V6,cyberstalking=V7)

- 8개의(V0~V7) 벡터를 willard_data 데이터 프레임 객체에 할당한다.

> willard_data: willard_data 데이터 프레임의 값을 화면에 출력한다.

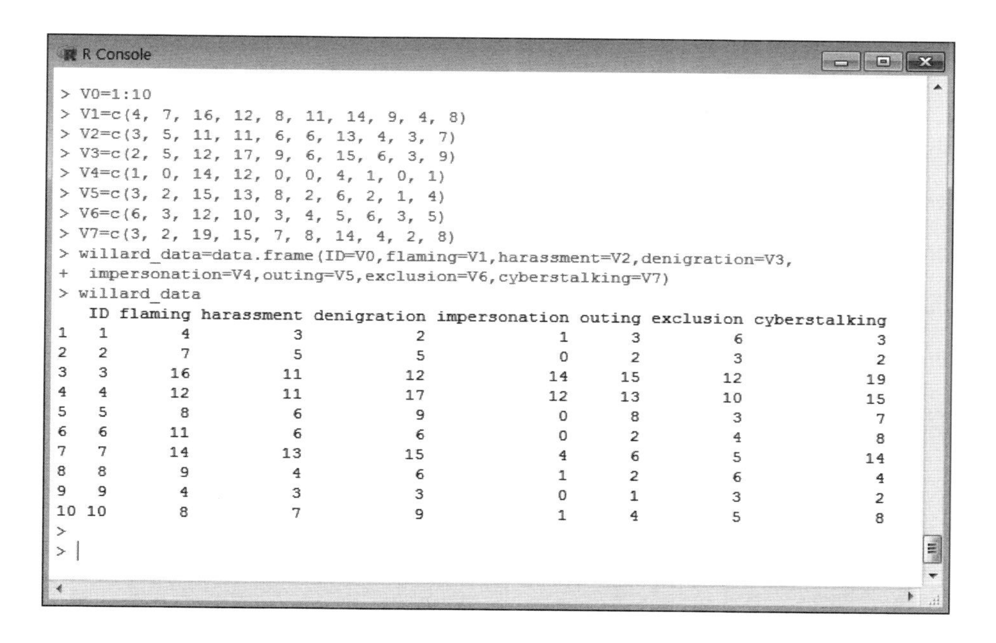

```
R Console
> V0=1:10
> V1=c(4, 7, 16, 12, 8, 11, 14, 9, 4, 8)
> V2=c(3, 5, 11, 11, 6, 6, 13, 4, 3, 7)
> V3=c(2, 5, 12, 17, 9, 6, 15, 6, 3, 9)
> V4=c(1, 0, 14, 12, 0, 0, 4, 1, 0, 1)
> V5=c(3, 2, 15, 13, 8, 2, 6, 2, 1, 4)
> V6=c(6, 3, 12, 10, 3, 4, 5, 6, 3, 5)
> V7=c(3, 2, 19, 15, 7, 8, 14, 4, 2, 8)
> willard_data=data.frame(ID=V0,flaming=V1,harassment=V2,denigration=V3,
+  impersonation=V4,outing=V5,exclusion=V6,cyberstalking=V7)
> willard_data
   ID flaming harassment denigration impersonation outing exclusion cyberstalking
1   1       4          3           2             1      3         6             3
2   2       7          5           5             0      2         3             2
3   3      16         11          12            14     15        12            19
4   4      12         11          17            12     13        10            15
5   5       8          6           9             0      8         3             7
6   6      11          6           6             0      2         4             8
7   7      14         13          15             4      6         5            14
8   8       9          4           6             1      2         6             4
9   9       4          3           3             0      1         3             2
10 10       8          7           9             1      4         5             8
>
> |
```

(2) 텍스트 파일로부터 데이터 프레임 작성

read.table() 함수를 사용한다.

> setwd("c:/cyberbullying_metholodogy"): 작업용 디렉터리를 지정한다.

> willard_data=read.table(file="willard_data.txt",header=T)

- willard_data 객체에 'willard_data.txt' 파일을 데이터 프레임으로 할당한다.

> willard_data: willard_data 객체의 값을 화면에 출력한다.

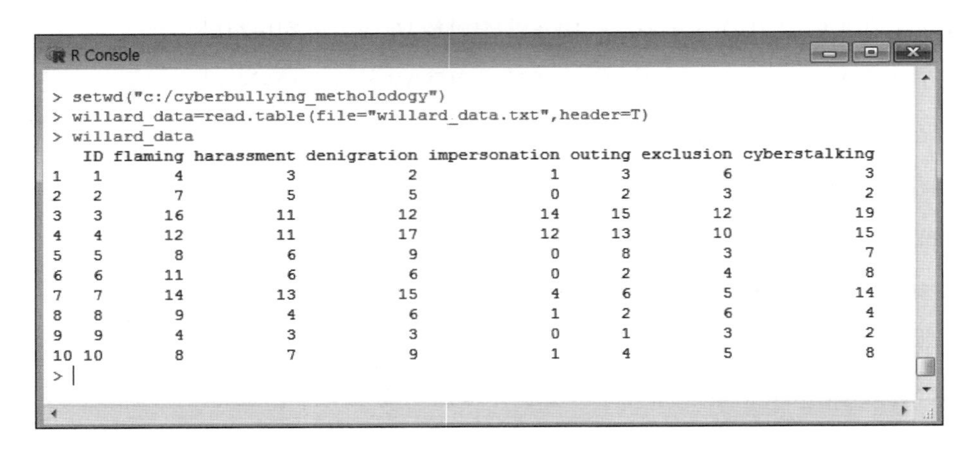

```
R Console
> setwd("c:/cyberbullying_metholodogy")
> willard_data=read.table(file="willard_data.txt",header=T)
> willard_data
   ID flaming harassment denigration impersonation outing exclusion cyberstalking
1   1       4          3           2             1      3         6             3
2   2       7          5           5             0      2         3             2
3   3      16         11          12            14     15        12            19
4   4      12         11          17            12     13        10            15
5   5       8          6           9             0      8         3             7
6   6      11          6           6             0      2         4             8
7   7      14         13          15             4      6         5            14
8   8       9          4           6             1      2         6             4
9   9       4          3           3             0      1         3             2
10 10       8          7           9             1      4         5             8
> |
```

(3) CSV(쉼표) 파일로부터 데이터 프레임 작성

read.table() 함수를 사용한다.

> setwd("c:/cyberbullying_metholodogy"): 작업용 디렉터리를 지정한다.

> willard_data=read.table(file="willard_data.csv",header=T)

- willard_data 객체에 'willard_data.csv'를 데이터 프레임으로 할당한다.

> willard_data: willard_data 객체의 값을 화면에 출력한다.

```
R Console
> setwd("c:/cyberbullying_metholodogy")
> willard_data=read.table(file="willard_data.csv",header=T)
> willard_data
   ID.flaming.harassment.denigration.impersonation.outing.exclusion.cyberstalking
1                                                                1,4,3,2,1,3,6,3
2                                                                2,7,5,5,0,2,3,2
3                                                       3,16,11,12,14,15,12,19
4                                                       4,12,11,17,12,13,10,15
5                                                                5,8,6,9,0,8,3,7
6                                                               6,11,6,6,0,2,4,8
7                                                             7,14,13,15,4,6,5,14
8                                                                8,9,4,6,1,2,6,4
9                                                                9,4,3,3,0,1,3,2
10                                                              10,8,7,9,1,4,5,8
>
```

(4) SPSS 파일로부터 데이터 프레임 작성

read.spss() 함수를 사용한다.

> install.packages('foreign')

- SPSS나 SAS 등 R 이외의 통계소프트웨어에서 작성한 외부 데이터를 읽어들이는 패키지를 설치한다.

> library(foreign): foreign 패키지를 로딩한다.

> setwd("c:/cyberbullying_metholodogy"): 작업용 디렉터리를 지정한다.

> willard_data=read.spss(file='willard_data.sav',use.value.labels=T, use.missings=T,to.data.frame=T)

- willard_data 객체에 'willard_data.sav'를 데이터 프레임으로 할당한다.
- file=' ' : 데이터를 읽어들일 외부의 데이터 파일을 정의한다.
- use.value.labels=T : 외부 데이터의 변수값에 정의된 레이블(label)을 R의 데이터 프레임의 변수 레이블로 정의한다.
- use.missings=T : 외부 데이터 변수에 사용된 결측치의 포함 여부를 정의한다.
- to.data.frame=T : 데이터 프레임으로 생성 여부를 정의한다.

> willard_data: willard_data 객체의 값을 화면에 출력한다.

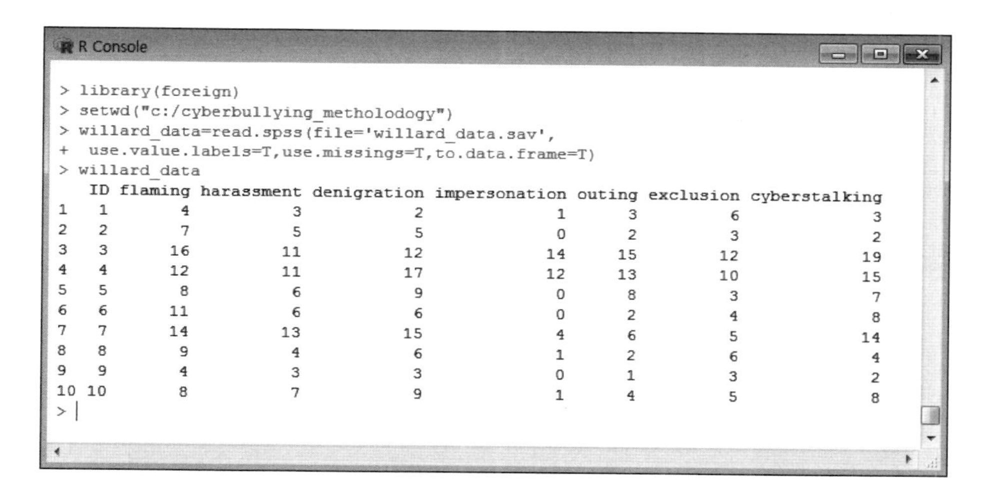

```
R Console
> library(foreign)
> setwd("c:/cyberbullying_metholodogy")
> willard_data=read.spss(file='willard_data.sav',
+  use.value.labels=T,use.missings=T,to.data.frame=T)
> willard_data
   ID flaming harassment denigration impersonation outing exclusion cyberstalking
1   1       4          3           2             1      3         6             3
2   2       7          5           5             0      2         3             2
3   3      16         11          12            14     15        12            19
4   4      12         11          17            12     13        10            15
5   5       8          6           9             0      8         3             7
6   6      11          6           6             0      2         4             8
7   7      14         13          15             4      6         5            14
8   8       9          4           6             1      2         6             4
9   9       4          3           3             0      1         3             2
10 10       8          7           9             1      4         5             8
> |
```

(5) 텍스트 파일로부터 데이터 프레임 출력하기

write.matrix() 함수를 사용한다.

> setwd("c:/cyberbullying_metholodogy"): 작업용 디렉터리를 지정한다.

> willard_data=read.table(file="willard_data.txt",header=T)

- willard_data 객체에 'willard_data.txt'를 데이터 프레임으로 할당한다.

> willard_data: willard_data 객체의 값을 화면에 출력한다.

> library(MASS): write.matrix() 함수를 사용하기 위한 패키지를 로딩한다.

> write.matrix(willard_data, "willard_data_w.txt")

- willard_data 객체를 'willard_data_w.txt' 파일에 출력한다.

> willard_data_w= read.table('willard_data_w.txt',header=T)

- 'willard_data_w.txt' 파일을 읽어와서 willard_data_w 객체에 할당한다.

> willard_data_w: willard_data_w 객체의 값을 화면에 출력한다.

R Console

```
> setwd("c:/cyberbullying_metholodogy")
> willard_data=read.table(file="willard_data.txt",header=T)
> willard_data
   ID flaming harassment denigration impersonation outing exclusion cyberstalking
1   1       4          3           2             1      3         6             3
2   2       7          5           5             0      2         3             2
3   3      16         11          12            14     15        12            19
4   4      12         11          17            12     13        10            15
5   5       8          6           9             0      8         3             7
6   6      11          6           6             0      2         4             8
7   7      14         13          15             4      6         5            14
8   8       9          4           6             1      2         6             4
9   9       4          3           3             0      1         3             2
10 10       8          7           9             1      4         5             8
> library(MASS)
> write.matrix(willard_data, "willard_data_w.txt")
>
> willard_data_w= read.table('willard_data_w.txt',header=T)
> willard_data_w
   ID flaming harassment denigration impersonation outing exclusion cyberstalking
1   1       4          3           2             1      3         6             3
2   2       7          5           5             0      2         3             2
3   3      16         11          12            14     15        12            19
4   4      12         11          17            12     13        10            15
5   5       8          6           9             0      8         3             7
6   6      11          6           6             0      2         4             8
7   7      14         13          15             4      6         5            14
8   8       9          4           6             1      2         6             4
9   9       4          3           3             0      1         3             2
10 10       8          7           9             1      4         5             8
> |
```

(6) 파일 합치기[변수(column) 합치기]

write.matrix()와 cbind() 함수를 사용한다.

> library(MASS): write.matrix() 함수를 사용하기 위한 패키지를 로딩한다.

> setwd("c:/cyberbullying_metholodogy"): 작업용 디렉터리를 지정한다.

> willard_data=read.table(file="willard_data.txt",header=T)

- willard_data 객체에 'willard_data.txt'를 데이터 프레임으로 할당한다.

> willard_data_1=read.table(file="willard_data_1.txt",header=T)

- willard_data_1 객체에 'willard_data_1.txt'를 데이터 프레임으로 할당한다.

> willard_data: willard_data 객체의 값을 화면에 출력한다.

> willard_data_1: willard_data_1 객체의 값을 화면에 출력한다.

> willard_data_ac=cbind(willard_data,willard_data_1$denigration_1)

- willard_data과 willard_data_1의 정해진 변수(denigration_1)를 합쳐 willard_data_ac에 저장한다.

> willard_data_ac: willard_data_ac 객체의 값을 화면에 출력한다.

> willard_data_ac=cbind(willard_data,willard_data_1)

- willard_data과 willard_data_1의 전체 변수를 합쳐 willard_data_ac에 저장한다.

> write.matrix(willard_data_ac, "willard_data_ac.txt")

- willard_data_ac 객체를 'willard_data_ac.txt' 파일에 출력한다.

```
R Console
> library(MASS)
> setwd("c:/cyberbullying_metholodogy")
> willard_data=read.table(file="willard_data.txt",header=T)
> willard_data_1=read.table(file="willard_data_1.txt",header=T)
> #willard_data
> #willard_data_1
> willard_data_ac=cbind(willard_data,willard_data_1$denigration_1) # 정해진 변수만 합치기
> willard_data_ac
   ID flaming harassment denigration impersonation outing exclusion cyberstalking willard_data_1$denigration_1
1   1       4          3           2             1      3         6             3                            2
2   2       7          5           5             0      2         3             2                            5
3   3      16         11          12            14     15        12            19                           12
4   4      12         11          17            12     13        10            15                           17
5   5       8          6           9             0      8         3             7                            9
6   6      11          6           6             0      2         4             8                            6
7   7      14         13          15             4      6         5            14                           15
8   8       9          4           6             1      2         6             4                            6
9   9       4          3           3             0      1         3             2                            3
10 10       8          7           9             1      4         5             8                            9
> willard_data_ac=cbind(willard_data,willard_data_1) # 전체 변수 합치기
> write.matrix(willard_data_ac, "willard_data_ac.txt")
> |
```

(7) 파일 합치기[Record(row) 합치기]

write.matrix()와 rbind() 함수를 사용한다.

```
> library(MASS)
> setwd("c:/cyberbullying_metholodogy")
> willard_data=read.table(file="willard_data.txt",header=T)
> willard_data_2=read.table(file="willard_data_2.txt",header=T)
> willard_data_ar=rbind(willard_data,willard_data_2) # 변수명이 동일해야 한다.
```

- willard_data 데이터 파일에 willard_data_2의 record를 추가하여 willard_data_ar에 저장한다.

```
> willard_data_ar
> write.matrix(willard_data_ar, "willard_data_ar.txt")
```

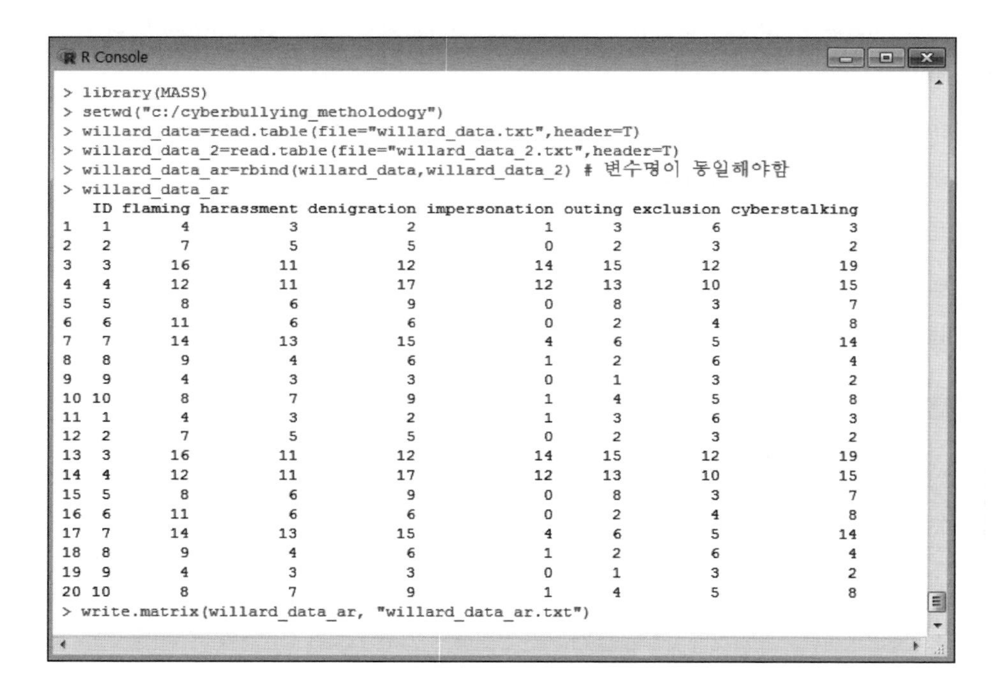

```
R Console
> library(MASS)
> setwd("c:/cyberbullying_metholodogy")
> willard_data=read.table(file="willard_data.txt",header=T)
> willard_data_2=read.table(file="willard_data_2.txt",header=T)
> willard_data_ar=rbind(willard_data,willard_data_2) # 변수명이 동일해야함
> willard_data_ar
   ID flaming harassment denigration impersonation outing exclusion cyberstalking
1   1       4          3           2             1      3         6             3
2   2       7          5           5             0      2         3             2
3   3      16         11          12            14     15        12            19
4   4      12         11          17            12     13        10            15
5   5       8          6           9             0      8         3             7
6   6      11          6           6             0      2         4             8
7   7      14         13          15             4      6         5            14
8   8       9          4           6             1      2         6             4
9   9       4          3           3             0      1         3             2
10 10       8          7           9             1      4         5             8
11  1       4          3           2             1      3         6             3
12  2       7          5           5             0      2         3             2
13  3      16         11          12            14     15        12            19
14  4      12         11          17            12     13        10            15
15  5       8          6           9             0      8         3             7
16  6      11          6           6             0      2         4             8
17  7      14         13          15             4      6         5            14
18  8       9          4           6             1      2         6             4
19  9       4          3           3             0      1         3             2
20 10       8          7           9             1      4         5             8
> write.matrix(willard_data_ar, "willard_data_ar.txt")
```

(8) 파일 Merge[동일한 ID 합치기]

write.matrix()와 merge() 함수를 사용한다.

> library(MASS)

> setwd("c:/cyberbullying_metholodogy")

> willard_data=read.table(file="willard_data.txt",header=T)

> willard_data_3=read.table(file="willard_data_3.txt",header=T)

> willard_data_m=merge(willard_data,willard_data_3,by='ID') # id unique

- 동일한 ID를 가진 willard_data 데이터와 willard_data_3 데이터를 Merge하여 willard_data_m에 저장한다.

> willard_data_m

> write.matrix(willard_data_m, "willard_data_m.txt")

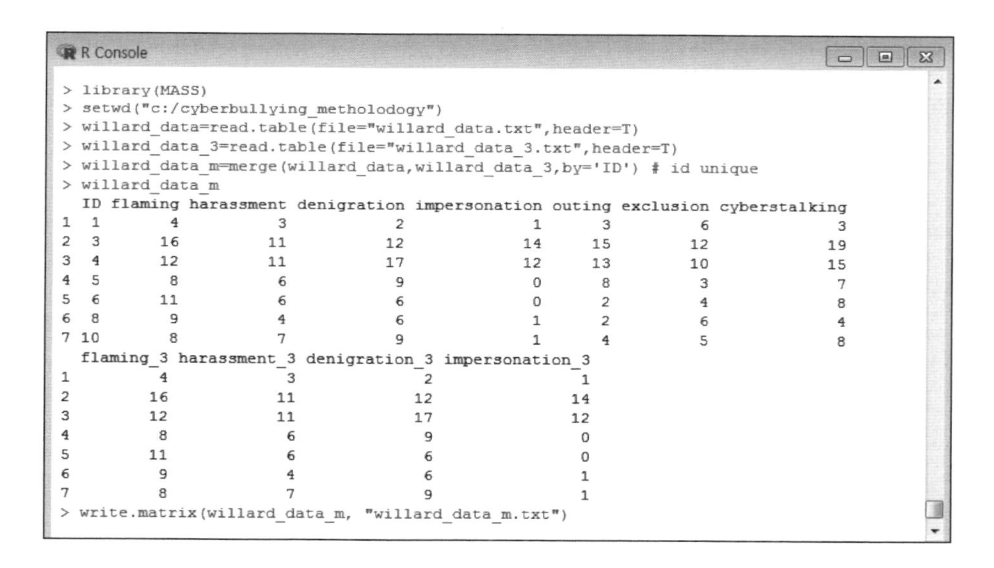

```
R Console
> library(MASS)
> setwd("c:/cyberbullying_metholodogy")
> willard_data=read.table(file="willard_data.txt",header=T)
> willard_data_3=read.table(file="willard_data_3.txt",header=T)
> willard_data_m=merge(willard_data,willard_data_3,by='ID') # id unique
> willard_data_m
  ID flaming harassment denigration impersonation outing exclusion cyberstalking
1  1       4          3           2             1      3         6             3
2  3      16         11          12            14     15        12            19
3  4      12         11          17            12     13        10            15
4  5       8          6           9             0      8         3             7
5  6      11          6           6             0      2         4             8
6  8       9          4           6             1      2         6             4
7 10       8          7           9             1      4         5             8
  flaming_3 harassment_3 denigration_3 impersonation_3
1         4            3             2               1
2        16           11            12              14
3        12           11            17              12
4         8            6             9               0
5        11            6             6               0
6         9            4             6               1
7         8            7             9               1
> write.matrix(willard_data_m, "willard_data_m.txt")
```

9) 변수 및 관찰치 선택

■ **변수의 선택**

> library(MASS)

> setwd("c:/cyberbullying_metholodogy")

> willard_data=read.table(file="willard_data.txt",header=T)

> willard_data

> attach(willard_data)

> willard_data_v=data.frame(denigration,outing,cyberstalking) # 변수의 선택

- willard_data에서 정해진 변수(denigration,outing,cyberstalking)만 선택하여 willard_data_v에 저장한다.

> willard_data_v

> write.matrix(willard_data_v, "willard_data_vw.txt")

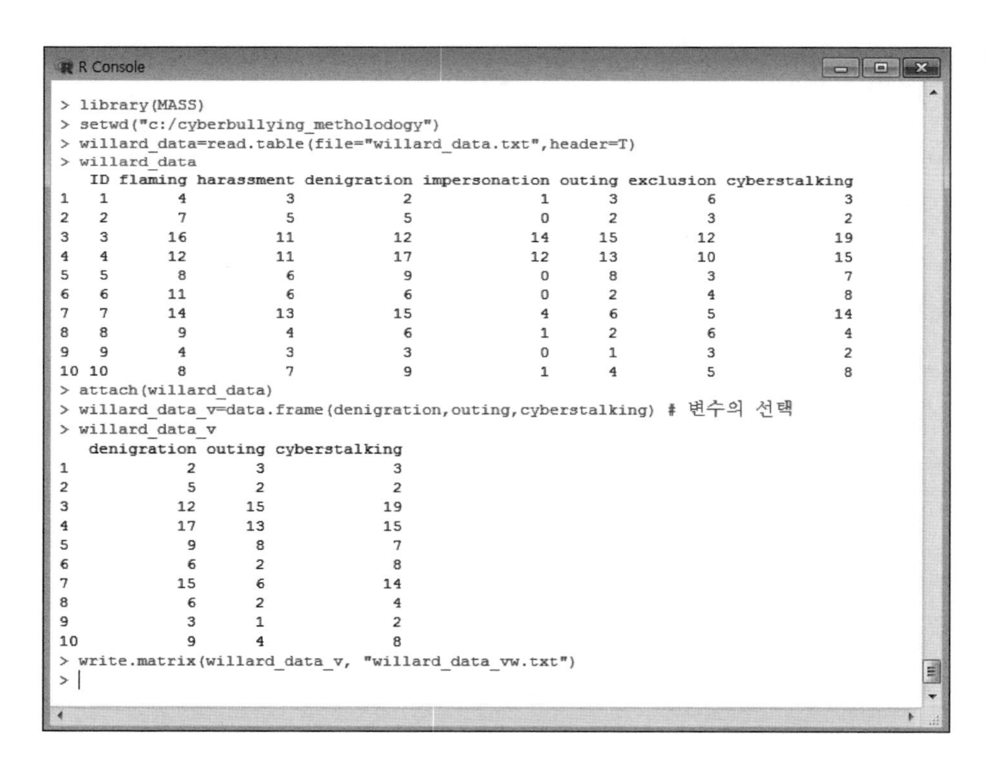

■ 관찰치의 선택

> library(MASS)

> setwd("c:/cyberbullying_metholodogy")

> willard_data=read.table(file="willard_data.txt",header=T)

> willard_data

> attach(willard_data)

> willard_data_c=willard_data[willard_data$flaming!=4,] # 관찰치의 선택

- willard_data의 flaming변수의 값이 4가 아닌 행만 선택하여 willard_data_c에 저장한다.

> willard_data_c

> write.matrix(willard_data_c, "willard_data_cw.txt")

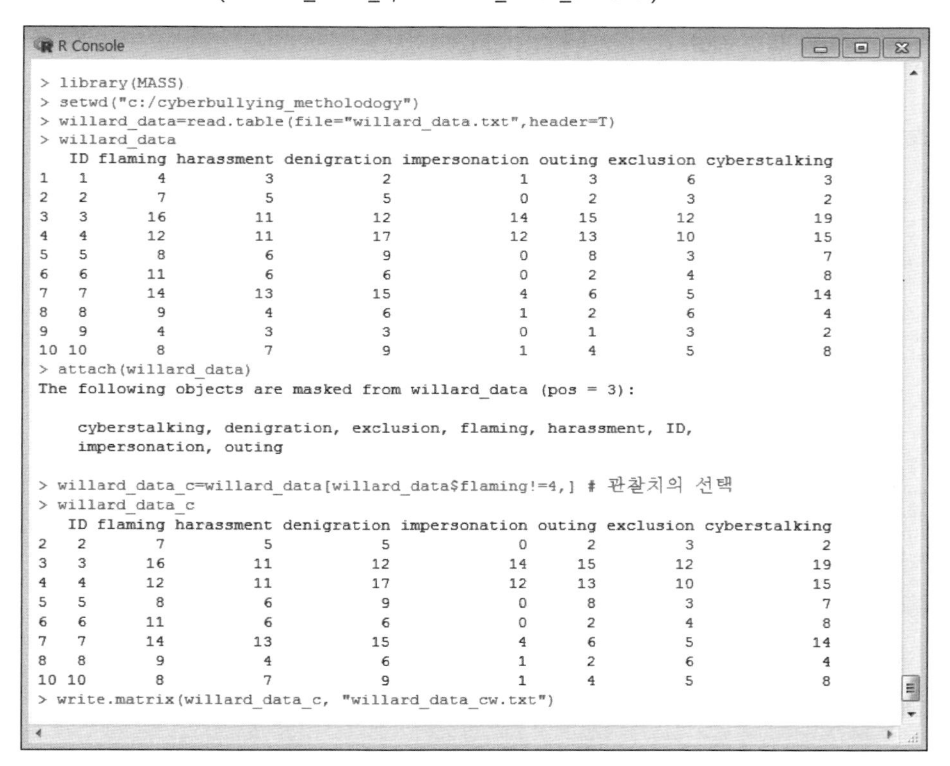

```
R Console
> library(MASS)
> setwd("c:/cyberbullying_metholodogy")
> willard_data=read.table(file="willard_data.txt",header=T)
> willard_data
   ID flaming harassment denigration impersonation outing exclusion cyberstalking
1   1       4          3           2             1      3         6             3
2   2       7          5           5             0      2         3             2
3   3      16         11          12            14     15        12            19
4   4      12         11          17            12     13        10            15
5   5       8          6           9             0      8         3             7
6   6      11          6           6             0      2         4             8
7   7      14         13          15             4      6         5            14
8   8       9          4           6             1      2         6             4
9   9       4          3           3             0      1         3             2
10 10       8          7           9             1      4         5             8
> attach(willard_data)
The following objects are masked from willard_data (pos = 3):

    cyberstalking, denigration, exclusion, flaming, harassment, ID,
    impersonation, outing

> willard_data_c=willard_data[willard_data$flaming!=4,] # 관찰치의 선택
> willard_data_c
   ID flaming harassment denigration impersonation outing exclusion cyberstalking
2   2       7          5           5             0      2         3             2
3   3      16         11          12            14     15        12            19
4   4      12         11          17            12     13        10            15
5   5       8          6           9             0      8         3             7
6   6      11          6           6             0      2         4             8
7   7      14         13          15             4      6         5            14
8   8       9          4           6             1      2         6             4
10 10       8          7           9             1      4         5             8
> write.matrix(willard_data_c, "willard_data_cw.txt")
```

■ 조건에 따른 row(record)의 추출

> install.packages('dplyr')

> library(dplyr)

> library(MASS)

> setwd("c:/cyberbullying_metholodogy")

> willard_data=read.table(file="willard_data.txt",header=T)

> f1=willard_data$harassment

> l1=willard_data$denigration

> willard_data_cbr=filter(willard_data, f1==l1)

- 'harassment equal denigration'인 행만 추출하여 willard_data_cbr에 저장

> willard_data_cbr

> write.matrix(willard_data_cbr,'willard_data_cbr.txt')

```
R Console
> library(dplyr)
> library(MASS)
> setwd("c:/cyberbullying_metholodogy")
> willard_data=read.table(file="willard_data.txt",header=T)
> f1=willard_data$harassment
> l1=willard_data$denigration
>
> willard_data_cbr=filter(willard_data, f1==l1)
> willard_data_cbr
  ID flaming harassment denigration impersonation outing exclusion cyberstalking
1  2       7          5           5             0      2         3             2
2  6      11          6           6             0      2         4             8
3  9       4          3           3             0      1         3             2
> write.matrix(willard_data_cbr,'willard_data_cbr.txt')
>
> |
```

10) R의 주요 GUI(Graphic User Interface) 메뉴 활용

(1) 새 스크립트 작성: [File – New script]

- 스크립트는 R–편집기에서 작성한 후 필요한 스크립트를 R–Console 화면으로 가져와 실행할 수 있다.

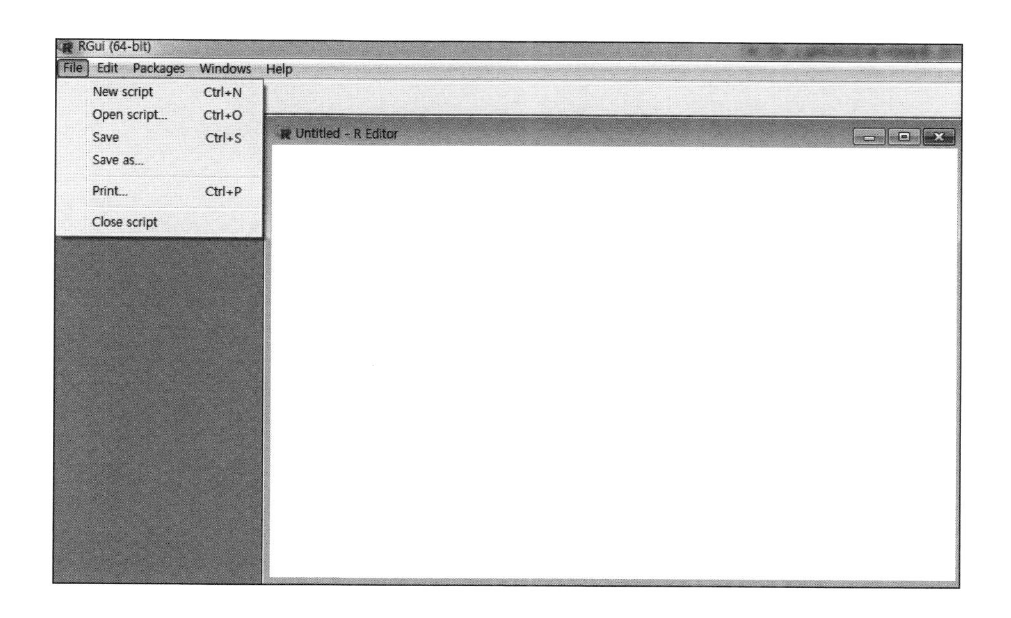

(2) 새 스크립트 저장: [File – Save as...]

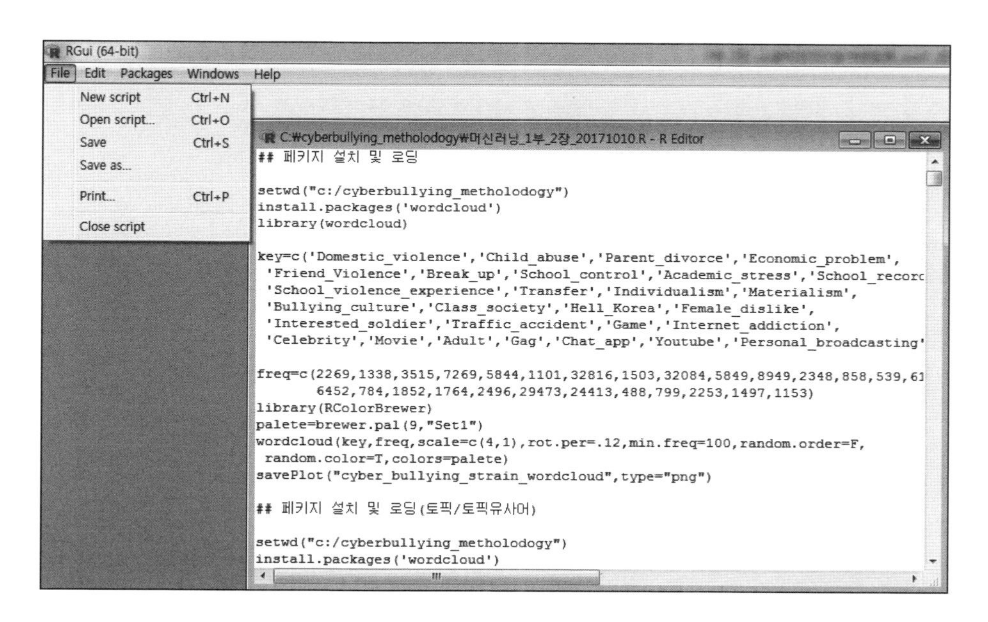

※ 본 장에 사용된 모든 스크립트는 '머신러닝_1부_2장.R'에 저장된다.

(3) 새 스크립트 불러오기: [File – Open script...]

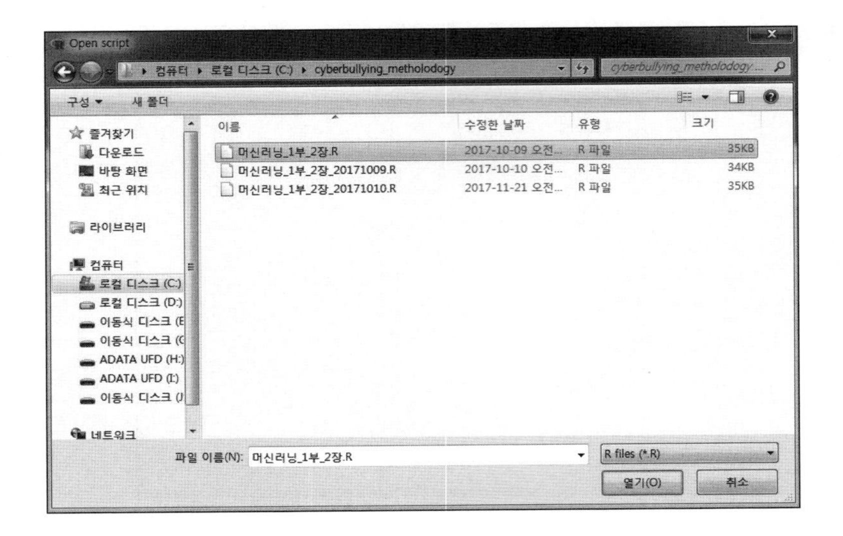

(4) 스크립트의 실행

스크립트 편집기에서 실행을 원하는 명령어를 선택한 후 'Ctrl+R'로 실행한다.

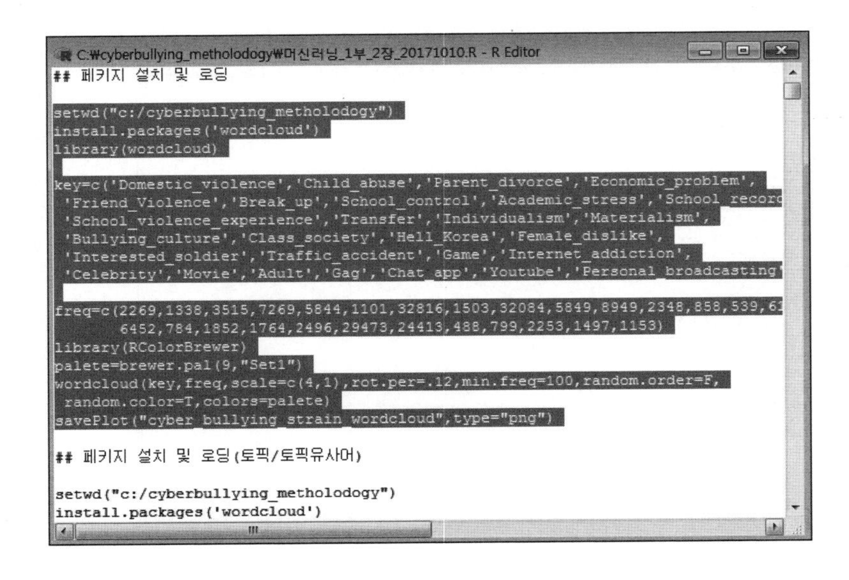

(5) R의 도움말 사용: [Help – R function (text)...]

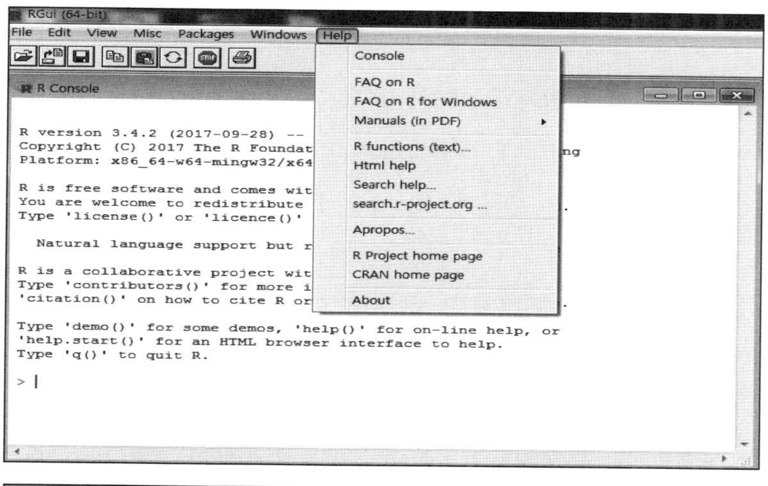

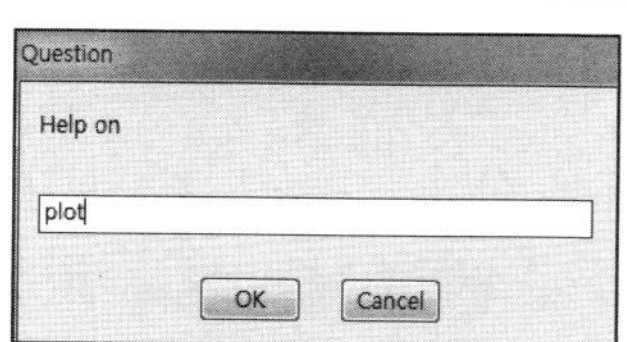

– plot() 함수에 대한 도움말을 입력하면 plot 함수와 사용 인수에 대해 자세한 도움말 정보를 얻을 수 있다.

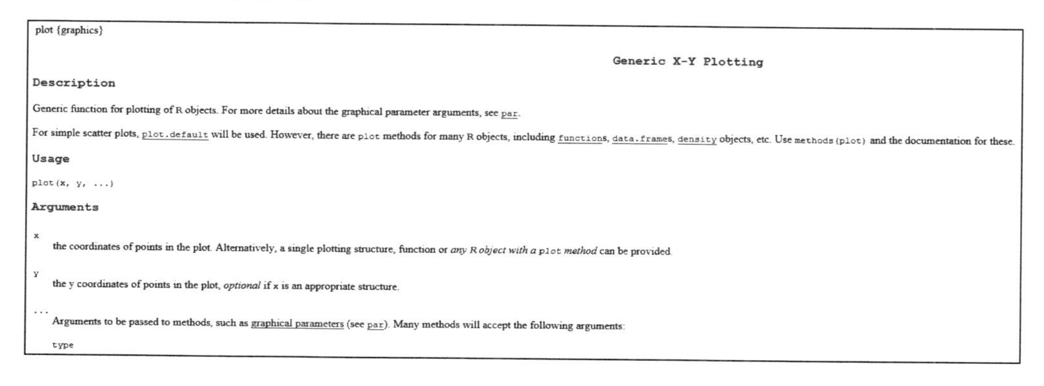

2 과학적 연구설계[2]

과학(science)은 사물의 구조·성질·법칙 등을 관찰·탐구하는 인간의 인식활동 및 그것의 산물로서의 체계적·이론적 지식을 말한다. 자연과학은 인간에 의해 나타나지 않은 모든 자연현상을 다루고 사회과학은 인간의 행동과 그들이 이루는 사회를 과학적 방법으로 연구한다(위키백과, 2017. 10. 23).

과학적 지식을 습득하려면 현상에 대한 문제를 개념화하고 가설화하여 검정하는 단계를 거쳐야 한다. 즉 과학적 사고를 통하여 문제를 해결하기 위해서는 논리적인 설득력을 지니고 경험적 검정을 통하여 추론해야 한다. 과학적인 추론방법으로는 <표 2-1>과 같이 연역법과 귀납법이 있다.

과학적 연구설계를 하기 위해서는 사회현상에 대해 문제를 제기하고, 연구목적과 연구주제를 설정한 후, 문헌고찰을 통해 연구모형과 가설을 도출해야 한다. 그리고 조사설계 단계를 통해 측정도구를 개발하여 표본을 추출한 후, 자료수집 및 분석과정을 거쳐 결론에 도달해야 한다.

〈표 2-1〉 연역법과 귀납법

과학적 추론방법	정의 및 특징
연역법	• 일반적인 사실이나 기존 이론에 근거하여 특수한 사실을 추론하는 방법이다. • 이론 → 가설 → 사실의 과정을 거친다. • 이론적 결과를 추론하는 확인적 요인분석의 개념이다. • 예: 모든 사람은 죽는다 → 소크라테스는 사람이다 → 그러므로 소크라테스는 죽는다
귀납법	• 연구자가 관찰한 사실이나 특수한 경우를 통해 일반적인 사실을 추론하는 방법이다. • 사실 → 탐색 → 이론의 과정을 거친다. • 잠재요인에 대한 기존의 가설이나 이론이 없는 경우 연구의 방향을 파악하기 위한 탐색적 요인분석의 개념이다. 머신러닝은 데이터를 학습하여 특정한 모델로 추상화하는 과정을 거쳐 일반화하는 귀납적인 추론방법이다. • 예: 소크라테스도 죽고 공자도 죽고 ○○○ 등도 죽었다 → 이들은 모두 사람이다 → 그러므로 사람은 죽는다

2 본 절의 일부 내용은 '송태민·송주영(2017). 머신러닝을 활용한 소셜 빅데이터 분석과 미래신호 예측. pp. 98-224' 부분에서 발췌한 것임을 밝힌다.

2.1 연구의 개념

개념은 어떤 현상을 나타내는 추상적 생각으로, 과학적 연구모형의 구성개념(construct)으로 사용되며 연구방법론상의 개념적 정의와 조작적 정의로 파악될 수 있다(표 2-2).

〈표 2-2〉 연구의 개념

구분	정의 및 특징
개념적 정의 (conceptual definition)	• 연구하고자 하는 개념에 대한 추상적인 언어적 표현으로 사전에 동의된 개념이다. • 예: 자아존중감
조작적 정의 (operational definition)	• 개념적 정의를 실제 관찰(측정) 가능한 현상과 연결시켜 구체화시킨 진술이다. • 예[자아존중감: 로젠버그의 자아존중감 척도(Rosenberg Self Esteem Scales)] 나는 내가 다른 사람들처럼 가치 있는 사람이라는 느낌이 든다. 나는 좋은 성품을 가졌다고 생각한다. 나는 대체적으로 실패한 사람이라는 느낌이 든다. 나는 대부분의 다른 사람들과 같이 일을 잘할 수가 있다. 나는 자랑할 것이 별로 없다. 나는 내 자신에 대하여 긍정적인 태도를 가지고 있다. 나는 내 자신에 대하여 대체로 만족한다. 나는 내 자신이 좀 더 존경할수 있었으면 좋겠다. 나는 가끔 내 자신이 쓸모없는 사람이라는 느낌이 든다. 나는 때때로 내가 좋지 않은 사람이라는 생각이 든다.

2.2 변수 측정

과학적 연구를 위해서는 적절한 자료를 수집하고 그 자료가 통계분석에 적합한지를 파악해야 한다. 측정(measurement)은 경험적으로 관찰한 사물과 현상의 특성에 대해 규칙에 따라 기술적으로 수치를 부여하는 것을 말한다. 측정규칙, 즉 척도는 어떤 대상을 측정하기 위한 수치화로 된 방법이다. 변수(variable)는 측정한 사물이나 현상에 대한 속성 또는 특성으로서, 경험적 개념을 조작적으로 정의하는 데 사용할 수 있는 하위 개념을 말한다.

1) 척도

척도(scale)는 변수의 속성을 구체화하기 위한 측정단위로, <표 2-3>과 같이 측정의 정밀성에 따라 크게 명목척도, 서열척도, 등간척도, 비율(비)척도로 분류한다. 또한 속성에 따라 [그림 2-1]과 같이 정성적 데이터와 정량적 데이터로 구분하기도 한다.

〈표 2-3〉 측정의 정밀성에 따른 척도 분류

구분	정의 및 특징
명목척도(nominal scale)	• 변수를 범주로 구분하거나 이름을 부여하는 것으로 변수의 속성을 양이 아니라 종류나 질에 따라 나눈다. • 예: 주거지역, 혼인상태, 종교, 질환 등
서열척도(ordinal scale)	• 변수의 등위를 나타내기 위해 사용되는 척도로, 변수가 지닌 속성에 따라 순위가 결정된다. • 예: 학력, 사회적 지위, 공부 등수, 서비스 선호 순서 등
등간척도(interval scale)	• 자료가 가지는 특성의 양에 따라 순위를 매길 수 있다. • 동일 간격에 대한 동일 단위를 부여함으로써 등간성이 있고 절대영점이 없는 척도로 수치의 비율관계가 성립되지 않는다. 즉, 덧셈법칙만 가능하다. • 예: 온도, IQ점수, 주가지수 등
비율(비)척도(ratio scale)	• 등간척도의 특수성에 비율개념이 포함된 것으로, 절대영점과 임의의 단위를 지니고 있으며 덧셈법칙과 곱셈법칙 모두 가능하다. • 예: 몸무게, 키, 나이, 매출액 등

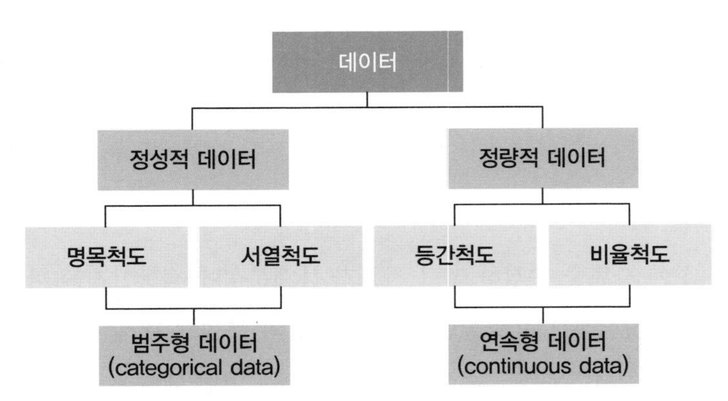

[그림 2-1] 척도의 속성에 따른 데이터 분류

2) 변수

변수(variable)는 상이한 조건에 따라 변하는 모든 수를 말하며 최소한 두 개 이상의 값(value)을 가진다. 변수와 상반되는 개념인 상수(constant)는 변하지 않는 고정된 수를 말한다. 변수는 변수 간 인과관계에 따라 독립변수, 종속변수, 매개변수, 조절변수로 구분한다.

독립변수(independent variable)는 다른 변수에 영향을 주는 변수를 나타내며 예측변수(predictor variable), 설명변수(explanatory variable), 원인변수(cause variable), 공변량 변수(covariates variable)라고 부르기도 한다. 종속변수(dependent variable)는 독립변수에 의해 영향을 받는 변수로, 반응변수(response variable) 또는 결과변수(effect variable)를 말한다. 매개변수(mediator variable)는 독립변수와 종속변수 사이에서 독립변수의 결과인 동시에 종속변수의 원인이 되는 변수를 말하며, 연구에서 통제되어야 할 변수를 말한다. 따라서 매개효과는 독립변수와 종속변수 사이에 제3의 매개변수가 개입될 때 발생한다(Baron & Kenny, 1986).

조절변수(moderation variable)는 변수의 관계를 변화시키는 제3의 변수가 있는 경우로, 변수 간(예: 독립변수와 종속변수 간) 관계의 방향이나 강도에 영향을 줄 수 있는 변수를 말한다.

예를 들어 긴장에서 비행으로 가는 경로에 자아통제가 영향을 미치고 있다면 독립변수는 긴장, 종속변수는 비행, 매개변수는 자아통제가 된다. 긴장에서 비행으로 가는 경로에서 남녀 집단 간 차이가 있다고 하면, 긴장은 독립변수, 비행은 종속변수, 성별은 조절변수가 된다.

2.3 분석단위

분석단위는 표본의 크기를 결정하는 데 사용되는 기본단위로서 개인, 집단 혹은 특정 조직이 될 수 있다. 분석단위는 분석수준이라고 부르며 연구자가 분석을 위하여 직접적인 조사대상인 관찰단위를 더욱 세분화하여 하위단위로 나누거나 상위단위로 합산하여 실제 분석에 이용하는 단위로, 자료분석의 기초단위가 된다(박정선, 2003: p. 286). 분석단위에 대한 잘못된 추론으로는 생태학적 오류(ecological fallacy), 개인주의적 오류(individualistic fallacy), 환원주의적 오류(reductionism fallacy) 등이 있다.

생태학적 오류는 집단 내 집단의 특성에 근거하여 그 집단에 속한 개인의 특성을 추정할 때 범할 수 있는 오류이다(예: 천주교 집단의 특성을 분석한 다음 그 결과를 토대로 천주교도 개개인의 특성을 해석할 경우). 개인주의적 오류는 생태학적 오류와 반대로 개인을 분석한 결과를 바탕으로 개인이 속한 집단의 특성을 추정할 때 범할 수 있는 오류이다(예: 어느 사회 개인들의 질서의식이 높은 것으로 나타났다고 해서 바로 그 사회가 질서 있는 사회라고 해석하는 경우). 환원주의적 오류는 개인주의적 오류가 포함된 개념으로, 광범위한 사회현상을 이해하기 위해 개념이나 변수들을 지나치게 한정하거나 환원하여 설명하는 경향을 말한다(예: 심리학자가 사회현상을 진단하는 경우 심리변수는 물론 경제변수나 정치변수 등을 다각적으로 분석해야 하는데 심리변수만으로 사회현상을 진단하는 경우). 즉, 개인주의적 오류는 분석단위의 오류이며 환원주의적 오류는 변수 선정의 오류이다.

2.4 표본추출과 가설검정

1) 표본추출

과학적 조사연구 과정에서 측정도구가 구성된 후 연구대상 전체를 대상(전수조사)으로 할 것인가, 일부만을 대상(표본조사)으로 할 것인가 자료수집의 범위가 결정되어야 한다.

모집단은 연구자의 연구대상이 되는 집단 전체를 의미하며 과학적 연구의 목적은 모집단의 특성을 기술하거나 추론하는 것이다. 모집단 전체를 조사하는 것은 비용 과다(경제성), 시간 부족(시간성)과 같은 문제점으로 수집이 불가능한 경우가 많기 때문에 모집단에 대한 지식이나 정보를 얻고자 할 때 모집단의 일부인 표본을 추출하여 모집단을 추론한다.

[그림 2-2]와 같이 모수(parameter)는 모집단(population)의 특성값을 나타내는 것으로 모평균(μ), 표준편차(σ), 상관계수(ρ) 등을 말한다. 통계량(statistics)은 표본(sample)의 특성값을 나타내는 것으로 표본평균($\bar{x}$), 표본의 표준편차(s), 표본의 상관계수(r) 등이 있다.

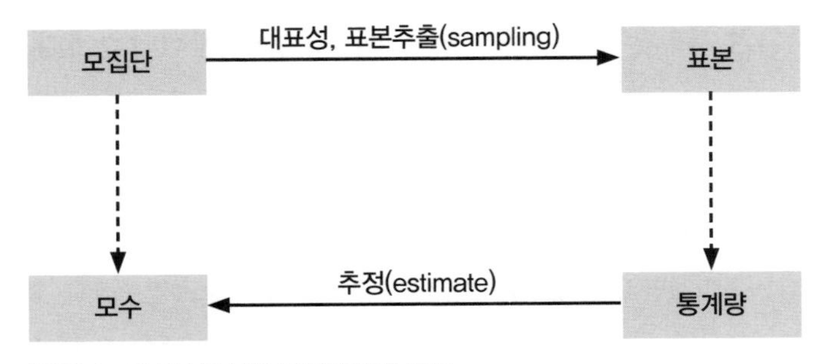

[그림 2-2] 전수조사와 표본조사의 관계

모집단에서 표본을 추출하기 위해서는 표본의 대표성을 유지하기 위하여 표본의 크기를 결정해야 한다. 표본의 크기는 모집단의 성격, 연구목적, 시간과 비용 등에 따라 결정하며, 일반적으로 여론조사에서는 신뢰수준과 표본오차(각 표본이 추출될 때 모집단의 차이로 기대되는 오차)로 표본의 크기를 구할 수 있다.

표본을 추출하는 방법은 크게 확률표본추출과 비확률표본추출 방법으로 나눌 수 있다. 확률표본추출(probability sampling)은 모집단의 모든 구성요소들이 표본으로 추출될 확률이 알려져 있는 조건하에서 표본을 추출하는 방법으로 단순무작위표본추출, 체계적 표본추출, 층화표본추출, 집락표본추출 등이 있다.

단순무작위표본추출(simple random sampling)은 모집단의 모든 표본단위가 선택될 확률을 동일하게 부여하여 표본을 추출하는 방법이다. 체계적 표본추출(systematic sampling)은 모집단의 구성요소에 일련번호를 부여한 후 매번 K번째 요소를 표본으로 선정하는 방법이다. 층화표본추출(stratified sampling)은 모집단을 일정한 기준에 따라 동질적인 몇 개의 계층으로 구분하여 각 계층별로 단순무작위로 표본을 추출하는 방법이다. 집락표본추출(cluster sampling)은 모집단을 일정 기준에 따라 여러 개의 집락으로 구분하고 구분된 집락에서 무작위로 집락을 추출하여 추출된 집락 안에서 표본을 추출하는 방법이다. 층화집락무작위표본추출은 층화표본추출, 집락표본추출, 단순무작위표본추출을 모두 사용하여 표본을 추출하는 방법이다[예: 서울시민 의식 실태조사 시 서울시를 25개 구(층)로 나누고, 구에서 일부 동을 추출(집락: 1차 추출단위)하고, 동에서 일부 통을 추출(집락: 2차 추출단위)하고, 통 내 가구대장에서 가구를 무작위로 추출한다].

비확률표본추출(nonprobability sampling)은 모집단의 모든 구성요소들이 표본으로 추출될 확률이 알려져 있지 않은 상태에서 표본을 추출하는 방법으로 편의표본추출, 판단표본추출, 눈덩이표본추출, 할당표본추출 등이 있다. 편의표본추출(convenience sampling)은 연구자의 편의에 따라 표본을 추출하는 방법으로, 임의표본추출(accidental sampling)이라고도 한다. 판단표본추출은 모집단의 의견이 반영될 수 있는 것으로 판단되는 특정 집단을 표본으로 선정하는 방법으로, 목적표본추출(purposive sampling)이라고도 한다. 할당표본추출(quota sampling)은 미리 정해진 기준에 따라 전체 표본으로 나눈 다음, 각 집단별로 모집단이 차지하는 구성비에 맞추어 표본을 추출하는 방법이다. 눈덩이표본추출(snowball sampling)은 처음에는 모집단의 일부 구성원을 표본으로 추출하여 조사한 다음, 그 구성원의 추천을 받아 다른 표본을 선정하여 조사과정을 반복하는 방법이다.

(1) 무작위추출방법

2,000명의 조사응답자 중 30명을 무작위 추첨하여 답례품을 증정할 경우 2,000명 중 30명을 무작위로 추출해야 한다.

- R에서 sample() 함수를 사용한다. 즉 길이가 n인 주어진 벡터의 요소로부터 길이가 seq인 부분 벡터를 랜덤하게 추출하는 것이다.
  - > n=2000 ; seq=30: n에 2000, seq에 30을 할당한다.
  - > id=1:n: 1에서 2000의 수를 벡터 id에 할당한다.
  - > id1=sample(id, seq, replace=F)
    - 벡터 id에서 30명을 랜덤 추출하여 벡터 id1에 할당한다.
    - replace=F(비복원 추출), replace=T(복원추출: 같은 요소도 반복 추출)
  - > sort(id1): 랜덤 추출된 벡터 id1을 오름차순으로 정렬한다.
  - > sort(id1, decreasing = T): 랜덤 추출된 벡터 id1을 내림차순으로 정렬한다.

R Console

```
> n=2000 ; seq=30
> id=1:n
> id1=sample(id, seq, replace=F)
> sort(id1)
 [1]   74  175  212  271  284  291  417  418  457  458  466  473  612  618
[15]  718  761  971 1009 1537 1566 1692 1696 1708 1735 1750 1845 1866 1874
[29] 1940 1948
> sort(id1, decreasing = T)
 [1] 1948 1940 1874 1866 1845 1750 1735 1708 1696 1692 1566 1537 1009  971
[15]  761  718  618  612  473  466  458  457  418  417  291  284  271  212
[29]  175   74
>
> |
```

2) 가설검정[3]

연구자는 과학적 연구를 하기 위해서 연구대상에 대해 문제의식을 가지고 많은 논문과

---

3 가설검정의 일부 내용은 '송태민·송주영(2015). 빅데이터 연구 한 권으로 끝내기. pp. 72-73' 부분에서 발췌한 것임을 밝힌다.

보고서를 통해 개념 간에 인과적인 개연성을 확보해야 한다. 그리고 기존의 이론과 연구자의 경험을 바탕으로 연구모형을 구축하고, 그 모형에 기초하여 가설을 설정하고 검정하여야 한다.

가설(hypothesis)은 연구와 관련한 잠정적인 진술이다. 표본에서 얻은 통계량을 근거로 모집단의 모수를 추정하기 위해서는 가설검정을 실시한다. 가설검정은 연구자가 통계량과 모수 사이에서 발생하는 표본오차(sampling error)의 기각 정도를 결정하여 추론할 수 있다. 따라서 모수의 추정값은 일치하지 않기 때문에 신뢰구간(Confidence Interval, CI)을 설정하여 가설의 채택 여부를 결정한다. 신뢰구간은 표본에서 얻은 통계량을 가지고 모집단의 모수를 추정하기 위하여 모수가 놓여 있으리라고 예상하는 값의 구간을 의미한다.

가설은 크게 귀무가설[또는 영가설, (H_0)]과 대립가설[또는 연구가설, (H_1)]로 나뉜다. 귀무가설은 '모수가 특정한 값이다' 또는 '두 모수의 값은 동일하다(차이가 없다)'로 선택하며, 대립가설은 '모수가 특정한 값이 아니다' 또는 '한 모수의 값은 다른 모수의 값과 다르다(크거나 작다)'로 선택하는 가설이다. 즉 귀무가설은 기존의 일반적인 사실과 차이가 없다는 것이며, 대립가설은 연구자가 새로운 사실을 발견하게 되어 기존의 일반적인 사실과 차이가 있다는 것이다. 따라서 가설검정은 표본의 추정값에 유의한 차이가 있다는 점을 검정하는 것이다.

가설은 이론적으로 완벽하게 검정된 것이 아니기 때문에 두 가지 오류가 발생한다. 1종 오류(α)는 H_0가 참인데도 불구하고 H_0를 기각하는 오류이고(즉 실제로 효과가 없는데 효과가 있다고 나타내는 것), 2종 오류(β)는 H_0가 거짓인데도 불구하고 H_0를 채택하는 경우이다(즉 실제로 효과가 있는데 효과가 없다고 나타내는 것). 가설검정은 표본의 통계량인 유의확률(p-value)과 1종 오류인 유의수준(significance)을 비교하여 귀무가설이나 대립가설의 기각 여부를 결정한다. 유의확률은 표본에서 산출되는 통계량으로 귀무가설이 틀렸다고 기각하는 확률을 말한다. 유의수준은 유의확률인 p-값이 어느 정도일 때 귀무가설을 기각하고 대립가설을 채택할 것인가에 대한 수준을 나타낸 것으로 'α'로 표시한다. 유의수준은 연구자가 결정하는 것으로 일반적으로 '.001, .01, .05, .1'로 결정한다.

가설검정에서 '$p<\alpha$'이면 귀무가설을 기각하게 된다. 즉 가설검정이 '$p<.05$'이면 1종 오류가 발생할 확률을 5% 미만으로 허용한다는 의미이며, 가설이 맞을 확률이 95% 이상으로 매우 신뢰할 만하다고 간주하는 것이다. 따라서 통계적 추정은 표본의 특성을 분석

하여 모집단의 특성을 추정하는 것으로, 가설검정을 통하여 판단할 수 있다(그림 2-3).

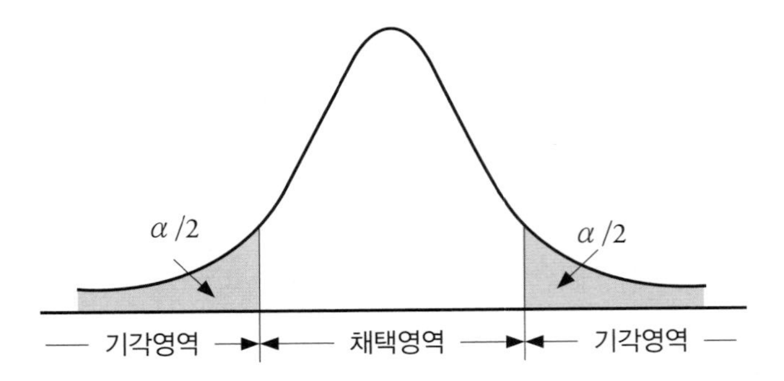

[그림 2-3] 귀무가설 채택/기각 영역

2.5 통계분석

통계분석은 수집된 자료를 이해하기 쉬운 수치로 요약하는 기술통계(descriptive statistics)와 모집단을 대표하는 표본을 추출하여 표본의 특성값으로 모집단의 모수를 추정하는 추리통계(stochastic statistics)가 있다.

본 연구의 기술통계, 추리통계 분석 등에는 2013년 1월 1일부터 2017년 6월 30일까지 수집한 총 1,210,566건 중에서 청소년으로 판단되는 350,314건의 담론을 연구데이터로 사용하였다. 본 연구데이터의 변수 생성을 위한 사이버 학교폭력 소셜 빅데이터의 주제분석과 감성분석의 자세한 설명은 본서의 1장 '소셜 빅데이터 분석과 활용방안' 부분(pp. 20-24)을 참조한다.

본 연구데이터에 사용된 주요 항목은 <표 2-4>와 같다. 연구데이터의 종속변수로는 사이버 학교폭력에 대한 감정(부정, 긍정)과 유형(가해자, 피해자, 방관자, 복합형)을 사용하였다. 그리고 독립변수로는 Agnew의 일반긴장이론(General Strain Theory, GST)의 주요 요인에 해당하는 긴장요인 등을 사용하였다. GST 요인은 각 요인별로 한 개의 문서에서의 출현 유무와 일일 동안 출현한 빈도로 산출하였다.

〈표 2-4〉 연구데이터 파일의 주요 항목

항목		변수명	내용	
종속변수	cyber school bullying emotion	Attitude	0(Neutral+Negative): 부정(Negative), 1: 긍정(Positive)	
		Negative	0: 없음, 1: 있음	
		Positive	0: 없음, 1: 있음	
	cyber school bullying type	psychological_type	1: Perpetrator, 2: Victim, 3: Bystander, 4: Complex_psychology	
		Perpetrator	가해자(0: 없음, 1: 있음)	
		Victim	피해자(0: 없음, 1: 있음)	
		Bystander	방관자(0: 없음, 1: 있음)	
		Complex_psychology	복합형(0: 없음, 1: 있음)	
독립변수	GST factors	Strain	긴장(0: 없음, 1: 있음)	일일빈도(N)
		Physical	신체적원인(0: 없음, 1: 있음)	일일빈도(N)
		Psychological	피해심리(0: 없음, 1: 있음)	일일빈도(N)
		Self_control	자아통제(0: 없음, 1: 있음)	일일빈도(N)
		Attachment	애착(0: 없음, 1: 있음)	일일빈도(N)
		Passion	열정(0: 없음, 1: 있음)	일일빈도(N)
		Perpetrator	가해심리(0: 없음, 1: 있음)	일일빈도(N)
		Delinquency	비행(0: 없음, 1: 있음)	일일빈도(N)
		Strain_N	GST 요인빈도(1: 1개, 2: 2개 이상)	
	Channel, Spread factors	Onespread	실수	
		Twospread	실수	
		Channel	1: Blog, 2: Board, 3: Cafe, 4: News, 5: Twitter	
		Account	0: First, 1: Spread	

1) 기술통계분석

각종 통계분석에 앞서 측정된 변수들이 지닌 분포의 특성을 파악해야 한다. 기술통계는 수집된 자료를 요약·정리하여 자료의 특성을 파악하기 위한 것으로, 이를 통해 자료의 중심위치(대푯값), 산포도, 왜도, 첨도 등 분포의 특징을 파악할 수 있다.

(1) 중심위치(대푯값)

중심위치란 자료가 어떤 위치에 집중되어 있는가를 나타내며 한 집단의 분포를 기술하는 대표적인 수치라는 의미로 대푯값이라고도 한다.

대푯값	설명
산술평균(mean)	평균(average, mean)이라고 하며, 중심위치 척도 중 가장 많이 사용되는 방법이다. • 모집단의 평균$(\mu) = \frac{1}{N}(X_1 + X_2 + \cdots X_n) = \frac{1}{N}\sum X_i$ • 표본의 평균$(\bar{x}) = \frac{1}{n}(X_1 + X_2 + \cdots X_n) = \frac{1}{n}\sum X_i$
중앙값(median)	측정값들을 크기순으로 배열하였을 경우, 중앙에 위치한 측정값이다. n이 홀수 개이면 $\frac{n+1}{2}$ 번째 n이 짝수 개이면 $\frac{n}{2}$ 번째와 $\frac{n+1}{2}$ 번째 측정값의 산술평균
최빈값(mode)	자료의 분포에서 빈도가 가장 높은 관찰값을 말한다.
4분위수(quartiles)	자료를 크기순으로 나열한 경우 전체의 1/4(1.4분위수), 2/4(2.4분위수), 3/4(3.4분위수)에 위치한 측정값을 말한다.
백분위수 (percentiles)	자료를 크기 순서대로 배열한 자료에서 100등분한 후 위치해 있는 값으로, 중앙값은 제50분위수가 된다.

(2) 산포도(dispersion)

중심위치 측정은 자료의 분포를 파악하는 데 충분하지 못하다. 산포도는 자료의 퍼짐 정도와 분포 모형을 통하여 분포의 특성을 살펴보는 것이다.

산포도	설명
범위(range)	자료를 크기순으로 나열한 경우 가장 큰 값과 가장 작은 값의 차이를 말한다.
평균편차 (mean deviation)	편차는 측정값들이 평균으로부터 떨어져 있는 거리(distance)이고, 평균편차는 편차합의 절댓값 평균을 말한다. $MD = \frac{1}{n}\sum\lvert X_i - \bar{X}\rvert$
분산(variance)과 표준편차 (standard deviation)	산포도의 정도를 나타내는 데 가장 많이 쓰이며, 통계분석에서 매우 중요한 개념이다. • 모집단의 분산: $\sigma^2 = \frac{1}{N}\sum(X_i - \mu)^2$ • 모집단의 표준편차: $\sigma = \sqrt{\frac{1}{N}\sum(X_i - \mu)^2}$ • 표본의 분산: $s^2 = \frac{1}{n-1}\sum(X_i - \bar{X})^2$ • 표본의 표준편차: $s = \sqrt{\frac{1}{n-1}\sum(X_i - \bar{X})^2}$ N: 관찰치수, X: 관찰값, μ: 모집단의 평균, $\bar{X}$: 표본의 평균
변이계수 (coefficient of variance)	상대적인 산포도의 크기를 쉽게 파악할 때 사용된다. • 변이계수$(CV) = \frac{s}{\bar{x}}$ 또는 $\frac{s}{\bar{x}} \times 100$ s: 표준편차, $\bar{x}$: 평균
왜도(skewness)와 첨도(kurtosis)	왜도는 분포의 모양이 중앙 위치에서 왼쪽이나 오른쪽으로 치우쳐 있는 정도를 나타내며, 분포의 중앙 위치가 왼쪽이면 '+' 값, 오른쪽이면 '−' 값을 가진다. 첨도는 평균값을 중심으로 뾰족한 정도를 나타낸다. '0'이면 정규분포에 가깝고, '+'이면 정규분포보다 뾰족하고, '−'이면 정규분포보다 완만하다.

① 중심위치와 산포도 분석

1단계: 중심위치와 산포도 분석에 필요한 패키지를 설치한다.

> install.packages('Rcmdr')

- R 그래픽 사용환경(GUI)을 지원하는 R Commander 패키지를 설치한다.

> library(Rcmdr): Rcmdr 패키지를 로딩한다.

- 본고에서는 R Commander 함수만 사용하기 때문에 R Commander의 메뉴를 이용하여 통계분석을 실시하지 않는다. 따라서 생성된 R Commander 화면의 최소화 버튼을 클릭하여 윈도의 작업표시줄로 옮긴다.

2단계: 중심위치와 산포도 분석을 실시한다.

> setwd("c:/cyberbullying_metholodogy"): 작업용 디렉터리를 지정한다.

> cyber_bullying=read.table(file="cyber_bullying_sam.txt",header=T)

- 데이터 파일을 불러와서 cyber_bullying에 할당한다.

> attach(cyber_bullying): 실행 데이터를 cyber_bullying 데이터 프레임으로 고정한다.

> length(Strain): Strain의 표본수를 산출한다.

> mean(Strain): Strain의 일일 평균을 산출한다.

> var(Strain): Strain의 일일 분산을 산출한다.

> var(Strain)*(length(Strain)-1)/length(Strain)

- 모집단의 분산[표본분산*(n−1)/n]을 산출한다.

> sd(Strain): Strain의 일일 표준편차를 산출한다.

> sd(Strain)*(length(Strain)-1)/length(Strain)

- 모집단의 표준편차[표본표준편차*(n−1)/n]를 산출한다.

> sd(Strain)/mean(Strain): Strain의 변이계수(CV)를 산출한다.

> sd(Delinquency)/mean(Delinquency): Delinquency의 변이계수(CV)를 산출한다.

> quantile(Strain): Strain의 사분위수를 산출한다.

> quantile(Delinquency): Delinquency의 사분위수를 산출한다.

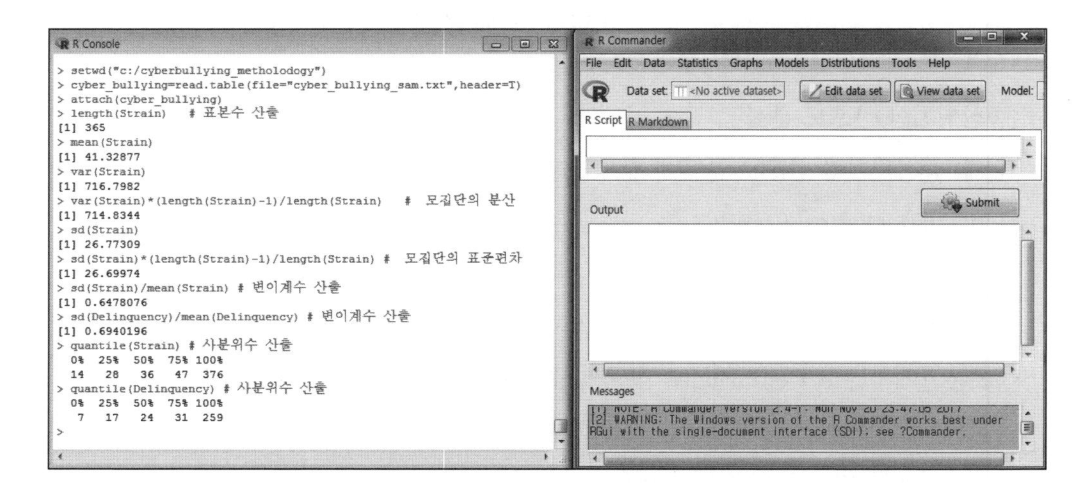

3단계: 변수의 정규성 검정을 실시한다.

> numSummary(cyber_bullying[,"Strain"], statistics=c("skewness", "kurtosis"))

 - Strain의 정규성을 검정한다.

> numSummary(cyber_bullying[,"Physical"], statistics=c("skewness", "kurtosis"))

> numSummary(cyber_bullying[,"Psychological"], statistics=c("skewness", "kurtosis"))

> numSummary(cyber_bullying[,"Self_control"], statistics=c("skewness", "kurtosis"))

> numSummary(cyber_bullying[,"Attachment"], statistics=c("skewness", "kurtosis"))

> numSummary(cyber_bullying[,"Passion"], statistics=c("skewness", "kurtosis"))

> numSummary(cyber_bullying[,"Perpetrator"], statistics=c("skewness", "kurtosis"))

> numSummary(cyber_bullying[,"Delinquency"], statistics=c("skewness", "kurtosis"))

R Console

```
> numSummary(cyber_bullying[,"Strain"], statistics=c("skewness", "kurtosis"))
 skewness kurtosis   n
 6.409405  69.0413 365
> numSummary(cyber_bullying[,"Physical"], statistics=c("skewness", "kurtosis"))
 skewness kurtosis   n
 7.880001 87.33451 365
> numSummary(cyber_bullying[,"Psychological"], statistics=c("skewness", "kurtosis"))
 skewness kurtosis   n
 6.412593 74.13314 365
> numSummary(cyber_bullying[,"Self_control"], statistics=c("skewness", "kurtosis"))
 skewness kurtosis   n
 2.269334 11.65975 365
> numSummary(cyber_bullying[,"Attachment"], statistics=c("skewness", "kurtosis"))
 skewness kurtosis   n
 1.872769 9.873583 365
> numSummary(cyber_bullying[,"Passion"], statistics=c("skewness", "kurtosis"))
 skewness kurtosis   n
 2.803172 17.67434 365
> numSummary(cyber_bullying[,"Perpetrator"], statistics=c("skewness", "kurtosis"))
 skewness kurtosis   n
 4.710275 36.47694 365
> numSummary(cyber_bullying[,"Delinquency"], statistics=c("skewness", "kurtosis"))
 skewness kurtosis   n
  6.35657 69.58406 365
> |
```

[해석] 왜도는 절댓값 3 미만, 첨도는 절댓값 10 미만이면 정규성 가정을 충족한다(Kline, 2010). 따라서 Attachment를 제외한 모든 GST 요인은 정규성 가정에 위배된 것으로 나타나 모든 요인에 대해 다음과 같이 상용로그로 치환하여 정규성 검정을 실시한다.

> numSummary(log(Strain+1), statistics=c("skewness", "kurtosis"))

- Strain을 로그치환한 후 정규성을 검정한다.
- '+1': 부정[log(0)] 값의 산출을 방지하기 위한 로그치환 방법

> numSummary(log(Physical+1), statistics=c("skewness", "kurtosis"))

> numSummary(log(Psychological+1), statistics=c("skewness", "kurtosis"))

> numSummary(log(Self_control+1), statistics=c("skewness", "kurtosis"))

> numSummary(log(Attachment+1), statistics=c("skewness", "kurtosis"))

> numSummary(log(Passion+1), statistics=c("skewness", "kurtosis"))

> numSummary(log(Perpetrator+1), statistics=c("skewness", "kurtosis"))

> numSummary(log(Delinquency+1), statistics=c("skewness", "kurtosis"))

R Console

```
> numSummary(log(Strain+1), statistics=c("skewness", "kurtosis"))
  skewness kurtosis   n
 0.9068539 2.760196 365
> numSummary(log(Physical+1), statistics=c("skewness", "kurtosis"))
 skewness kurtosis   n
 1.139511 4.737331 365
> numSummary(log(Psychological+1), statistics=c("skewness", "kurtosis"))
   skewness kurtosis   n
 0.06939296 1.987508 365
> numSummary(log(Self_control+1), statistics=c("skewness", "kurtosis"))
   skewness kurtosis   n
 -0.5595043  1.25407 365
> numSummary(log(Attachment+1), statistics=c("skewness", "kurtosis"))
   skewness  kurtosis   n
 -0.1137004 0.8144192 365
> numSummary(log(Passion+1), statistics=c("skewness", "kurtosis"))
     skewness kurtosis   n
 -0.003045579 1.018162 365
> numSummary(log(Perpetrator+1), statistics=c("skewness", "kurtosis"))
   skewness kurtosis   n
 0.04737747 2.162084 365
> numSummary(log(Delinquency+1), statistics=c("skewness", "kurtosis"))
 skewness kurtosis   n
 0.598156 1.894175 365
>
> |
```

[해석] 모든 GST 요인을 상용로그(log10)로 치환하여 정규성을 확인한 결과 정규성 기준을 만족하는 것으로 나타났다.

■ **연속형 변수의 시각화**(boxplot, histogram, line)

> boxplot(Strain, col='blue', main='Box Plot')

> boxplot(log(Strain+1), col='blue', main='Box Plot(log)')

- 로그치환한 Strain 요인은 정규화되어 이상치(Outliers)가 거의 없다.

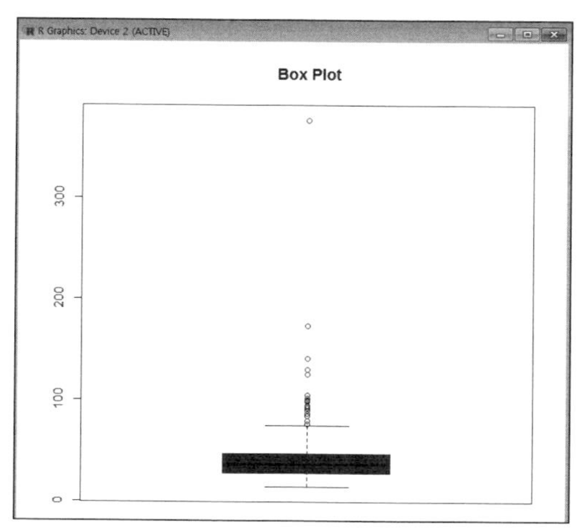

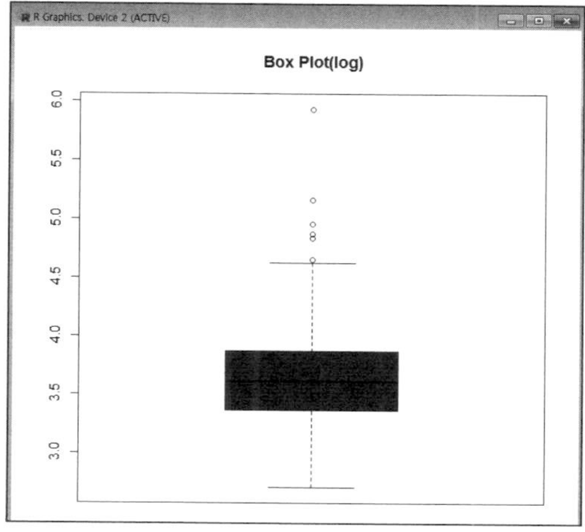

> hist(Strain, prob=T,main='Histogram'): Strain의 Histogram

> lines(density(Strain), col='blue'): Histogram에 추정분포선을 추가한다.

> hist(log(Strain+1), prob=T,main='Histogram(log)'): 로그치환 Histogram

> lines(density(log(Strain+.1)), col='blue'): Histogram에 추정분포선을 추가한다.

- 로그치환한 Strain 요인은 정규분포를 보인다.

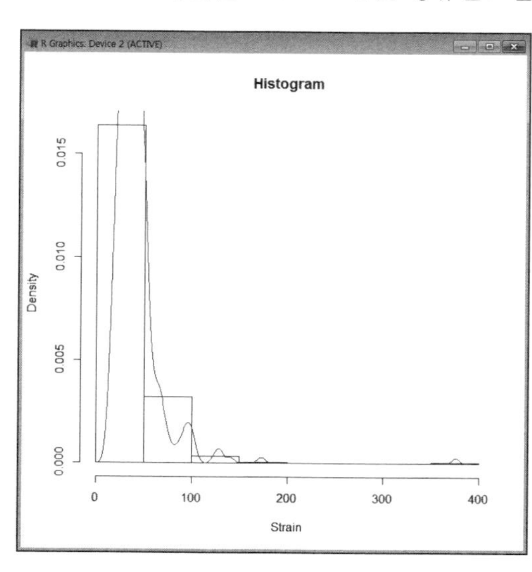

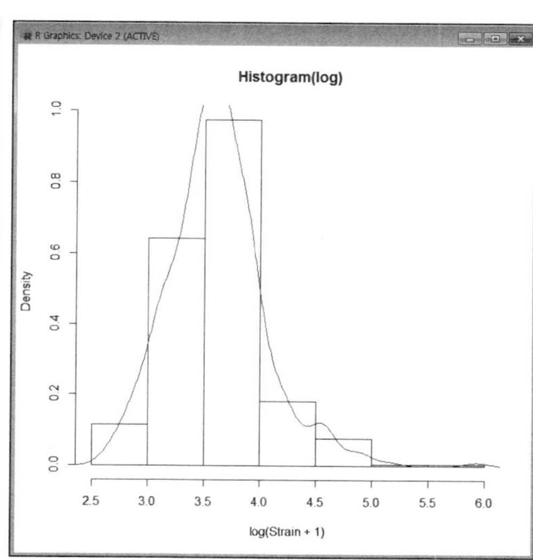

> cyber_bullying_s=data.frame(Strain,Physical,Psychological,Self_control,
Attachment,Passion,Perpetrator,Delinquency)

- 8개의 GST 요인 벡터를 cyber_bullying_s 데이터 프레임 객체에 할당한다.

> boxplot(cyber_bullying_s)

- cyber_bullying_s 데이터 프레임의 모든 요인에 대한 boxplot을 작성한다.

> cyber_bullying_l=log(cyber_bullying_s+1)

- 모든 요인에 대해 로그치환하여 cyber_bullying_l 객체에 할당한다.

> boxplot(cyber_bullying_l)

- cyber_bullying_l 객체의 모든 요인에 대한 boxplot을 작성한다.

R Console

```
> cyber_bullying_s=data.frame(Strain,Physical,Psychological,Self_control,
+  Attachment,Passion,Perpetrator,Delinquency)
> boxplot(cyber_bullying_s)
> cyber_bullying_l=log(cyber_bullying_s+1)
> boxplot(cyber_bullying_l)
>
> |
```

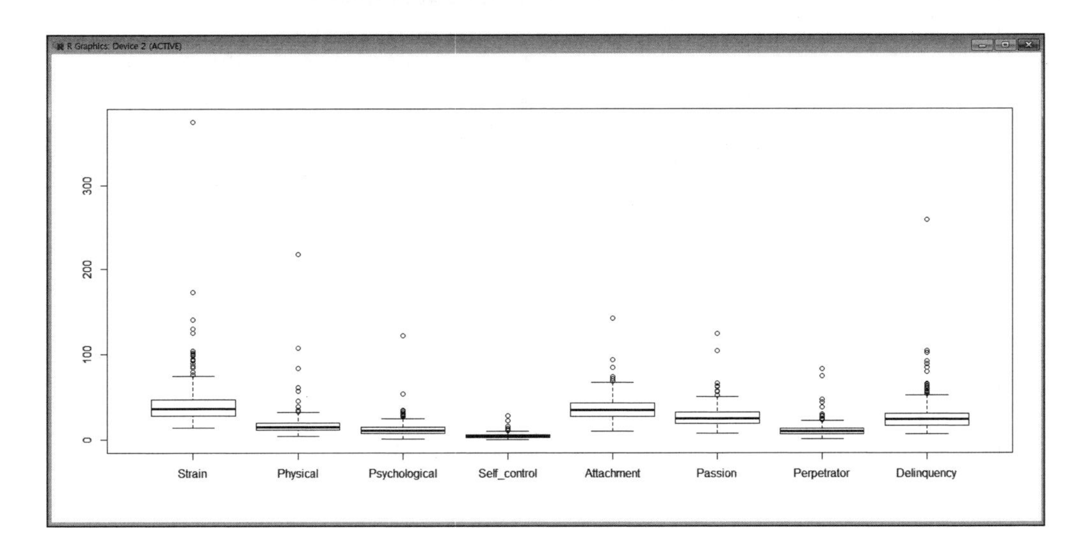

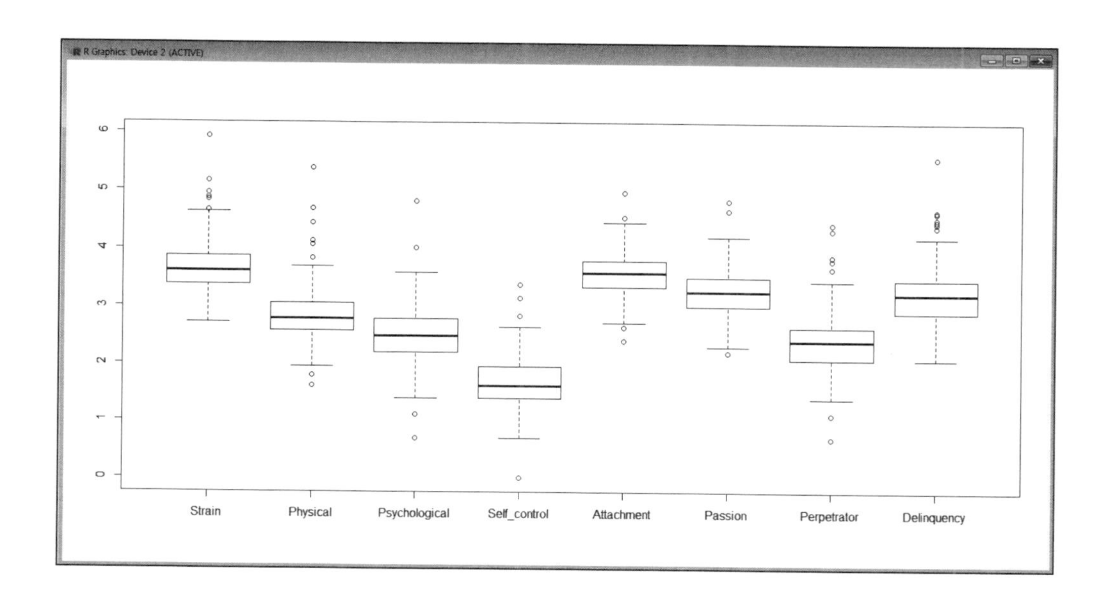

② 범주형 변수의 빈도분석

범주형 변수는 평균과 표준편차의 개념이 없기 때문에 변수값의 빈도와 비율을 계산해야 한다. 따라서 범주형 변수는 빈도, 중위수, 최빈값, 범위, 백분위수 등 분포의 특징을 살펴보는 데 의미가 있다.

> install.packages('catspec')
  - 분할표를 지원하는 패키지를 설치한다.
> library(catspec): catspec 패키지를 로딩한다.
> setwd("c:/cyberbullying_metholodogy"): 작업용 디렉터리를 지정한다.
> cyber_bullying=read.table(file="cyber_bullying_methodology_label.txt",header=T)
  - 데이터 파일을 불러와서 cyber_bullying 객체에 할당한다.
> attach(cyber_bullying): 실행 데이터를 'cyber_bullying'로 고정시킨다.
> t1=ftable(cyber_bullying[c('Attitude')])
  - ftable은 평면 분할표를 생성하는 함수이다(Create 'flat' contingency tables).
  - 'Attitude'의 빈도분석을 실시한 후 분할표를 t1에 할당한다.
> ctab(t1,type=c('n','r')): 'Attitude'의 빈도와 빈도에 대한 퍼센트를 화면에 출력한다.
> length(Attitude): 'Attitude'의 Total 빈도를 화면에 출력한다.

```
R Console
> install.packages('catspec')
Warning: package 'catspec' is in use and will not be installed
> library(catspec)
> setwd("c:/cyberbullying_metholodogy")
> cyber_bullying=read.table(file="cyber_bullying_methodology_label.txt",header=T)
> #attach(cyber_bullying)
> t1=ftable(cyber_bullying[c('Attitude')])
> ctab(t1,type=c('n','r'))
        x Negative Positive

Count      69083.00 83343.00
Total %       45.32    54.68
> length(Attitude)
[1] 152426
>
> |
```

[해석] 전체 152,426건의 온라인 문서 중 사이버 학교폭력에 대해 부정적인 감정은 45.32%(69,083건), 긍정적인 감정은 54.68%(83,343건)로 나타났다.

③ 연속형 변수의 빈도분석

연속형 변수는 평균과 분산으로 변수의 퍼짐 정도를 파악하고, 왜도와 첨도로 정규분포를 파악한다. 왜도는 절댓값 3 미만, 첨도는 절댓값 10 미만이면 정규성 가정을 충족한다(Kline, 2010).

> install.packages('Rcmdr')

> library(Rcmdr)

> setwd("c:/cyberbullying_metholodogy")

> cyber_bullying=read.table(file="cyber_bullying_descriptive_label.txt",header=T)

> attach(cyber_bullying)

> summary(Onespread): Onespread의 기본적인 기술통계분석을 실시한다.

> numSummary(Onespread, statistics=c("mean", "sd", "IQR", "quantiles","skewness", "kurtosis")): 'Onespread'의 지정된 기술통계분석을 실시한다.

> numSummary(log10(Onespread+1), statistics=c("mean", "sd", "IQR", "quantiles", "skewness", "kurtosis"))

- 'Onespread'를 로그치환한 후 지정된 기술통계분석을 실시한다.

```
R Console
> library(Rcmdr)
> setwd("c:/cyberbullying_metholodogy")
> cyber_bullying=read.table(file="cyber_bullying_descriptive_label.txt",header=T)
> #attach(cyber_bullying)
> summary(Onespread)
   Min. 1st Qu.  Median    Mean 3rd Qu.    Max.
   0.00    0.00    0.00   61.15    5.00 2617.00
> numSummary(Onespread, statistics=c("mean", "sd", "IQR",
+  "quantiles","skewness", "kurtosis"))
     mean       sd IQR skewness kurtosis 0% 25% 50% 75% 100%     n
 61.15168 224.0996   5 7.067273 66.67668  0   0   0   5 2617 68196
> numSummary(log10(Onespread+1), statistics=c("mean", "sd", "IQR",
+  "quantiles","skewness", "kurtosis"))
     mean        sd       IQR skewness kurtosis 0% 25% 50%       75%    100%     n
 0.548253 0.8711482 0.7781513  1.55521 1.160778  0   0   0 0.7781513 3.41797 68196
>
> |
```

[해석] 표본수 68,196건의 버즈를 분석한 1주 확산수(Onespread)의 평균은 61.15, 표준편차(평균으로부터 떨어진 거리의 평균)는 224.1로 분포의 중앙위치가 왼쪽(왜도: 7.07)으로 치우쳐 있으며, 정규분포보다 뾰족한 분포(첨도: 66.78)를 나타내고 있다. Onespread는 정규성 가정에 위배된 것으로 나타나 상용로그로 치환하여 정규성 검정을 실시한다. Onespread의 상용로그 치환 결과 왜도는 절댓값 3 미만(1.56), 첨도는 절댓값 10 미만(1.16)으로 정규성 가정을 충족하는 것으로 나타났다.

```
> boxplot(Onespread~Account,col='red', main='Box Plot')
```

- Account별 Onespread의 boxplot을 작성한다.

```
> boxplot(log10(Onespread+1)~Account,col='red', main='Box Plot(log)')
```

- Account별 로그치환 Onespread의 boxplot을 작성한다.

```
> boxplot(Onespread~Channel,col='red', main='Box Plot')
```

- Channel별 Onespread의 boxplot을 작성한다.

```
> boxplot(log10(Onespread+1)~Channel,col='red', main='Box Plot(log)')
```

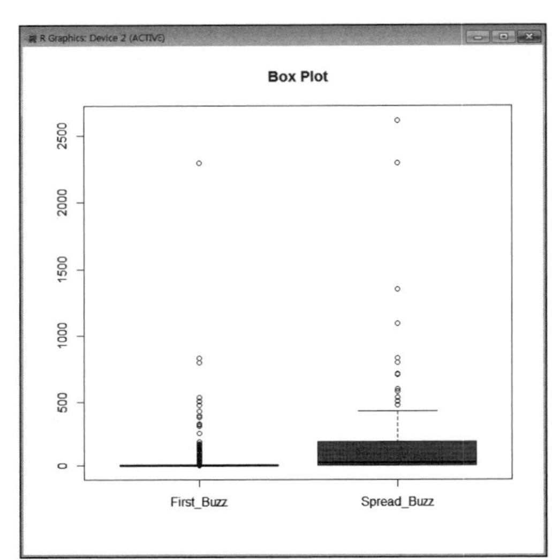

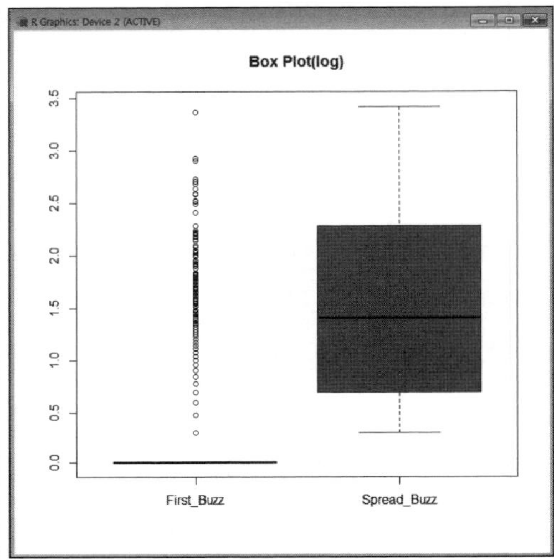

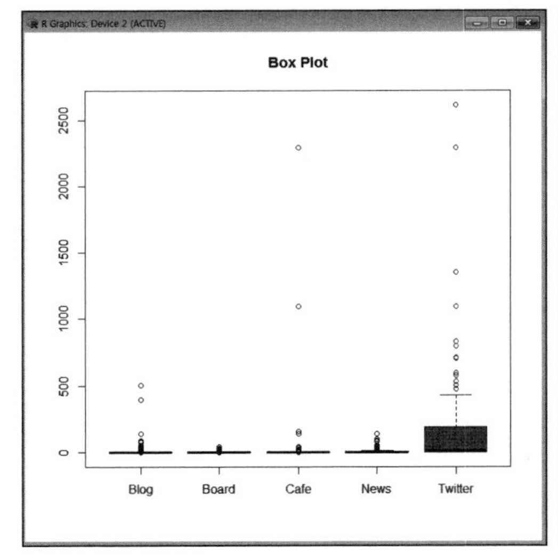

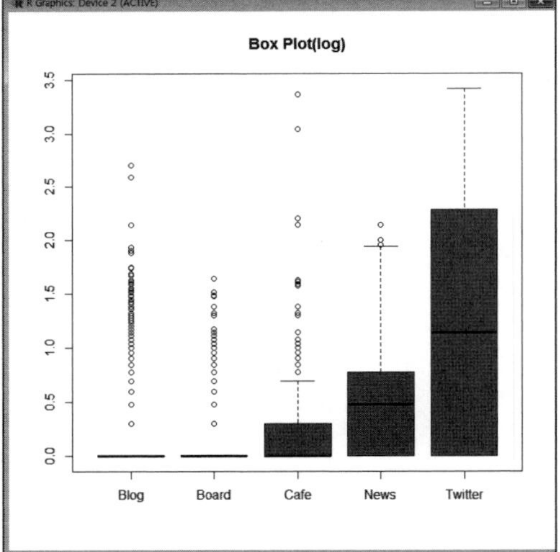

2) 추리통계분석

추리통계는 표본의 연구결과를 모집단에 일반화할 수 있는지를 판단하기 위하여 표본의 통계량으로 모집단의 모수를 추정하는 통계방법이다. 추리통계는 가설검정을 통하여 표본의 통계량으로 모집단의 모수를 추정한다. 추리통계에서는 종속변수와 독립변수 척도의 속성(범주형, 연속형)에 따라 모집단의 평균을 추정하기 위해서는 평균분석을 실시하고, 변수 간의 상호 의존성을 파악하기 위해서는 교차분석·상관분석·요인분석·군집분석 등을 실시하며, 변수 간의 종속성을 분석하기 위해서는 회귀분석과 로지스틱 회귀분석 등을 실시해야 한다.

④ 교차분석

빈도분석은 단일 변수에 대한 통계의 특성을 분석하는 기술통계이지만, 교차분석은 두 가지 이상의 변수 사이에 상관관계를 분석하기 위해 사용하는 추리통계이다. 빈도분석은 한 변수의 빈도분석표를 작성하는 데 반해 교차분석은 2개 이상의 행(row)과 열(column)이 있는 교차표(crosstabs)를 작성하여 관련성을 검정한다.

즉 조사한 자료들은 항상 모집단(population)에서 추출한 표본이고, 통상 모집단의 특성을 나타내는 모수(parameter)는 알려져 있지 않기 때문에 관찰 가능한 표본의 통계량(statistics)을 가지고 모집단의 모수를 추정한다.

이러한 점에서 χ^2-test는 분할표(contingency table)에서 행과 열을 구성하고, 두 변수 간에 독립성(independence)과 동질성(homogeneity)을 검정해주는 통계량을 가지고 우리가 조사한 표본에서 나타난 두 변수 간의 관계를 모집단에서도 동일하다고 판단할 수 있는가에 대한 유의성을 검정해주는 것이다.

- 독립성 검정: 모집단에서 추출한 표본에서 관찰대상을 사전에 결정하지 않고 검정을 실시하는 것으로, 대부분의 통계조사가 이에 해당된다.
- 동질성 검정: 모집단에서 추출한 표본에서 관찰대상을 사전에 결정한 후 두 변수 간에 검정을 실시하는 것으로, 주로 임상실험 결과를 분석할 때 이용한다(예: 비타민 C를 투여한 임상군과 투여하지 않은 대조군과의 관계).

- χ^2-test 순서

  1단계: 가설 설정[귀무가설(H_0): 두 변수가 서로 독립적이다.]

  2단계: 유의수준(α) 결정(.001, .01, .05, .1)

  3단계: 표본의 통계량에서 유의확률(p)을 산출한다.

  4단계: $p < \alpha$ 의 경우, 귀무가설을 기각하고 대립가설을 채택한다.

- 연관성 측도(measures of association)
  - χ^2-test에서 H_0를 기각할 경우 두 변수가 얼마나 연관되어 있는가를 나타낸다.
  - 분할계수(contingency coefficient): R(행)×C(열)의 크기가 같을 때 사용한다. ($0 \le C \le 1$)
  - Cramer's V: R×C의 크기가 같지 않을 때도 사용이 가능하다. ($0 \le V \le 1$)
  - Kendall's τ(타우): 행과 열의 수가 같거나(τ_b) 다른(τ_c) 순서형 자료(ordinal data)에 사용한다.
  - Somer's D: 순서형 자료에서 두 변수 간에 인과관계가 정해져 있을 때 사용한다(예: 전공과목, 졸업 후 직업). ($-1 \le D \le 1$)
  - η(이타): 범주형 자료(categorical data)와 연속형 자료(continuous data) 간에 연관측도를 나타낸다. ($0 \le \eta \le 1$, 1에 가까울수록 연관관계가 높다.)
  - Pearson's R: 피어슨 상관계수로, 구간 자료(interval data) 간에 선형적 연관성을 나타낸다. ($-1 \le R \le 1$)

연구문제

사이버 학교폭력 감정(Attitude)과 GST 요인(Strain_N) 간 교차분석(χ^2-test)을 실시하라.

```
> install.packages('catspec'): 분할표를 지원하는 패키지를 설치한다.
> library(catspec): catspec 패키지를 로딩한다.
> setwd("c:/cyberbullying_metholodogy"): 작업용 디렉터리를 지정한다.
> cyber_bullying=read.table(file="cyber_bullying_methodology_label.txt",header=T)
  - 데이터 파일을 불러와서 cyber_bullying 객체에 할당한다.
```

> attach(cyber_bullying): 실행 데이터를 'cyber_bullying'로 고정시킨다.

> t1=ftable(cyber_bullying[c('Strain_N','Attitude')])

- ftable은 평면 분할표를 생성하는 함수이다.
- 교차분석('Strain_N','Attitude')을 실시한 후 분할표를 t1에 할당한다.

> ctab(t1,type=c('n','r','c','t'))

- 이원분할표의 빈도, 행(row), 열(column), 전체(total) %를 화면에 출력한다.

> chisq.test(t1): 이원분할표의 카이제곱검정 통계량을 화면에 출력한다.

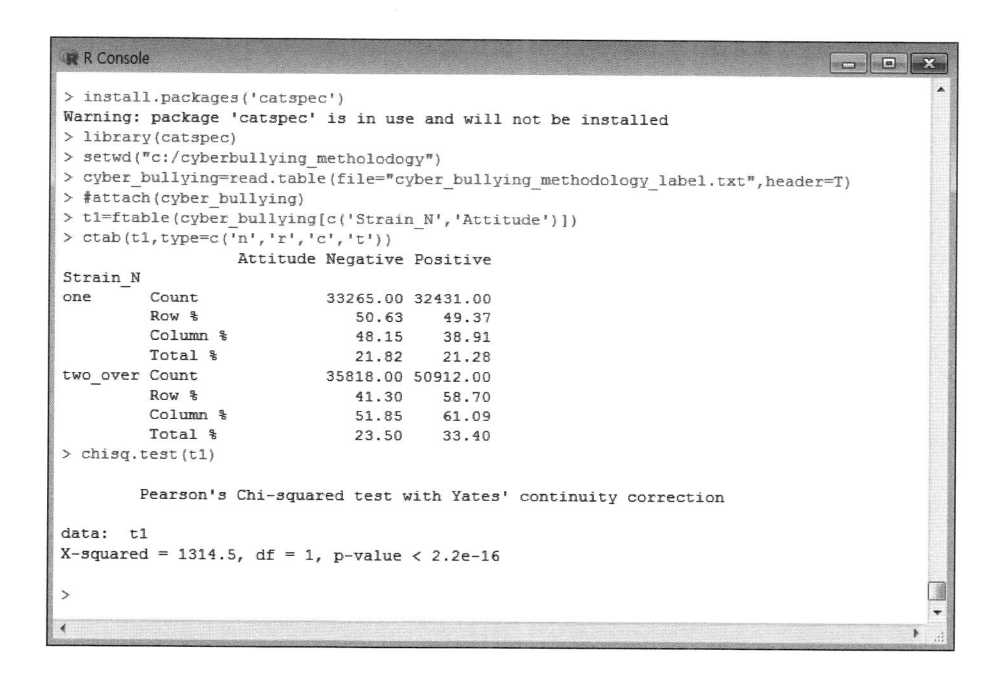

```
> install.packages('catspec')
Warning: package 'catspec' is in use and will not be installed
> library(catspec)
> setwd("c:/cyberbullying_metholodogy")
> cyber_bullying=read.table(file="cyber_bullying_methodology_label.txt",header=T)
> #attach(cyber_bullying)
> t1=ftable(cyber_bullying[c('Strain_N','Attitude')])
> ctab(t1,type=c('n','r','c','t'))
                  Attitude Negative Positive
Strain_N
one        Count           33265.00 32431.00
           Row %              50.63    49.37
           Column %           48.15    38.91
           Total %            21.82    21.28
two_over   Count           35818.00 50912.00
           Row %              41.30    58.70
           Column %           51.85    61.09
           Total %            23.50    33.40
> chisq.test(t1)

        Pearson's Chi-squared test with Yates' continuity correction

data:  t1
X-squared = 1314.5, df = 1, p-value < 2.2e-16

>
```

[해석] GST 요인(Strain_N)이 1개만 있는 경우 사이버 학교폭력에 대한 부정적 감정(Negative)이 50.63%(33,265건)로 가장 많으며, GST 요인이 2개 이상 있는 경우 사이버 학교폭력에 대한 긍정적 감정(Positive)이 58.70%(50,912건)로 가장 많은 것으로 나타났다. 카이제곱검정 결과 두 변수 간에 유의한 차이[χ^2=1314.5, $p(2.2\times10^{-16})<.001$]가 있는 것으로 나타났다.

gmodels 패키지를 사용하여 SPSS format 교차분석

> install.packages('gmodels')

> library(gmodels)

> CrossTable(cyber_bullying$Strain_N, cyber_bullying$Attitude, expected=T,format='SPSS'): SPSS format 교차분석 실시

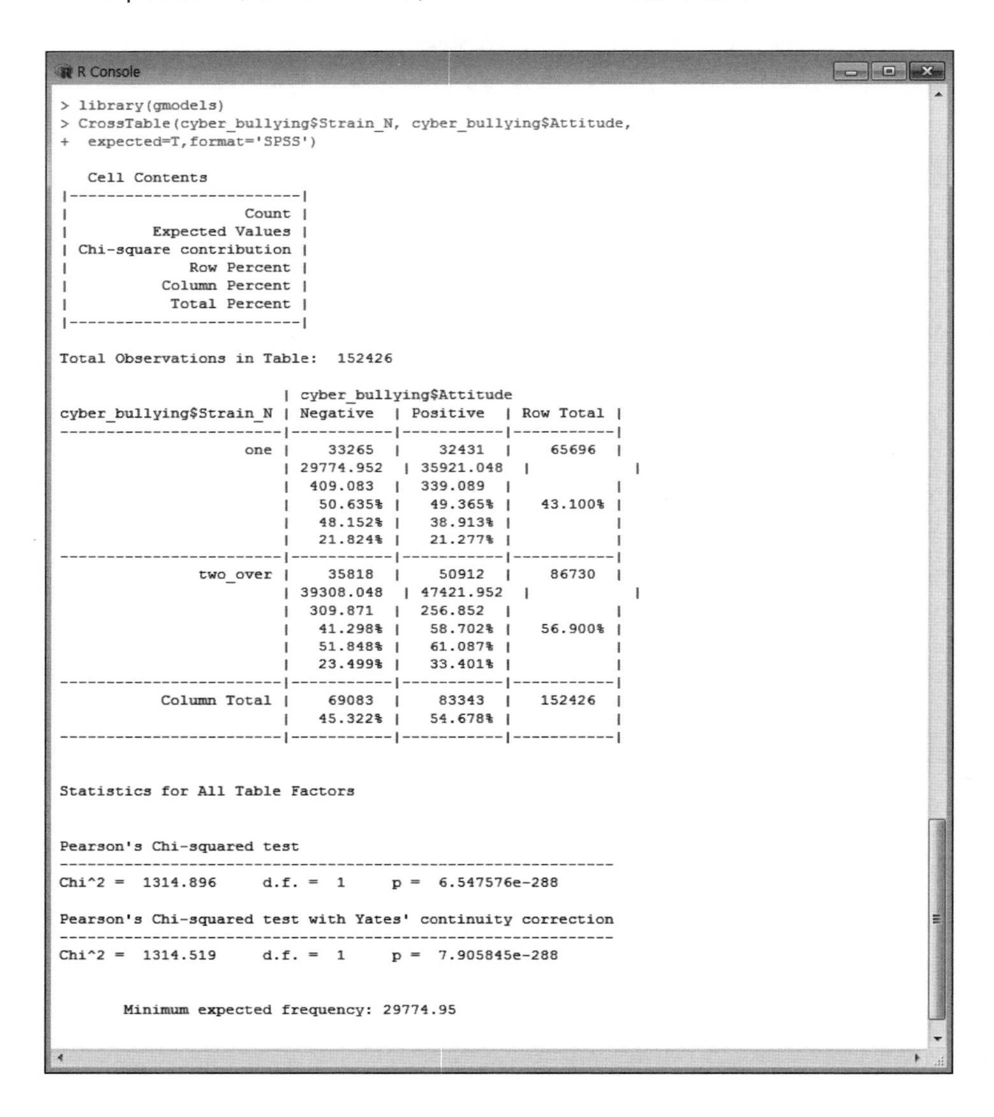

```
R Console
> library(gmodels)
> CrossTable(cyber_bullying$Strain_N, cyber_bullying$Attitude,
+  expected=T,format='SPSS')

   Cell Contents
|-------------------------|
|                   Count |
|         Expected Values |
| Chi-square contribution |
|             Row Percent |
|          Column Percent |
|           Total Percent |
|-------------------------|

Total Observations in Table:  152426

                        | cyber_bullying$Attitude
cyber_bullying$Strain_N | Negative  | Positive  | Row Total |
------------------------|-----------|-----------|-----------|
                    one |    33265  |    32431  |    65696  |
                        | 29774.952  | 35921.048  |           |
                        |  409.083  |  339.089  |           |
                        |  50.635%  |  49.365%  |  43.100%  |
                        |  48.152%  |  38.913%  |           |
                        |  21.824%  |  21.277%  |           |
------------------------|-----------|-----------|-----------|
               two_over |    35818  |    50912  |    86730  |
                        | 39308.048  | 47421.952  |           |
                        |  309.871  |  256.852  |           |
                        |  41.298%  |  58.702%  |  56.900%  |
                        |  51.848%  |  61.087%  |           |
                        |  23.499%  |  33.401%  |           |
------------------------|-----------|-----------|-----------|
           Column Total |    69083  |    83343  |   152426  |
                        |  45.322%  |  54.678%  |           |
------------------------|-----------|-----------|-----------|


Statistics for All Table Factors


Pearson's Chi-squared test
------------------------------------------------------------
Chi^2 =  1314.896     d.f. =  1     p =  6.547576e-288

Pearson's Chi-squared test with Yates' continuity correction
------------------------------------------------------------
Chi^2 =  1314.519     d.f. =  1     p =  7.905845e-288


       Minimum expected frequency: 29774.95
```

연관성 측도(measures of association) 분석

```
> cyber_bullying=read.table(file="cyber_bullying_methodology_numeric.txt",header=T)
> with(cyber_bullying, cor.test(Strain_N,Attitude,method='pearson'))
```

- 피어슨 상관계수의 연관성 측도를 산출한다.

```
> with(cyber_bullying, cor.test(Strain_N,Attitude,method='kendall'))
```

- Kendall's τ(타우)의 연관성 측도를 산출한다.

```
> cv.test = function(x,y) {
  CV = sqrt(chisq.test(x, y, correct=FALSE)$statistic /
  (length(x) * (min(length(unique(x)),length(unique(y))) - 1)))
  print.noquote("Cramer V / Phi:")
  return(as.numeric(CV))
                            }
```

- Cramer's V의 연관성 측도를 산출하는 함수(cv.test)를 작성한다.

```
> with(cyber_bullying, cv.test(Strain_N,Attitude))
```

- Cramer's V의 연관성 측도를 산출한다.

```
R Console
> cyber_bullying=read.table(file="cyber_bullying_methodology_numeric.txt",header=T)
> with(cyber_bullying, cor.test(Strain_N,Attitude,method='pearson'))

        Pearson's product-moment correlation

data:  Strain_N and Attitude
t = 36.419, df = 152420, p-value < 2.2e-16
alternative hypothesis: true correlation is not equal to 0
95 percent confidence interval:
 0.08789952 0.09785327
sample estimates:
       cor
0.09287872

> with(cyber_bullying, cor.test(Strain_N,Attitude,method='kendall'))

        Kendall's rank correlation tau

data:  Strain_N and Attitude
z = 36.261, p-value < 2.2e-16
alternative hypothesis: true tau is not equal to 0
sample estimates:
       tau
0.09287872

>
> cv.test = function(x,y) {
+   CV = sqrt(chisq.test(x, y, correct=FALSE)$statistic /
+     (length(x) * (min(length(unique(x)),length(unique(y))) - 1)))
+   print.noquote("Cramer V / Phi:")
+   return(as.numeric(CV))
+                             }
>
> with(cyber_bullying, cv.test(Strain_N,Attitude))
[1] Cramer V / Phi:
[1] 0.09287872
> |
```

[해석] Strain_N과 Attitude의 Cramer의 연관척도는 0.0929로 나타났다.

삼원분할표 분석

> cyber_bullying=read.table(file="cyber_bullying_methodology_label.txt",header=T)

> t1=ftable(cyber_bullying[c('Strain_N','Account', 'Attitude')])

  - 삼원분할표의 값을 t1 변수에 할당한다.

> ctab(t1,type=c('n','r','c','t'))

  - 삼원분할표의 빈도, 행(row), 열(column), 전체(total) %를 화면에 출력한다.

> chisq.test(t1): 삼원분할표의 카이제곱검정 통계량을 화면에 출력한다.

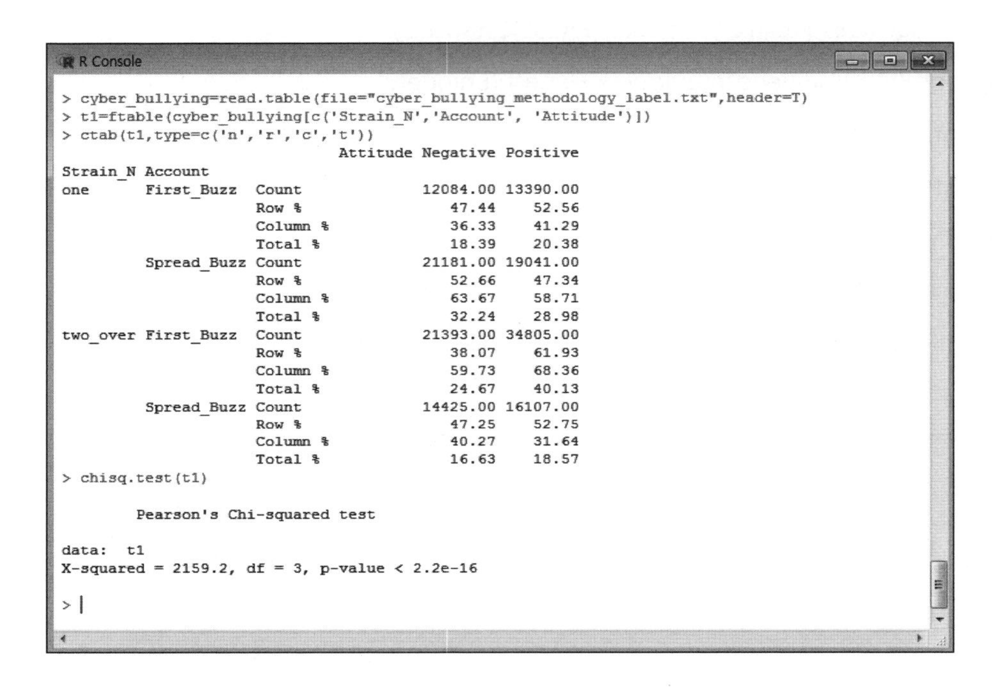

```
R Console
> cyber_bullying=read.table(file="cyber_bullying_methodology_label.txt",header=T)
> t1=ftable(cyber_bullying[c('Strain_N','Account', 'Attitude')])
> ctab(t1,type=c('n','r','c','t'))
                              Attitude Negative Positive
Strain_N Account
one      First_Buzz  Count             12084.00 13390.00
                     Row %                47.44    52.56
                     Column %             36.33    41.29
                     Total %              18.39    20.38
         Spread_Buzz Count             21181.00 19041.00
                     Row %                52.66    47.34
                     Column %             63.67    58.71
                     Total %              32.24    28.98
two_over First_Buzz  Count             21393.00 34805.00
                     Row %                38.07    61.93
                     Column %             59.73    68.36
                     Total %              24.67    40.13
         Spread_Buzz Count             14425.00 16107.00
                     Row %                47.25    52.75
                     Column %             40.27    31.64
                     Total %              16.63    18.57
> chisq.test(t1)

        Pearson's Chi-squared test

data:  t1
X-squared = 2159.2, df = 3, p-value < 2.2e-16

> |
```

⑤ **평균의 검정**(일표본 T검정)

일표본 T검정(One-sample T Test)은 모집단의 평균을 알고 있을 때 모집단과 단일표본 평균의 차이를 검정하는 방법이다.

> 연구가설 (H_0: μ_1=100, H_1: $\mu_1 \neq 100$). 즉 사이버 학교폭력의 1주차 평균 확산수(Onespread)가 모집단의 1주차 평균 확산수인 100회(사전 연구에서 자살생각의 1주차 평균 확산수는 100회로 나타남)와 차이가 있는지를 검정한다.

> setwd("c:/cyberbullying_metholodogy"): 작업용 디렉터리를 지정한다.

> cyber_bullying=read.table(file="cyber_bullying_descriptive_label.txt",header=T)

- 데이터 파일을 불러와서 cyber_bullying에 할당한다.

> t.test(cyber_bullying[c('Onespread')],mu=100)

- Onespread에 대한 일표본 T검정 분석을 실시한다.

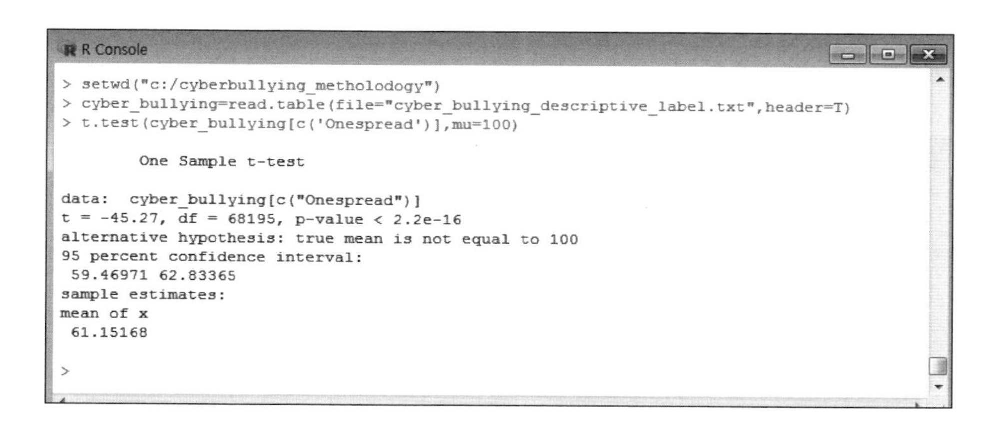

[해석] 68,196건의 온라인 문서(버즈)를 대상으로 측정한 1주차 확산수의 평균은 61.15회로 1주차 확산수의 평균값은 1주차 확산수의 검정값 100회보다 유의하게 낮다고 볼 수 있다(t=−45.27, p=.000<.001). 따라서 대립가설(H_1: $\mu_1 \neq 100$)이 채택되고 95% 신뢰구간은 59.47~62.83으로 이 신뢰구간이 0을 포함하지 않으므로 대립가설을 지지하는 것으로 나타났다.

⑥ 평균의 검정(독립표본 T검정)

독립표본 T검정(independent-sample T Test)은 두 개의 모집단에서 각각의 크기 n1, n2의 표본을 추출하여 모집단 간 평균의 차이를 검정하는 방법이다. 독립표본 T검정은 등분산 검정(H_0: $\sigma_1^2 = \sigma_2^2$) 후, 평균의 차이 검정을 실시한다. 등분산일 경우 합동분산(pooled variance)을 이용하여 T검정을 실시하며, 등분산이 아닌 경우 Welch의 T검정을 실시한다.

연구가설: 사이버 학교폭력 순계정(Account) 두 집단(First, Spread) 간 1주 확산수(Onespread) 평균의 차이는 있다.

> rm(list=ls()): 모든 변수를 초기화한다.

> setwd("c:/cyberbullying_metholodogy")

> cyber_bullying=read.table(file="cyber_bullying_descriptive_label.txt",header=T)

> var.test(Onespread~Account,cyber_bullying): 등분산 검정 분석을 실시한다.

- 본 분석에서는 (F=0.002, p<.001)로 등분산 가정이 기각되었다.

> t.test(Onespread~Account,cyber_bullying): 분산이 다른 경우

> t.test(Onespread~Account,var.equal=T,cyber_bullying): 분산이 같은 경우

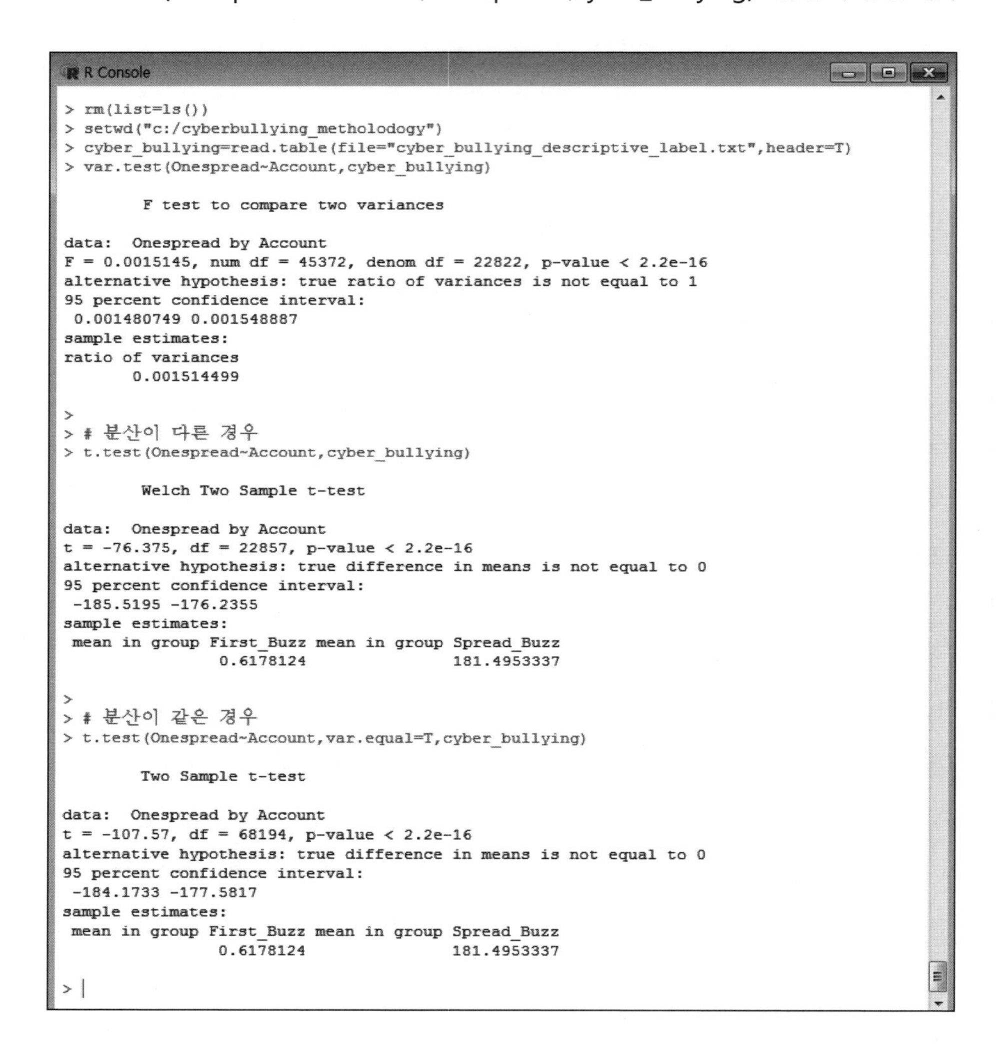

[해석] 독립표본 T검정을 하기 전에 두 집단에 대해 분산의 동질성을 검정(등분산 검정)해야 한다. 1주 확산수(Onespread)는 등분산 검정 결과 F=0.002(등분산을 위한 F 통계량), 'p=.000<.001'

로 등분산 가정이 성립되지 않은 것으로 나타났으며, 사이버 학교폭력 순계정(Account) 두 집단(First, Spread)의 평균 차이는 유의하게[t=−76.375(p<.001)] 나타났다.

※ 만약 등분산 가정이 성립된다면 [t=−107.57(p<.001)]로 평균의 차이가 유의하다.

⑦ **평균의 검정**(대응표본 T검정)

대응표본 T검정(Paired T Test)은 동일한 모집단에서 각각의 크기 n1, n2의 표본을 추출하여 평균 간의 차이를 검정하는 방법이다.

연구가설: 청소년 비만환자 20명을 대상으로 다이어트 약의 복용 전과 후의 체중을 측정하여 다이어트 약이 체중 감량에 효과가 있었는지를 검정한다(H_0: $\mu_1=\mu_2$, H_1: $\mu_1 \neq \mu_2$).

> rm(list=ls()): 모든 변수를 초기화한다.

> setwd("c:/cyberbullying_metholodogy"): 작업용 디렉터리를 지정한다.

> data_pair=read.table(file="paired_test.txt",header=T)

> with(data_pair,t.test(diet_b-diet_a)): 대응표본 T검정을 분석한다.

```
R Console
> rm(list=ls())
> setwd("c:/cyberbullying_metholodogy")
> data_pair=read.table(file="paired_test.txt",header=T)
> with(data_pair,t.test(diet_b-diet_a))

        One Sample t-test

data:  diet_b - diet_a
t = 14.013, df = 19, p-value = 1.812e-11
alternative hypothesis: true mean is not equal to 0
95 percent confidence interval:
 6.252146 8.447854
sample estimates:
mean of x
     7.35

> |
```

[해석] 다이어트 약 복용 전 체중과 다이어트 약 복용 후 체중의 평균의 차이가(7.35) 있는 것으로 검정되어(t=14.013, p<.001) 귀무가설을 기각하고 대립가설을 채택한다. 따라서 다이어트 약은 체중 감량의 효과가 있는 것으로 나타났다.

⑧ **평균의 검정**(일원배치 분산분석)

T검정이 2개의 집단에 대한 평균값을 검정하기 위한 분석이라면, 3개 이상의 집단에 대한 평균값의 비교분석에는 F검정인 분산분석(Analysis of Variance, ANOVA)을 사용할 수 있다. 종속변수는 구간척도나 정량적인 연속형 척도로, 종속변수가 2개 이상일 경우 다변량 분산분석(Multivariate Analysis of Variance, MANOVA)을 사용한다. 특히, 독립변수(요인)의 범주가 세 개 이상의 범주형 척도로서 요인이 1개이면 일원배치 분산분석(one-way ANOVA), 요인이 2개이면 이원배치 분산분석(two-way ANOVA)이라고 한다. 분산분석에서 $H_0(\sigma_1^2 - \sigma_2^2 - \cdots \ \sigma_k^2 = 0)$가 기각될 경우(집단 간 분산이 다를 경우), 요인수준들이 평균 차이를 보이는지 사후분석(multiple comparisons)을 실시해야 한다. 사후분석(다중비교)에는 통상 Tukey(작은 평균 차이에 대한 유의성 발견 시 용이함), Scheffe(큰 평균 차이에 대한 유의성 발견 시 용이함)의 다중비교를 실시한다. 등분산이 가정되지 않을 경우는 Dunnett의 다중비교를 실시한다.

연구가설: (H_0: $\mu_1 - \mu_2 - \cdots \ \mu_k = 0$, H_1: $\mu_1 - \mu_2 - \cdots \ \mu_k \neq 0$)
즉 H_0는 채널별 평균 버즈 1주 확산수(Onespread)에 유의한 차이가 없다(같다).
H_1은 채널별 평균 버즈 1주 확산수에 유의한 차이가 있다(다르다).

```
> rm(list=ls())
> setwd("c:/cyberbullying_metholodogy")
> cyber_bullying=read.table(file="cyber_bullying_descriptive_label.txt",header=T)
> attach(cyber_bullying)
> tapply(Onespread, Channel, mean)
```
- tapply() 함수는 각 그룹의 평균을 산출한다.

```
> tapply(Onespread, Channel, sd)
```
: 각 그룹의 표준편차를 산출한다.

```
> sel=aov(Onespread~Channel,data=cyber_bullying)
```
- 분산분석표를 sel 변수에 할당한다.

```
> summary(sel)
```
: 분산분석표를 화면에 출력한다.

```
> bartlett.test(Onespread~Channel,data=cyber_bullying)
```
: 등분산 검정을 실시한다.

```
> rm(list=ls())
> setwd("c:/cyberbullying_metholodogy")
> cyber_bullying=read.table(file="cyber_bullying_descriptive_label.txt",header=T)
> #attach(cyber_bullying)
>
> tapply(Onespread, Channel, mean)
      Blog       Board        Cafe        News     Twitter
 0.9420638   0.1899315   1.7308564   5.6873034 169.9582487
> tapply(Onespread, Channel, sd)
     Blog      Board       Cafe       News    Twitter
 8.426908   1.022174  38.825162  12.015605 351.147912
> sel=aov(Onespread~Channel,data=cyber_bullying)
> summary(sel)
               Df     Sum Sq   Mean Sq F value Pr(>F)
Channel         4  441961155 110490289    2526 <2e-16 ***
Residuals   68191 2982835326     43742
---
Signif. codes:  0 '***' 0.001 '**' 0.01 '*' 0.05 '.' 0.1 ' ' 1
>
> bartlett.test(Onespread~Channel,data=cyber_bullying)

        Bartlett test of homogeneity of variances

data:  Onespread by Channel
Bartlett's K-squared = 304240, df = 4, p-value < 2.2e-16

> |
```

[해석] 채널 5(Twitter)의 평균 버즈 1주 확산수(Onespread)는 169.96으로 가장 높게 나타났으며, 분산분석 결과 채널별 1주 확산수의 평균은 차이가 있는 것으로 나타났다(F=2526, p<.001). 등분산 검정(barlett test) 결과 B=304240, p<.001로 나타나 귀무가설이 기각되어 채널 간 분산이 다르게 나타났다.

다중비교(사후분석)를 실시한다.
> install.packages('multcomp'): 다중비교 패키지를 설치한다.
> library(multcomp): 다중비교 패키지를 로딩한다.
> sel=aov(Onespread~Channel,data=cyber_bullying)
  - 분산분석 결과를 sel 변수에 할당한다.
> windows(height=5.5, width=5): 출력 화면의 크기를 지정한다.
> dunnett=glht(sel,linfct=mcp(Channel='Dunnett'))
  - Dunnett 다중비교 검정을 실시한다.
> summary(dunnett): Dunnett 다중비교 분석결과를 화면에 출력한다.
> plot(dunnett, cex.axis=0.6): 축의 문자크기를 0.6으로 지정하여 plot을 작성한다.

```
> sel=aov(Onespread~Channel,data=cyber_bullying)
> windows(height=5.5, width=5) ## 윈도 크기 조정
> dunnett=glht(sel,linfct=mcp(Channel='Dunnett'))
> summary(dunnett)

         Simultaneous Tests for General Linear Hypotheses

Multiple Comparisons of Means: Dunnett Contrasts


Fit: aov(formula = Onespread ~ Channel, data = cyber_bullying)

Linear Hypotheses:
                    Estimate Std. Error t value Pr(>|t|)
Board - Blog == 0    -0.7521     2.3495  -0.320    0.994
Cafe - Blog == 0      0.7888     3.5501   0.222    0.999
News - Blog == 0      4.7452     2.8631   1.657    0.300
Twitter - Blog == 0 169.0162     2.1229  79.615   <1e-04 ***
---
Signif. codes:  0 '***' 0.001 '**' 0.01 '*' 0.05 '.' 0.1 ' ' 1
(Adjusted p values reported -- single-step method)

> plot(dunnett, cex.axis=0.6)# x축과 Y축의 문자크기 지정
>
> |
```

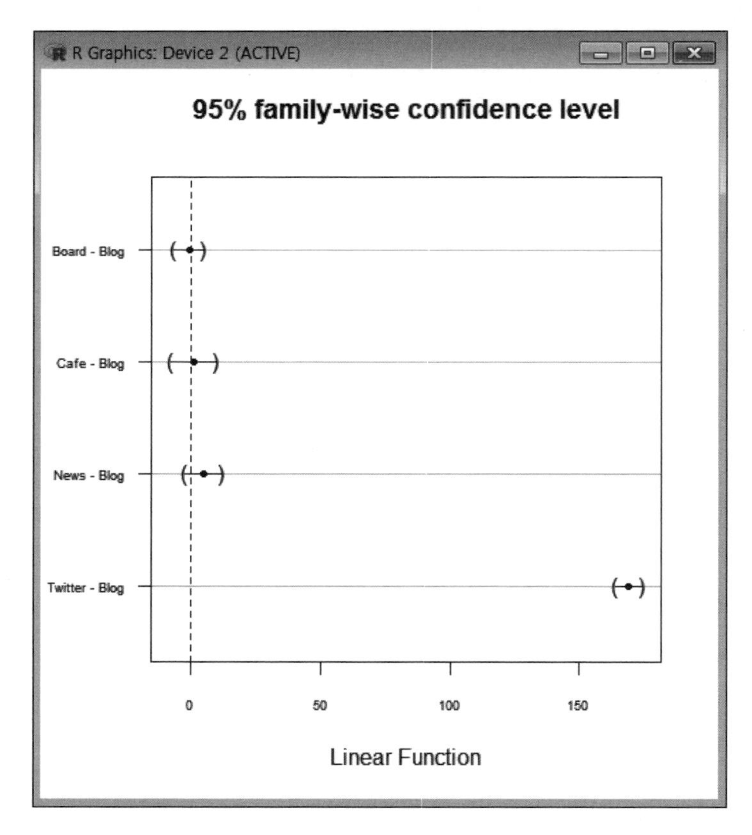

[해석] Dunnett의 다중비교 분석결과 Twitter와 Blog 채널 간의 평균이 유의한 차이가 있는 것으로 나타났다(p<.001).

> tukey=glht(sel,linfct = mcp(Channel='Tukey')): Tukey 다중비교 분석을 실시한다.

> summary(tukey): Tukey 다중비교 분석결과를 화면에 출력한다.

> plot(tukey, cex.axis=0.6): Tukey plot을 작성한다.

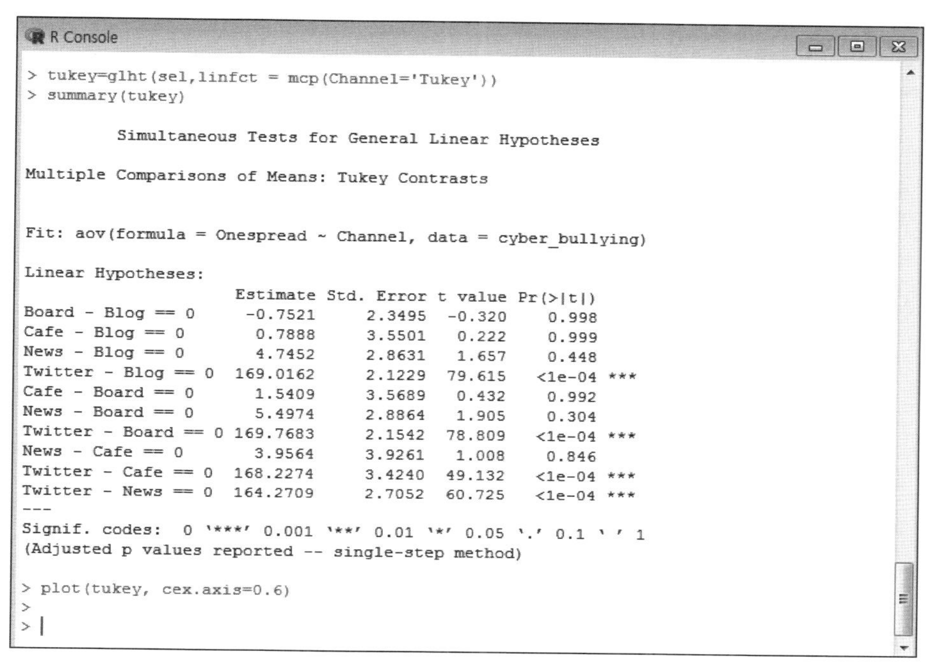

```
R Console
> tukey=glht(sel,linfct = mcp(Channel='Tukey'))
> summary(tukey)

         Simultaneous Tests for General Linear Hypotheses

Multiple Comparisons of Means: Tukey Contrasts


Fit: aov(formula = Onespread ~ Channel, data = cyber_bullying)

Linear Hypotheses:
                      Estimate Std. Error t value Pr(>|t|)
Board - Blog == 0      -0.7521     2.3495  -0.320    0.998
Cafe - Blog == 0        0.7888     3.5501   0.222    0.999
News - Blog == 0        4.7452     2.8631   1.657    0.448
Twitter - Blog == 0   169.0162     2.1229  79.615   <1e-04 ***
Cafe - Board == 0       1.5409     3.5689   0.432    0.992
News - Board == 0       5.4974     2.8864   1.905    0.304
Twitter - Board == 0  169.7683     2.1542  78.809   <1e-04 ***
News - Cafe == 0        3.9564     3.9261   1.008    0.846
Twitter - Cafe == 0   168.2274     3.4240  49.132   <1e-04 ***
Twitter - News == 0   164.2709     2.7052  60.725   <1e-04 ***
---
Signif. codes:  0 '***' 0.001 '**' 0.01 '*' 0.05 '.' 0.1 ' ' 1
(Adjusted p values reported -- single-step method)

> plot(tukey, cex.axis=0.6)
>
> |
```

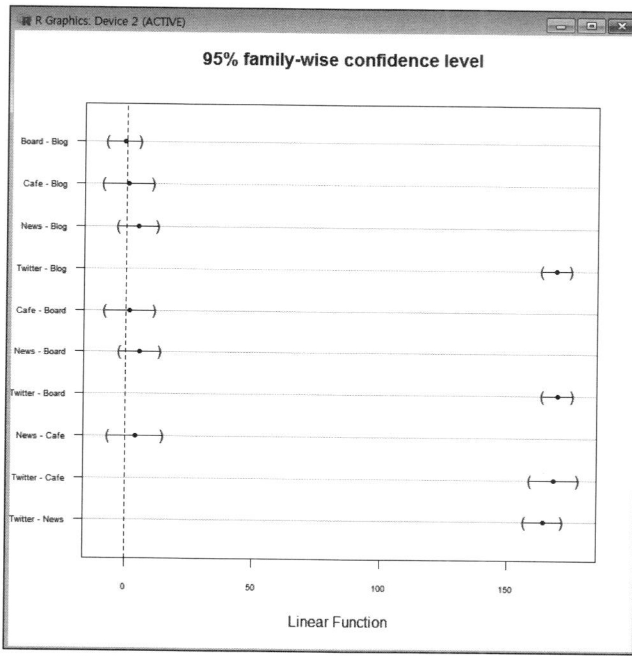

[해석] Tukey의 다중비교 분석결과 (Board, Blog, Cafe, News)는 동일한 채널로 나타났으며(p>.1), Twitter는 다른 채널 간 평균의 차이가 있는 것으로 나타났다(p<.001). 따라서 5개의 채널은 (Board, Blog, Cafe, News)와 Twitter의 2개의 집단으로 구분할 수 있다.

> install.packages('gplots'): gplots 패키지를 설치한다.

> library(gplots)

> plotmeans(Onespread~Channel,data=cyber_bullying,xlab='Channel',
ylab='Mean of Onespread',main='Mean Plot'): 평균도표를 그린다.

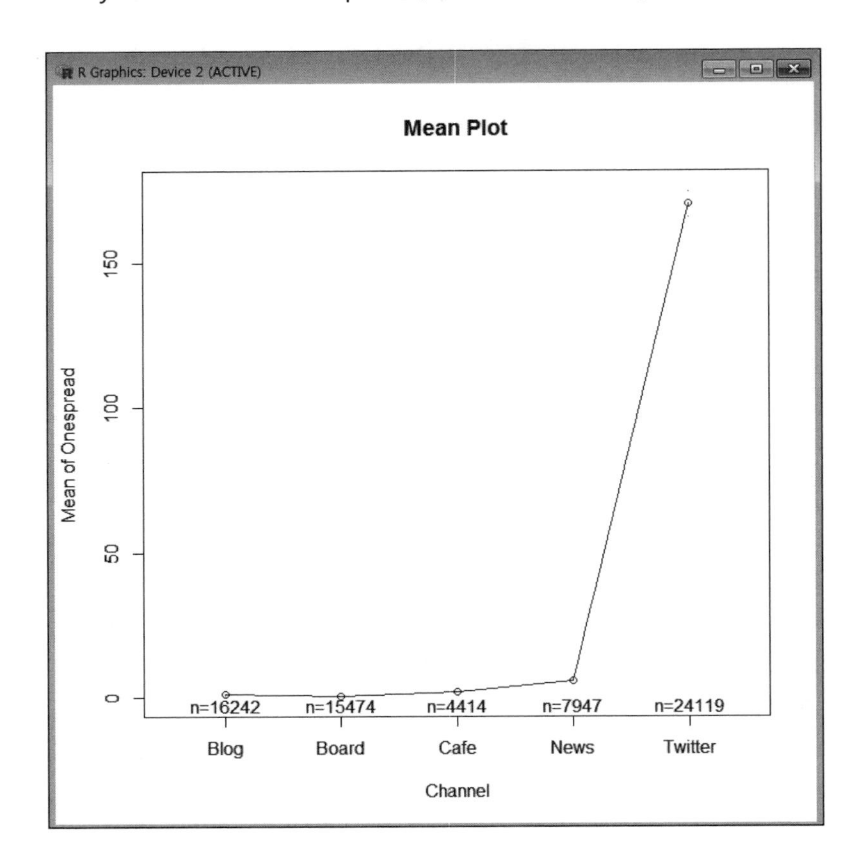

[해석] 등분산 가정이 성립되지 않기 때문에 동일 집단군에 대한 확인은 Dunnett의 다중비교나 평균도표를 분석하여 확인할 수 있다. 평균도표에서 사이버 학교폭력의 1주 확산수는 2개의 집단[(Board, Blog, Cafe, News), Twitter]으로 구분할 수 있다.

연구가설: (H_0: $\mu_1-\mu_2- \cdots \mu_k = 0$, H_1: $\mu_1-\mu_2- \cdots \mu_k \neq 0$)
H_0는 8종의 사이버 학교폭력 유형별(psychological_type: 가해자, 피해자, 방관자, 가해피해자, 가해방관자, 피해방관자, 가해피해방관자, 일반인) 전통적 학교폭력(bullying) 평균은 유의한 차이가 없다(같다).
H_1은 8종의 사이버 학교폭력 유형별 전통적 학교폭력 평균은 유의한 차이가 있다(다르다).

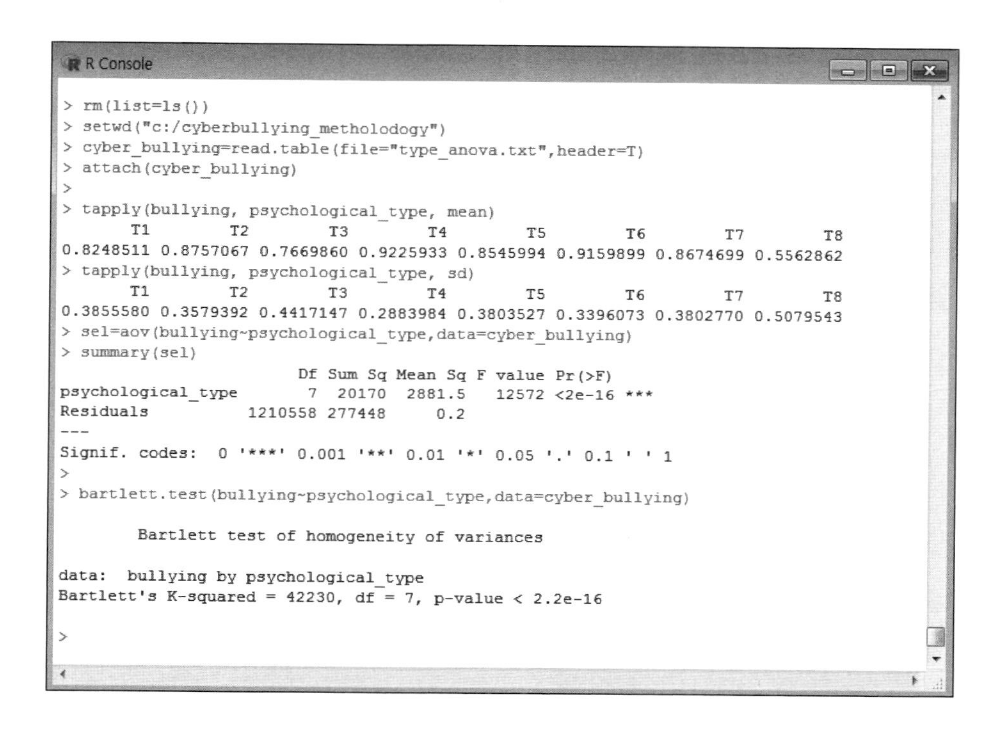

```
R Console
> rm(list=ls())
> setwd("c:/cyberbullying_metholodogy")
> cyber_bullying=read.table(file="type_anova.txt",header=T)
> attach(cyber_bullying)
>
> tapply(bullying, psychological_type, mean)
       T1        T2        T3        T4        T5        T6        T7        T8
0.8248511 0.8757067 0.7669860 0.9225933 0.8545994 0.9159899 0.8674699 0.5562862
> tapply(bullying, psychological_type, sd)
       T1        T2        T3        T4        T5        T6        T7        T8
0.3855580 0.3579392 0.4417147 0.2883984 0.3803527 0.3396073 0.3802770 0.5079543
> sel=aov(bullying~psychological_type,data=cyber_bullying)
> summary(sel)
                        Df Sum Sq Mean Sq F value Pr(>F)
psychological_type       7  20170  2881.5   12572 <2e-16 ***
Residuals          1210558 277448     0.2
---
Signif. codes:  0 '***' 0.001 '**' 0.01 '*' 0.05 '.' 0.1 ' ' 1
>
> bartlett.test(bullying~psychological_type,data=cyber_bullying)

        Bartlett test of homogeneity of variances

data:  bullying by psychological_type
Bartlett's K-squared = 42230, df = 7, p-value < 2.2e-16

>
```

[해석] 8종의 사이버 학교폭력 유형에서 유형 4(가해피해자)의 전통적 학교폭력이 0.92로 가장 높게 나타났으며 분산분석 결과 사이버 학교폭력 유형별 전통적 학교폭력 평균은 차이가 있는 것으로 나타났다(F=12572, p<.001). 등분산 검정(barlett test) 결과 (B=42230, p<.001)로 나타나 귀무가설이 기각되어 사이버 학교폭력 유형 간 분산이 다르게 나타났다.

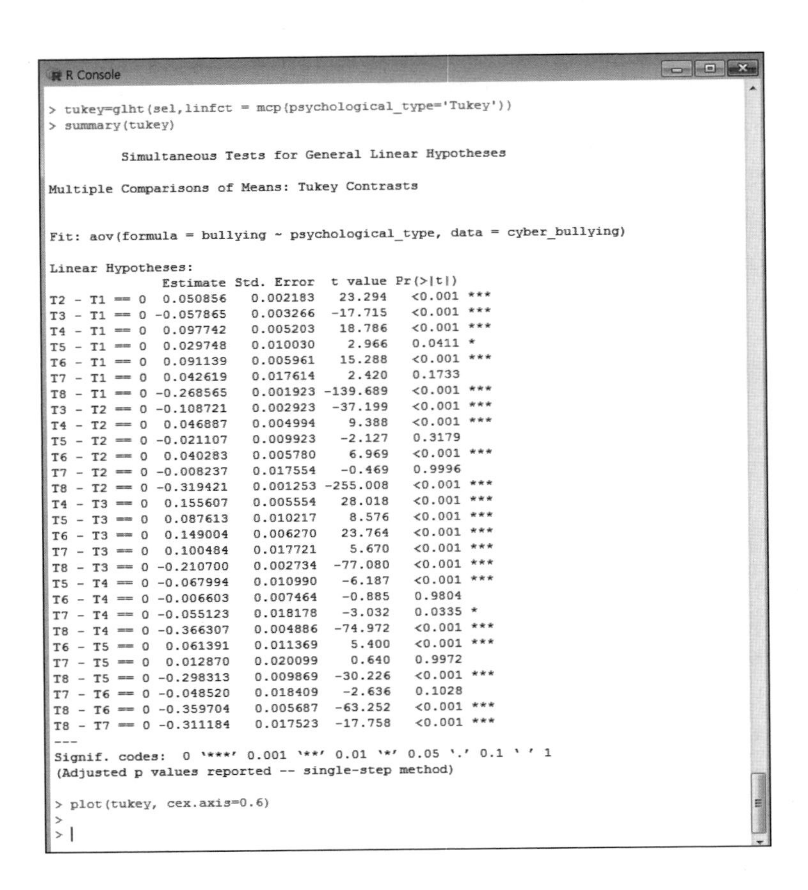
```
R Console
> tukey=glht(sel,linfct = mcp(psychological_type='Tukey'))
> summary(tukey)

         Simultaneous Tests for General Linear Hypotheses

Multiple Comparisons of Means: Tukey Contrasts


Fit: aov(formula = bullying ~ psychological_type, data = cyber_bullying)

Linear Hypotheses:
               Estimate Std. Error  t value Pr(>|t|)
T2 - T1 == 0  0.050856   0.002183   23.294  <0.001 ***
T3 - T1 == 0 -0.057865   0.003266  -17.715  <0.001 ***
T4 - T1 == 0  0.097742   0.005203   18.786  <0.001 ***
T5 - T1 == 0  0.029748   0.010030    2.966  0.0411 *
T6 - T1 == 0  0.091139   0.005961   15.288  <0.001 ***
T7 - T1 == 0  0.042619   0.017614    2.420  0.1733
T8 - T1 == 0 -0.268565   0.001923 -139.689  <0.001 ***
T3 - T2 == 0 -0.108721   0.002923  -37.199  <0.001 ***
T4 - T2 == 0  0.046887   0.004994    9.388  <0.001 ***
T5 - T2 == 0 -0.021107   0.009923   -2.127  0.3179
T6 - T2 == 0  0.040283   0.005780    6.969  <0.001 ***
T7 - T2 == 0 -0.008237   0.017554   -0.469  0.9996
T8 - T2 == 0 -0.319421   0.001253 -255.008  <0.001 ***
T4 - T3 == 0  0.155607   0.005554   28.018  <0.001 ***
T5 - T3 == 0  0.087613   0.010217    8.576  <0.001 ***
T6 - T3 == 0  0.149004   0.006270   23.764  <0.001 ***
T7 - T3 == 0  0.100484   0.017721    5.670  <0.001 ***
T8 - T3 == 0 -0.210700   0.002734  -77.080  <0.001 ***
T5 - T4 == 0 -0.067994   0.010990   -6.187  <0.001 ***
T6 - T4 == 0 -0.006603   0.007464   -0.885  0.9804
T7 - T4 == 0 -0.055123   0.018178   -3.032  0.0335 *
T8 - T4 == 0 -0.366307   0.004886  -74.972  <0.001 ***
T6 - T5 == 0  0.061391   0.011369    5.400  <0.001 ***
T7 - T5 == 0  0.012870   0.020099    0.640  0.9972
T8 - T5 == 0 -0.298313   0.009869  -30.226  <0.001 ***
T7 - T6 == 0 -0.048520   0.018409   -2.636  0.1028
T8 - T6 == 0 -0.359704   0.005687  -63.252  <0.001 ***
T8 - T7 == 0 -0.311184   0.017523  -17.758  <0.001 ***
---
Signif. codes:  0 '***' 0.001 '**' 0.01 '*' 0.05 '.' 0.1 ' ' 1
(Adjusted p values reported -- single-step method)

> plot(tukey, cex.axis=0.6)
>
> |
```

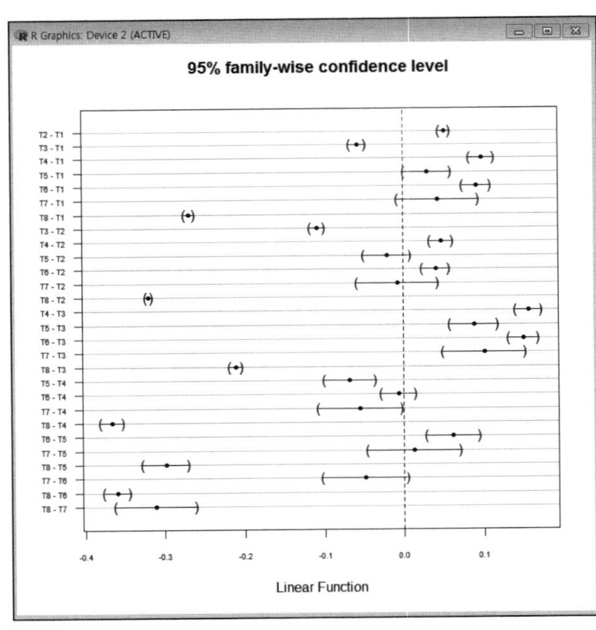

[해석] Tukey의 다중비교 분석결과 (피해자, 가해방관자, 가해피해방관자)와 (가해피해자, 피해방관자)는 동일한 유형으로 나타났으며($p>.1$), 다른 유형 간 평균의 차이가 있는 것으로 나타났다($p<.001$). 따라서 사이버 학교폭력의 유형은 5개의 집단[가해자, 피해자(피해자, 가해방관자, 가해피해방관자), 방관자, 복합형(가해피해자, 피해방관자), 일반인]으로 구분할 수 있다.

연구가설: (H_0: $\mu_1 - \mu_2 - \cdots \mu_k = 0$, H_1: $\mu_1 - \mu_2 - \cdots \mu_k \neq 0$)
H_0는 사이버 학교폭력 감정(Attitude: Negative, Neutral, Positive)별 복합형 사이버 학교폭력 유형(Complex_psychology)의 평균은 유의한 차이가 없다(같다).
H_1은 사이버 학교폭력 감정별 복합형 사이버 학교폭력 유형의 평균은 유의한 차이가 있다(다르다).

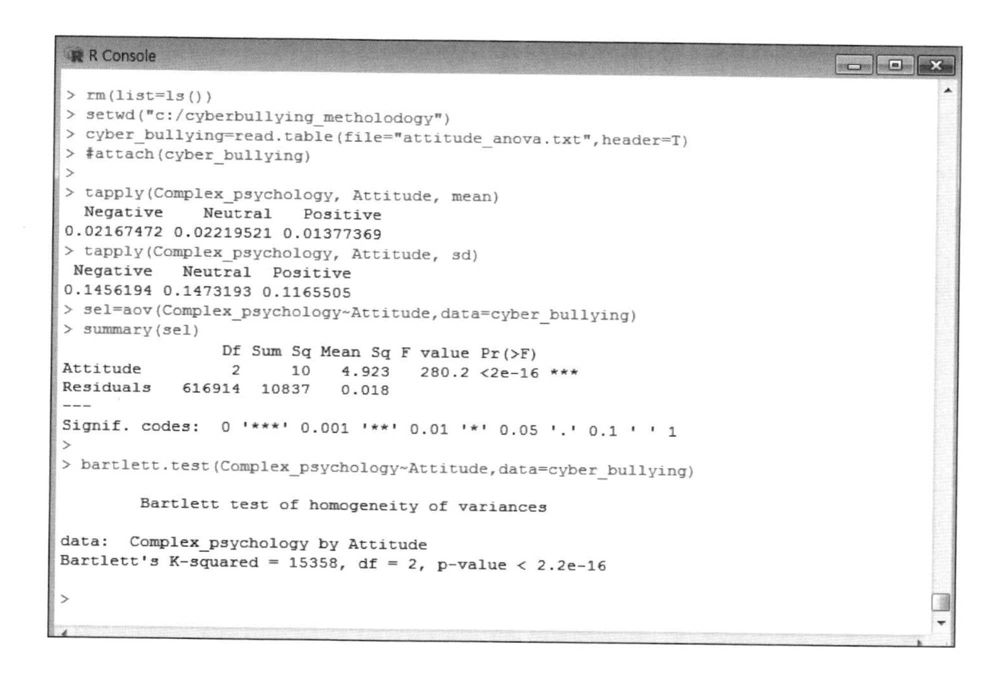

```
R Console
> rm(list=ls())
> setwd("c:/cyberbullying_metholodogy")
> cyber_bullying=read.table(file="attitude_anova.txt",header=T)
> #attach(cyber_bullying)
>
> tapply(Complex_psychology, Attitude, mean)
  Negative    Neutral   Positive
0.02167472 0.02219521 0.01377369
> tapply(Complex_psychology, Attitude, sd)
 Negative   Neutral  Positive
0.1456194 0.1473193 0.1165505
> sel=aov(Complex_psychology~Attitude,data=cyber_bullying)
> summary(sel)
                Df Sum Sq Mean Sq F value Pr(>F)
Attitude         2     10   4.923   280.2 <2e-16 ***
Residuals   616914  10837   0.018
---
Signif. codes:  0 '***' 0.001 '**' 0.01 '*' 0.05 '.' 0.1 ' ' 1
>
> bartlett.test(Complex_psychology~Attitude,data=cyber_bullying)

        Bartlett test of homogeneity of variances

data:  Complex_psychology by Attitude
Bartlett's K-squared = 15358, df = 2, p-value < 2.2e-16

>
```

[해석] 사이버 학교폭력 감정에서 보통(Neutral)의 복합형 사이버 학교폭력 유형이 0.022로 가장 높게 나타났으며 분산분석 결과 사이버 학교폭력 감정별 복합형 사이버 학교폭력 유형의 평균은 차이가 있는 것으로 나타났다(F=280.2, $p<.001$). 등분산 검정(barlett test) 결과 (B=15358, $p<.001$)로 나타나 귀무가설이 기각되어 사이버 학교폭력 감정그룹 간 분산이 다르게 나타났다.

```
> tukey=glht(sel,linfct = mcp(Attitude='Tukey'))
> summary(tukey)

         Simultaneous Tests for General Linear Hypotheses

Multiple Comparisons of Means: Tukey Contrasts


Fit: aov(formula = Complex_psychology ~ Attitude, data = cyber_bullying)

Linear Hypotheses:
                           Estimate Std. Error t value Pr(>|t|)
Neutral - Negative == 0   0.0005205  0.0006245   0.833    0.674
Positive - Negative == 0 -0.0079010  0.0003540 -22.317   <1e-05 ***
Positive - Neutral == 0  -0.0084215  0.0006185 -13.616   <1e-05 ***
---
Signif. codes:  0 '***' 0.001 '**' 0.01 '*' 0.05 '.' 0.1 ' ' 1
(Adjusted p values reported -- single-step method)

> plot(tukey, cex.axis=0.4)
>
> |
```

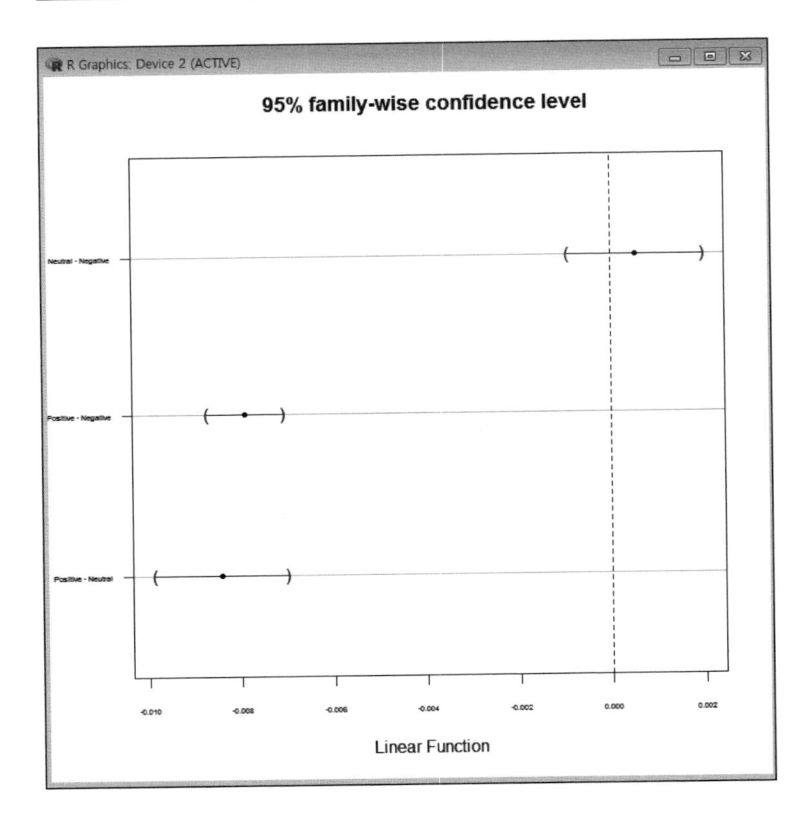

[해석] Tukey의 다중비교 분석결과 (Negative, Neutral)은 동일한 감정으로 나타났으며 (p>.1), Positive 간 평균의 차이가 있는 것으로 나타났다(p<.001). 따라서 사이버 학교폭력 감정은 2개의 집단[Negative(Negative, Neutral), Positive]으로 구분할 수 있다.

⑨ **평균의 검정**(이원배치 분산분석)

이원배치 분산분석은 범주형 독립변수(요인)가 2개인 경우 집단 간 종속변수의 평균비교를 하기 위한 분석방법이다. 두 요인에 대한 상호작용이 존재하는지를 우선적으로 점검하고, 상호작용이 존재하지 않으면 각각의 요인의 효과를 따로 분리하여 분석할 수 있다.

연구문제

Account(First, Spread)와 Channel(Board, Blog, Cafe, News, Twitter)에 따라 Onespread(종속변수)에 차이가 있는가? 그리고 Account와 Channel의 상호작용 효과는 있는가?

```
> rm(list=ls())
> setwd("c:/cyberbullying_metholodogy")
> cyber_bullying=read.table(file="cyber_bullying_descriptive_label.txt",header=T)
> attach(cyber_bullying)
> tapply(Onespread, Channel, mean): 채널별 1주 확산수의 평균을 산출한다.
> tapply(Onespread, Channel, sd)
> tapply(Onespread, Account, mean)
> tapply(Onespread, Account, sd)
> tapply(Onespread, list(Channel,Account), mean)
> tapply(Onespread, list(Channel,Account), sd)
  - 채널과 순계정별 1주 확산수의 표준편차를 산출한다.
> sel=lm(Onespread~Channel+Account+Channel*Account,data=cyber_bullying)
  - 개체 간 효과 검정을 위해 회귀분석을 실시한다.
> anova(sel): 개체 간 효과 검정을 실시한다.
```

```
R Console
> rm(list=ls())
> setwd("c:/cyberbullying_metholodogy")
> cyber_bullying=read.table(file="cyber_bullying_descriptive_label.txt",header=T)
> #attach(cyber_bullying)
>
> tapply(Onespread, Channel, mean)
       Blog       Board        Cafe        News     Twitter
  0.9420638   0.1899315   1.7308564   5.6873034 169.9582487
> tapply(Onespread, Channel, sd)
      Blog      Board       Cafe       News    Twitter
  8.426908   1.022174  38.825162  12.015605 351.147912
> tapply(Onespread, Account, mean)
 First_Buzz Spread_Buzz
  0.6178124 181.4953337
> tapply(Onespread, Account, sd)
 First_Buzz Spread_Buzz
   13.91843   357.64790
> tapply(Onespread, list(Channel,Account), mean)
        First_Buzz Spread_Buzz
Blog    0.21703177    5.011808
Board   0.06734007    3.107372
Cafe    0.87185421    4.833856
News    1.48432056   10.655409
Twitter 1.63075209  269.716521
> tapply(Onespread, list(Channel,Account), sd)
        First_Buzz Spread_Buzz
Blog     5.4899561   16.763828
Board    0.5738986    3.035849
Cafe    39.0071598   38.019134
News     4.0223929   15.823322
Twitter 18.3498439  411.631480
>
>
> sel=lm(Onespread~Channel+Account+Channel*Account,data=cyber_bullying)
> anova(sel)
Analysis of Variance Table

Response: Onespread
                   Df     Sum Sq   Mean Sq F value    Pr(>F)
Channel             4  441961155 110490289  2922.8 < 2.2e-16 ***
Account             1  215806542 215806542  5708.8 < 2.2e-16 ***
Channel:Account     4  189432325  47358081  1252.8 < 2.2e-16 ***
Residuals       68186 2577596459     37802
---
Signif. codes:  0 '***' 0.001 '**' 0.01 '*' 0.05 '.' 0.1 ' ' 1
>
```

[해석] 1주 확산수(Onespread)에 대한 순계정(Account)과 채널(Channel)의 효과는 Channel (F=2922.8, p<.001)과 Account(F=5708.8, p<.001)에서 유의한 차이가 있는 것으로 나타났으며, Channel과 Account의 상호작용 효과가 있는 것으로 나타나(F=1252.8, p<.001), 모든 채널에 대해 최초문서(First)보다 확산문서(Spread)의 1주 확산수가 많았다.

interaction plot

```
> interaction.plot(Account,Channel,Onespread, bty='l', main='interaction plot')
```

- Channel과 Account의 프로파일 도표를 작성한다.
- bty(box plot type)는 플롯 영역을 둘러싼 상자의 모양을 나타내는 것으로 (c, n, o, 7, u, l)을 사용한다.

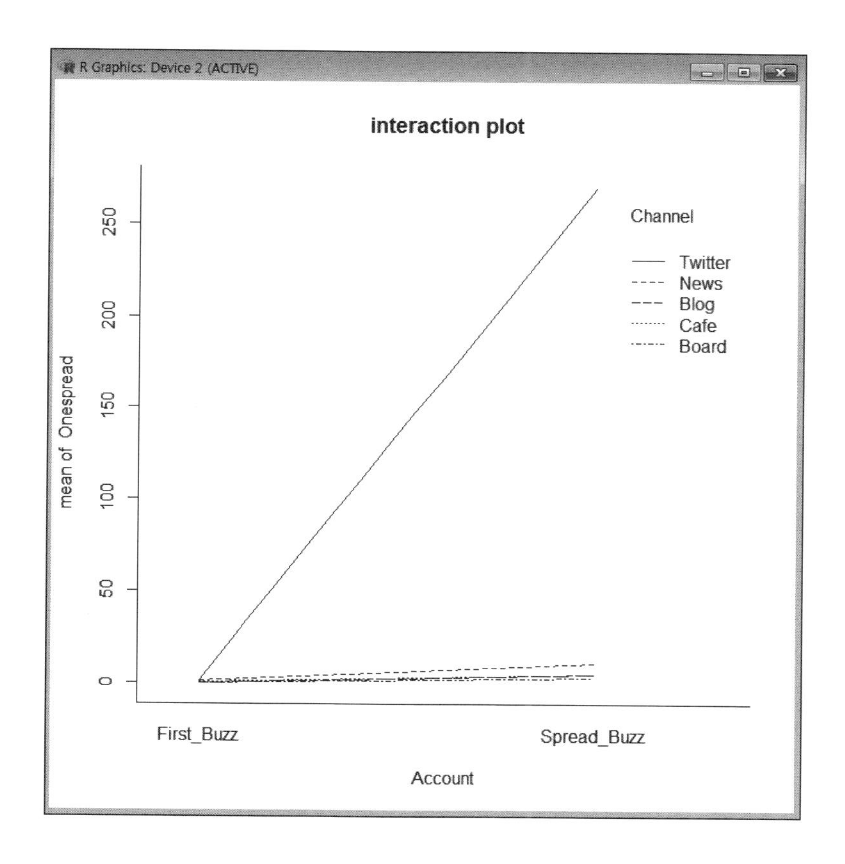

[해석] Interaction plot에서 Twitter와 그 외의 채널은 교차되어 상호작용 효과가 있고, (Board, Blog, Cafe, News)는 상호 간에 교차되지 않는 것으로 나타나 동일한 집단인 것을 확인할 수 있다.

⑩ 산점도(scatter diagram)

두 연속형 변수 간의 선형적 관계를 알아보고자 할 때 가장 먼저 실시한다. 두 변수에 대한 데이터 산점도(scatter diagram)를 그리고, 직선관계식을 나타내는 단순회귀분석을 실시한다.

> rm(list=ls())

> setwd("c:/cyberbullying_metholodogy")

> cyber_bullying=read.table(file="cyber_bullying_sam.txt",header=T)

> attach(cyber_bullying)

> windows(height=5.5, width=5): 출력 화면의 크기를 지정한다.

> z1=lm(Delinquency~Strain,data=cyber_bullying)

- Delinquency과 Strain의 회귀분석을 실시하여 z1 객체에 할당한다.

> z2=lm(Delinquency~Self_control,data=cyber_bullying)

> z3=lm(Delinquency~Attachment,data=cyber_bullying)

> plot(Delinquency,Strain,xlim=c(0,150), ylim=c(0,100), col='blue',xlab='Strain', ylab='Delinquency', main='Scatter diagram of Strain and Delinquency')

- Delinquency과 Strain의 산점도를 그린다.

> abline(z1$coef, lty=2, col='red'): z1의 회귀계수에 대한 직선을 그린다.

- abline()는 직교좌표에 직선을 그리는 함수이다.

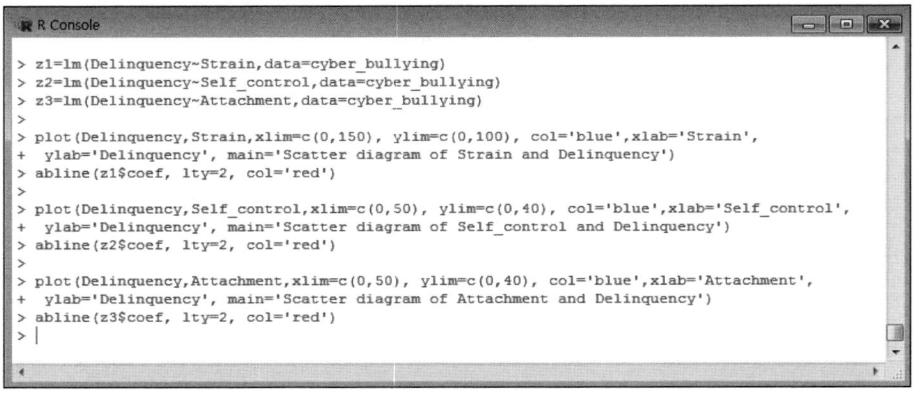

R Console

```
> z1=lm(Delinquency~Strain,data=cyber_bullying)
> z2=lm(Delinquency~Self_control,data=cyber_bullying)
> z3=lm(Delinquency~Attachment,data=cyber_bullying)
>
> plot(Delinquency,Strain,xlim=c(0,150), ylim=c(0,100), col='blue',xlab='Strain',
+  ylab='Delinquency', main='Scatter diagram of Strain and Delinquency')
> abline(z1$coef, lty=2, col='red')
>
> plot(Delinquency,Self_control,xlim=c(0,50), ylim=c(0,40), col='blue',xlab='Self_control',
+  ylab='Delinquency', main='Scatter diagram of Self_control and Delinquency')
> abline(z2$coef, lty=2, col='red')
>
> plot(Delinquency,Attachment,xlim=c(0,50), ylim=c(0,40), col='blue',xlab='Attachment',
+  ylab='Delinquency', main='Scatter diagram of Attachment and Delinquency')
> abline(z3$coef, lty=2, col='red')
> |
```

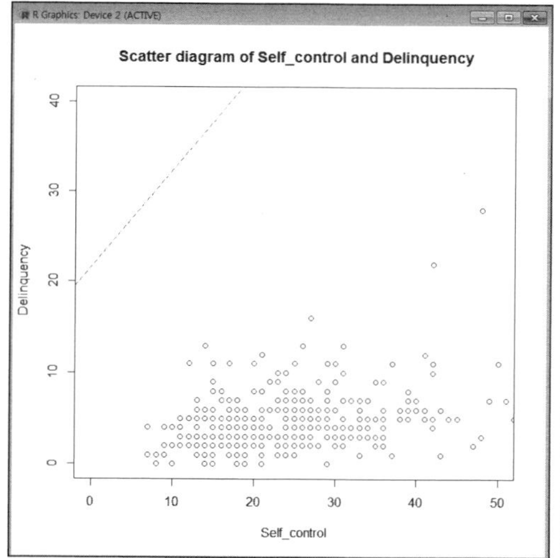

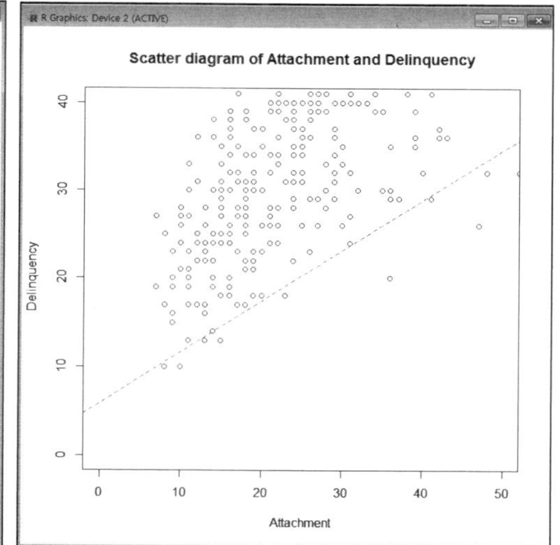

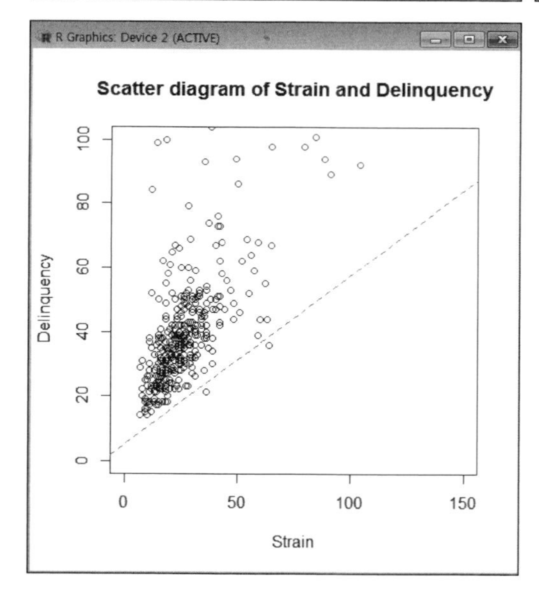

[해석] (Strain, Self_control, Attachment)와 Delinquency의 산점도는 양(+)의 선형관계(positive linear relationship)를 보이고 있어, Strain, Self_control, Attachment가 증가할수록 Delinquency가 증가하는 것을 알 수 있다.

⑪ 상관분석(correlation analysis)

상관분석(correlation analysis)은 정량적인 두 변수 간에 선형관계가 존재하는지를 파악하고 상관관계의 정도를 측정하는 분석방법으로, 이를 통해 두 변수 간의 관계가 어느 정도 밀접한지를 측정할 수 있다.

상관계수의 범위는 −1에서 1의 값을 가지며, 상관계수의 크기는 관련성 정도를 나타낸다. 상관계수의 절댓값이 크면 두 변수는 밀접한 관계이며, '+'는 양의 상관관계, '−'는 음의 상관관계를 나타내고, '0'은 두 변수 간에 상관관계가 없음을 나타낸다. 따라서 상관관계는 인과관계를 의미하는 것은 아니고 관련성 정도를 검정하는 것이다.

상관분석은 조사된 자료의 수에 따라 모수적 방법과 비모수적 방법이 있다. 일반적으로 표본수가 30이 넘는 경우는 모수적 방법을 사용한다. 모수적 방법에는 상관계수로 피어슨(Pearson)을 선택하고, 비모수적 방법에는 상관계수로 스피어만(Spearman)이나 켄달(Kendall)의 타우를 선택한다.

두 변수 간의 상관분석

> rm(list=ls()): 모든 변수를 초기화한다.

> setwd("c:/cyberbullying_metholodogy"): 작업용 디렉터리를 지정한다.

> cyber_bullying=read.table(file="cyber_bullying_sam.txt",header=T)

- 데이터 파일을 cyber_bullying에 할당한다.

> attach(cyber_bullying): 실행 데이터를 'cyber_bullying'로 고정시킨다.

> with(cyber_bullying, cor.test(Delinquency,Strain))

- Delinquency과 Strain의 상관계수와 유의확률을 산출한다.

> with(cyber_bullying, cor.test(Delinquency,Attachment))

R Console

```
> with(cyber_bullying, cor.test(Delinquency,Strain))

        Pearson's product-moment correlation

data:  Delinquency and Strain
t = 22.573, df = 363, p-value < 2.2e-16
alternative hypothesis: true correlation is not equal to 0
95 percent confidence interval:
 0.7178349 0.8037761
sample estimates:
      cor
0.7641762

> with(cyber_bullying, cor.test(Delinquency,Attachment))

        Pearson's product-moment correlation

data:  Delinquency and Attachment
t = 8.9597, df = 363, p-value < 2.2e-16
alternative hypothesis: true correlation is not equal to 0
95 percent confidence interval:
 0.337655 0.506098
sample estimates:
      cor
0.4255556

>
> |
```

[해석] Delinquency와 Strain는 강한 양(+)의 상관관계(.764, $p<.001$)를 보이는 것으로 나타났다. Delinquency와 Attachment는 강한 양의 상관관계(.425, $p<.001$)를 보이는 것으로 나타났다.

```
# 전체 변수 간의 상관분석
> cyber_bullying1=cbind(Strain,Physical,Psychological,Self_control,Attachment,
  Passion,Perpetrator,Delinquency)
```

- Strain~Delinquency의 데이터 프레임을 cyber_bullying1에 저장한다.

```
> install.packages("psych")
```
: 심리측정도구인 psych 패키지를 설치한다.

```
> library(psych)
> corr.test(cyber_bullying1)
```
: 전체 변수 간 상관분석을 실시한다.

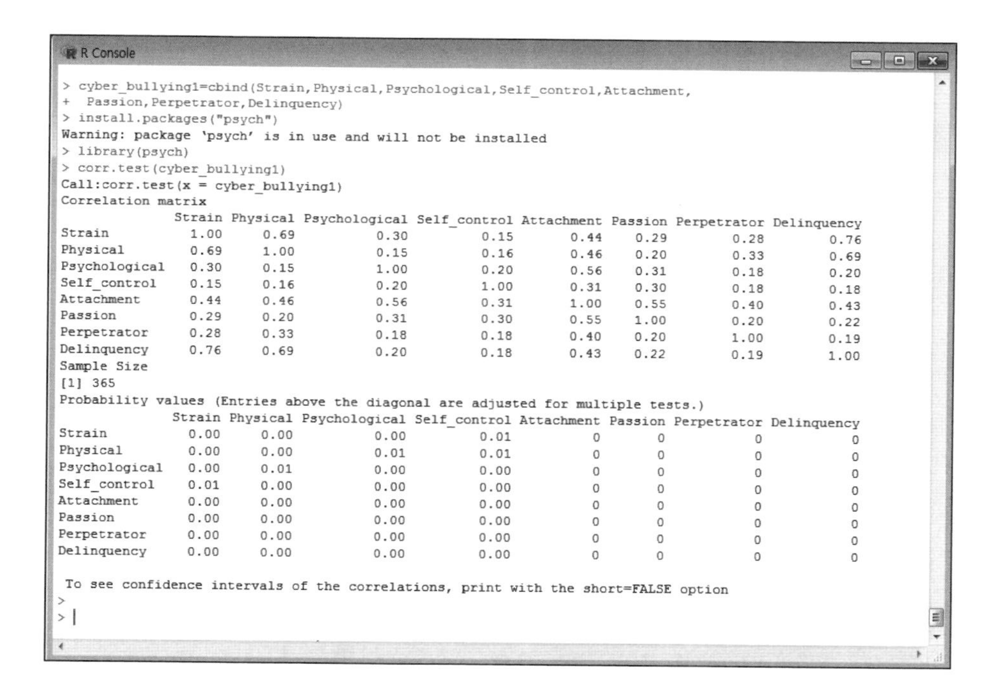

```
R Console
> cyber_bullying1=cbind(Strain,Physical,Psychological,Self_control,Attachment,
+  Passion,Perpetrator,Delinquency)
> install.packages("psych")
Warning: package 'psych' is in use and will not be installed
> library(psych)
> corr.test(cyber_bullying1)
Call:corr.test(x = cyber_bullying1)
Correlation matrix
              Strain Physical Psychological Self_control Attachment Passion Perpetrator Delinquency
Strain          1.00     0.69          0.30         0.15       0.44    0.29        0.28        0.76
Physical        0.69     1.00          0.15         0.16       0.46    0.20        0.33        0.69
Psychological   0.30     0.15          1.00         0.20       0.56    0.31        0.18        0.20
Self_control    0.15     0.16          0.20         1.00       0.31    0.30        0.18        0.18
Attachment      0.44     0.46          0.56         0.31       1.00    0.55        0.40        0.43
Passion         0.29     0.20          0.31         0.30       0.55    1.00        0.20        0.22
Perpetrator     0.28     0.33          0.18         0.18       0.40    0.20        1.00        0.19
Delinquency     0.76     0.69          0.20         0.18       0.43    0.22        0.19        1.00
Sample Size
[1] 365
Probability values (Entries above the diagonal are adjusted for multiple tests.)
              Strain Physical Psychological Self_control Attachment Passion Perpetrator Delinquency
Strain          0.00     0.00          0.00         0.01          0       0           0           0
Physical        0.00     0.00          0.01         0.01          0       0           0           0
Psychological   0.00     0.01          0.00         0.00          0       0           0           0
Self_control    0.01     0.00          0.00         0.00          0       0           0           0
Attachment      0.00     0.00          0.00         0.00          0       0           0           0
Passion         0.00     0.00          0.00         0.00          0       0           0           0
Perpetrator     0.00     0.00          0.00         0.00          0       0           0           0
Delinquency     0.00     0.00          0.00         0.00          0       0           0           0

 To see confidence intervals of the correlations, print with the short=FALSE option
>
> |
```

[해석] Strain~Delinquency의 상관계수 메트릭스(0.69 ~ 0.19)와 유의확률($p<.01$)을 확인한다.

corrplot 패키지를 이용하여 상관관계 plot을 작성할 수 있다.

```
R Console
> cyber_bullying1=cbind(Strain,Physical,Psychological,Self_control,Attachment,
+  Passion,Perpetrator,Delinquency)
> cyber_bullying_corr=cor(cyber_bullying1, use='pairwise.complete.obs')
> install.packages('corrplot')
trying URL 'https://cloud.r-project.org/bin/windows/contrib/3.4/corrplot_0.84.zip'
Content type 'application/zip' length 5417993 bytes (5.2 MB)
downloaded 5.2 MB

package 'corrplot' successfully unpacked and MD5 sums checked

The downloaded binary packages are in
        C:\Users\SAMSUNG\AppData\Local\Temp\RtmpCisnIw\downloaded_packages
> library(corrplot)
corrplot 0.84 loaded
> corrplot(cyber_bullying_corr,
+          method="shade", # 색 입힌 사각형(circle, square, number(상관계수),
+                          # shade(격자를 그림자 효과색상으로 채우기),color(색상, pie)
+          addshade="all", # 상관관계 방향선 제시
+          tl.col="red",   # 라벨 색 지정, tl.cex=1: 문자열의 크기(기본값은 1),
+                          # tl.col="red"(문자열의 컬러, 기본값은 red)
+          tl.srt=30,      # 라벨문자열의 회전 각도
+          diag=FALSE,     # 대각선 값 미제시
+          addCoef.col="black", # 상관계수 숫자 색
+          order="FPC"     # "FPC": First Principle Component
+  )
>
> |
```

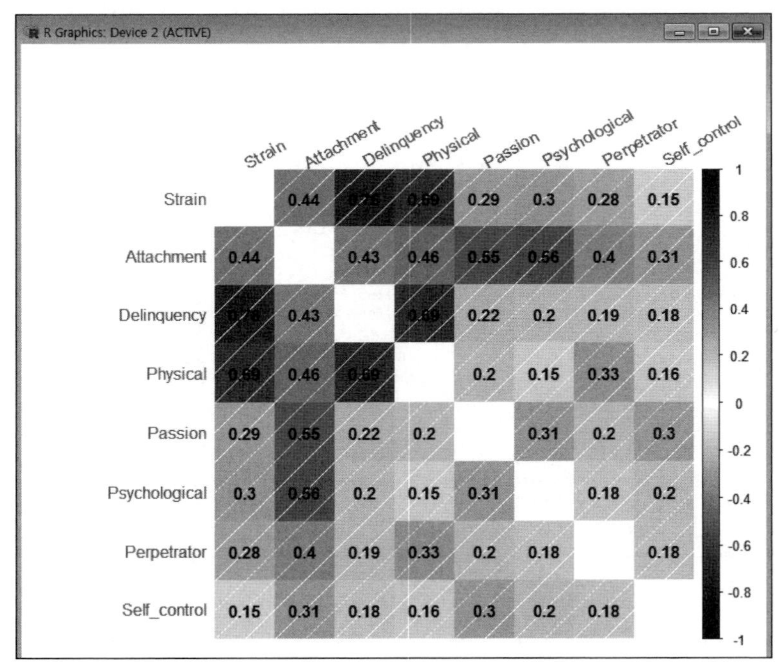

[해석] 모든 요인은 상호 간에 강한 양(+)의 상관관계를 보이고 있으며, Delinquency와 Strain의 상관관계가 가장 높은 것으로 나타났다.

⑫ **편상관분석**

부분상관분석(편상관분석, partial correlation analysis)은 두 변수 간의 상관관계를 분석한다는 점에서는 단순상관분석과 같으나 두 변수에 영향을 미치는 특정 변수를 통제하고 분석한다는 점에서 차이가 있다. 예를 들면, Delinquency와 Strain 간의 피어슨 상관계수를 구했을 때, Attachment의 영향을 받게 되어 상관계수가 높게 나타난다. 따라서 Delinquency와 Strain 간의 순수한 상관관계를 알고자 하는 경우 Attachment를 통제하여 편상관분석을 실시한다.

> install.packages('ppcor'): 편상관분석 패키지(ppcor)를 설치한다.

> library(ppcor)

> rm(list=ls())

> setwd("c:/cyberbullying_metholodogy")

> cyber_bullying=read.table(file="cyber_bullying_sam.txt",header=T)

> attach(cyber_bullying)

> cor.test(Delinquency,Strain): Delinquency과 Strain의 상관분석을 실시한다.

> pcor.test(Delinquency,Strain,Attachment)

- pcor.test(x, y, z, method = c("pearson", "kendall", "spearman"))
- Attachment를 통제하여 편상관분석을 실시한다.

R Console

```
> cor.test(Delinquency,Strain)

        Pearson's product-moment correlation

data:  Delinquency and Strain
t = 22.573, df = 363, p-value < 2.2e-16
alternative hypothesis: true correlation is not equal to 0
95 percent confidence interval:
 0.7178349 0.8037761
sample estimates:
      cor
0.7641762

> # pcor.test(x, y, z, method = c("pearson", "kendall", "spearman"))
> pcor.test(Delinquency,Strain,Attachment)
   estimate       p.value statistic   n gp  Method
1 0.7093668 6.010558e-57  19.14851 365  1 pearson
>
> |
```

[해석] Attachment를 통제한 상태에서 Delinquency와 Strain의 편상관계수는 0.709(p<.001)로 앞서 분석한 단순상관분석의 피어슨 상관계수 0.764(p<.001)보다 낮게 나타났다.

⑬ 단순회귀분석

회귀분석(regression)은 상관분석과 분산분석의 확장된 개념으로, 연속변수로 측정된 두 변수 간의 관계를 수학적 공식으로 함수화하는 통계적 분석기법($Y=aX+b$)이다. 회귀분석은 종속변수와 독립변수 간의 관계를 함수식으로 분석하는 것으로, 회귀분석은 독립변수의 수와 종속변수의 척도에 따라 다음과 같이 구분한다.

- 단순회귀분석(simple regression analysis): 연속형 독립변수 1개, 연속형 종속변수 1개
- 다중회귀분석(multiple regression analysis): 연속형 독립변수 2개 이상, 연속형 종속변수 1개
- 이분형(binary) 로지스틱 회귀분석: 연속형 독립변수 1개 이상, 이분형 종속변수 1개
- 다항(multinomial) 로지스틱 회귀분석: 연속형 독립변수 1개 이상, 다항 종속변수 1개

연구문제

사이버 학교폭력에서 긴장요인(Strain)은 비행요인(Delinquency)에 영향을 미치는가?

> rm(list=ls()): 모든 변수를 초기화한다.

> setwd("c:/cyberbullying_metholodogy"): 작업용 디렉터리를 지정한다.

> cyber_bullying=read.table(file="cyber_bullying_sam.txt",header=T)

> attach(cyber_bullying)

> summary(lm(Delinquency~Strain,data=cyber_bullying)): 단순회귀분석을 실시한다.

- lm(): 회귀분석에 사용되는 함수

> install.packages('lm.beta'): 표준화 회귀계수 산출 패키지(lm.beta)를 설치한다.

> library(lm.beta)

> lm1=lm(Delinquency~Strain,data=cyber_bullying)

- 단순회귀분석을 실시하여 lm1 객체에 할당한다.

> lm.beta(lm1): lm1 객체의 표준화 회귀계수를 산출하여 화면에 출력한다.

```
R Console

> summary(lm(Delinquency~Strain,data=cyber_bullying))

Call:
lm(formula = Delinquency ~ Strain, data = cyber_bullying)

Residuals:
    Min      1Q  Median      3Q     Max
-69.238  -4.838  -0.629   4.616  55.510

Coefficients:
            Estimate Std. Error t value Pr(>|t|)
(Intercept)  4.83577    1.15211   4.197  3.4e-05 ***
Strain       0.52834    0.02341  22.573  < 2e-16 ***
---
Signif. codes:  0 '***' 0.001 '**' 0.01 '*' 0.05 '.' 0.1 ' ' 1

Residual standard error: 11.96 on 363 degrees of freedom
Multiple R-squared:  0.584,     Adjusted R-squared:  0.5828
F-statistic: 509.5 on 1 and 363 DF,  p-value: < 2.2e-16

> install.packages('lm.beta')
trying URL 'https://cloud.r-project.org/bin/windows/contrib/3.4/lm.beta_1.5-1.zip'
Content type 'application/zip' length 26131 bytes (25 KB)
downloaded 25 KB

package 'lm.beta' successfully unpacked and MD5 sums checked

The downloaded binary packages are in
        C:\Users\SAMSUNG\AppData\Local\Temp\RtmpCisnIw\downloaded_packages
> library(lm.beta)
> lm1=lm(Delinquency~Strain,data=cyber_bullying)
> lm.beta(lm1)

Call:
lm(formula = Delinquency ~ Strain, data = cyber_bullying)

Standardized Coefficients::
(Intercept)      Strain
  0.0000000   0.7641762

>
> |
```

[해석] 결정계수 R^2은 총변동 중에서 회귀선에 의해 설명되는 비율을 의미하며, 사이버 학교폭력의 비행요인(Delinquency)의 변동 중에서 58.4%가 긴장요인(Strain)에 의해 설명된다는 것을 의미한다. 따라서 $0 \leq R^2 \leq 1$의 범위를 가지고 1에 가까울수록 회귀선이 표본을 설명하는 데 유의하다. F통계량은 회귀식이 유의한가를 검정하는 것으로 F통계량 509.5에 대한 유의 확률이 p=.000<.001로 회귀식은 매우 유의하다고 할 수 있다. 따라서 회귀식은 Delinquency=4.836+0.528Strain으로 회귀식의 상수값과 회귀계수는 통계적으로 매우 유의하다(p<.001). 표준화 회귀계수(standardized regression coefficient)는 회귀계수의 크기를 비교하기 위하여 회귀분석에 사용한 모든 변수를 표준화한 회귀계수를 뜻한다. 표준화 회귀계수가 크다는 것은 종속변수에 미치는 영향이 크다는 것이다. 본 연구의 표준화 회귀선은 Delinquency=0.764Strain이 된다. 즉 Strain이 한 단위 증가하면 Delinquency가 .764씩 증가하는 것을 의미한다.

> anova(lm(Delinquency~Strain,data=cyber_bullying))

- 회귀식의 분산분석표를 산출한다.

```
R Console
> anova(lm(Delinquency~Strain,data=cyber_bullying))
Analysis of Variance Table

Response: Delinquency
           Df Sum Sq Mean Sq F value    Pr(>F)
Strain      1  72831   72831  509.52 < 2.2e-16 ***
Residuals 363  51887     143
---
Signif. codes:  0 '***' 0.001 '**' 0.01 '*' 0.05 '.' 0.1 ' ' 1
>
```

[해석] 분산분석표는 회귀선의 모델이 적합한지를 검정하는 것으로, 단순회귀분석에서는 F통계량(509.5, $p<.001$)과 같다.

■ **긴장요인(Strain)에 대한 비행요인(Delinquency)의 추정값 얻기**

> simple_reg=lm(Delinquency~Strain,data=cyber_bullying)

> Strain_new=seq(50, 500, 50)

- 50부터 500까지 50씩 증가한 값을 Strain_new 객체에 할당한다.

> Delinquency_new=predict(simple_reg, newdata=data.frame(Strain=Strain_new))

- 새로운 Strain 값에 대한 Delinquency의 추정값을 산출하여 Delinquency_new 객체에 할당한다.

> Delinquency_new: Delinquency의 추정값을 화면에 출력한다.

- Strain이 50일 때 Delinquency의 추정값은 31.25를 나타낸다.
- Strain이 500일 때 Delinquency의 추정값은 269.00을 나타낸다.

```
R Console
> simple_reg=lm(Delinquency~Strain,data=cyber_bullying)
> Strain_new=seq(50, 500, 50)
> Delinquency_new=predict(simple_reg, newdata=data.frame(Strain=Strain_new))
> Delinquency_new
        1         2         3         4         5         6         7         8
 31.25255  57.66934  84.08612 110.50290 136.91968 163.33646 189.75324 216.17002
        9        10
242.58681 269.00359
>
>
>
```

⑭ 다중회귀분석

다중회귀분석(multiple regression analysis)은 두 개 이상의 독립변수가 종속변수에 미치는 영향을 분석하는 방법이다. 다중회귀분석에서 고려해야 할 사항은 다음과 같다.

- 독립변수 간의 상관관계, 즉 다중공선성(multicollinearity) 진단에서 다중공선성이 높은 변수(공차한계가 낮은 변수)는 제외되어야 한다.
  - 다중공선성: 회귀분석에서 독립변수 중 서로 상관이 높은 변수가 포함되어 있을 때는 분산·공분산 행렬의 행렬식이 0에 가까운 값이 되어 회귀계수의 추정정밀도가 매우 나빠지는 현상을 말한다.
  - VIF(Variance Inflation Factor, 분산팽창지수)는 OLS(Ordinary Least Square, 보통최소자승법) 회귀분석에서 다중공선성의 정도를 검정하기 위해 사용되며, 일반적으로 독립변수가 다른 변수로부터 독립적이기 위해서는 VIF가 5나 10보다 작아야 한다(Montgomery & Runger, 2003: p. 461).
- 잔차항 간의 자기상관(autocorrelation)이 없어야 한다. 즉 상호 독립적이어야 한다.
- 편회귀잔차도표를 이용하여 종속변수와 독립변수의 등분산성을 확인해야 한다.
- 다중회귀분석에서 독립변수를 투입하는 방식은 크게 두 가지가 있다.
  - 입력방법: 독립변수를 동시에 투입하는 방법으로 다중회귀모형을 한 번에 구성할 수 있다[lm() 함수 사용)].
  - 단계선택법: 독립변수의 통계적 유의성을 검정하여 회귀모형을 구성하는 방법으로, 유의도가 낮은 독립변수는 단계적으로 제외하고 적합한 변수만으로 다중회귀모형을 구성한다[step() 함수 사용].

연구문제

사이버 학교폭력에서 비행요인(Delinquency)에 영향을 미치는 독립변수(Strain~Perpetrator)는 무엇인가?

① 입력(동시 투입)방법에 의한 다중회귀분석

> rm(list=ls())

> setwd("c:/cyberbullying_metholodogy")

> cyber_bullying=read.table(file="cyber_bullying_sam.txt",header=T)

> attach(cyber_bullying)

> cyber_bullying1=data.frame(Strain,Physical,Psychological,Self_control,Attachment,Passion,Perpetrator,Delinquency)

- 독립변수를 데이터 프레임으로 cyber_bullying1 객체에 할당한다.

> summary(lm(Delinquency~.,data=cyber_bullying1))

- 모든 독립변수에 대해 1차 다중회귀분석을 실시한다.

```
R Console
> summary(lm(Delinquency~.,data=cyber_bullying1))

Call:
lm(formula = Delinquency ~ ., data = cyber_bullying1)

Residuals:
    Min      1Q  Median      3Q     Max 
-50.691  -5.113  -0.963   3.608  59.904 

Coefficients:
              Estimate Std. Error t value Pr(>|t|)    
(Intercept)    3.12172    1.80995   1.725  0.08544 .  
Strain         0.38869    0.03160  12.302  < 2e-16 ***
Physical       0.34582    0.05691   6.077 3.14e-09 ***
Psychological -0.12620    0.08510  -1.483  0.13895    
Self_control   0.34965    0.20302   1.722  0.08588 .  
Attachment     0.16666    0.06731   2.476  0.01375 *  
Passion       -0.08066    0.06105  -1.321  0.18724    
Perpetrator   -0.22758    0.08612  -2.643  0.00859 ** 
---
Signif. codes:  0 '***' 0.001 '**' 0.01 '*' 0.05 '.' 0.1 ' ' 1

Residual standard error: 11.08 on 357 degrees of freedom
Multiple R-squared:  0.6483,	Adjusted R-squared:  0.6414 
F-statistic: 94.01 on 7 and 357 DF,  p-value: < 2.2e-16

>
> |
```

[해석] Intercept(B=3.12, $p<.1$), Strain(B=0.389, $p<.001$), Physical(B=0.346, $p<.001$), Self_control(B=0.349, $p<.1$), Attachment(B=0.167, $p<.05$)는 Delinquency에 양(+)의 영향을 미치는 것으로 나타났다. 그러나 Perpetrator(B=−0.228, $p<.01$)는 Delinquency에 음(−)의 영향을 미치는 것으로 나타났다. Psychological, Passion은 Delinquency에 영향을 미치지 않는 것으로 나타났다. 회귀식의 통계적 유의성을 나타내는 F값이 94.01($p<.001$)로 추정 회귀식은 매우 유의한 것으로 나타났다.

2차 다중회귀분석

> sel=lm(Delinquency~Strain+Physical+Self_control+Attachment+Perpetrator, data=cyber_bullying1): 유의한 독립변수에 대해 다중회귀분석을 실시한다.

> anova(sel): 회귀계수를 검정(요인에 대한 분산분석 결과)한다.

> install.packages('Rcmdr'): VIF 함수를 포함하는 Rcmdr 패키지를 설치한다.

> library(Rcmdr)

> vif(sel): 독립변수의 다중공선성 검정(VIF)을 실시한다.

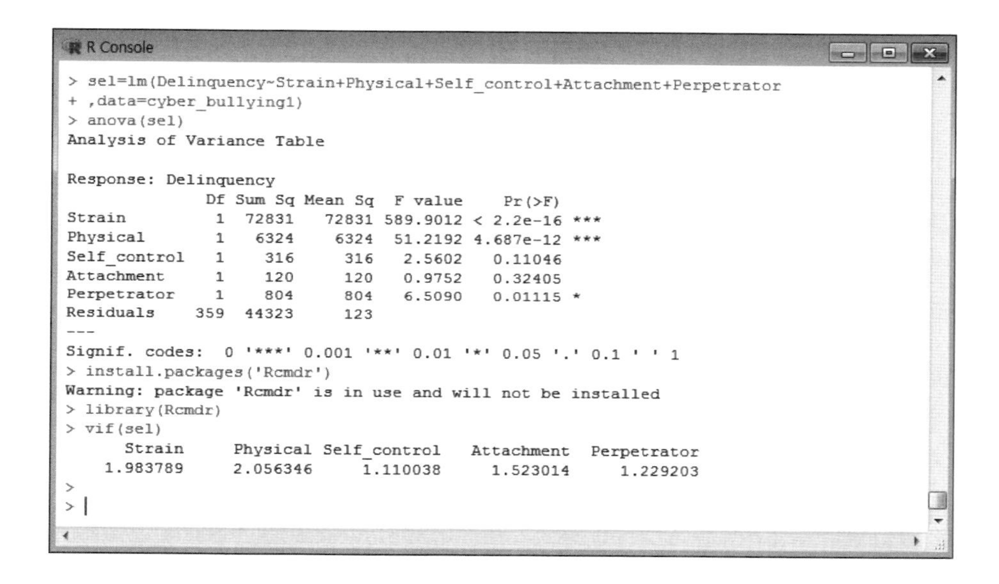

```
R Console
> sel=lm(Delinquency~Strain+Physical+Self_control+Attachment+Perpetrator
+ ,data=cyber_bullying1)
> anova(sel)
Analysis of Variance Table

Response: Delinquency
              Df Sum Sq Mean Sq  F value    Pr(>F)
Strain         1  72831   72831 589.9012 < 2.2e-16 ***
Physical       1   6324    6324  51.2192 4.687e-12 ***
Self_control   1    316     316   2.5602   0.11046
Attachment     1    120     120   0.9752   0.32405
Perpetrator    1    804     804   6.5090   0.01115 *
Residuals    359  44323     123
---
Signif. codes:  0 '***' 0.001 '**' 0.01 '*' 0.05 '.' 0.1 ' ' 1
> install.packages('Rcmdr')
Warning: package 'Rcmdr' is in use and will not be installed
> library(Rcmdr)
> vif(sel)
      Strain     Physical Self_control   Attachment  Perpetrator
    1.983789     2.056346     1.110038     1.523014     1.229203
>
> |
```

[해석] 2차 회귀분석 모형에서 유의하지 않은 독립변수 Self_control과 Attachment 중 상대적으로 vif가 높은 Attachment를 제거하고 3차 회귀분석을 실시한다.

3차 다중회귀분석

```
R Console
> summary(lm(Delinquency~Strain+Physical+Self_control+Perpetrator
+ ,data=cyber_bullying1))

Call:
lm(formula = Delinquency ~ Strain + Physical + Self_control +
    Perpetrator, data = cyber_bullying1)

Residuals:
    Min      1Q  Median      3Q     Max
-51.092  -5.197  -1.035   4.249  58.920

Coefficients:
             Estimate Std. Error t value Pr(>|t|)
(Intercept)   4.29291    1.43011   3.002  0.00287 **
Strain        0.38211    0.03022  12.643  < 2e-16 ***
Physical      0.39259    0.05391   7.283 2.08e-12 ***
Self_control  0.36819    0.19520   1.886  0.06007 .
Perpetrator  -0.18395    0.08348  -2.204  0.02819 *
---
Signif. codes:  0 '***' 0.001 '**' 0.01 '*' 0.05 '.' 0.1 ' ' 1

Residual standard error: 11.14 on 360 degrees of freedom
Multiple R-squared:  0.642,     Adjusted R-squared:  0.6381
F-statistic: 161.4 on 4 and 360 DF,  p-value: < 2.2e-16

>
> |
```

[해석] 3차 회귀분석 모형에서 Intercept(B=4.29, $p<.01$), Strain(B=0.382 $p<.001$), Physical (B=0.393, $p<.001$), Self_control(B=0.368, $p<.1$)은 Delinquency에 양(+)의 영향을 미치는 것으로 나타났다. 그러나 Perpetrator(B=−0.184, $p<.05$)는 Delinquency에 음(−)의 영향을 미치는 것으로 나타났다. 회귀식은 4.29+0.382Strain+0.393Physical+0.368Self_control−.184Perpetrator로 회귀식의 설명력은 63.8(Adjusted R^2)로 나타났다. F통계량(161.4)에 대한 유의확률이 $p=.000<.001$로 추정 회귀식은 매우 유의하다고 할 수 있다.

표준화 회귀계수 산출

> install.packages('lm.beta'): 표준화 회귀계수 산출 패키지(lm.beta)를 설치한다.

> library(lm.beta)

> lm1=lm(Delinquency~Strain+Physical+Self_control+Perpetrator,data=cyber_bullying1)

- 유의한 변수만 다중회귀분석을 실시하여 lm1 객체에 할당한다.

> lm.beta(lm1): lm1 객체의 표준화 회귀계수를 산출하여 화면에 출력한다.

```
> install.packages('lm.beta')
Warning: package 'lm.beta' is in use and will not be installed
> library(lm.beta)
> lm1=lm(Delinquency~Strain+Physical+Self_control+Perpetrator
+ ,data=cyber_bullying1)
> lm.beta(lm1)

Call:
lm(formula = Delinquency ~ Strain + Physical + Self_control +
    Perpetrator, data = cyber_bullying1)

Standardized Coefficients::
 (Intercept)      Strain    Physical Self_control  Perpetrator
  0.00000000  0.55268344  0.32360472   0.06089151  -0.07440746

>
> |
```

[해석] 회귀계수의 크기를 비교하기 위한 표준화 회귀계수에 의한 표준화 회귀식은 0.552Strain +0.324Physical+0.061Self_control−0.074Perpetrator로 회귀식에 대한 독립변수의 영향력은 Strain, Physical, Perpetrator, Self_control 순으로 나타났다.

분산팽창지수(vif) 산출

```
> install.packages('Rcmdr')
Warning: package 'Rcmdr' is in use and will not be installed
> library(Rcmdr)
> sel=lm(Delinquency~Strain+Physical+Self_control+Perpetrator,data=cyber_bullying1)
> anova(sel)
Analysis of Variance Table

Response: Delinquency
              Df Sum Sq Mean Sq  F value    Pr(>F)
Strain         1  72831   72831 587.2795 < 2.2e-16 ***
Physical       1   6324    6324  50.9916 5.165e-12 ***
Self_control   1    316     316   2.5488   0.11125
Perpetrator    1    602     602   4.8554   0.02819 *
Residuals    360  44645     124
---
Signif. codes:  0 '***' 0.001 '**' 0.01 '*' 0.05 '.' 0.1 ' ' 1
> vif(sel)
    Strain    Physical Self_control  Perpetrator
  1.921674    1.985608     1.048043     1.146734
>
> |
```

[해석] 일반적으로 독립변수가 다른 변수로부터 독립적이기 위해서는 VIF가 5나 10보다 작아야 한다(Montgomery & Runger, 2003: p. 461). 따라서 모든 독립변수의 VIF가 10보다 작기 때문에 다중공선성의 문제는 없다.

공차한계(tolerance) 산출

> tol=c(1.922,1.986,1.048,1.147)

- sel 객체의 독립변수에 대한 VIF의 값을 tol 벡터에 할당한다.

> tolerance = 1/tol: 독립변수의 공차한계를 산출한다.

> tolerance: 독립변수의 공차한계를 화면에 출력한다.

```
R Console
> vif(sel)
     Strain     Physical Self_control  Perpetrator
   1.921674     1.985608     1.048043     1.146734
>
> tol=c(1.922,1.986,1.048,1.147)
> tolerance = 1/tol
> tolerance
[1] 0.5202914 0.5035247 0.9541985 0.8718396
>
>
> |
```

[해석] 공차한계(tolerance)가 낮은 변수는 상대적으로 다중공선성이 높은 변수로 본 추정 회귀식의 독립변수 중에서는 Physical의 다중공선성이 가장 높은 것으로 나타났다.

잔차의 정규성 검정

```
R Console
>
>
> shapiro.test(residuals(sel))

        Shapiro-Wilk normality test

data:  residuals(sel)
W = 0.88165, p-value = 3.808e-16

>
> |
```

[해석] shapiro-Wilks 검정 통계량(귀무가설: 잔차는 정규성이다)으로 '$p > \alpha$'이면 정규성 가정을 만족한다. 따라서 유의수준 0.01에서 본 회귀모형(sel)은 귀무가설을 기각하여($p < .001$) 정규성을 만족하지 못한다.

잔차의 자기상관 검정

> library(lmtest): dwtest() 함수를 사용하기 위한 lmtest 패키지를 로딩한다.

> dwtest(sel): 더빈-왓슨 검정을 실시한다.

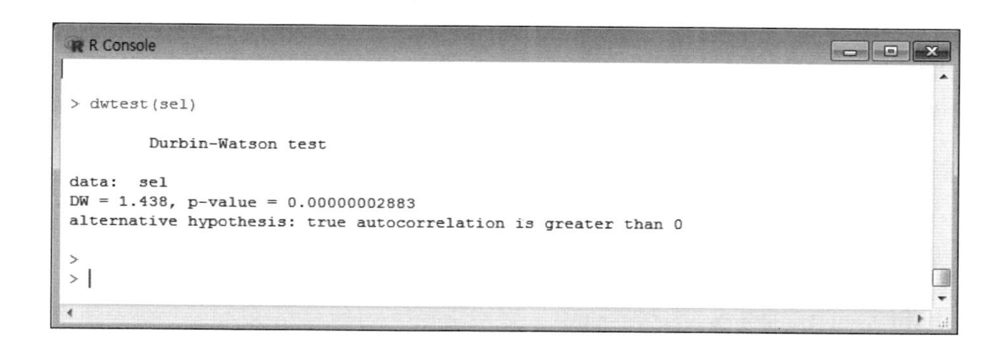

[해석] 귀무가설(회귀모형의 잔차는 상호독립이다)이 기각되어(D=1.438, p<.001) 잔차 간의 자기상관이 있는 것으로 나타났다.

> confint(sel): 회귀계수에 대한 95% CI(신뢰구간)를 분석한다.

```
R Console
> confint(sel)
                   2.5 %      97.5 %
(Intercept)    1.48048989  7.10533533
Strain         0.32267949  0.44154829
Physical       0.28657920  0.49860266
Self_control  -0.01568199  0.75205397
Perpetrator   -0.34812048 -0.01977896
>
> |
```

■ 모형의 비교

모형의 비교는 귀무가설(H_0: $Y=X_1\beta_1+\varepsilon$), 대립가설(H_1: $Y=X_1\beta_1+X_2\beta_2+\varepsilon$)을 설정하여 F검정을 통해 분석할 수 있다.

> fit_s=lm(Delinquency~Strain)

- 독립변수 1개(Strain)인 단순회귀분석을 실시하여 fit_s(H_0) 객체에 할당한다.

> fit_t=lm(Delinquency~Strain+Physical+Self_control+Perpetrator,data=cyber_bullying1)

- 다중회귀분석을 실시하여 fit_t(H_1) 객체에 할당한다.

> anova(fit_s, fit_t): 모형을 비교한다.

```
R Console
> fit_s=lm(Delinquency~Strain)
> fit_t=lm(Delinquency~Strain+Physical+Self_control+Perpetrator,data=cyber_bullying1)
> anova(fit_s, fit_t)
Analysis of Variance Table

Model 1: Delinquency ~ Strain
Model 2: Delinquency ~ Strain + Physical + Self_control + Perpetrator
  Res.Df   RSS Df Sum of Sq      F    Pr(>F)
1    363 51887
2    360 44645  3    7241.9 19.465 1.022e-11 ***
---
Signif. codes:  0 '***' 0.001 '**' 0.01 '*' 0.05 '.' 0.1 ' ' 1
> |
```

[해석] 본 모형 비교에서 귀무가설이 기각(F=19.47, p<.001)되어 fit_t를 최종 회귀모형으로 결정할 수 있다.

② 단계적 투입방법에 의한 다중회귀분석

> library(MASS): MASS 패키지를 로딩한다.

> sel=lm(Delinquency~.,data=cyber_bullying1)

- 독립변수 전체에 대한 다중회귀분석을 실시하여 sel 객체에 할당한다.

> setp_sel=step(sel, direction='both')

- sel 객체에 대해 단계적 회귀분석을 실시하여 setp_sel 객체에 할당한다.
- 'direction=' 옵션은 변수선택법('both', 'backward', 'forward')을 지정한다.

> summary(setp_sel): 최종 모형을 화면에 출력한다.

```
R Console
> #setp_sel=step(sel, direction='both')
> #setp_sel=step(sel, direction='forward')
> summary(setp_sel)

Call:
lm(formula = Delinquency ~ Strain + Physical + Psychological +
    Self_control + Attachment + Perpetrator, data = cyber_bullying1)

Residuals:
    Min      1Q  Median      3Q     Max
-51.017  -4.921  -0.901   3.796  61.229

Coefficients:
              Estimate Std. Error t value Pr(>|t|)
(Intercept)    2.52376    1.75429   1.439  0.15113
Strain         0.38260    0.03129  12.227  < 2e-16 ***
Physical       0.35696    0.05634   6.336 7.08e-10 ***
Psychological -0.11994    0.08506  -1.410  0.15938
Self_control   0.30495    0.20038   1.522  0.12894
Attachment     0.12831    0.06080   2.110  0.03552 *
Perpetrator   -0.22471    0.08618  -2.607  0.00951 **
---
Signif. codes:  0 '***' 0.001 '**' 0.01 '*' 0.05 '.' 0.1 ' ' 1

Residual standard error: 11.1 on 358 degrees of freedom
Multiple R-squared:  0.6466,    Adjusted R-squared:  0.6407
F-statistic: 109.2 on 6 and 358 DF,  p-value: < 2.2e-16

>
> |
```

[해석] 단계선택법에 의한 회귀분석 결과는 Strain(B=0.383, $p<.001$), Physical(B=0.357, $p<.001$), Attachment(B=0.128, $p<.05$)는 Delinquency에 양(+)의 영향을 미치는 것으로 나타났다. 그러나 Perpetrator(B=−0.225, $p<.01$)는 Delinquency에 음(−)의 영향을 미치는 것으로 나타났다.

⑮ **요인분석**(factor analysis)

요인분석(factor analysis)은 여러 변수들 간의 상관관계를 분석하여 상관이 높은 문항이나 변인들을 묶어서 몇 개의 요인으로 규명하고 그 요인의 의미를 부여하는 통계분석 방법으로, 측정도구의 타당성을 파악하기 위해 사용한다. 또한 소셜 빅데이터 분석에서 수많은 키워드(변수)를 축약할 때도 요인분석을 사용한다. 타당성(validity)은 측정도구(설문지)를 통하여 측정한 것이 실제에 얼마나 가깝게 측정되었는가를 나타낸다. 즉 타당성은 측정하고자 하는 개념이나 속성이 정확하게 측정되었는가를 나타내는 개념으로, 탐색적 요인분석이나 확인적 요인분석을 통해 검정된다. 탐색적 요인분석(본서에서 설명하는 요인분석)은 이론상으로 체계화되거나 정립되지 않은 연구에서 연구의 방향을 파악하기 위한 탐색적 목적을 가진 분석방법으로 전통적 요인분석이라고도 한다. 확인적 요인분석은 강력한 이론적인 배경하에 요인과 변수들의 관련성을 이미 설정해 놓은 상태에서 요인과 변수들의 타당성을 평가하기 위한 목적으로 사용된다.

■ **요인분석 절차**

- 모상관행렬이 단위행렬(대각선이 1이고 나머지는 0인 행렬)인지 바틀렛 검정(Bartlett's test)으로 검정하여 귀무가설이 기각되면 변수들의 상관관계가 통계적으로 유의하여 요인분석에 적합하다.
- 최소요인 추출단계에서 얻은 고유치를 스크리차트로 표시하였을 때, 한 군데 이상 꺾어지는 곳이 있으면 요인분석에 적합하다.
- 요인 수 결정: 고유값(eigen value: 요인을 설명할 수 있는 변수들의 분산 크기)이 1보다 크면 변수 1개 이상을 설명할 수 있다는 것을 의미한다. 일반적으로 고유값이 1 이상인 경우를 기준으로 요인 수를 결정한다.
- 요인부하량(factor loading)은 각 변수와 요인 간에 상관관계의 정도를 나타내는 것으로, 해당 변수를 설명하는 비율을 나타낸다. 일반적으로 요인부하량이 절댓값 0.4 이상이면 유의한 변수로 간주한다.
- 요인회전: 요인에 포함되는 변수의 분류를 명확히 하기 위해 요인축을 회전시키는 것으로, 직각회전(varimax)과 사각회전(oblique)을 많이 사용한다.

연구문제

사이버 학교폭력에서 청소년 긴장요인을 측정하기 위해 수집된 28개 긴장변수 [Domestic_violence(가정폭력), Child_abuse(아동학대), Parent_divorce(부모이혼), Economic_problem(경제적문제), Friend_Violence(친구폭력), Break_up(절교), School_control(학교통제), Academic_stress(학업스트레스), School_records(성적), School_violence_experience(학교폭력경험), Transfer(전학), Individualism(개인주의), Materialism(물질주의), Bullying_culture(왕따문화), Class_society(계급사회), Hell_Korea(헬조선), Female_dislike(여성혐오), Interested_soldier(관심병사), Traffic_accident(교통사고), Game(게임), Internet_addiction(인터넷중독), Celebrity(연예인), Movie(영화), Adult(성인물), Gag(개그), Chat_app(채팅앱), Youtube(유튜브), Personal_broadcasting(개인방송)]은 타당한가?

1차 요인분석을 실시한다.

```
> rm(list=ls())
> setwd("c:/cyberbullying_metholodogy"")
> cyber_bullying=read.table(file="cyber_bullying_factor_strain28.txt",header=T)
> attach(cyber_bullying)
> fact1=cbind(Domestic_violence,Child_abuse,Parent_divorce,Economic_problem,
  Friend_Violence,Break_up,Academic_stress,School_violence_experience,Materialism,
  Bullying_culture,Hell_Korea,Interested_soldier,Game,Internet_addiction,Celebrity,
  Movie,Adult,Gag,Chat_app,Youtube,Personal_broadcasting)
```

- 28개의 긴장변수를 데이터 프레임으로 fact1 객체에 할당한다.

Kaiser-Meyer-Oklin Test(KMO)와 Bartlett 구형성 검정

```
> install.packages("psych"): KMO 분석을 실시하는 psych 패키지를 설치한다.
> library(psych)
> KMO(fact1): Kaiser-Meyer-Oklin Test를 실시한다.
> bartlett.test(list(Domestic_violence,Child_abuse,Parent_divorce,Economic_problem,
  Friend_Violence,Break_up,Academic_stress,School_violence_experience,Materialism,
  Bullying_culture,Hell_Korea,Interested_soldier,Game,Internet_addiction, Celebrity,
  Movie,Adult,Gag,Chat_app,Youtube,Personal_broadcasting))
```

- Bartlett 구형성 검정을 실시한다.

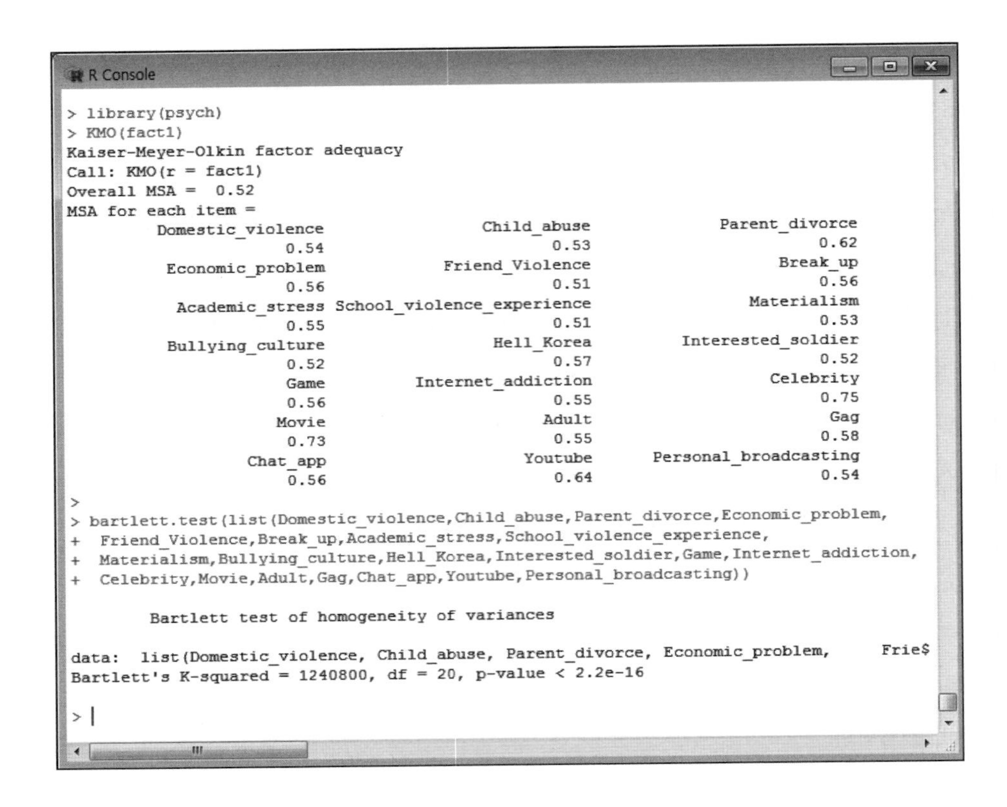

```
R Console
> library(psych)
> KMO(fact1)
Kaiser-Meyer-Olkin factor adequacy
Call: KMO(r = fact1)
Overall MSA =  0.52
MSA for each item =
         Domestic_violence                Child_abuse            Parent_divorce
                      0.54                       0.53                      0.62
          Economic_problem            Friend_Violence                  Break_up
                      0.56                       0.51                      0.56
           Academic_stress School_violence_experience               Materialism
                      0.55                       0.51                      0.53
          Bullying_culture                 Hell_Korea        Interested_soldier
                      0.52                       0.57                      0.52
                      Game        Internet_addiction                 Celebrity
                      0.56                       0.55                      0.75
                     Movie                      Adult                       Gag
                      0.73                       0.55                      0.58
                  Chat_app                    Youtube     Personal_broadcasting
                      0.56                       0.64                      0.54
>
> bartlett.test(list(Domestic_violence,Child_abuse,Parent_divorce,Economic_problem,
+  Friend_Violence,Break_up,Academic_stress,School_violence_experience,
+  Materialism,Bullying_culture,Hell_Korea,Interested_soldier,Game,Internet_addiction,
+  Celebrity,Movie,Adult,Gag,Chat_app,Youtube,Personal_broadcasting))

        Bartlett test of homogeneity of variances

data:  list(Domestic_violence, Child_abuse, Parent_divorce, Economic_problem,     Frie$
Bartlett's K-squared = 1240800, df = 20, p-value < 2.2e-16

> |
```

[해석] KMO 값이 0.52이며, 바틀렛 검정(변수들 간의 상관이 0인지를 검정) 결과 유의하여 (p<.001) 상관행렬이 요인분석을 하기에 적합하다고 할 수 있다.

\# 스크리차트 작성

> library(graphics): graphics 패키지를 로딩한다.

> scr=princomp(fact1)

 - 주성분분석(Principle Component Analysis)을 실시하여 scr 객체에 할당한다.

> screeplot(scr,npcs=21,type='lines',main='Scree Plot'): 스크리 도표를 작성한다.

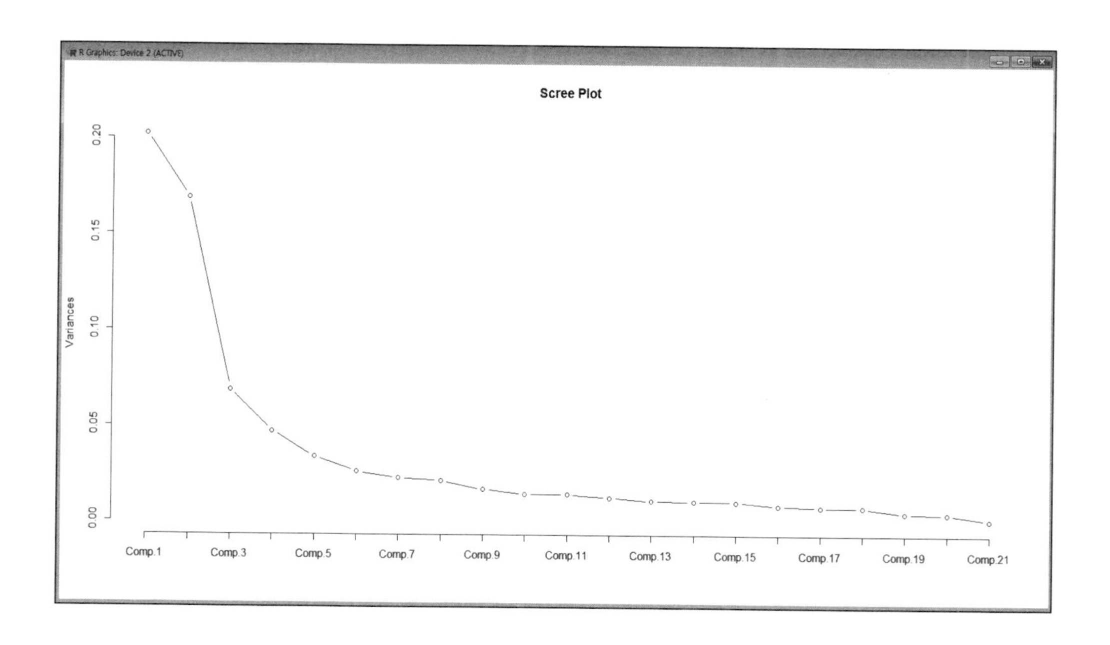

[해석] 고유값을 보여주는 스크리 도표로 가로축은 요인의 수, 세로축은 고유값의 분산을 나타낸다. 고유값이 요인 6부터 크게 작아지고 또 크게 꺾이는 형태를 보여 요인분석에 적합한 자료인 것으로 나타났다.

고유값 산출

> eigen(cor(fact1))$val: fact1 벡터의 고유값을 산출한다(요인 수 결정).

R Console

```
> eigen(cor(fact1))$val
 [1] 2.03122997 1.31896789 1.21269090 1.13724074 1.09389925 1.06094648 1.04145170
 [8] 1.02892645 1.00955561 0.99690396 0.97690232 0.96345118 0.94769829 0.93333917
[15] 0.92340096 0.90178820 0.88137185 0.86061531 0.83551651 0.81400557 0.03009771
> |
```

[해석] 요인분석의 목적이 변수의 수를 줄이는 것이기 때문에 상기 결과에서 고유값이 1 이상인 요인은 9개 요인(2.031~1.009)으로 나타났다.

1차 요인분석

> FA1=factanal(fact1, factors=9, rotation='none'): 요인분석을 실시한다.

- factors=9(상기 eigen 함수의 결과에서 고유값 1 이상인 요인 수 결정)
- rotation: none(회전하지 않음), varimax(직각회전), promax(사각회전)

> FA1

> VA1=factanal(fact1, factors=9, rotation='varimax')

> VA1

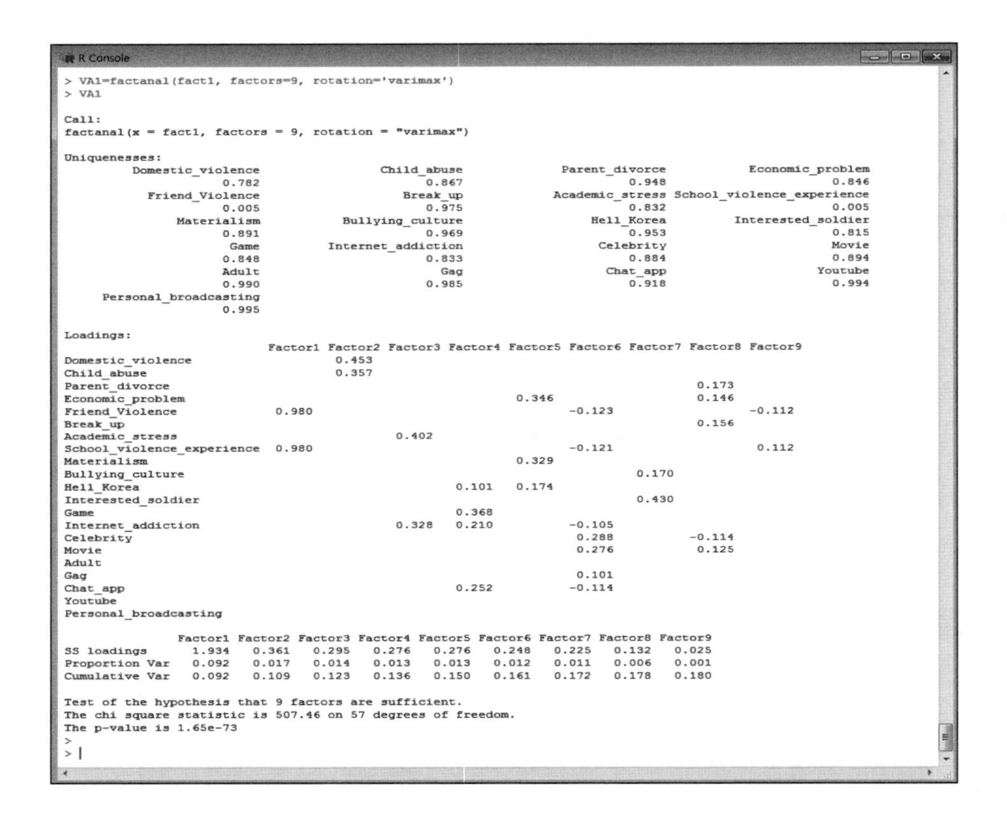

```
> VA1=factanal(fact1, factors=9, rotation='varimax')
> VA1

Call:
factanal(x = fact1, factors = 9, rotation = "varimax")

Uniquenesses:
         Domestic_violence                Child_abuse            Parent_divorce          Economic_problem
                     0.782                      0.867                     0.948                     0.846
           Friend_Violence                   Break_up           Academic_stress School_violence_experience
                     0.005                      0.975                     0.832                     0.005
               Materialism           Bullying_culture                Hell_Korea       Interested_soldier
                     0.891                      0.969                     0.953                     0.815
                      Game         Internet_addiction                 Celebrity                     Movie
                     0.848                      0.833                     0.884                     0.894
                     Adult                        Gag                  Chat_app                   Youtube
                     0.990                      0.985                     0.918                     0.994
      Personal_broadcasting
                     0.995

Loadings:
                          Factor1 Factor2 Factor3 Factor4 Factor5 Factor6 Factor7 Factor8 Factor9
Domestic_violence                  0.453
Child_abuse                        0.357
Parent_divorce                                                                     0.173
Economic_problem                                           0.346                   0.146
Friend_Violence            0.980                                   -0.123                  -0.112
Break_up                                                                           0.156
Academic_stress                            0.402
School_violence_experience 0.980                                   -0.121                   0.112
Materialism                                                0.329
Bullying_culture                                                           0.170
Hell_Korea                                         0.101   0.174
Interested_soldier                                                         0.430
Game                                               0.368
Internet_addiction                         0.328   0.210           -0.105
Celebrity                                                           0.288          -0.114
Movie                                                               0.276           0.125
Adult
Gag                                                                 0.101
Chat_app                                           0.252           -0.114
Youtube
Personal_broadcasting

               Factor1 Factor2 Factor3 Factor4 Factor5 Factor6 Factor7 Factor8 Factor9
SS loadings      1.934   0.361   0.295   0.276   0.276   0.248   0.225   0.132   0.025
Proportion Var   0.092   0.017   0.014   0.013   0.013   0.012   0.011   0.006   0.001
Cumulative Var   0.092   0.109   0.123   0.136   0.150   0.161   0.172   0.178   0.180

Test of the hypothesis that 9 factors are sufficient.
The chi square statistic is 507.46 on 57 degrees of freedom.
The p-value is 1.65e-73
>
> |
```

[해석] 상기 1차 직각회전 요인분석 결과 각 요인에서 요인부하량이 0.3 미만인 변수(청소년 긴장요인)는 제거한 후 2차 요인분석을 실시한다. 1차 요인분석에서는 21개의 변수가 투입되어 이 중 9개의 변수[Celebrity, Adult, Break_up, Bullying_culture, Hell_Korea, Gag, Movie, Parent_divorce, Interested_soldier(요인부하량이 0.430이지만 unique 요인으로 나타남)]가 제거된 것으로 나타났다.

2차 요인분석 고유값 산출

> fact1=cbind(Domestic_violence,Child_abuse,Parent_divorce,Economic_problem, Friend_Violence,Academic_stress,School_violence_experience, Materialism,Game,Internet_addiction,Movie,Chat_app)

- 2차 요인분석에 필요한 12개의 긴장변수를 데이터 프레임으로 fact1 객체에 할당한다.

> eigen(cor(fact1))$val

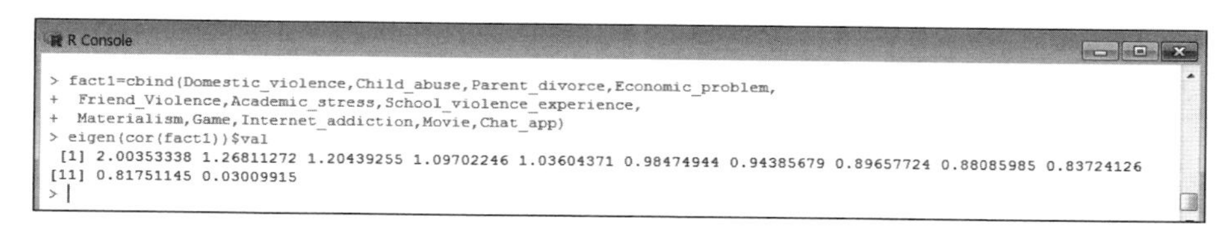

```
R Console
> fact1=cbind(Domestic_violence,Child_abuse,Parent_divorce,Economic_problem,
+  Friend_Violence,Academic_stress,School_violence_experience,
+  Materialism,Game,Internet_addiction,Movie,Chat_app)
> eigen(cor(fact1))$val
 [1] 2.00353338 1.26811272 1.20439255 1.09702246 1.03604371 0.98474944 0.94385679 0.89657724 0.88085985 0.83724126
[11] 0.81751145 0.03009915
> |
```

[해석] 상기 2차 요인분석 결과에서 고유값이 1 이상인 요인은 5개 요인(2.00~1.036)으로 나타났다.

2차 요인분석

> VA1=factanal(fact1, factors=5, rotation='varimax')

> VA1

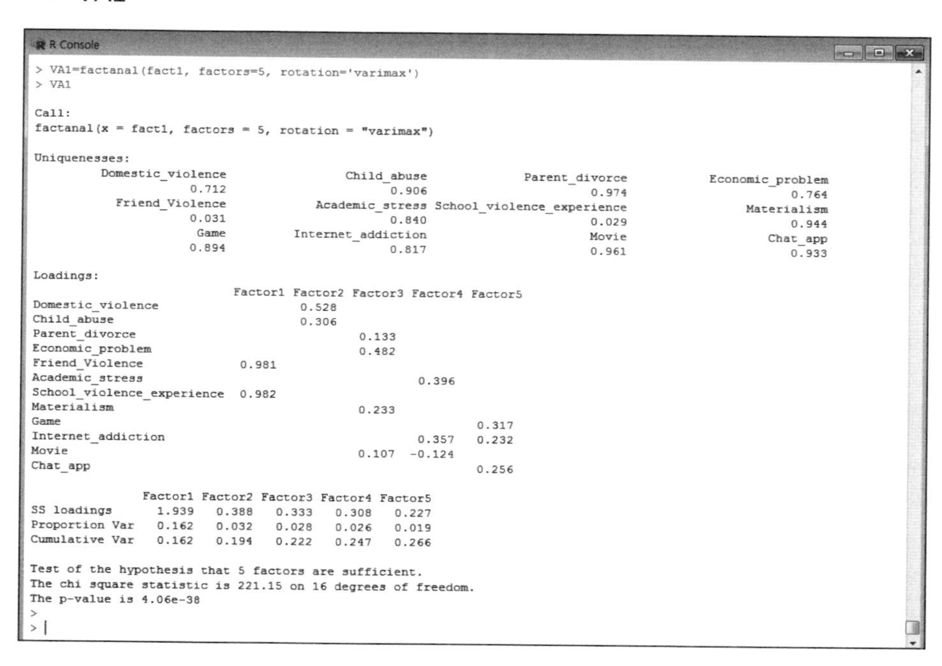

```
R Console
> VA1=factanal(fact1, factors=5, rotation='varimax')
> VA1

Call:
factanal(x = fact1, factors = 5, rotation = "varimax")

Uniquenesses:
         Domestic_violence                Child_abuse             Parent_divorce           Economic_problem
                     0.712                      0.906                      0.974                      0.764
           Friend_Violence            Academic_stress School_violence_experience                Materialism
                     0.031                      0.840                      0.029                      0.944
                      Game         Internet_addiction                      Movie                   Chat_app
                     0.894                      0.817                      0.961                      0.933

Loadings:
                           Factor1 Factor2 Factor3 Factor4 Factor5
Domestic_violence                   0.528
Child_abuse                         0.306
Parent_divorce                              0.133
Economic_problem                            0.482
Friend_Violence             0.981
Academic_stress                                     0.396
School_violence_experience  0.982
Materialism                                 0.233
Game                                                        0.317
Internet_addiction                                  0.357   0.232
Movie                                       0.107  -0.124
Chat_app                                                    0.256

               Factor1 Factor2 Factor3 Factor4 Factor5
SS loadings      1.939   0.388   0.333   0.308   0.227
Proportion Var   0.162   0.032   0.028   0.026   0.019
Cumulative Var   0.162   0.194   0.222   0.247   0.266

Test of the hypothesis that 5 factors are sufficient.
The chi square statistic is 221.15 on 16 degrees of freedom.
The p-value is 4.06e-38
>
> |
```

[해석] 2차 요인분석 결과 요인 1의 설명력은 16.2%(Proportion Var: 0.1623)이며, 요인 2의

설명력은 3.2%, 요인 3의 설명력은 2.8%, 요인 4의 설명력은 2.6%, 요인 5의 설명력은 1.9%로 나타났다. 본 요인분석에서는 요인 1을 학교폭력요인(Friend_Violence, School_violence_experience), 요인 2를 가정폭력요인(Domestic_violence, Child_abuse), 요인 3을 경제적 요인(Parent_divorce, Economic_problem, Materialism, Movie), 요인 4를 학업스트레스요인(Academic_stress, Internet_addiction), 요인 5를 게임요인(Game, Chat_app)으로 명명하였다.

요인점수(factor score)를 저장한다. 상기 2차 요인분석의 결과로 산출된 5개 요인에 대한 요인점수를 파일로 저장하여 상관분석이나 로지스틱 회귀분석 등을 실시할 수 있다.

> VA2=factanal(fact1, factors=5, rotation='varimax',scores='regression')$scores
  - 2차 요인분석의 결과로 산출된 5개 요인의 요인점수를 VA2 객체에 저장한다.

> library(MASS): write.matrix() 함수가 포함된 MASS 패키지를 로딩한다.

> write.matrix(VA2, "factor_score.txt")
  - VA2 객체에 저장된 factor score를 factor_score.txt 파일에 출력한다.

> VA4= read.table('factor_score.txt',header=T)
  - factor_score.txt 데이터 파일을 VA4에 할당한다.

> attach(VA4): 실행 데이터를 'VA4'로 고정시킨다.

> cyber_bullying_score=cbind(cyber_bullying,Factor1,Factor2,Factor3,Factor4,Factor5)
  - 2차 요인분석의 결과로 산출된 요인점수가 저장된 변수(Factor1~Factor5)를 결합하여 cyber_bullying_score 객체에 할당한다.

> write.matrix(cyber_bullying_score, "regression_factor_score.txt")
  - cyber_bullying_score 객체를 regression_factor_score.txt 파일에 출력한다.

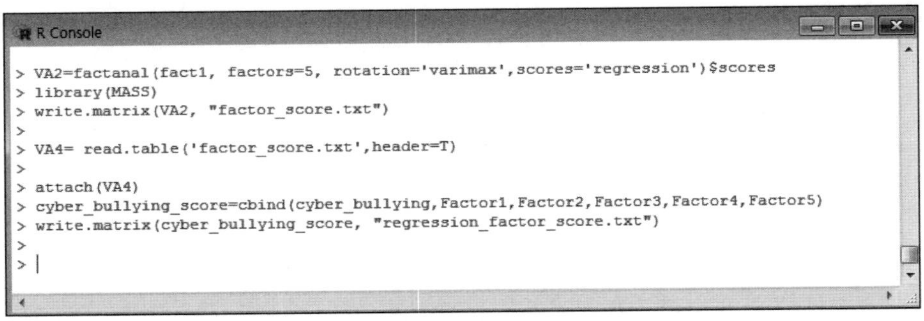

R Console

```
> VA2=factanal(fact1, factors=5, rotation='varimax',scores='regression')$scores
> library(MASS)
> write.matrix(VA2, "factor_score.txt")
>
> VA4= read.table('factor_score.txt',header=T)
>
> attach(VA4)
> cyber_bullying_score=cbind(cyber_bullying,Factor1,Factor2,Factor3,Factor4,Factor5)
> write.matrix(cyber_bullying_score, "regression_factor_score.txt")
>
> |
```

이분형 로지스틱 회귀분석을 실시한다.

> regression_factor=read.table(file="regression_factor_score.txt",header=T)

> summary(glm(Attitude~Factor1+Factor2+Factor3+Factor4+Factor5,
  family=binomial,data=regression_factor)): 이분형 로지스틱 회귀분석을 실시한다.

> exp(coef(glm(Attitude~Factor1+Factor2+Factor3+Factor4+Factor5,
  family=binomial,data=regression_factor))): 오즈비를 산출한다.

> exp(confint(glm(Attitude~Factor1+Factor2+Factor3+Factor4+Factor5,
  family=binomial,data=regression_factor))): 신뢰구간을 산출한다.

> install.packages('lm.beta'): 표준화 회귀계수 산출 패키지(lm.beta)를 설치한다.

> library(lm.beta)

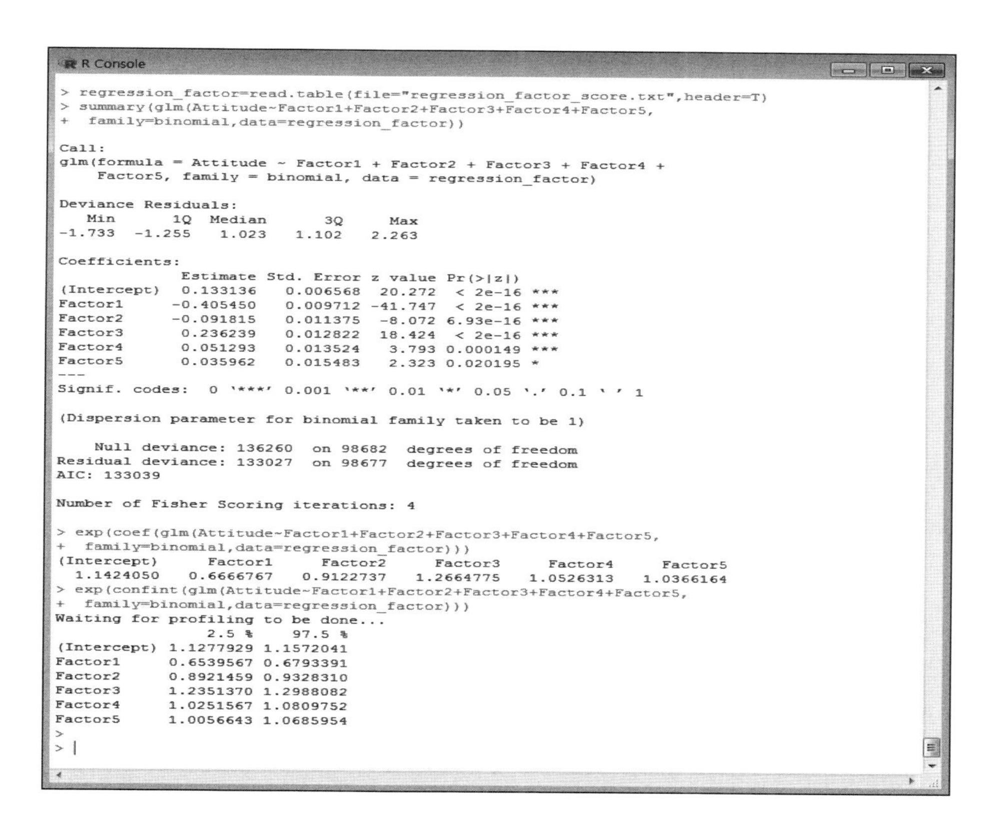

```
R Console
> regression_factor=read.table(file="regression_factor_score.txt",header=T)
> summary(glm(Attitude~Factor1+Factor2+Factor3+Factor4+Factor5,
+   family=binomial,data=regression_factor))

Call:
glm(formula = Attitude ~ Factor1 + Factor2 + Factor3 + Factor4 +
    Factor5, family = binomial, data = regression_factor)

Deviance Residuals:
   Min      1Q  Median      3Q     Max
-1.733  -1.255   1.023   1.102   2.263

Coefficients:
             Estimate Std. Error z value Pr(>|z|)
(Intercept)  0.133136   0.006568  20.272  < 2e-16 ***
Factor1     -0.405450   0.009712 -41.747  < 2e-16 ***
Factor2     -0.091815   0.011375  -8.072 6.93e-16 ***
Factor3      0.236239   0.012822  18.424  < 2e-16 ***
Factor4      0.051293   0.013524   3.793 0.000149 ***
Factor5      0.035962   0.015483   2.323 0.020195 *
---
Signif. codes:  0 '***' 0.001 '**' 0.01 '*' 0.05 '.' 0.1 ' ' 1

(Dispersion parameter for binomial family taken to be 1)

    Null deviance: 136260  on 98682  degrees of freedom
Residual deviance: 133027  on 98677  degrees of freedom
AIC: 133039

Number of Fisher Scoring iterations: 4

> exp(coef(glm(Attitude~Factor1+Factor2+Factor3+Factor4+Factor5,
+   family=binomial,data=regression_factor)))
(Intercept)     Factor1     Factor2     Factor3     Factor4     Factor5
  1.1424050   0.6666767   0.9122737   1.2664775   1.0526313   1.0366164
> exp(confint(glm(Attitude~Factor1+Factor2+Factor3+Factor4+Factor5,
+   family=binomial,data=regression_factor)))
Waiting for profiling to be done...
                2.5 %    97.5 %
(Intercept) 1.1277929 1.1572041
Factor1     0.6539567 0.6793391
Factor2     0.8921459 0.9328310
Factor3     1.2351370 1.2988082
Factor4     1.0251567 1.0809752
Factor5     1.0056643 1.0685954
>
> |
```

[해석] 요인 1(학교폭력요인)과 요인 2(가정폭력요인)는 사이버 학교폭력에 대한 부정적 감정이 높으며, 요인 3(경제적요인), 요인 4(학업스트레스요인), 요인 5(게임요인)는 사이버 학교폭력에 대한 긍정적 감정이 높은 것으로 나타났다.

> lm1=glm(Attitude~Factor1+Factor2+Factor3+Factor4+Factor5,
family=binomial,data=regression_factor)

> lm.beta(lm1): lm1 객체의 표준화 회귀계수를 산출하여 화면에 출력한다.

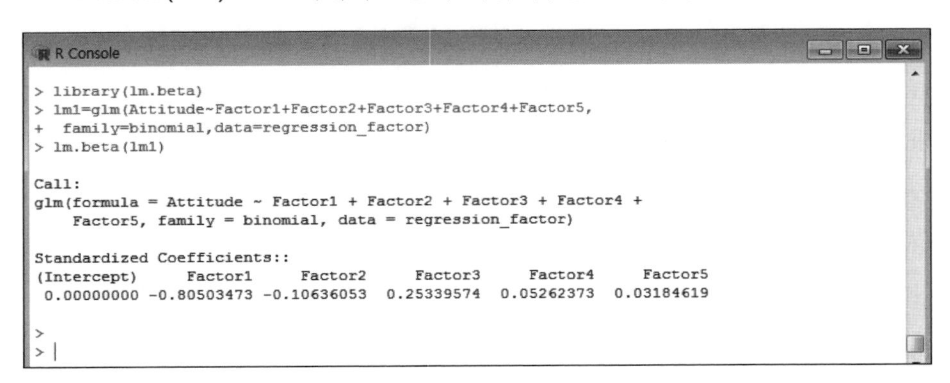

```
> library(lm.beta)
> lm1=glm(Attitude~Factor1+Factor2+Factor3+Factor4+Factor5,
+  family=binomial,data=regression_factor)
> lm.beta(lm1)

Call:
glm(formula = Attitude ~ Factor1 + Factor2 + Factor3 + Factor4 +
    Factor5, family = binomial, data = regression_factor)

Standardized Coefficients::
(Intercept)     Factor1     Factor2     Factor3     Factor4     Factor5
 0.00000000 -0.80503473 -0.10636053  0.25339574  0.05262373  0.03184619

>
> |
```

[해석] 요인 1(학교폭력요인), 요인 2(가정폭력요인) 순으로 사이버 학교폭력에 대한 부정적 감정이 높으며, 요인 3(경제적요인), 요인 4(학업스트레스요인), 요인 5(게임요인) 순으로 사이버 학교폭력에 대한 긍정적 감정이 높은 것으로 나타났다.

⑯ 신뢰성 분석(reliability)

신뢰성(reliability)은 동일한 측정 대상(변수)에 대해 같거나 유사한 측정도구(설문지)를 사용하여 매번 반복 측정할 경우 동일하거나 비슷한 결과를 얻을 수 있는 정도를 말한다. 즉 신뢰성은 측정한 다변량 변수 사이의 일관된 정도를 의미하며, 신뢰성 정도는 동일한 개념에 대하여 반복적으로 측정했을 때 나타나는 측정값들의 분산을 의미한다. R에서는 크론바흐 알파계수(Cronbach Coefficient Alpha)를 이용하여 신뢰성을 구할 수 있다.

연구문제

8개의 GST 요인에 포함된 변수(Strain, Physical, Psychological, Self_control, Attachment, Passion, Perpetrator, Delinquency)에 대한 신뢰성을 측정하라.

> install.packages('psych'): 신뢰성 분석을 실시하는 패키지를 설치한다.

> library(psych)

> rm(list=ls())

> setwd("c:/cyberbullying_metholodogy")

> cyber_bullying=read.table(file="cyber_bullying_reliability.txt",header=T)

> attach(cyber_bullying)

> factor1=cbind(Strain,Physical,Psychological,Self_control,Attachment,Passion,Perpetrator,Delinquency)

- 신뢰성 분석에 필요한 변수(Strain~Delinquency)를 결합하여 factor1에 할당한다.

> alpha(factor1): Cronbach's alpha를 산출한다.

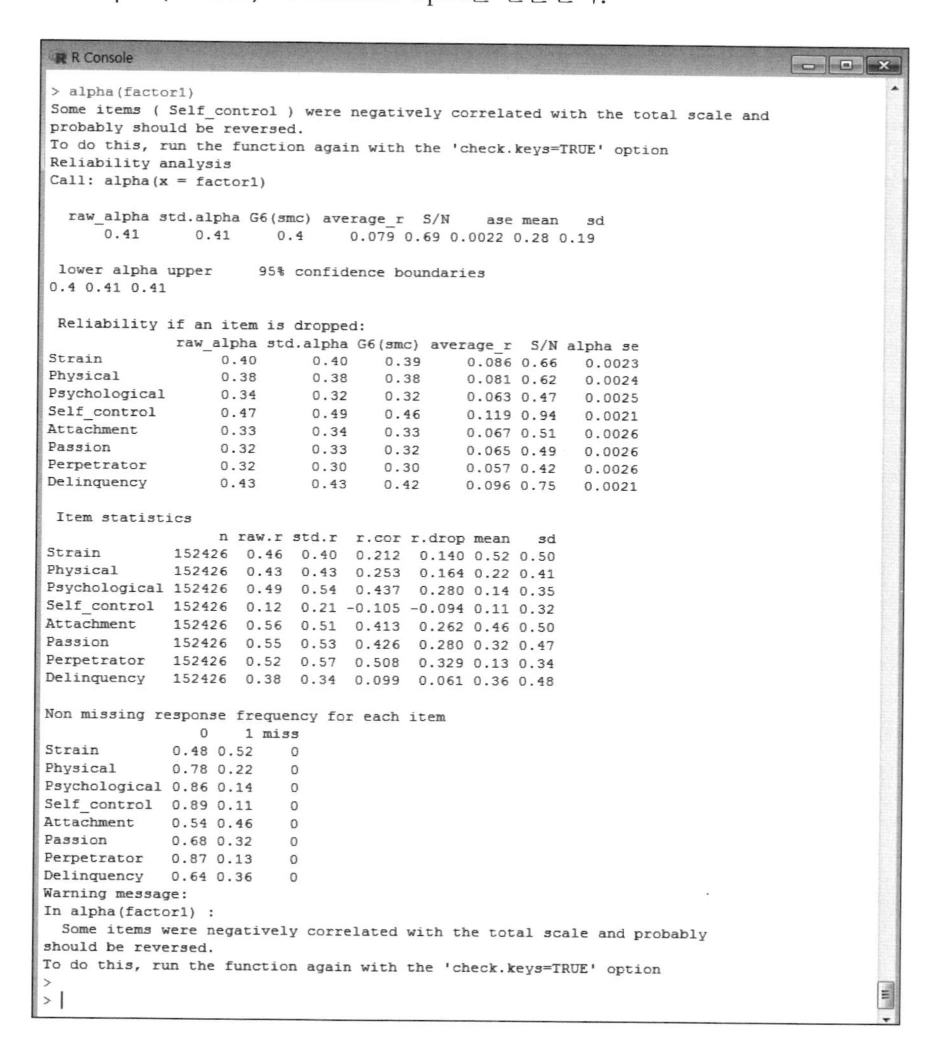

```
R Console
> alpha(factor1)
Some items ( Self_control ) were negatively correlated with the total scale and
probably should be reversed.
To do this, run the function again with the 'check.keys=TRUE' option
Reliability analysis
Call: alpha(x = factor1)

  raw_alpha std.alpha G6(smc) average_r  S/N    ase mean   sd
      0.41      0.41     0.4     0.079 0.69 0.0022 0.28 0.19

 lower alpha upper     95% confidence boundaries
0.4 0.41 0.41

 Reliability if an item is dropped:
              raw_alpha std.alpha G6(smc) average_r  S/N alpha se
Strain             0.40      0.40    0.39     0.086 0.66   0.0023
Physical           0.38      0.38    0.38     0.081 0.62   0.0024
Psychological      0.34      0.32    0.32     0.063 0.47   0.0025
Self_control       0.47      0.49    0.46     0.119 0.94   0.0021
Attachment         0.33      0.34    0.33     0.067 0.51   0.0026
Passion            0.32      0.33    0.32     0.065 0.49   0.0026
Perpetrator        0.32      0.30    0.30     0.057 0.42   0.0026
Delinquency        0.43      0.43    0.42     0.096 0.75   0.0021

 Item statistics
                   n raw.r std.r  r.cor r.drop mean   sd
Strain        152426  0.46  0.40  0.212  0.140 0.52 0.50
Physical      152426  0.43  0.43  0.253  0.164 0.22 0.41
Psychological 152426  0.49  0.54  0.437  0.280 0.14 0.35
Self_control  152426  0.12  0.21 -0.105 -0.094 0.11 0.32
Attachment    152426  0.56  0.51  0.413  0.262 0.46 0.50
Passion       152426  0.55  0.53  0.426  0.280 0.32 0.47
Perpetrator   152426  0.52  0.57  0.508  0.329 0.13 0.34
Delinquency   152426  0.38  0.34  0.099  0.061 0.36 0.48

Non missing response frequency for each item
                 0    1 miss
Strain        0.48 0.52    0
Physical      0.78 0.22    0
Psychological 0.86 0.14    0
Self_control  0.89 0.11    0
Attachment    0.54 0.46    0
Passion       0.68 0.32    0
Perpetrator   0.87 0.13    0
Delinquency   0.64 0.36    0
Warning message:
In alpha(factor1) :
  Some items were negatively correlated with the total scale and probably
should be reversed.
To do this, run the function again with the 'check.keys=TRUE' option
>
> |
```

[해석] GST 요인에 포함되는 변수들의 표준화 신뢰도(std.alpha)는 0.41로 나타났으며, Self_control을 제거 했을 때 신뢰도는 0.47로 향상되었다. 따라서 Self_control을 제거하고 2차 신뢰성 분석을 실시한다.

2차 신뢰성 분석

> factor1=cbind(Strain,Physical,Psychological,Attachment,Passion,Perpetrator,Delinquency)

- 2차 신뢰성 분석에 필요한 변수(Strain~Delinquency)를 결합하여 factor1에 할당한다.

> alpha(factor1)

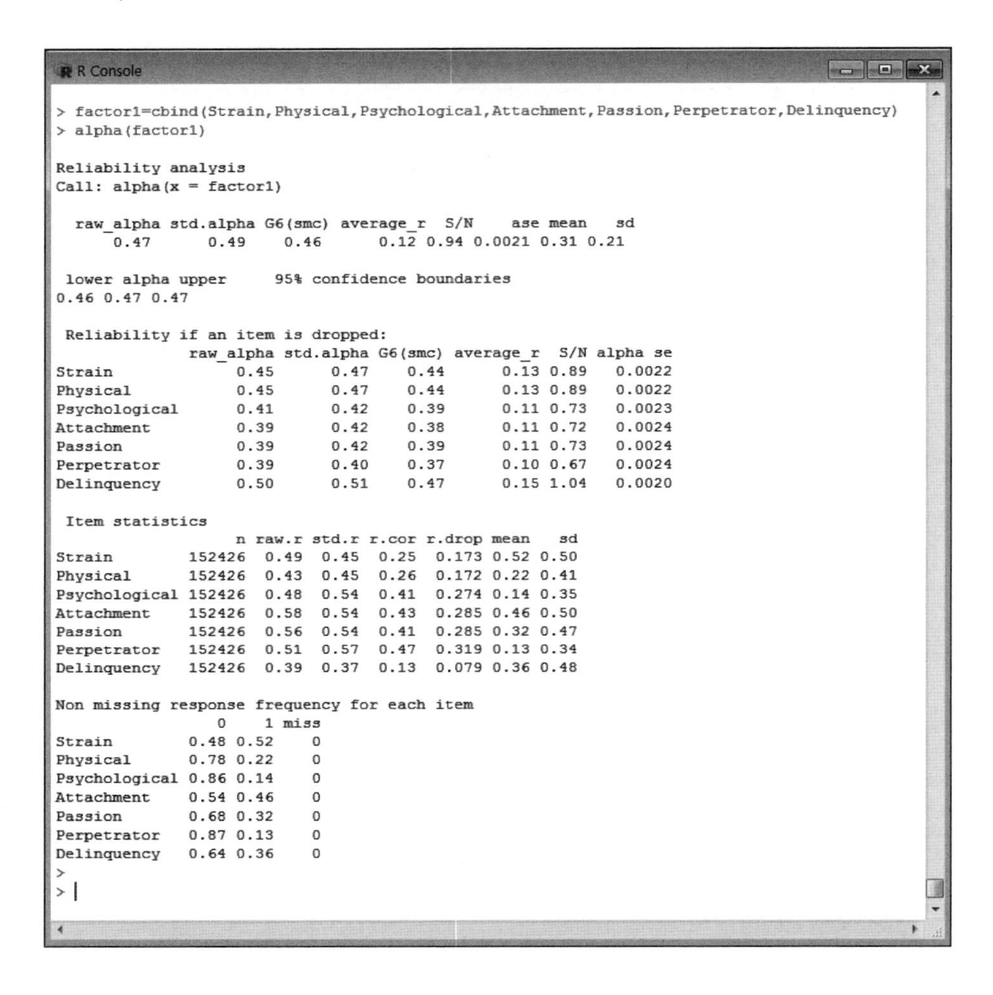

```
R Console
> factor1=cbind(Strain,Physical,Psychological,Attachment,Passion,Perpetrator,Delinquency)
> alpha(factor1)

Reliability analysis
Call: alpha(x = factor1)

  raw_alpha std.alpha G6(smc) average_r  S/N    ase mean   sd
      0.47      0.49    0.46      0.12 0.94 0.0021 0.31 0.21

 lower alpha upper     95% confidence boundaries
0.46 0.47 0.47

 Reliability if an item is dropped:
              raw_alpha std.alpha G6(smc) average_r  S/N alpha se
Strain             0.45      0.47    0.44      0.13 0.89   0.0022
Physical           0.45      0.47    0.44      0.13 0.89   0.0022
Psychological      0.41      0.42    0.39      0.11 0.73   0.0023
Attachment         0.39      0.42    0.38      0.11 0.72   0.0024
Passion            0.39      0.42    0.39      0.11 0.73   0.0024
Perpetrator        0.39      0.40    0.37      0.10 0.67   0.0024
Delinquency        0.50      0.51    0.47      0.15 1.04   0.0020

 Item statistics
                   n raw.r std.r r.cor r.drop mean   sd
Strain        152426  0.49  0.45  0.25  0.173 0.52 0.50
Physical      152426  0.43  0.45  0.26  0.172 0.22 0.41
Psychological 152426  0.48  0.54  0.41  0.274 0.14 0.35
Attachment    152426  0.58  0.54  0.43  0.285 0.46 0.50
Passion       152426  0.56  0.54  0.41  0.285 0.32 0.47
Perpetrator   152426  0.51  0.57  0.47  0.319 0.13 0.34
Delinquency   152426  0.39  0.37  0.13  0.079 0.36 0.48

Non missing response frequency for each item
                 0    1 miss
Strain        0.48 0.52    0
Physical      0.78 0.22    0
Psychological 0.86 0.14    0
Attachment    0.54 0.46    0
Passion       0.68 0.32    0
Perpetrator   0.87 0.13    0
Delinquency   0.64 0.36    0
>
> |
```

[해석] 2차 신뢰성 분석 결과 GST 요인에 포함되는 변수들의 표준화 신뢰도(std.alpha)는 0.49로 나타났다.

⑰ 다변량 분산분석

분산분석(Analysis of Variance, ANOVA)의 이원배치 분산분석은 1개의 종속변수[1주 확산수(Onespread)]와 2개의 독립변수[순계정(Account), 채널(Channel)]의 집단(그룹) 간 종속변수의 평균 차이를 검정한다. 다변량 분산분석(Multivariate Analysis of Variance, MANOVA)은 2개 이상의 종속변수와 2개 이상의 독립변수의 집단 간 종속변수들의 평균 차이를 검정한다.

연구문제

사이버 학교폭력 관련 독립변수(Account, Channel) 간에 종속변수(Onespread, Twospread)의 평균의 차이가 있는가?

```
> rm(list=ls())
> setwd("c:/cyberbullying_metholodogy")
> cyber_bullying=read.table(file="cyber_bullying_descriptive_analysis.txt",header=T)
> attach(cyber_bullying)
> tapply(Onespread, Channel, mean): 채널별 1주 확산수의 평균을 산출한다.
> tapply(Onespread, Channel, sd): 채널별 1주 확산수의 표준편차를 산출한다.
> tapply(Onespread, Account, mean): 순계정별 1주 확산수의 평균을 산출한다.
> tapply(Onespread, Account, sd): 순계정별 1주 확산수의 표준편차를 산출한다.
> tapply(Onespread, list(Channel,Account), mean)
  - 채널별 순계정별 1주 확산수의 평균을 산출한다.
> tapply(Onespread, list(Channel,Account), sd)
  - 채널별 순계정별 1주 확산수의 표준편차를 산출한다.
> tapply(Twospread, Channel, mean)
> tapply(Twospread, Channel, sd)
> tapply(Twospread, Account, mean)
> tapply(Twospread, Account, sd)
> tapply(Twospread, list(Channel,Account), mean)
> tapply(Twospread, list(Channel,Account), sd)
```

```
R Console
> tapply(Onespread, Channel, mean)
          1           2           3           4           5 
169.9582487   0.9420638   1.7308564   0.1899315   5.6873034 
> #tapply(Onespread, Channel, sd)
> tapply(Onespread, Account, mean)
          0           1 
  0.6178124 181.4953337 
> #tapply(Onespread, Account, sd)
> tapply(Onespread, list(Channel,Account), mean)
           0          1
1 1.63075209 269.716521
2 0.21703177   5.011808
3 0.87185421   4.833856
4 0.06734007   3.107372
5 1.48432056  10.655409
> #tapply(Onespread, list(Channel,Account), sd)
> tapply(Twospread, Channel, mean)
         1          2          3          4          5 
2.16244455 0.06661741 0.07227005 0.02042135 0.11778029 
> #tapply(Twospread, Channel, sd)
> tapply(Twospread, Account, mean)
          0           1 
0.009212527 2.383166104 
> #tapply(Twospread, Account, sd)
> tapply(Twospread, list(Channel,Account), mean)
            0         1
1 0.011810585 3.4370048
2 0.012186276 0.3721498
3 0.013017067 0.2863114
4 0.002760943 0.4407051
5 0.013472706 0.2410763
> #tapply(Twospread, list(Channel,Account), sd)
>
> |
```

[해석] 상기 기술통계량에서 순계정(First, Spread)과 채널(Twitter, Blog, Cafe, Board, News)에 따른 1주 확산수(Onespread)와 2주 확산수(Twospread)의 평균을 비교한 결과, 최초문서보다 확산문서가 Twitter의 1주 확산수와 2주 확산수의 평균이 높은 것으로 나타났다.

다변량 분산분석

> y=cbind(Onespread, Twospread): 종속변수를 y 벡터로 할당한다.

> Mfit=manova(y~Account+Channel+Account:Channel)

- 이원 다변량 분산분석(Two-Way MANOVA)을 실시한다.
- y: 종속변수
- Account: 독립변수 Account의 효과 분석
- Channel: 독립변수 Channel의 효과 분석
- Account:Channel: Account와 Channel의 상호작용효과 분석

> Mfit: 이원 다변량 분산분석(Two-Way MANOVA) 결과를 화면에 출력한다.

> summary(Mfit,test='Wilks'): 윌크스(Wilks)의 다변량 검정을 화면에 출력한다.

> summary(Mfit,test='Pillai'): 필라이(Pillai)의 다변량 검정을 화면에 출력한다.

> summary(Mfit,test='Roy'): 로이(Roys)의 다변량 검정을 화면에 출력한다.

> summary(Mfit,test='Hotelling'): 호텔링(Hotelling)의 다변량 검정을 화면에 출력한다.

> summary.aov(Mfit)

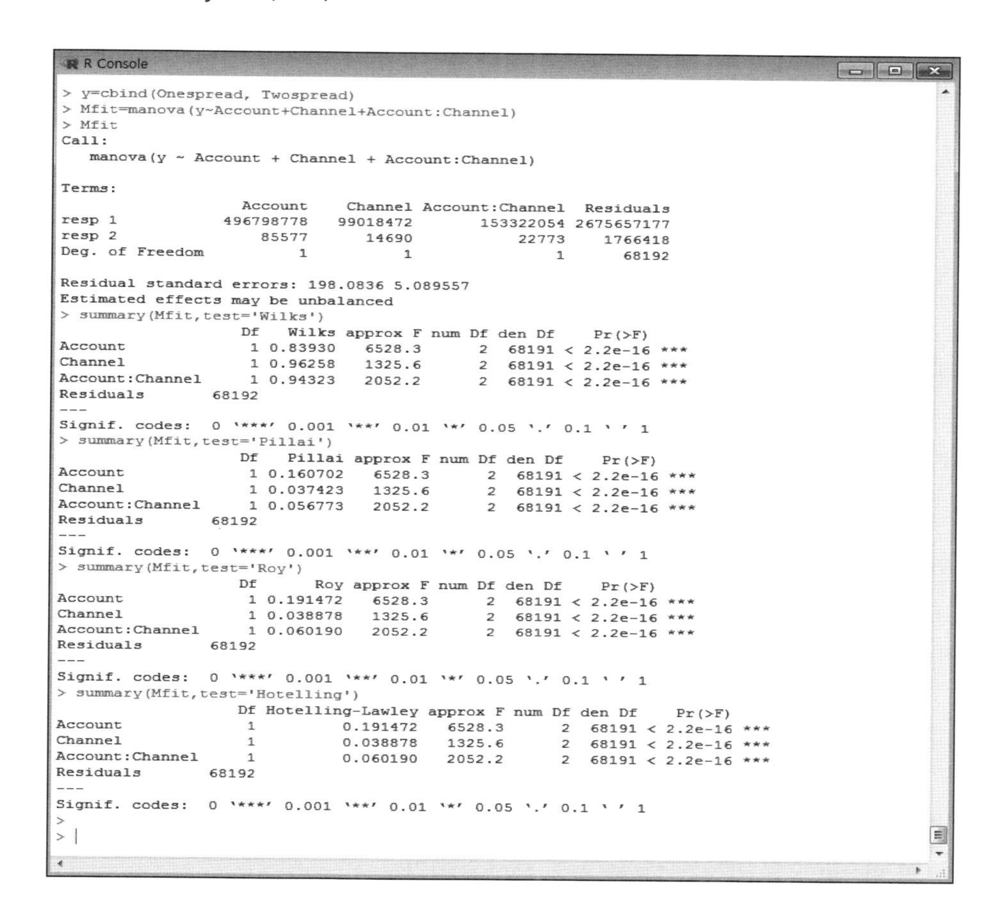

```
R Console
> y=cbind(Onespread, Twospread)
> Mfit=manova(y~Account+Channel+Account:Channel)
> Mfit
Call:
   manova(y ~ Account + Channel + Account:Channel)

Terms:
                  Account    Channel Account:Channel  Residuals
resp 1          496798778   99018472       153322054 2675657177
resp 2              85577      14690           22773    1766418
Deg. of Freedom         1          1               1      68192

Residual standard errors: 198.0836 5.089557
Estimated effects may be unbalanced
> summary(Mfit,test='Wilks')
                   Df   Wilks approx F num Df den Df    Pr(>F)
Account             1 0.83930   6528.3      2  68191 < 2.2e-16 ***
Channel             1 0.96258   1325.6      2  68191 < 2.2e-16 ***
Account:Channel     1 0.94323   2052.2      2  68191 < 2.2e-16 ***
Residuals       68192
---
Signif. codes:  0 '***' 0.001 '**' 0.01 '*' 0.05 '.' 0.1 ' ' 1
> summary(Mfit,test='Pillai')
                   Df   Pillai approx F num Df den Df    Pr(>F)
Account             1 0.160702   6528.3      2  68191 < 2.2e-16 ***
Channel             1 0.037423   1325.6      2  68191 < 2.2e-16 ***
Account:Channel     1 0.056773   2052.2      2  68191 < 2.2e-16 ***
Residuals       68192
---
Signif. codes:  0 '***' 0.001 '**' 0.01 '*' 0.05 '.' 0.1 ' ' 1
> summary(Mfit,test='Roy')
                   Df      Roy approx F num Df den Df    Pr(>F)
Account             1 0.191472   6528.3      2  68191 < 2.2e-16 ***
Channel             1 0.038878   1325.6      2  68191 < 2.2e-16 ***
Account:Channel     1 0.060190   2052.2      2  68191 < 2.2e-16 ***
Residuals       68192
---
Signif. codes:  0 '***' 0.001 '**' 0.01 '*' 0.05 '.' 0.1 ' ' 1
> summary(Mfit,test='Hotelling')
                   Df Hotelling-Lawley approx F num Df den Df    Pr(>F)
Account             1         0.191472   6528.3      2  68191 < 2.2e-16 ***
Channel             1         0.038878   1325.6      2  68191 < 2.2e-16 ***
Account:Channel     1         0.060190   2052.2      2  68191 < 2.2e-16 ***
Residuals       68192
---
Signif. codes:  0 '***' 0.001 '**' 0.01 '*' 0.05 '.' 0.1 ' ' 1
>
> |
```

[해석] 상기 다변량 검정에서 Account(Wilks 람다=.839, $p<.001$)와 Channel(Wilks 람다=.962, $p<.001$)로 Account와 Channel 집단 간 1주 확산수와 2주 확산수는 유의한 차이가 있는 것으로 나타났다. 상호작용 효과검정에서 Account*Channel의 Wilks 람다는 .943이며 F=2052.2로 유의한 차이($p<.001$)가 나타나, '상호작용이 없다'는 귀무가설이 기각되어 Channel 중 Twitter에서의 확산문서(spread)의 1주 확산수와 2주 확산수의 평균이 가장 큰 것으로 나타났다.

개체-간 효과 검정

> summary.aov(Mfit)

```
R Console
> summary.aov(Mfit)
 Response Onespread :
                   Df     Sum Sq   Mean Sq F value    Pr(>F)
Account             1  496798778 496798778 12661.5 < 2.2e-16 ***
Channel             1   99018472  99018472  2523.6 < 2.2e-16 ***
Account:Channel     1  153322054 153322054  3907.6 < 2.2e-16 ***
Residuals       68192 2675657177     39237
---
Signif. codes:  0 '***' 0.001 '**' 0.01 '*' 0.05 '.' 0.1 ' ' 1

 Response Twospread :
                   Df  Sum Sq Mean Sq F value    Pr(>F)
Account             1   85577   85577 3303.66 < 2.2e-16 ***
Channel             1   14690   14690  567.09 < 2.2e-16 ***
Account:Channel     1   22773   22773  879.15 < 2.2e-16 ***
Residuals       68192 1766418      26
---
Signif. codes:  0 '***' 0.001 '**' 0.01 '*' 0.05 '.' 0.1 ' ' 1

>
> |
```

[해석] 상기 개체-간 효과 검정에서 Account에 따른 1주 확산수(F=12661.5, p<.001)와 2주 확산수(F=3303.7, p<.001)의 평균은 유의한 차이가 있는 것으로 나타났다. Channel에 따른 1주 확산수(F=2523.6, p<.001)와 2주 확산수(F=567.09, p<.001)의 평균에도 유의한 차이가 나타났다. 그리고 Account*Channel의 1주 확산수(F=3907.6, p<.001)와 2주 확산수(F=879.2, p<.001)의 평균에 유의한 차이가 있는 것으로 나타났다.

⑱ 이분형 로지스틱 회귀분석

이분형(binary, dichotomous) 로지스틱 회귀분석은 독립변수들이 양적 변수를 가지고 종속변수가 2개의 범주(0, 1)를 가지는 회귀모형의 분석을 말한다.

연구문제

사이버 학교폭력 감정[Attitude(Negtive, Positive)]에 영향을 미치는 GST 요인(Strain~Delinquency)은 무엇인가?

```
> rm(list=ls())
> setwd("c:/cyberbullying_metholodogy")
> cyber_bullying=read.table(file="cyber_bullying_methodology_numeric.
  txt",header=T)
> input=read.table('input_binary_logistic.txt',header=T,sep=",")
```

- 독립변수를 구분자(,)로 input 객체에 할당한다.

```
> output=read.table('output_binary_logistic.txt',header=T,sep=",")
```

- 종속변수를 구분자(,)로 output 객체에 할당한다.

```
> attach(cyber_bullying)
> input_vars = c(colnames(input))
```

- input 변수를 vector 값으로 input_vars 변수에 할당한다.

```
> output_vars = c(colnames(output))
```

- output 변수를 vector 값으로 output_vars 변수에 할당한다.

```
> form = as.formula(paste(paste(output_vars, collapse = '+'),'~',
  paste(input_vars, collapse = '+')))
```

- 문자열을 결합하는 함수(paste)를 사용하여 로지스틱 회귀모형의 함수식을 form 변수에 할당한다.

```
> form
```

: 로지스틱 회귀모형의 함수식을 출력한다.

```
> summary(glm(form, family=binomial,data=cyber_bullying))
```

- 이분형 로지스틱 회귀분석을 실시한다.

```
> exp(coef(glm(form, family=binomial,data=cyber_bullying)))
```

- 오즈비를 산출한다.

```
> exp(confint(glm(form, family=binomial,data=cyber_bullying)))
```

- 신뢰구간을 산출한다.

```
R Console
> input_vars = c(colnames(input))
> output_vars = c(colnames(output))
> form = as.formula(paste(paste(output_vars, collapse = '+'),'~',
+  paste(input_vars, collapse = '+')))
> form
Attitude ~ Strain + Physical + Psychological + Self_control +
    Attachment + Passion + Perpetrator + Delinquency
> summary(glm(form, family=binomial,data=cyber_bullying))

Call:
glm(formula = form, family = binomial, data = cyber_bullying)

Deviance Residuals:
    Min       1Q   Median       3Q      Max
-2.5935  -0.9738   0.6034   0.8986   2.1491

Coefficients:
              Estimate Std. Error z value Pr(>|z|)
(Intercept)   -0.21808    0.01114  -19.58   <2e-16 ***
Strain        -0.28179    0.01167  -24.14   <2e-16 ***
Physical      -0.18361    0.01395  -13.16   <2e-16 ***
Psychological -0.61098    0.01719  -35.54   <2e-16 ***
Self_control   1.43496    0.02084   68.86   <2e-16 ***
Attachment     1.25221    0.01213  103.26   <2e-16 ***
Passion        0.85885    0.01289   66.64   <2e-16 ***
Perpetrator   -0.18098    0.01796  -10.08   <2e-16 ***
Delinquency   -0.72930    0.01198  -60.89   <2e-16 ***
---
Signif. codes:  0 '***' 0.001 '**' 0.01 '*' 0.05 '.' 0.1 ' ' 1

(Dispersion parameter for binomial family taken to be 1)

    Null deviance: 209971  on 152425  degrees of freedom
Residual deviance: 181309  on 152417  degrees of freedom
AIC: 181327

Number of Fisher Scoring iterations: 4

> exp(coef(glm(form, family=binomial,data=cyber_bullying)))
  (Intercept)        Strain      Physical Psychological  Self_control    Attachment
    0.8040608     0.7544295     0.8322572     0.5428178     4.1994639     3.4980603
      Passion   Perpetrator   Delinquency
    2.3604436     0.8344529     0.4822458
> exp(confint(glm(form, family=binomial,data=cyber_bullying)))
Waiting for profiling to be done...
                  2.5 %    97.5 %
(Intercept)   0.7866936 0.8218004
Strain        0.7373642 0.7718833
Physical      0.8098080 0.8553254
Psychological 0.5248225 0.5614088
Self_control  4.0318750 4.3750695
Attachment    3.4159561 3.5822587
Passion       2.3016019 2.4208722
Perpetrator   0.8055880 0.8643527
Delinquency   0.4710530 0.4936953
```

[해석] Strain, Physical, Psychological, Perpetrator, Delinquency은 사이버 학교폭력에 부정적 영향을 주며, Self_control, Attachment, Passion은 사이버 학교폭력에 긍정적 영향을 주는 것으로 나타났다.

이분형 로지스틱 회귀모형의 결정계수 산출

> install.packages('pscl'); library(pscl)

> model=glm(form, family=binomial,data=cyber_bullying)

> pR2(model)

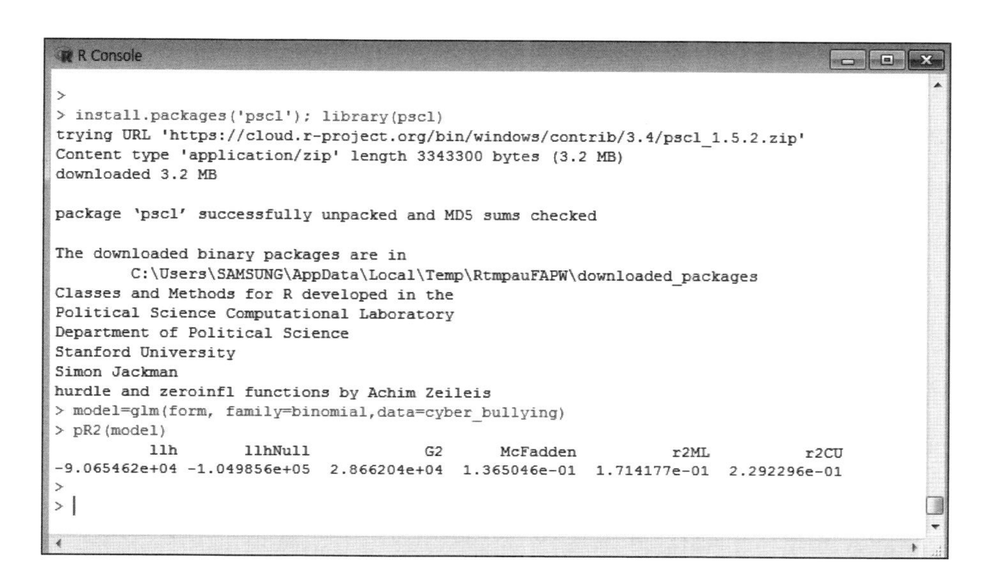

```
R Console
>
> install.packages('pscl'); library(pscl)
trying URL 'https://cloud.r-project.org/bin/windows/contrib/3.4/pscl_1.5.2.zip'
Content type 'application/zip' length 3343300 bytes (3.2 MB)
downloaded 3.2 MB

package 'pscl' successfully unpacked and MD5 sums checked

The downloaded binary packages are in
        C:\Users\SAMSUNG\AppData\Local\Temp\RtmpauFAPW\downloaded_packages
Classes and Methods for R developed in the
Political Science Computational Laboratory
Department of Political Science
Stanford University
Simon Jackman
hurdle and zeroinfl functions by Achim Zeileis
> model=glm(form, family=binomial,data=cyber_bullying)
> pR2(model)
          llh       llhNull            G2      McFadden          r2ML          r2CU
-9.065462e+04 -1.049856e+05  2.866204e+04  1.365046e-01  1.714177e-01  2.292296e-01
>
> |
```

[해석] 결정계수(r2CU)가 0.229로 나타나 추정 로지스틱 회귀모형이 데이터셋의 분산을 약 22.9% 정도 설명하고 있다.

⑲ 다항 로지스틱 회귀분석

다항(multinomial, polychotomous) 로지스틱 회귀분석은 독립변수들이 양적 변수를 가지며, 종속변수가 3개 이상의 범주[psychological_type(1=가해자, 2=피해자, 3=방관자, 4=복합형)]를 가지는 회귀모형을 말한다.

> install.packages('nnet')

- nnet 패키지는 multinom() 함수를 사용하여 다항 로지스틱 회귀분석을 실시한다.

> library(nnet)

> rm(list=ls())

> setwd("c:/cyberbullying_metholodogy")

```
> cyber_bullying=read.table(file="cyber_bullying_multinomial_logistic.txt",
  header=T)
> input=read.table('input_binary_logistic.txt',header=T,sep=",")
> output=read.table('output_multinomial_logistic.txt',header=T,sep=",")
> attach(cyber_bullying)
> input_vars = c(colnames(input))
> output_vars = c(colnames(output))
> form = as.formula(paste(paste(output_vars, collapse = '+'),'~',
  paste(input_vars, collapse = '+')))
> form
> model=multinom(form,data=cyber_bullying)
```

- 다항 로지스틱 회귀분석을 실시한다.

`> summary(model)`: 다항 로지스틱 회귀분석 결과를 화면에 출력한다.

```
> z=summary(model)$coefficients/summary(model)$standard.errors
```

- multinom 함수는 p-value를 산출할 수 없으므로 z-tests(Wald tests)를 사용하여 p-value를 산출할 수 있다.

`> p=(1-pnorm(abs(z), 0, 1))*2`: p-value를 산출한다.

`> p`: p-value를 화면에 출력한다.

```
> exp(coef(model))
> exp(confint(model))
```

```
R Console
converged
> summary(model)
Call:
multinom(formula = form, data = cyber_bullying)

Coefficients:
  (Intercept)     Strain   Physical Psychological Self_control Attachment   Passion
2   1.9015719 -0.7795003  0.3393008     0.5063166    0.2400371  0.4574945 0.3055380
3  -0.3271234 -0.6276526 -0.1208946     0.2431184    0.3295161  0.5079155 0.8169261
4  -0.5912989 -0.6587167  0.1072804     0.5137968    0.5562438  0.6798739 0.5787695
  Perpetrator Delinquency
2   0.5714538  -0.4435724
3   0.6571957  -0.3374535
4   0.7484835  -0.5087588

Std. Errors:
  (Intercept)     Strain   Physical Psychological Self_control Attachment    Passion
2  0.02954138 0.02875530 0.03237844    0.04043435   0.06743862 0.02898307 0.03240989
3  0.04001094 0.03905142 0.04459926    0.05262018   0.08247812 0.03987155 0.04207905
4  0.04236430 0.04141693 0.04546575    0.05331131   0.08259812 0.04248887 0.04478165
  Perpetrator Delinquency
2  0.04611781  0.02658422
3  0.05694285  0.03708751
4  0.05859195  0.03993386

Residual Deviance: 106308.7
AIC: 106362.7
>
>
> z=summary(model)$coefficients/summary(model)$standard.errors
> p=(1-pnorm(abs(z), 0, 1))*2
> p
   (Intercept) Strain    Physical Psychological Self_control Attachment Passion
2 0.000000e+00      0 0.000000000  0.000000e+00 3.717852e-04          0       0
3 2.220446e-16      0 0.006714438  3.832789e-06 6.464140e-05          0       0
4 0.000000e+00      0 0.018295291  0.000000e+00 1.646749e-11          0       0
  Perpetrator Delinquency
2           0           0
3           0           0
4           0           0
```

[해석] 사이버 학교폭력 유형에 영향을 미치는 GST 요인에 대한 다항 로지스틱 회귀분석 결과는 다음과 같다. Strain과 Delinquency 요인은 피해자(2), 방관자(3), 복합형(4)보다 가해자(1: 기준범주))에 영향을 미치는 것으로 나타났다. Physical 요인은 가해자(1)보다 피해자(2), 복합형(4)에 영향을 미치며, 방관자(3)보다 가해자(1)에 영향을 미치는 것으로 나타났다. Psychological, Self_control, Attachment, Passion, Perpetrator 요인은 가해자(1)보다 피해자(2), 방관자(3), 복합형(4)에 영향을 미치는 것으로 나타났다.

참고문헌

1. 박정선(2003). 다수준 접근의 범죄학적 활용에 대한 연구. 형사정책연구, 14(4), 281−314.
2. 송태민·송주영(2015). 빅데이터 연구 한 권으로 끝내기. 한나래아카데미.
3. 송태민·송주영(2017). 머신러닝을 활용한 소셜 빅데이터 분석과 미래신호 예측. 한나래아카데미.
4. Baron, R. M., & Kenny, D. A. (1986). The moderator-mediator variable in social psychological research: conceptual, strategic, and statistics considerations. *Journal of Personality and Social Psychology*, 51(6), 1173−1182.
5. Kline, R. B. (2010). *Principles and Practice of Structural Equation Modeling(3rd ed.)*. NY: Guilford Press.
6. Montgomery, Douglas C., & Runger, George C. (2003). *Applied Statistics and Probability for Engineers*. John Wiley & Sons, Inc.

머신러닝

1 서론

위키피디아에서(Wikipedia)에서는 '머신러닝(machine learning) 또는 기계학습은 인공지능의 한 분야로 컴퓨터가 학습할 수 있도록 하는 알고리즘과 기술을 개발하는 분야'로 정의하고 있다(2017. 8. 22). 인공지능(artificial intelligence)은 인간의 지능으로 할 수 있는 사고, 학습, 자기계발 등을 컴퓨터가 할 수 있도록 하는 방법을 연구하는 컴퓨터 공학 및 정보기술의 한 분야로서, 컴퓨터가 인간의 지능적 행동을 모방할 수 있도록 하는 것을 말한다. 머신러닝과 관련된 데이터마이닝(data mining)은 '대량의 데이터 집합에서 유용한 정보를 추출하는 것'으로 정의할 수 있다(Hand et al., 2001). 데이터마이닝은 데이터 분석을 통해 다양한 분야[분류(classification), 군집화(clustering), 연관성(association), 연속성(association), 예측(forecasting)]에 적용하여 결과를 도출할 수 있다. 딥러닝(deep learning)은 머신러닝의 알고리즘 중 은닉층이 많은 다층신경망을 말한다.

머신러닝의 목적은 기존의 데이터를 통해 학습시킨 후, 학습을 통해 알려진 속성(Features)을 기반으로 새로운 데이터에 대한 예측값(Labels)을 찾는 것이다. 즉, 머신러닝은 결과를 추론하기 위해 확률과 데이터를 바탕으로 스스로 학습하는 알고리즘을 말한다. 반면 데이터마이닝의 목적은 기존의 데이터에서 미처 몰랐던 속성을 발견하여 통계적 규칙이나 패턴을 찾아내는 것이다. 따라서 머신러닝과 데이터마이닝은 데이터를 기반으로 분류, 예측, 군집, 모델, 알고리즘 등의 기술을 이용하여 문제를 해결하는 관점에서 혼용되어 쓰인다(그림 3-1).

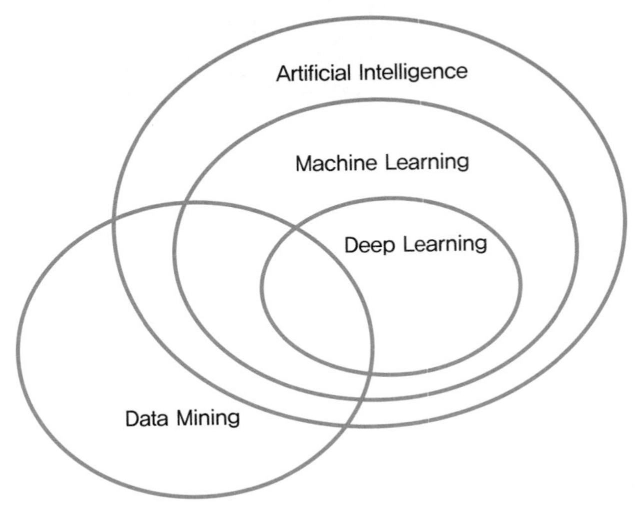

[그림 3-1] AI, Machine Learning, Deep Learning, and Data Mining

머신러닝[1]의 학습방법은 크게 지도학습(Supervised Learning), 자율학습(Unsupervised Learning), 그리고 강화학습(Reinforcement Learning)으로 나뉜다. 지도학습은 훈련데이터(training data) 내에 종속변수(Labels)가 있는 상태에서 독립변수(Feature Vectors)와 종속변수를 참조하여 학습하여 모델링한 후, 종속변수가 포함되지 않은 신규데이터의 독립변수만으로 예측된 종속변수(Expected Labels)를 출력한다(그림 3-2). 지도학습에 속하는 머신러닝 알고리즘으로는 나이브 베이즈 분류모형, 로지스틱 회귀모형, 의사결정나무 모형, 랜덤포레스트 모형, 신경망 모형, 서포트벡터머신 모형 등이 있다. 자율학습은 훈련데이터 내에 종속변수가 없는 상태에서 독립변수만으로 학습하여 모델링한 후, 종속변수가 포함되지 않은 신규데이터의 독립변수만으로 예측된 종속변수를 출력한다(그림 3-3). 자율학습 모형으로는 군집분석, 연관분석 등이 있다. 강화학습은 시행착오(trial and error)를 통해 보상

1 머신러닝 용어정의(terminology): Features는 Data의 속성으로 Feature Vectors는 독립변수를 의미, Label은 Data를 분류하는 것으로 Labels는 종속변수를 의미, 훈련데이터(training data)는 Feature Vectors와 Labels를 포함하고 있는 데이터를 의미한다.

(reward)을 받아 행동 패턴을 학습하는 과정을 모델링한다. 강화학습은 현재 상태(state)에서 입력을 받은 에이전트(Agent)가 학습하여 생성된 규칙들 속에서 규칙을 선택한 다음 외부(Environment)를 대상으로 행동(action)하면 에이전트는 외부에서 보상(reward)을 얻을 수 있으며 이를 통해 학습기를 반복적으로 업데이트한다(그림 3-4).

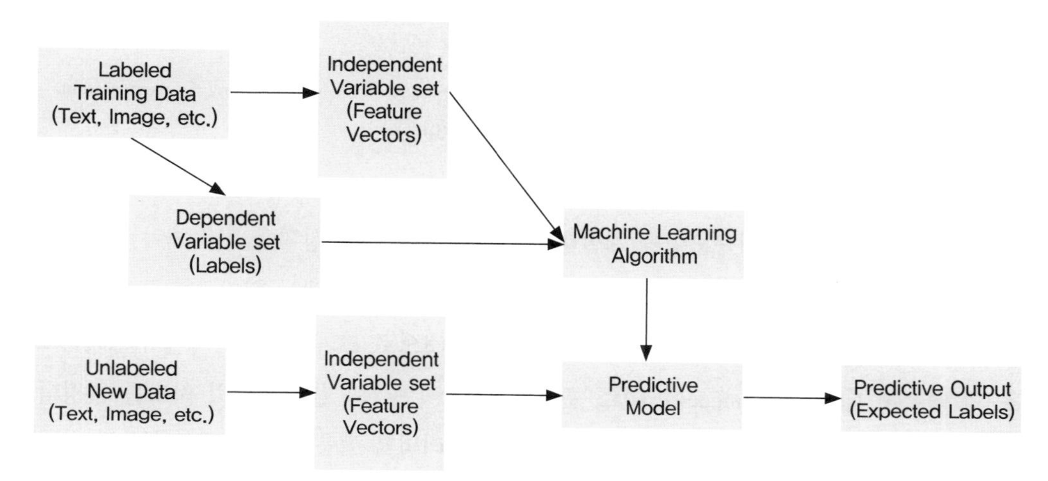

[그림 3-2] 지도 학습 모델링(Supervised Learning Modeling)

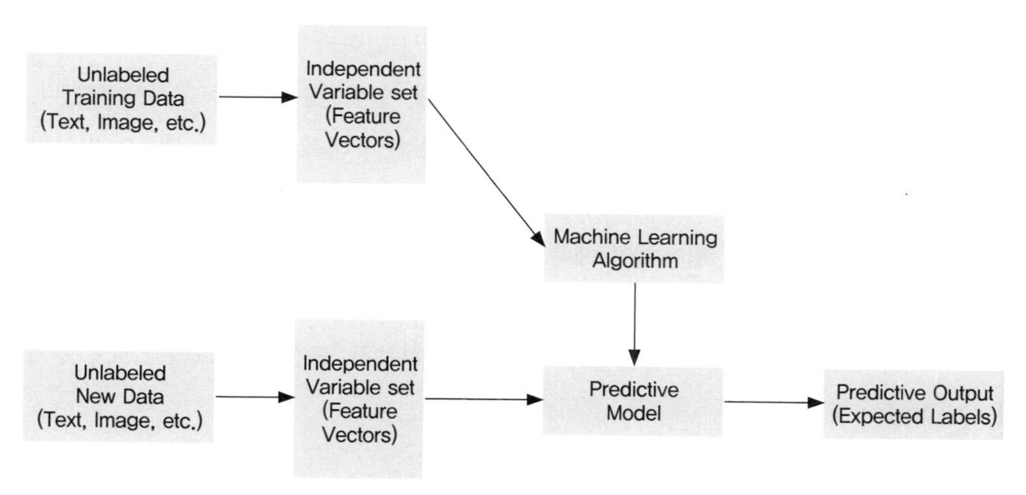

[그림 3-3] 비지도 학습 모델링(Unsupervised Learning Modeling)

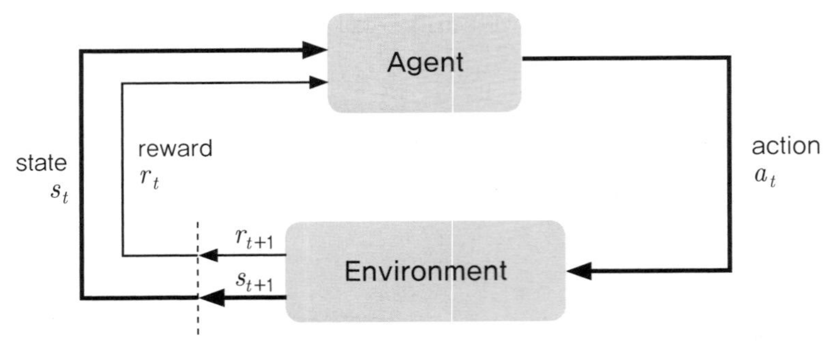

출처: https://www.analyticsvidhya.com/blog/2017/01/introduction-to-reinforcement-learning-implementation/
[그림 3-4] 강화 학습 모델링(Reinforcement Learning Modeling)

머신러닝을 활용하여 예측모형을 개발하기 위해서는 다음의 상황을 고려해야 한다. 첫째, 입력변수(독립변수)와 출력변수(종속변수)의 척도(scale)를 결정해야 한다. 척도는 관찰대상이 지닌 속성의 질적 상태에 따라 값을 부여하는 것으로 크게 범주형 데이터(categorical data)와 연속형 데이터(continuous data)로 구분한다. 입력변수와 출력변수의 척도를 결정할 때 척도의 범주에 대해 충분한 빈도가 발생해야 머신러닝을 적용할 수 있다. 예를 들어 변수의 척도가 연속형일 경우 모집단에서 추출한 표본의 크기가 충분하지 않거나 변수의 각각의 범주의 빈도가 충분하지 않다면 머신러닝 예측결과 해당 범주가 나타날 확률이 낮기 때문에 예측모형의 성능이 매우 떨어질 수 있다. 따라서 입력과 출력 변수의 범주는 발생빈도를 고려하여 범주형 척도로 결정할 수 있다. 둘째, 입력변수의 수를 고려해야 한다. 입력변수의 수가 많아지면 특정 변수에 대한 자료의 수가 상대적으로 작은 불균형 자료가 발생할 수 있어 예측 성능이 떨어질 위험이 있다.

본 장에서는 머신러닝을 활용하여 예측모형을 개발하는 지도학습 분석기술인 나이브베이즈 분류모형, 로지스틱 회귀모형, 랜덤포레스트 모형, 의사결정나무 모형, 신경망 모형, 서포트벡터머신 모형과 비지도학습 분석기술인 연관규칙, 군집분석, 그리고 모형 평가와 시각화에 대해 살펴본다.

2 머신러닝 학습데이터

앞 장에서 살펴본 바와 같이 다양한 머신러닝의 학습을 위해서는 해당 주제에 대한 훈련데이터(training data)가 필요하다. 본 머신러닝의 학습을 위한 훈련데이터로는 2013년 1월 1일부터 2017년 6월 30일까지 국내의 온라인 채널을 통해 학교폭력과 관련하여 수집된 350,314건의 청소년 담론을 사용하였다. 본 연구의 훈련데이터에 사용된 주요 항목은 <표 3-1>과 같다. 각 문서의 식별자(Identification, ID)에 해당하는 항목으로는 시간변수(연, 월, 일, 시, 요일)와 지역변수를 사용하였으며, 문서의 종속변수(Labels)로는 사이버 학교폭력에 대한 감정(부정, 긍정)과 유형(가해자, 피해자, 방관자, 복합형)을 사용하였다. 그리고, 독립변수(Feature Vectors)로는 Agnew의 일반긴장이론(General Strain Theory, GST)의 주요 요인에 해당하는 긴장요인 등을 사용하였다. 그리고 연관분석에 사용된 데이터는 12개의 비행(Delinquency)요인을 사용하였다.

〈표 3-1〉 머신러닝 훈련데이터 파일의 주요 항목

항목	변수명	내용
ID	Year	2013–2017
	Month	1–12
	Day	1–31
	Hour	1–24
	Week	월–일
	Region	서울–제주(17개 시도)
cyber school bullying emotion	Attitude	0(Neutral+Negative): Negative, 1: Positive
	Positive	0: 없음, 1: 있음
	Negative	0: 없음, 1: 있음

항목	변수명	내용
cyber school bullying type	psychological_type	1: Perpetrator, 2: Victim, 3: Bystander 4: Complex_psychology
	Perpetrator	0: 없음, 1: 있음
	Victim	0: 없음, 1: 있음
	Bystander	0: 없음, 1: 있음
	Complex_psychology	0: 없음, 1: 있음
GST factors	Strain	긴장(0: 없음, 1: 있음)
	Physical	신체적원인(0: 없음, 1: 있음)
	Psychological	피해심리(0: 없음, 1: 있음)
	Self_control	자아통제(0: 없음, 1: 있음)
	Attachment	애착(0: 없음, 1: 있음)
	Passion	열정(0: 없음, 1: 있음)
	Perpetrator	가해심리(0: 없음, 1: 있음)
	Delinquency	비행(0: 없음, 1: 있음)
Delinquency factors	Access_entertainment_facilities	유흥업소출입(0: 없음, 1: 있음)
	Smoking	흡연(0: 없음, 1: 있음)
	Drinking	음주(0: 없음, 1: 있음)
	Drug	약물(0: 없음, 1: 있음)
	Run_away	가출(0: 없음, 1: 있음)
	Gambling	도박(0: 없음, 1: 있음)
	Crime	범행(0: 없음, 1: 있음)
	Pregnant	임신(0: 없음, 1: 있음)
	Sexual_violence	성폭력(0: 없음, 1: 있음)
	Sex	성관계(0: 없음, 1: 있음)
	Absence_without_leave	무단결석(0: 없음, 1: 있음)
	Student_violence	학생폭력(0: 없음, 1: 있음)

3 머신러닝 기반 사이버 학교폭력 예측모형 개발

본 장에서는 머신러닝을 활용하여 예측모형을 개발하는 지도학습 분석기술인 나이브 베이즈 분류모형, 로지스틱 회귀모형, 랜덤포레스트 모형, 의사결정나무 모형, 신경망 모형, 서포트벡터머신 모형에 대해 살펴보고 해당 모형을 적용하여 예측모형을 개발한다.

3.1 나이브 베이즈 분류모형

나이브 베이즈 분류모형(Naïve Bayes Classification)은 조건부 확률에 관한 법칙인 베이즈 정리를 기반으로 한 분류기(classifier) 또는 학습방법을 말한다.

베이즈 정리[$P(A|B)=\frac{P(A,B)}{P(B)}=\frac{P(B|A)\times P(A)}{P(B)}$]는 사전확률에서 특정한 사건이 일어날 경우 그 확률이 바뀔 수 있다는 뜻으로, 즉 '사후확률(posterior probability)은 사전확률(prior probability)을 통해 예측할 수 있다'라는 의미에 근거하여 분류모형을 예측한다. 여기서 $P(A|B)$는 B가 발생했을 때 A가 발생할 확률, $P(B|A)$는 A가 발생했을 때 B가 발생할 확률, $P(A,B)$는 A와 B가 동시에 발생할 확률, $P(A)$는 A가 발생할 확률, $P(B)$는 B가 발생할 확률을 나타낸다. Naïve는 단순한(simple) 또는 어리석은(idiot)의 의미로 Naïve Bayes는 분류를 쉽고 빠르게 하기 위해 분류기에 사용하는 속성(feature)들이 서로 확률적으로 독립(independent)이라고 가정하기 때문에 확률적으로 독립이라는 가정이 위반되는 경우에 오류가 발생할 수 있다. 따라서 Naïve Bayes는 속성이 많은 데이터에 대해 속성 간의 연관관계를 고려하게 되면 복잡해지기 때문에 단순화시켜 실시간 예측과 같이 빠르게 판단을 내릴 때 사용하며, 스팸메일의 분류나 질병의 예측 분야에 많이 사용된다. 예를 들어 <표 3-2>의 날씨 상태(outlook)에 따른 경기유무(play)에 대해 'play(A)가 yes일 때 outlook(B)이 sunny일 확률'을 조건부 확률(conditional probability)로 계산하면 다음 식과 같이,

$$P(B|A)=\frac{P(B\cap A)}{P(A)}=P(outlook=sunny|play=yes)=\frac{P(outlook=sunny\cap play=yes)}{P(play=yes)}$$

$=\frac{\frac{2}{14}}{\frac{9}{14}}=\frac{2}{9}$가 된다.

그리고 'outlook(B)이 sunny일 때 play(A)가 yes일 확률'을 Naïve Bayes Classification

$[P(A|B)=\frac{P(B|A)\times P(A)}{P(B)}]$을 적용하면 다음 식과 같이,

$$P(play=yes|outlook=sunny)=\frac{P(outlook=sunny|play=yes)P(play=yes)}{P(outlook=sunny)}$$

$$=\frac{\frac{2}{9}\times\frac{9}{14}}{\frac{5}{14}}=\frac{2}{5}$$가 된다.

〈표 3-2〉 날씨 상태에 따른 경기유무

outlook(B)	play(A)
rainy	no
rainy	no
sunny	no
sunny	no
sunny	no
overcast	yes
overcast	yes
overcast	yes
overcast	yes
rainy	yes
rainy	yes
rainy	yes
sunny	yes
sunny	yes

출처: Mitchell, Tom. M. 1997. Machine Learning. New York: McGraw-Hill., 59.

나이브 베이즈의 장점으로는 첫째, 지도학습 환경에서 매우 효율적으로 훈련할 수 있으며, 분류에 필요한 파라미터(parameter)를 추정하기 위한 training data가 매우 적어도 사용할 수 있다. 둘째, 분류가 여러 개인 multi-class 분류에서 쉽고 빠르게 예측이 가능하다.

단점으로는 첫째, training data에는 없고 test data에 있는 범주에서는 확률이 0으로 나타나 정상적인 예측이 불가능한 zero frequency가 된다. 이러한 문제를 해결하기 위하여 각 분자에 +1을 해주는 laplace smoothing 방법을 사용한다. 둘째, 서로 확률적으로 독립이라는 가정이 위반되는 경우에 오류가 발생할 수 있다.

1) 사이버 학교폭력 위험(부정, 긍정) 예측모형

사이버 학교폭력에 대한 감정(부정, 긍정)을 예측하는 나이브 베이즈 분류모형을 개발하기 위해 사이버 학교폭력에 대한 감정이 언급되었고 GST 요인의 빈도가 있는 데이터 152,426건[부정: 69,083건(45.3%), 긍정: 83,343건(54.7%)]를 훈련데이터로 사용하였다.

R에서 Naïve Bayes Classification는 David Meyer의 e1071 패키지를 사용한다.

> rm(list=ls()): 모든 변수를 초기화한다.

> setwd("c:/cyberbullying_2017"): 작업용 디렉토리를 지정한다.

> install.packages('MASS'): MASS 패키지를 설치한다.

> library(MASS): write.matrix() 함수가 포함된 MASS 패키지를 로딩한다.

> install.packages('e1071'): e1071 패키지를 설치한다.

> library(e1071): e1071 패키지를 로딩한다.

> tdata = read.table('cyberbullying_attitude_N.txt',header=T)

- 훈련데이터 파일을 tdata 객체에 할당한다.

> input=read.table('input_GST.txt',header=T,sep=",")

- 독립변수를 구분자(,)로 input 객체에 할당한다.

> output=read.table('output_attitude.txt',header=T,sep=",")

- 종속변수를 구분자(,)로 output 객체에 할당한다.

> p_output=read.table('p_output_bayes.txt',header=T,sep=",")

- bayes 모형의 예측값을 구분자(,)로 p_output 객체에 할당한다.

> input_vars = c(colnames(input))

- input 변수를 vector 값으로 input_vars 변수에 할당한다.

> output_vars = c(colnames(output))

- output 변수를 vector 값으로 output_vars 변수에 할당한다.

> p_output_vars = c(colnames(p_output))

- p_output 변수를 vector 값으로 p_output_vars 변수에 할당한다.

> form = as.formula(paste(paste(output_vars, collapse = '+'),'~', paste(input_vars, collapse = '+')))

- 문자열을 결합하는 함수(paste)를 사용하여 Naïve Bayes 모형의 함수식을 form 변수에 할당한다.

> form: Naïve Bayes 모형의 함수식을 출력한다.

> train_data.lda=naiveBayes(form,data=tdata)

- tdata 데이터셋으로 Naïve Bayes Classification 모형을 실행하여 모형함수(분류기)를 만든다.

- training data에는 없고 test data에 있는 범주에서는 확률이 0으로 나타나 정상적인 예측이 불가능한 zero frequency가 된다. 이러한 문제를 해결하기 위하여 각 분자에 +1을 해주는 laplace smoothing 방법을 사용한다.

- train_data.lda=naiveBayes(form,data=tdata, laplace=1)

> p=predict(train_data.lda, tdata, type='raw')

- tdata 데이터셋으로 모형 예측을 실시하여 긍부정 예측집단(tdata 데이터셋의 독립변수만으로 예측된 종속변수)을 생성한다.

> dimnames(p)=list(NULL,c(p_output_vars))

- 예측된 종속변수의 확률값을 posterior.0(긍정 예측확률)와 posterior.1(부정 예측확률) 변수에 할당한다.

> summary(p)

- 종속변수(부정, 긍정)의 예측확률값의 기술통계를 화면에 출력한다.

> pred_obs = cbind(tdata, p)

- tdata 데이터셋에 posterior.0와 posterior.1 변수를 추가(append)하여 pred_obs 객체에 할당한다.

> write.matrix(pred_obs,'cyberbullying_attitude_naive.txt')

- pred_obs 객체를 'cyberbullying_attitude_naive.txt' 파일로 저장한다.

> m_data = read.table('cyberbullying_attitude_naive.txt',header=T)

- cyberbullying_attitude_naive.txt 파일을 m_data 객체에 할당한다.

> attach(m_data): m_data를 실행 데이터로 고정한다.

> mean(posterior.0): 긍정 예측확률을 화면에 출력한다.

> mean(posterior.1): 부정 예측확률을 화면에 출력한다.

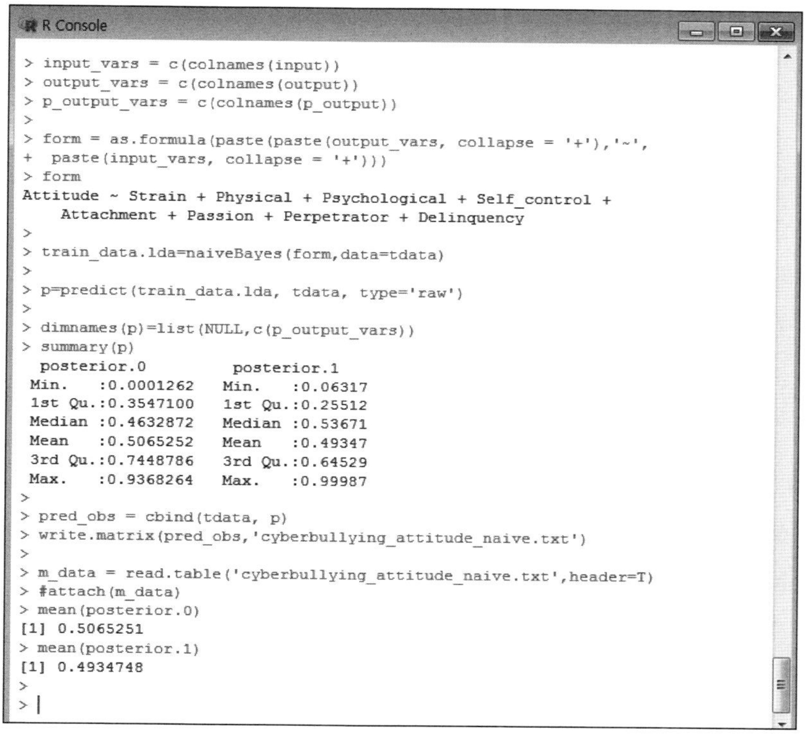

```
R Console
> input_vars = c(colnames(input))
> output_vars = c(colnames(output))
> p_output_vars = c(colnames(p_output))
>
> form = as.formula(paste(paste(output_vars, collapse = '+'),'~',
+  paste(input_vars, collapse = '+')))
> form
Attitude ~ Strain + Physical + Psychological + Self_control +
    Attachment + Passion + Perpetrator + Delinquency
>
> train_data.lda=naiveBayes(form,data=tdata)
>
> p=predict(train_data.lda, tdata, type='raw')
>
> dimnames(p)=list(NULL,c(p_output_vars))
> summary(p)
  posterior.0          posterior.1
 Min.   :0.0001262   Min.   :0.06317
 1st Qu.:0.3547100   1st Qu.:0.25512
 Median :0.4632872   Median :0.53671
 Mean   :0.5065252   Mean   :0.49347
 3rd Qu.:0.7448786   3rd Qu.:0.64529
 Max.   :0.9368264   Max.   :0.99987
>
> pred_obs = cbind(tdata, p)
> write.matrix(pred_obs,'cyberbullying_attitude_naive.txt')
>
> m_data = read.table('cyberbullying_attitude_naive.txt',header=T)
> #attach(m_data)
> mean(posterior.0)
[1] 0.5065251
> mean(posterior.1)
[1] 0.4934748
>
> |
```

[해석] 나이브 베이즈 분류모형에 대한 종속변수의 긍정의 평균 예측확률은 50.65%로 나타났으며, 부정의 평균 예측확률은 49.35%로 나타났다.

2) 사이버 학교폭력 유형 예측모형

사이버 학교폭력에 대한 유형(가해자, 피해자, 방관자, 복합형)을 예측하는 나이브 베이즈 분류모형을 개발하기 위해 사이버 학교폭력에 대한 유형이 언급되었고 GST 요인의 빈도가 있는 데이터 59,672건[가해자: 7,285건(12.2%), 피해자: 42,237건(70.8%), 방관자(9.4%), 복합형(7.7%)]를 훈련데이터로 사용하였다.

```
> tdata = read.table('cyberbullying_type_N.txt',header=T)
```
- 훈련데이터 파일을 tdata 객체에 할당한다.

```
> input=read.table('input_GST.txt',header=T,sep=",")
> output=read.table('output_type.txt',header=T,sep=",")
```
- 종속변수를 구분자(,)로 output 객체에 할당한다.

```
> p_output=read.table('p_output_type.txt',header=T,sep=",")
```
- bayes 모형의 예측값을 구분자(,)로 p_output 객체에 할당한다.

```
> attach(tdata)
> input_vars = c(colnames(input))
> output_vars = c(colnames(output))
> p_output_vars = c(colnames(p_output))
> form = as.formula(paste(paste(output_vars, collapse = '+'),'~',
  paste(input_vars, collapse = '+')))
> form
> train_data.lda=naiveBayes(form,data=tdata)
```
- tdata 데이터셋으로 Naïve Bayes Classification 모형을 실행하여 모형함수를 만든다.

```
> p=predict(train_data.lda, tdata, type='raw')
```
- tdata 데이터셋으로 모형 예측을 실시하여 유형별 예측집단을 생성한다.

```
> dimnames(p)=list(NULL,c(p_output_vars))
```
- 예측된 종속변수의 확률값을 p_Perpetrator(가해자 예측확률), p_Victim(피해자 예측확률), p_Bystander(방관자 예측확률), p_Complex_psychology(복합형 예측확률) 변수에 할당한다.

```
> summary(p)
> pred_obs = cbind(tdata, p)
> write.matrix(pred_obs,'cyberbullying_type_naive.txt')
> mydata1=read.table('cyberbullying_type_naive.txt',header=T)
> attach(mydata1)
> mean(p_Perpetrator)
> mean(p_Victim)
```

```
> mean(p_Bystander)
> mean(p_Complex_psychology)
```

R Console

```
> tdata = read.table('cyberbullying_type_N.txt',header=T)
> input=read.table('input_GST.txt',header=T,sep=",")
Warning message:
In read.table("input_GST.txt", header = T, sep = ",") :
  incomplete final line found by readTableHeader on 'input_GST.txt'
> output=read.table('output_type.txt',header=T,sep=",")
Warning message:
In read.table("output_type.txt", header = T, sep = ",") :
  incomplete final line found by readTableHeader on 'output_type.txt'
> p_output=read.table('p_output_type.txt',header=T,sep=",")
Warning message:
In read.table("p_output_type.txt", header = T, sep = ",") :
  incomplete final line found by readTableHeader on 'p_output_type.txt'
>
> input_vars = c(colnames(input))
> output_vars = c(colnames(output))
> p_output_vars = c(colnames(p_output))
>
> form = as.formula(paste(paste(output_vars, collapse = '+'),'~',
+  paste(input_vars, collapse = '+')))
> form
psychological_type ~ Strain + Physical + Psychological + Self_control +
    Attachment + Passion + Perpetrator + Delinquency
>
> train_data.lda=naiveBayes(form,data=tdata)
>
> p=predict(train_data.lda, tdata, type='raw')
>
> dimnames(p)=list(NULL,c(p_output_vars))
>
> pred_obs = cbind(tdata, p)
>
> write.matrix(pred_obs,'cyberbullying_type_naive.txt')
>
> mydata1=read.table('cyberbullying_type_naive.txt',header=T)
> attach(mydata1)
The following objects are masked from mydata1 (pos = 3):

    Attachment, Bystander, Complex_psychology, Day, Delinquency,
    Hour, Month, p_Bystander, p_Complex_psychology, p_Perpetrator,
    p_Victim, Passion, Perpetrator, Perpetrator.1, Physical,
    Psychological, psychological_type, Region, Self_control, Strain,
    Victim, Week, Year

> mean(p_Perpetrator)
[1] 0.1217281
> mean(p_Victim)
[1] 0.6944418
> mean(p_Bystander)
[1] 0.0912094
> mean(p_Complex_psychology)
[1] 0.09262061
>
> |
```

[해석] 나이브 베이즈 분류모형에 대한 종속변수의 가해자의 평균 예측확률은 12.17%, 피해자의 평균 예측확률은 69.44%, 방관자의 평균 예측확률은 9.12%, 복합형의 평균 예측확률은 9.26%로 나타났다.

3.2 로지스틱 회귀모형

로지스틱 회귀모형(logistic regression)은 독립변수는 양적 변수를 가지며, 종속변수는 다변량을 가지는 비선형 회귀모형을 말한다. 일반적으로 회귀모형의 적합도 검정은 잔차의 제곱합을 최소화하는 최소자승법을 사용하지만 로지스틱 회귀모형은 사건 발생 가능성을 크게 하는 확률, 즉 우도비(likelihood)를 최대화하는 최대우도추정법을 사용한다. 로지스틱 회귀모형은 독립변수(공변량)가 종속변수에 미치는 영향을 승산의 확률인 오즈비(odds ratio)로 검정한다. 따라서 종속변수의 범주가 (0, 1)인 이분형(binary, dichotomous) 로지스틱 회귀모형을 예측하기 위한 확률비율의 승산율에 대한 로짓모형은 $ln\frac{P(Y=1|X)}{P(Y=0|X)}=\beta_0+\beta_1X$로 나타난다. 여기서 회귀계수는 승산율의 변화를 추정하는 것으로 결괏값에 엔티로그를 취하여 해석한다.

다항(multinomial, polychotomous) 로지스틱 회귀모형은 독립변수는 양적인 변수를 가지며, 종속변수의 범주가 3개 이상 다항의 범주를 가진다.

1) 사이버 학교폭력 위험(부정, 긍정) 예측모형

사이버 학교폭력에 대한 감정(부정, 긍정)을 예측하는 이분형 로지스틱 회귀모형은 다음과 같다.

```
> rm(list=ls())
> setwd("c:/cyberbullying_2017")
> tdata = read.table('cyberbullying_attitude_N.txt',header=T)
> input=read.table('input_GST.txt',header=T,sep=",")
> output=read.table('output_attitude.txt',header=T,sep=",")
> p_output=read.table('p_output_bayes.txt',header=T,sep=",")
> input_vars = c(colnames(input))
> output_vars = c(colnames(output))
> form = as.formula(paste(paste(output_vars, collapse = '+'),'~',
  paste(input_vars, collapse = '+')))
```

> form

> i_logistic=glm(form, family=binomial,data=tdata)

- tdata 데이터셋으로 binary logistics regression 모형을 실행하여 모형함수(분류기)를 만든다.

summary(i_logistic)

> p=predict(i_logistic,tdata,type='response')

- tdata 데이터셋으로 모형 예측을 실시하여 긍부정 예측집단을 생성한다.

> mean(p): 사이버 학교폭력에 대한 긍정 예측확률을 화면에 출력한다.

```
R Console
> rm(list=ls())
> setwd("c:/cyberbullying_2017")
> tdata = read.table('cyberbullying_attitude_N.txt',header=T)
> input=read.table('input_GST.txt',header=T,sep=",")
Warning message:
In read.table("input_GST.txt", header = T, sep = ",") :
  incomplete final line found by readTableHeader on 'input_GST.txt'
> output=read.table('output_attitude.txt',header=T,sep=",")
Warning message:
In read.table("output_attitude.txt", header = T, sep = ",") :
  incomplete final line found by readTableHeader on 'output_attitude.txt'
> p_output=read.table('p_output_bayes.txt',header=T,sep=",")
Warning message:
In read.table("p_output_bayes.txt", header = T, sep = ",") :
  incomplete final line found by readTableHeader on 'p_output_bayes.txt'
>
> input_vars = c(colnames(input))
> output_vars = c(colnames(output))
>
> form = as.formula(paste(paste(output_vars, collapse = '+'),'~',
+  paste(input_vars, collapse = '+')))
> form
Attitude ~ Strain + Physical + Psychological + Self_control +
    Attachment + Passion + Perpetrator + Delinquency
>
> i_logistic=glm(form, family=binomial,data=tdata)
>
> p=predict(i_logistic,tdata,type='response')
> mean(p)
[1] 0.5467768
>
> |
```

[해석] 이분형 로지스틱 회귀모형에 대한 종속변수의 긍정의 평균 예측확률은 54.68%로 나타났으며, 부정의 평균 예측확률은 45.32%로 나타났다.

2) 사이버 학교폭력 유형 예측모형

사이버 학교폭력에 대한 유형(가해자, 피해자, 방관자, 복합형)을 예측하는 다항 로지스틱 회귀모형은 다음과 같다.

```
> rm(list=ls())
> setwd("c:/cyberbullying_2017")
> install.packages("nnet")
```

- 다항 로지스틱 회귀분석을 위한 패키지 nnet를 설치한다.

```
> library(nnet)
> install.packages('MASS')
> library(MASS)
> tdata = read.table('cyberbullying_type_N.txt',header=T)
> input=read.table('input_GST.txt',header=T,sep=",")
> output=read.table('output_type.txt',header=T,sep=",")
> p_output=read.table('p_output_type.txt',header=T,sep=",")
> input_vars = c(colnames(input))
> output_vars = c(colnames(output))
> p_output_vars = c(colnames(p_output))
> form = as.formula(paste(paste(output_vars, collapse = '+'),'~',
  paste(input_vars, collapse = '+')))
> form
> i_logistic=multinom(form, data=tdata)
> p=predict(i_logistic,tdata,type='probs')
> dimnames(p)=list(NULL,c(p_output_vars))
# summary(p)
> pred_obs = cbind(tdata, p)
> write.matrix(pred_obs,'cyberbullying_type_logistic.txt')
```

```
> m_data = read.table('cyberbullying_type_logistic.txt',header=T)
> mean(p_Perpetrator)
> mean(p_Victim)
> mean(p_Bystander)
> mean(p_Complex_psychology)
```

R Console

```
> tdata = read.table('cyberbullying_type_N.txt',header=T)
> input=read.table('input_GST.txt',header=T,sep=",")
Warning message:
In read.table("input_GST.txt", header = T, sep = ",") :
  incomplete final line found by readTableHeader on 'input_GST.txt'
> output=read.table('output_type.txt',header=T,sep=",")
Warning message:
In read.table("output_type.txt", header = T, sep = ",") :
  incomplete final line found by readTableHeader on 'output_type.txt'
> p_output=read.table('p_output_type.txt',header=T,sep=",")
Warning message:
In read.table("p_output_type.txt", header = T, sep = ",") :
  incomplete final line found by readTableHeader on 'p_output_type.txt'
>
> input_vars = c(colnames(input))
> output_vars = c(colnames(output))
> p_output_vars = c(colnames(p_output))
>
> form = as.formula(paste(paste(output_vars, collapse = '+'),'~',
+  paste(input_vars, collapse = '+')))
> form
psychological_type ~ Strain + Physical + Psychological + Self_control +
    Attachment + Passion + Perpetrator + Delinquency
>
> i_logistic=multinom(form, data=tdata)
# weights:  40 (27 variable)
initial  value 82722.957117
iter  10 value 40764.463999
iter  20 value 37483.140422
iter  30 value 32417.167591
iter  40 value 32319.104296
iter  50 value 32314.242536
final  value 32313.266188
converged
>
> p=predict(i_logistic,tdata,type='probs')
>
> dimnames(p)=list(NULL,c(p_output_vars))
> pred_obs = cbind(tdata, p)
> write.matrix(pred_obs,'cyberbullying_type_logistic.txt')
> m_data = read.table('cyberbullying_type_logistic.txt',header=T)
>
> mean(p_Perpetrator)
[1] 0.1220904
> mean(p_Victim)
[1] 0.7078386
> mean(p_Bystander)
[1] 0.09351159
> mean(p_Complex_psychology)
[1] 0.07655946
>
> |
```

[해석] 다항 로지스틱 회귀모형에 대한 종속변수의 가해자의 평균 예측확률은 12.21%, 피해자의 평균 예측확률은 70.78%, 방관자의 평균 예측확률은 9.35%, 복합형의 평균 예측확률은 7.66%로 나타났다.

3.3 랜덤포레스트 모형

Breiman(2001)에 의해 제안된 랜덤포레스트(random forest)는 주어진 자료에서 여러 개의 예측모형들을 만든 후, 그것을 결합하여 하나의 최종 예측모형을 만드는 머신러닝을 위한 앙상블(ensemble) 기법 중 하나로, 분류 정확도가 우수하고 이상치에 둔감하며 계산이 빠르다는 장점이 있다(Jin & Oh, 2013). 최초의 앙상블 알고리즘은 Breiman(1996)이 제안한 배깅(Bootstrap Aggregating, Bagging)이다.

배깅은 의사결정나무의 단점인 '첫 번째 분리변수가 바뀌면 최종 의사결정나무가 완전히 달라져 예측력의 저하를 가져오고, 그와 동시에 예측모형의 해석을 어렵게 만드는' 불안정한 학습방법을 제거함으로써 예측력을 향상시키기 위한 방법이다. 따라서 주어진 자료에 대해 여러 개의 붓스트랩(bootstrap) 자료를 생성하여 예측모형을 만든 후, 그것을 결합하여 최종 모형을 만든다.

랜덤포레스트는 훈련자료에서 n개의 자료를 이용한 붓스트랩 표본을 생성하여 입력변수들 중 일부만 무작위로 뽑아 의사결정나무를 생성하고, 그것을 선형 결합하여 최종 학습기를 만든다. 랜덤포레스트에서는 변수에 대한 중요도 지수를 제공하며 특정 변수에 대한 중요도 지수는 특정 변수를 포함하지 않을 경우에 대하여 특정 변수를 포함할 때에 예측오차가 줄어드는 정도를 보여주는 것이다.

랜덤포레스트는 단노드(terminal node)가 있을 때 단노드의 과반수(majority)로 종속변수의 분류를 판정한다. 랜덤포레스트에서 Mean Decrease Accuracy(%IncMSE)는 가장 강건한 정보를 측정하는 것으로 정확도를 나타낸다. Mean Decrease Gini(IncNodePurity)는 최선의 분류를 위한 손실함수에 관한 것으로 중요도를 나타낸다.

1) 사이버 학교폭력 위험(부정, 긍정) 예측모형

청소년 사이버 학교폭력에 대한 감정(부정, 긍정)을 예측하는 랜덤포레스트 모형은 다음과 같다.

```
> rm(list=ls())
> setwd("c:/cyberbullying_2017")
> install.packages("randomForest")
> library(randomForest)
> tdata = read.table('cyberbullying_attitude_N.txt',header=T)
> input=read.table('input_GST.txt',header=T,sep=",")
> output=read.table('output_attitude.txt',header=T,sep=",")
> input_vars = c(colnames(input))
> output_vars = c(colnames(output))
> form = as.formula(paste(paste(output_vars, collapse = '+'),'~',
  paste(input_vars, collapse = '+')))
> form
> tdata.rf = randomForest(form, data=tdata ,forest=FALSE,importance=TRUE)
> p=predict(tdata.rf,tdata)
> mean(p)
> varImpPlot(tdata.rf, main='Random forest importance plot')
```

- random forest 예측모형에 대한 중요도 그림을 화면에 출력한다.

```
R Console
> rm(list=ls())
> setwd("c:/cyberbullying_2017")
> install.packages("randomForest")
trying URL 'https://cloud.r-project.org/bin/windows/contrib/3.4/randomForest$
Content type 'application/zip' length 179310 bytes (175 KB)
downloaded 175 KB

package 'randomForest' successfully unpacked and MD5 sums checked

The downloaded binary packages are in
        C:\Users\SAMSUNG\AppData\Local\Temp\RtmpWijvNo\downloaded_packages
> library(randomForest)
randomForest 4.6-12
Type rfNews() to see new features/changes/bug fixes.
Warning message:
package 'randomForest' was built under R version 3.4.2
>
> tdata = read.table('cyberbullying_attitude_N.txt',header=T)
> input=read.table('input_GST.txt',header=T,sep=",")
Warning message:
In read.table("input_GST.txt", header = T, sep = ",") :
  incomplete final line found by readTableHeader on 'input_GST.txt'
> output=read.table('output_attitude.txt',header=T,sep=",")
Warning message:
In read.table("output_attitude.txt", header = T, sep = ",") :
  incomplete final line found by readTableHeader on 'output_attitude.txt'
>
> input_vars = c(colnames(input))
> output_vars = c(colnames(output))
>
> form = as.formula(paste(paste(output_vars, collapse = '+'),'~',
+  paste(input_vars, collapse = '+')))
> form
Attitude ~ Strain + Physical + Psychological + Self_control +
    Attachment + Passion + Perpetrator + Delinquency
>
> tdata.rf = randomForest(form, data=tdata ,forest=FALSE,importance=TRUE)
Warning message:
In randomForest.default(m, y, ...) :
  The response has five or fewer unique values.  Are you sure you want to do$
> p=predict(tdata.rf,tdata)
> mean(p)
[1] 0.546782
>
> |
```

[해석] 랜덤포레스트 모형에 대한 종속변수의 긍정의 평균 예측확률은 54.68%로 나타났으며, 부정의 평균 예측확률은 45.32%로 나타났다.

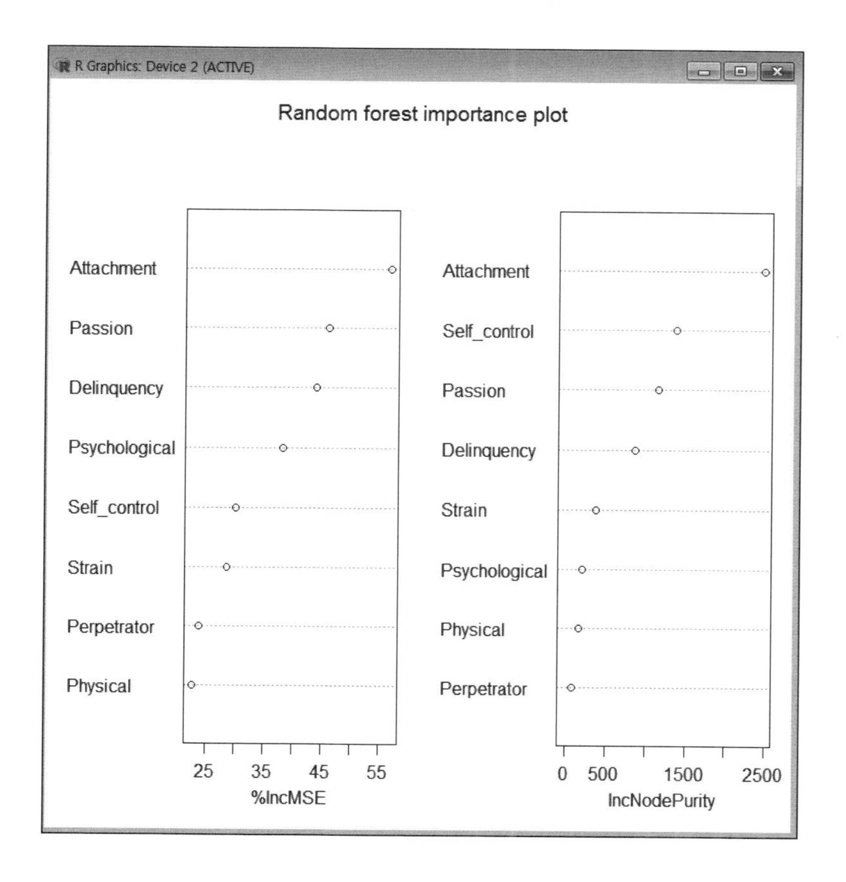

[해석] Mean Decrease Accuracy(%IncMSE)는 가장 강건한 정보를 측정하는 것으로(%IncMSE is the most robust and informative measure) 정확도를 나타낸다. Mean Decrease Gini(IncNodePurity)는 최선의 분류를 위한 손실함수에 관한 것으로(IncNodePurity relates to the loss function which by best splits are chosen) 중요도를 나타낸다. 랜덤포레스트의 중요도 그림(importance plot)에서 사이버 학교폭력 감정(긍정, 부정)에 가장 큰 영향을 미치는 GST 요인은 애착으로 나타났으며, 그 뒤를 이어 자아통제, 열정, 비행, 긴장 등의 순으로 중요한 요인으로 나타났다.

2) 사이버 학교폭력 유형 예측모형

사이버 학교폭력에 대한 유형(가해자, 피해자, 방관자, 복합형)을 예측하는 랜덤포레스트 모형은 다음과 같다.

```
> rm(list=ls())
> setwd("c:/cyberbullying_2017")
> install.packages("randomForest")
> library(randomForest)
> tdata = read.table('cyberbullying_type_S.txt',header=T)
> input=read.table('input_GST.txt',header=T,sep=",")
> output=read.table('output_type.txt',header=T,sep=",")
> p_output=read.table('p_output_type_random.txt',header=T,sep=",")
```

- random forest 모형의 예측값을 구분자(,)로 p_output(p_Bystander, p_Complex_psychology, p_Perpetrator, p_Victim 순으로) 객체에 할당한다.

```
> input_vars = c(colnames(input))
> output_vars = c(colnames(output))
> p_output_vars = c(colnames(p_output))
> form = as.formula(paste(paste(output_vars, collapse = '+'),'~',
  paste(input_vars, collapse = '+')))
> form
> tdata.rf = randomForest(form, data=tdata ,forest=FALSE,importance=TRUE)
> p=predict(tdata.rf,tdata,type='prob')
> dimnames(p)=list(NULL,c(p_output_vars))
> pred_obs = cbind(tdata, p)
> write.matrix(pred_obs,'cyberbullying_type_random.txt')
> mydata1=read.table('cyberbullying_type_random.txt',header=T)
> attach(mydata1)
> mean(p_Perpetrator)
```

```
> mean(p_Victim)
> mean(p_Bystander)
> mean(p_Complex_psychology)
> varImpPlot(tdata.rf, main='Random forest importance plot')
```

```
R Console
> rm(list=ls())
> setwd("c:/cyberbullying_2017")
> install.packages("randomForest")
Warning: package 'randomForest' is in use and will not be installed
> library(randomForest)
>
> tdata = read.table('cyberbullying_type_S.txt',header=T)
> input=read.table('input_GST.txt',header=T,sep=",")
Warning message:
In read.table("input_GST.txt", header = T, sep = ",") :
  incomplete final line found by readTableHeader on 'input_GST.txt'
> output=read.table('output_type.txt',header=T,sep=",")
Warning message:
In read.table("output_type.txt", header = T, sep = ",") :
  incomplete final line found by readTableHeader on 'output_type.txt'
> p_output=read.table('p_output_type_random.txt',header=T,sep=",")
Warning message:
In read.table("p_output_type_random.txt", header = T, sep = ",") :
  incomplete final line found by readTableHeader on 'p_output_type_random.tx$
>
> input_vars = c(colnames(input))
> output_vars = c(colnames(output))
> p_output_vars = c(colnames(p_output))
>
> form = as.formula(paste(paste(output_vars, collapse = '+'),'~',
+  paste(input_vars, collapse = '+')))
> form
psychological_type ~ Strain + Physical + Psychological + Self_control +
    Attachment + Passion + Perpetrator + Delinquency
>
> tdata.rf = randomForest(form, data=tdata ,forest=FALSE,importance=TRUE)
> p=predict(tdata.rf,tdata,type='prob')
> dimnames(p)=list(NULL,c(p_output_vars))
>
> pred_obs = cbind(tdata, p)
>
> write.matrix(pred_obs,'cyberbullying_type_random.txt')
>
> mydata1=read.table('cyberbullying_type_random.txt',header=T)
>
> mean(p_Perpetrator)
[1] 0.09984706
> mean(p_Victim)
[1] 0.9000695
> mean(p_Bystander)
[1] 2.597533e-05
> mean(p_Complex_psychology)
[1] 5.744738e-05
>
> |
```

[해석] 랜덤포레스트 모형에 대한 종속변수의 가해자의 평균 예측확률은 9.98%, 피해자의 평균 예측확률은 90.0%, 방관자의 평균 예측확률은 0.0259%, 복합형의 평균 예측확률은 0.057%로 나타났다.

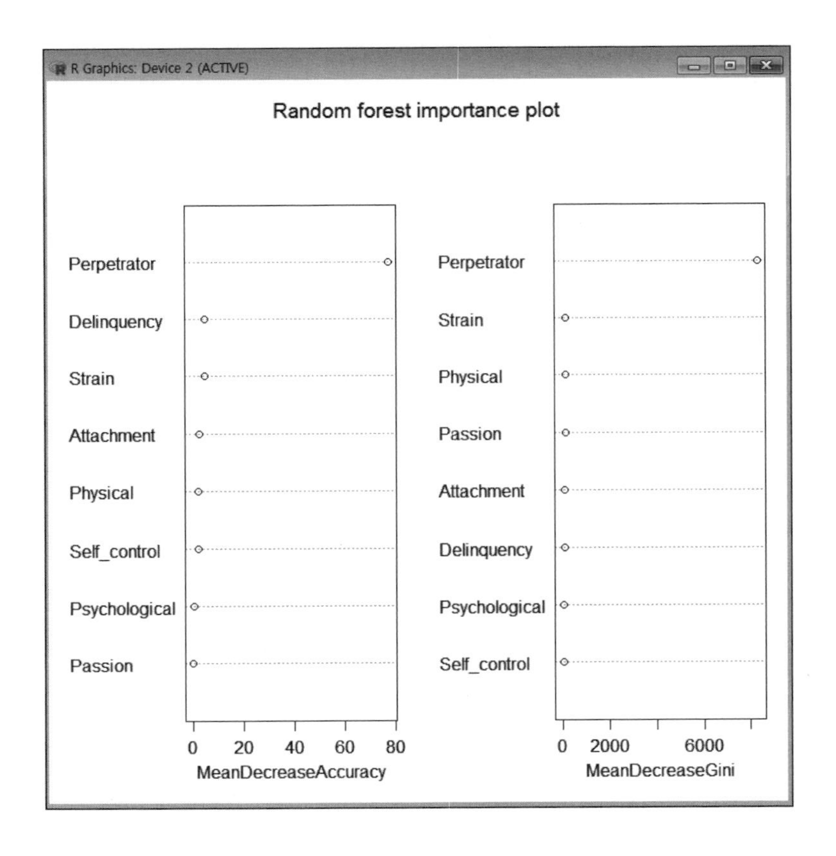

[해석] 랜덤포레스트의 중요도 그림(importance plot)에서 청소년 사이버 폭력 유형에 가장 큰 영향을 미치는 GST 요인은 가해자심리로 나타났으며, 그 뒤를 이어 긴장, 신체적요인, 열정, 애착, 비행 등의 순으로 중요한 요인으로 나타났다.

3.4 의사결정나무 모형

의사결정나무 모형(decision tree)은 결정규칙에 따라 나무구조로 도표화하여 분류(classification)와 예측(prediction)을 수행하는 방법으로, 판별분석(discriminant analysis)과 회귀분석(regression analysis)을 조합한 데이터마이닝(data mining) 기법이다. 데이터마이닝은 대량의 데이터 집합에서 유용한 정보를 추출하는 것으로(Hand et al., 2001) 의사결정나무 모형은 세분화(segmentation), 분류(classification), 군집화(clustering), 예측(forecasting) 등의 목적으로 사용하는 데 적합하다. 의사결정나무 모형의 장점은 나무구조로부터 어떤 예측변수가 목표변수를 설명하는 데 있어 더 중요한지를 쉽게 파악하고 두 개 이상의 변수가 결합하여 목표변수에 어떠한 영향을 주는지 쉽게 알 수 있다(U.S.EPS, 2003).

의사결정나무 분석은 다양한 분리기준, 정지규칙, 가지치기 방법의 결합으로 정확하고 빠르게 의사결정나무를 형성하기 위해 다양한 알고리즘이 제안되고 있다. 대표적인 알고리즘으로는 <표 3-3>과 같이 CHAID, CRT, QUEST가 있다.

〈표 3-3〉 의사결정나무 알고리즘

구분	CHAID	CRT	QUEST
목표변수	명목형, 순서형, 연속형	명목형, 순서형, 연속형	명목형
예측변수	명목형, 순서형, 연속형	명목형, 순서형, 연속형	명목형, 순서형, 연속형
분리기준	χ^2-검정, F-검정	지니지수, 분산의 감소	χ^2-검정, F-검정
분리개수	다지분리(multiway)	이지분리(binary)	이지분리(binary)

자료: 최종후·한상태·강현철·김은석·김미경·이성건(2006). 데이터마이닝 예측 및 활용. 한나래아카데미.

1) 사이버 학교폭력 위험(부정, 긍정) 예측모형

사이버 학교폭력에 대한 감정(부정, 긍정)을 예측하는 의사결정나무 모형은 다음과 같다.

```
> rm(list=ls())
> setwd("c:/cyberbullying_2017")
> install.packages('party')
> library(party)
> tdata = read.table('cyberbullying_attitude_N.txt',header=T)
> input=read.table('input_GST.txt',header=T,sep=",")
> output=read.table('output_attitude.txt',header=T,sep=",")
> input_vars = c(colnames(input))
> output_vars = c(colnames(output))
> form = as.formula(paste(paste(output_vars, collapse = '+'),'~',
> paste(input_vars, collapse = '+')))
```

```
> form
> i_ctree=ctree(form, tdata)
> p=predict(i_ctree, tdata)
> mean(p)
```

R Console

```
> tdata = read.table('cyberbullying_attitude_N.txt',header=T)
> input=read.table('input_GST.txt',header=T,sep=",")
Warning message:
In read.table("input_GST.txt", header = T, sep = ",") :
  incomplete final line found by readTableHeader on 'input_GST.txt'
> output=read.table('output_attitude.txt',header=T,sep=",")
Warning message:
In read.table("output_attitude.txt", header = T, sep = ",") :
  incomplete final line found by readTableHeader on 'output_attitude.txt'
>
> # decision trees modeling
>
> input_vars = c(colnames(input))
> output_vars = c(colnames(output))
>
> form = as.formula(paste(paste(output_vars, collapse = '+'),'~',
+  paste(input_vars, collapse = '+')))
> form
Attitude ~ Strain + Physical + Psychological + Self_control +
    Attachment + Passion + Perpetrator + Delinquency
>
> i_ctree=ctree(form,tdata)
> p=predict(i_ctree,tdata)
> mean(p)
[1] 0.5467768
>
> |
```

[해석] 의사결정나무 모형에 대한 종속변수의 긍정의 평균 예측확률은 54.68%로 나타났으며, 부정의 평균 예측확률은 45.32%로 나타났다.

의사결정나무 모형에 대한 결과를 그래프로 인쇄하기 위해 random forest 모형의 중요도 분석에서 중요한 요인으로 나타난 5개 요인(Strain, Self_control, Attachment, Passion, Delinquency)에 대해 의사결정나무 분석을 실시하면 다음과 같다.

```
> rm(list=ls())
> setwd("c:/cyberbullying_2017")
> install.packages('partykit')
> library(partykit)
> tdata = read.table('cyberbullying_attitude_N.txt',header=T)
```

```
> input=read.table('input_GST_DT.txt',header=T,sep=",")
> output=read.table('output_attitude.txt',header=T,sep=",")
> input_vars = c(colnames(input))
> output_vars = c(colnames(output))
> form = as.formula(paste(paste(output_vars, collapse = '+'),'~',
  paste(input_vars, collapse = '+')))
> form
> i_ctree=ctree(form,tdata)
> print(i_ctree)
> plot(i_ctree, gp=gpar(fontsize=6))
```

R Console

```
Fitted party:
[1] root
|   [2] Attachment <= 0
|   |   [3] Self_control <= 0
|   |   |   [4] Passion <= 0
|   |   |   |   [5] Delinquency <= 0
|   |   |   |   |   [6] Strain <= 0: 0.245 (n = 8684, err = 1604.5)
|   |   |   |   |   [7] Strain > 0: 0.302 (n = 21932, err = 4626.2)
|   |   |   |   [8] Delinquency > 0
|   |   |   |   |   [9] Strain <= 0: 0.264 (n = 14526, err = 2822.5)
|   |   |   |   |   [10] Strain > 0: 0.223 (n = 9623, err = 1666.9)
|   |   |   [11] Passion > 0
|   |   |   |   [12] Delinquency <= 0
|   |   |   |   |   [13] Strain <= 0: 0.691 (n = 8059, err = 1721.4)
|   |   |   |   |   [14] Strain > 0: 0.654 (n = 4280, err = 968.8)
|   |   |   |   [15] Delinquency > 0
|   |   |   |   |   [16] Strain <= 0: 0.432 (n = 2029, err = 497.8)
|   |   |   |   |   [17] Strain > 0: 0.488 (n = 2400, err = 599.7)
|   |   [18] Self_control > 0
|   |   |   [19] Delinquency <= 0
|   |   |   |   [20] Strain <= 0
|   |   |   |   |   [21] Passion <= 0: 0.956 (n = 9635, err = 403.5)
|   |   |   |   |   [22] Passion > 0: 0.564 (n = 133, err = 32.7)
|   |   |   |   [23] Strain > 0
|   |   |   |   |   [24] Passion <= 0: 0.390 (n = 287, err = 68.3)
|   |   |   |   |   [25] Passion > 0: 0.568 (n = 250, err = 61.3)
|   |   |   [26] Delinquency > 0
|   |   |   |   [27] Passion <= 0: 0.222 (n = 523, err = 90.3)
|   |   |   |   [28] Passion > 0: 0.390 (n = 315, err = 75.0)
|   [29] Attachment > 0
|   |   [30] Delinquency <= 0
|   |   |   [31] Passion <= 0
|   |   |   |   [32] Strain <= 0
|   |   |   |   |   [33] Self_control <= 0: 0.731 (n = 16129, err = 3174.5)
|   |   |   |   |   [34] Self_control > 0: 0.638 (n = 315, err = 72.7)
|   |   |   |   [35] Strain > 0
|   |   |   |   |   [36] Self_control <= 0: 0.698 (n = 10697, err = 2256.3)
|   |   |   |   |   [37] Self_control > 0: 0.608 (n = 413, err = 98.5)
|   |   |   [38] Passion > 0
|   |   |   |   [39] Strain <= 0: 0.742 (n = 5332, err = 1020.4)
|   |   |   |   [40] Strain > 0: 0.805 (n = 11808, err = 1855.7)
|   |   [41] Delinquency > 0
|   |   |   [42] Passion <= 0
|   |   |   |   [43] Self_control <= 0: 0.537 (n = 10078, err = 2505.8)
|   |   |   |   [44] Self_control > 0: 0.440 (n = 769, err = 189.4)
|   |   |   [45] Passion > 0
|   |   |   |   [46] Self_control <= 0: 0.680 (n = 11565, err = 2516.3)
|   |   |   |   [47] Self_control > 0
|   |   |   |   |   [48] Strain <= 0: 0.544 (n = 333, err = 82.6)
|   |   |   |   |   [49] Strain > 0: 0.633 (n = 2311, err = 537.1)

Number of inner nodes:    24
Number of terminal nodes: 25
```

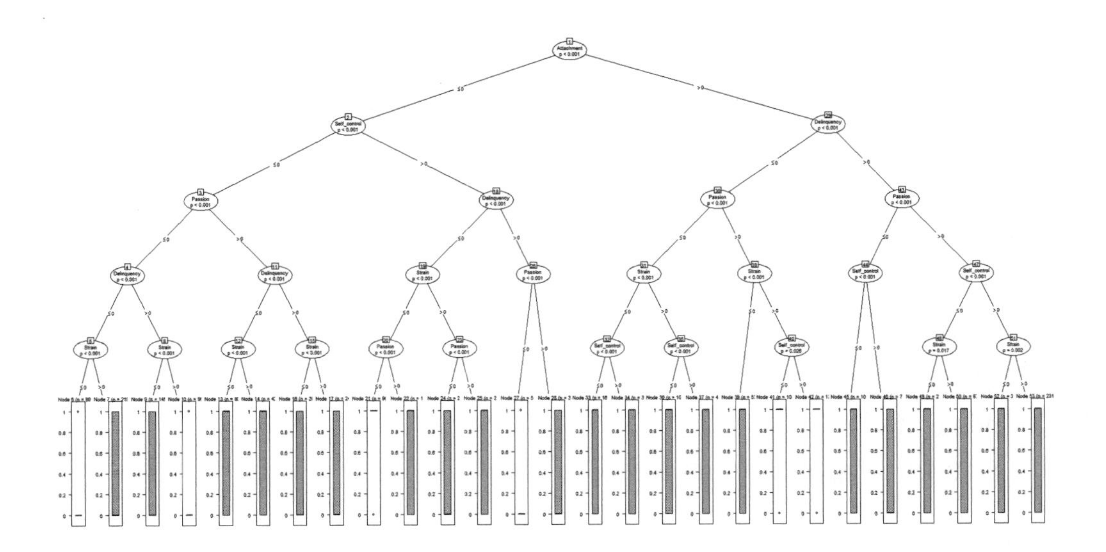

[해석] 나무구조의 최상위에 있는 뿌리마디는 독립변수가 투입되지 않은 종속변수의 빈도를 나타낸다. 뿌리마디 하단의 가장 상위에 위치하는 변수가 종속변수에 가장 영향력이 높은(관련성이 깊은) 변수로, 청소년 사이버폭력 위험 감정에 Attachment의 영향력이 가장 큰 것으로 나타났다.

```
# CTREE Node %[y=(negative, positive)] 출력
> install.packages('party')
> library(party)
> i_ctree=ctree(form,tdata)
> plot(i_ctree, type="simple", inner_panel=node_inner (i_ctree,abbreviate = FALSE,
  pval = TRUE, id = FALSE), terminal_panel=node_terminal(i_ctree, abbreviate = FALSE,
  digits = 2, fill = c("white"),id = FALSE))
> nodes(i_ctree, 2)
```

```
> form = as.formula(paste(paste(output_vars, collapse = '+'),'~',
+  paste(input_vars, collapse = '+')))
> form
Attitude ~ Strain + Self_control + Attachment + Passion + Delinquency
> i_ctree=ctree(form,tdata)
>
> plot(i_ctree, type="simple", inner_panel=node_inner(i_ctree,abbreviate = FALSE,
+   pval = TRUE, id = FALSE), terminal_panel=node_terminal(i_ctree, abbreviate = FALSE,
+   digits = 2, fill = c("white"),id = FALSE))
> nodes(i_ctree, 2)
[[1]]
2) Self_control <= 0; criterion = 1, statistic = 10941.41
  3) Passion <= 0; criterion = 1, statistic = 6975.169
    4) Delinquency <= 0; criterion = 1, statistic = 100.864
      5) Strain <= 0; criterion = 1, statistic = 101.624
        6)*  weights = 8684
      5) Strain > 0
        7)*  weights = 21932
    4) Delinquency > 0
      8) Strain <= 0; criterion = 1, statistic = 52.495
        9)*  weights = 14526
      8) Strain > 0
        10)*  weights = 9623
  3) Passion > 0
    11) Delinquency <= 0; criterion = 1, statistic = 643.198
      12) Strain <= 0; criterion = 1, statistic = 17.566
        13)*  weights = 8059
      12) Strain > 0
        14)*  weights = 4280
    11) Delinquency > 0
      15) Strain <= 0; criterion = 0.999, statistic = 14.163
        16)*  weights = 2029
      15) Strain > 0
        17)*  weights = 2400
2) Self_control > 0
  18) Delinquency <= 0; criterion = 1, statistic = 2965.373
    19) Strain <= 0; criterion = 1, statistic = 1695.222
      20) Passion <= 0; criterion = 1, statistic = 432.035
        21)*  weights = 9635
      20) Passion > 0
        22)*  weights = 133
    19) Strain > 0
      23) Passion <= 0; criterion = 1, statistic = 16.905
        24)*  weights = 287
      23) Passion > 0
        25)*  weights = 250
  18) Delinquency > 0
    26) Passion <= 0; criterion = 1, statistic = 27.405
      27)*  weights = 523
    26) Passion > 0
      28)*  weights = 315

>
> |
```

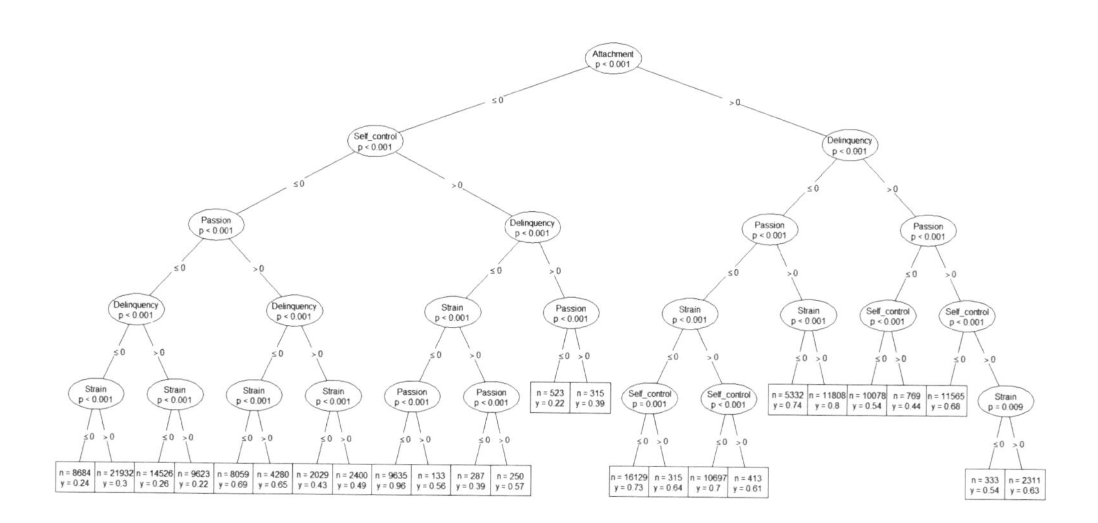

2) 사이버 학교폭력 유형 예측모형

사이버 학교폭력에 대한 유형(가해자, 피해자, 방관자, 복합형)을 예측하는 의사결정나무 모형은 다음과 같다.

```
> install.packages('party')
> library(party)
> install.packages('MASS')
> library(MASS)
> rm(list=ls())
> setwd("c:/cyberbullying_2017")
> tdata = read.table('cyberbullying_type_S.txt',header=T)
> input=read.table('input_GST.txt',header=T,sep=",")
> output=read.table('output_type.txt',header=T,sep=",")
> input_vars = c(colnames(input))
> output_vars = c(colnames(output))
> form = as.formula(paste(paste(output_vars, collapse = '+'),'~',
  paste(input_vars, collapse = '+')))
> form
> i_ctree=ctree(form,tdata)
> Bystander1=sapply(predict(i_ctree,tdata,type='prob'),'[[',1]
```

- tdata 데이터셋으로 모형 예측을 실시하여 예측확률을 산출한 후, 첫 번째 확률 값을 Bystander1에 할당한다.

```
> Complex_psychology1=sapply(predict(i_ctree,tdata,type='prob'),'[[',2]
```

- tdata 데이터셋으로 모형 예측을 실시하여 예측확률을 산출한 후, 두 번째 확률 값을 Complex_psychology1에 할당한다.

```
> Perpetrator1=sapply(predict(i_ctree,tdata,type='prob'),'[[',3]
```

- tdata 데이터셋으로 모형 예측을 실시하여 예측확률을 산출한 후, 세 번째 확률 값을 Perpetrator1에 할당한다.

```
> Victim1=sapply(predict(i_ctree,tdata,type='prob'),'[[',4]
```

- tdata 데이터셋으로 모형 예측을 실시하여 예측확률을 산출한 후, 네 번째 확률 값을 Victim1에 할당한다.

```
> mydata=cbind(tdata,Perpetrator1,Victim1,Bystander1,Complex_psychology1)
```

- tdata 데이터셋에 Perpetrator1, Victim1, Bystander1, Complex_psychology1 변수를 추가(append)하여 mydata 객체에 할당한다.

```
> write.matrix(mydata,'decision_trees_cyberbullying_type.txt')
```

- mydata 객체를 'decision_trees_cyberbullying_type.txt' 파일로 저장한다.

```
> mydata1=read.table('decision_trees_cyberbullying_type.txt',header=T)
```

- decision_trees_cyberbullying_type.txt 파일을 mydata1 객체에 할당한다.

```
> attach(mydata1)
> mean(Perpetrator1)
> mean(Victim1)
> mean(Bystander1)
> mean(Complex_psychology1)
```

R Console

```
> library(party)
> install.packages('MASS')
Warning: package 'MASS' is in use and will not be installed
> library(MASS)
>
> rm(list=ls())
> setwd("c:/cyberbullying_2017")
> tdata = read.table('cyberbullying_type_S.txt',header=T)
> input=read.table('input_GST.txt',header=T,sep=",")
Warning message:
In read.table("input_GST.txt", header = T, sep = ",") :
  incomplete final line found by readTableHeader on 'input_GST.txt'
> output=read.table('output_type.txt',header=T,sep=",")
Warning message:
In read.table("output_type.txt", header = T, sep = ",") :
  incomplete final line found by readTableHeader on 'output_type.txt'
>
> input_vars = c(colnames(input))
> output_vars = c(colnames(output))
> form = as.formula(paste(paste(output_vars, collapse = '+'),'~',
+  paste(input_vars, collapse = '+')))
> form
psychological_type ~ Strain + Physical + Psychological + Self_control +
    Attachment + Passion + Perpetrator + Delinquency
>
> i_ctree=ctree(form,tdata)
>
> Bystander1=sapply(predict(i_ctree,tdata,type='prob'),'[[',1)
> Complex_psychology1=sapply(predict(i_ctree,tdata,type='prob'),'[[',2)
> Perpetrator1=sapply(predict(i_ctree,tdata,type='prob'),'[[',3)
> Victim1=sapply(predict(i_ctree,tdata,type='prob'),'[[',4)
>
> mydata=cbind(tdata,Perpetrator1,Victim1,Bystander1,Complex_psychology1)
> write.matrix(mydata,'decision_trees_cyberbullying_type.txt')
> mydata1=read.table('decision_trees_cyberbullying_type.txt',header=T)
>
> mean(Perpetrator1)
[1] 0.1220841
> mean(Victim1)
[1] 0.7078194
> mean(Bystander1)
[1] 0.09352795
> mean(Complex_psychology1)
[1] 0.07656857
>
> |
```

[해석] 의사결정나무 모형에 대한 종속변수의 가해자의 평균 예측확률은 12.21%, 피해자의 평균 예측확률은 70.78%, 방관자의 평균 예측확률은 9.35%, 복합형의 평균 예측확률은 7.65%로 나타났다.

3.5 신경망 모형

(인공)신경망 모형(artificial neural network)은 사람의 신경계와 같은 생물학적 신경망의 작동 방식을 기본 개념으로 가지는 머신러닝 모형의 일종으로 사람의 두뇌가 의사결정하는 형태를 모방하여 분류하는 모형이다. 사람의 신경망(Biological Neural Network)은 250억 개의 신경세포로 구성되어 있으며, 신경세포는 1개의 세포체(cell body)와 세포체의 돌기인 1개의 축삭돌기(axon)와 여러 개의 수상돌기(dendrite)로 구성되어 있으며, 신경세포 간의 정보교환은 시냅스(synapses)라는 연결부를 통해 이루어진다. 시냅스는 신경세포의 신호를 무조건 전달하는 것이 아니라, 신호 강도가 일정한 값(임계치, Threshold) 이상이 되어야 신호를 전달한다. 즉, 세포체는 수상돌기로부터 입력된 신호를 축적하여 임계치에 도달하면 출력신호를 축삭돌기에 전달하고 축삭돌기 끝단의 시냅스를 통해 이웃 뉴런에 전달한다(그림 3-5).

신경망은 인간의 두뇌구조를 모방한 지도학습법으로 여러 개의 뉴런(neuron)들을 상호 연결하여 입력값에 대한 최적의 출력값을 예측한다. 즉 신경망은 두뇌의 기본 단위인 뉴런과 같이 학습데이터(training data)로부터 신호를 받아 입력값이 특정 분계점(threshold)에 도달하면 출력을 발생한다(그림 3-6).

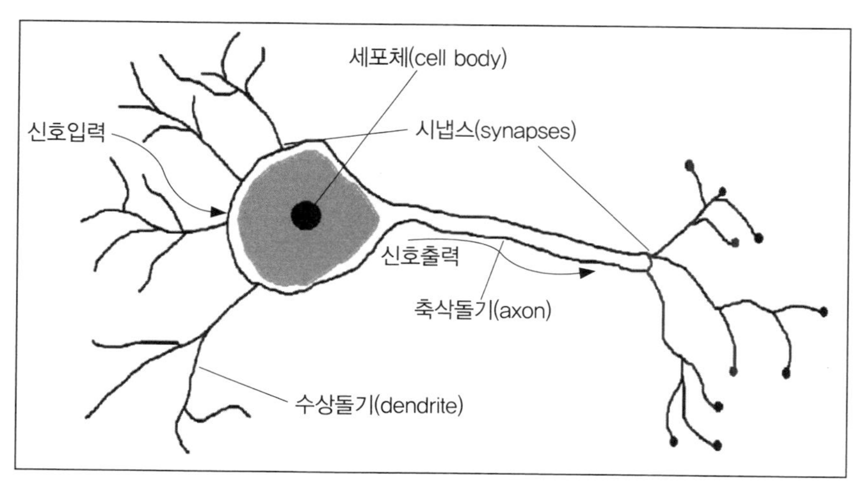

출처: https://cogsci.stackexchange.com/questions/7880/what-is-the-difference-between-biological-and-artificial-neural-networks

[그림 3-5] Biological Neural Network

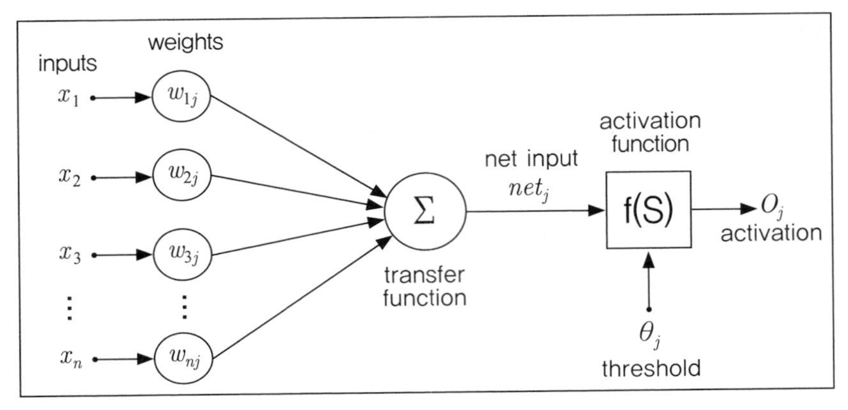

출처: https://commons.wikimedia.org/wiki/File:Artificial_neural_network.png
[그림 3-6] Artificial Neural Network

Minsky & Papert(1969)는 선형문제만을 풀 수 있는 퍼셉트론(perceptron)이란 단층신경망(single-layer neural network)에 은닉층(hidden layer)을 도입하여 일반화된 비선형함수로 분류가 가능함을 보였고, Rumelhart 등(1986)은 출력층의 오차를 역전파(back propagation)하여 은닉층을 학습할 수 있는 역전파 알고리즘을 개발하였다. 딥러닝(deep learning)은 깊은 신경망을 만드는 것으로 입력과 출력 사이에 많은 수의 숨겨진 레이어가 있는 다층신경망이다.

다층신경망(multilayer neural network)은 [그림 3-7]의 사이버 학교폭력 위험 예측을 위한 다층신경망 사례와 같이 입력노드로 이루어진 입력층(input layer), 입력층의 노드들을 합성하는 중간노드들의 집합인 은닉층(hidden layer), 은닉층의 노드들을 합성하는 출력층(output layer)으로 구성된다.

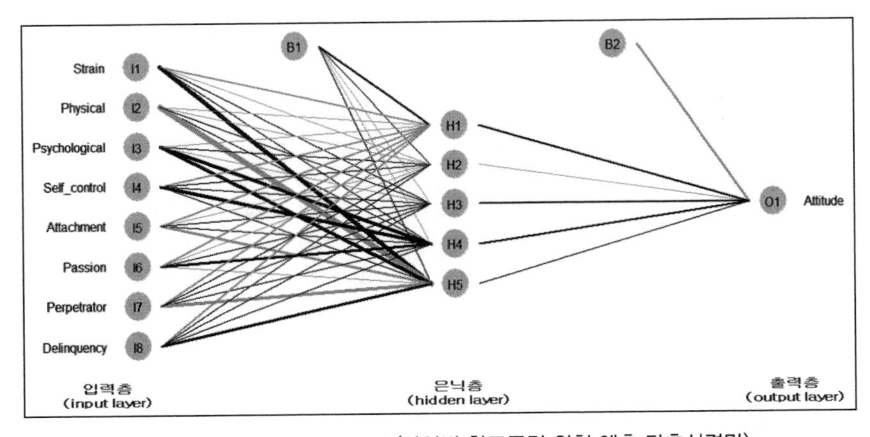

[그림 3-7] Multilayer Neural Network(사이버 학교폭력 위험 예측 다층신경망)

따라서 신경망의 출력노드(O1)는 집단의 예측값($\hat{y}$)을 계산하는 데 각 입력노드와 은닉노드 사이의 가중계수를 선형결합하여 계산하게 된다.

신경망에서 선형결합된 함수를 합성함수(combination function 또는 transfer function)라고 부르며, 합성함수 값의 범위를 조사하는 데 사용되는 함수를 활성함수(activation function)라 한다. 활성함수는 입력값(신호)이 특정 분계점(threshold)을 넘어서는 경우에 출력값(신호)을 생성해 주는 함수로 합성함수의 값을 일정한 범위(−1, 0, 1)의 값으로 변환해 주는 함수이다. 즉, 신경망은 입력값을 받아 합성함수를 만들고 활성함수를 이용하여 출력값을 발생시킨다. 활성함수 중 시그모이드(sigmoid) 함수($y = \frac{1}{1+e^{-x}}$)는 S자 모양의 함수로 입력값을 (0, 1) 사이의 값으로 변환시켜주며, 입력변수의 값이 아주 크거나 작을 때 출력변수의 값에 거의 영향을 주지 않기 때문에 신경망의 학습알고리즘에 많이 사용된다. [그림 3–7]의 다층신경망의 예측값($\hat{y}$)의 산출식은 다음과 같다.

$$O_{H1} = f_{H1}(\sum_{i=1}^{8} w_{IiH1}I_i + w_{B1H1}) \quad (식\ 1)$$

$$O_{H2} = f_{H2}(\sum_{i=1}^{8} w_{IiH2}I_i + w_{B1H2}) \quad (식\ 2)$$

$$O_{H3} = f_{H3}(\sum_{i=1}^{8} w_{IiH3}I_i + w_{B1H3}) \quad (식\ 3)$$

$$O_{H4} = f_{H4}(\sum_{i=1}^{8} w_{IiH4}I_i + w_{B1H4}) \quad (식\ 4)$$

$$O_{H5} = f_{H5}(\sum_{i=1}^{8} w_{IiH5}I_i + w_{B1H5}) \quad (식\ 5)$$

$$\hat{y} = f_{O1}(w_{H1O1}H1 + w_{H2O1}H2 + w_{H3O1}H3 + w_{H4O1}H4 + w_{H5O1}H5 + w_{B2O1}) \quad (식\ 6)$$

여기서 I1~I8은 입력노드, H1~H5는 은닉노드, O1은 출력노드, B1과 B2는 선형모델에서의 절편(bias), $w_{IiH1} \sim w_{IiH5}$는 입력노드와 은닉노드 연결(connection)사이의 가중계수(weight coefficient), 'w_{B1H1}, w_{B1H2}, w_{B1H3}, w_{B1H4}, w_{B1H5}, w_{B2O1}'는 편향(bias term), $f_{H1} \sim f_{H5}$는 은닉노드의 활성함수(activation function), f_{O1}는 출력노드의 활성함수, $O_{H1} \sim O_{H5}$는 은닉노드 H1~H5에서 계산되는 출력값, $\hat{y}$는 비선형함수(nonlinear combination function)로 y의 추정값을 나타낸다. 따라서 다층신경망은 합성함수와 활성함수 등의 결합으로 근사(approximation)하기 때문에 분석의 과정이 보이지 않아 블랙박스(black box) 분석이라고도 한다.

다층신경망 모형을 설계할 경우 고려할 사항은 다음과 같다. 첫째, 입력변수 값의 범위를 결정해야 한다. 신경망 모형에 적합한 자료가 되기 위해서는 범주형 변수는 모든 범주에서 일정 빈도 이상의 값을 가져야 하며, 연속형 변수는 범주형 변수로 변환하거나 변수의 값이 0과 1 사이에 있도록 변환한다. 둘째, 은닉층과 은닉노드의 수를 적절하게 결정해야 한다. 은닉층과 은닉노드의 수가 너무 많으면 가중계수가 너무 많아져 과적합(overfit)될 가능성이 있다. 따라서 신경망 모형을 모델링할 때 많은 경우 은닉층은 하나로 하고 은닉노드의 수를 충분히 하여 은닉노드의 수를 하나씩 줄여가면서 분류의 정확도가 높으면서 은닉노드의 수가 적은 모형을 선택한다.

1) 사이버 학교폭력 위험(부정, 긍정) 예측모형

사이버 학교폭력에 대한 감정(부정, 긍정)을 예측하는 신경망 모형은 다음과 같다. R에서 신경망 모형의 분석은 'nnet' 패키지와 'neuralnet' 패키지를 사용한다.

```
# 'nnet' 패키지 사용
> rm(list=ls())
> setwd("c:/cyberbullying_2017")
> install.packages("nnet")
> library(nnet)
> install.packages('MASS')
> library(MASS)
> tdata = read.table('cyberbullying_attitude_N.txt',header=T)
> input=read.table('input_GST.txt',header=T,sep=",")
> output=read.table('output_attitude.txt',header=T,sep=",")
> input_vars = c(colnames(input))
> output_vars = c(colnames(output))
> form = as.formula(paste(paste(output_vars, collapse = '+'),'~',
  paste(input_vars, collapse = '+')))
> form
> tr.nnet = nnet(form, data=tdata, size=5)
```

- tdata 데이터셋으로 은닉층(hidden layer)을 5개 가진 신경망 모형을 실행하여 모형함수(분류기)를 만든다.

> p=predict(tr.nnet, tdata, type='raw')

- tdata 데이터셋으로 모형 예측을 실시하여 긍부정 예측집단을 생성한다.

> mean(p)

> mydata=cbind(tdata, p)

> write.matrix(mydata,'cyberbullying_attitude_neural.txt')

> mydata1=read.table('cyberbullying_attitude_neural.txt',header=T)

> attach(mydata1)

> mean(p)

```
R Console
> tdata = read.table('cyberbullying_attitude_N.txt',header=T)
> input=read.table('input_GST.txt',header=T,sep=",")
Warning message:
In read.table("input_GST.txt", header = T, sep = ",") :
  incomplete final line found by readTableHeader on 'input_GST.txt'
> output=read.table('output_attitude.txt',header=T,sep=",")
Warning message:
In read.table("output_attitude.txt", header = T, sep = ",") :
  incomplete final line found by readTableHeader on 'output_attitude.txt'
>
> input_vars = c(colnames(input))
> output_vars = c(colnames(output))
>
> form = as.formula(paste(paste(output_vars, collapse = '+'),'~',
+  paste(input_vars, collapse = '+')))
> form
Attitude ~ Strain + Physical + Psychological + Self_control +
    Attachment + Passion + Perpetrator + Delinquency
>
> tr.nnet = nnet(form, data=tdata, size=5)
# weights:  51
initial  value 46895.206390
iter  10 value 30696.700380
iter  20 value 29634.116131
iter  30 value 29503.409054
iter  40 value 29420.263855
iter  50 value 29338.305845
iter  60 value 29270.662011
iter  70 value 29206.303293
iter  80 value 29170.834872
iter  90 value 29144.111502
iter 100 value 29132.549593
final  value 29132.549593
stopped after 100 iterations
> p=predict(tr.nnet, tdata, type='raw')
> mean(p)
[1] 0.5476818
>
> mydata=cbind(tdata, p)
> write.matrix(mydata,'cyberbullying_attitude_neural.txt')
> mydata1=read.table('cyberbullying_attitude_neural.txt',header=T)
>
> mean(p)
[1] 0.5476818
> |
```

[해석] 'nnet' 패키지를 이용한 신경망 모형에 대한 종속변수의 긍정의 평균 예측확률은 54.77%로 나타났으며, 부정의 평균 예측확률은 45.23%로 나타났다.

```
> install.packages('NeuralNetTools')
```

- 'nnet' 패키지로 분석한 신경망 모형에 대한 그림을 화면에 출력하는 패키지 (NeuralNetTools)를 설치한다.

```
> library(NeuralNetTools)
> plotnet(tr.nnet)
```

- 'nnet' 패키지로 분석한 신경망 모형에 대한 그림을 화면에 출력한다.

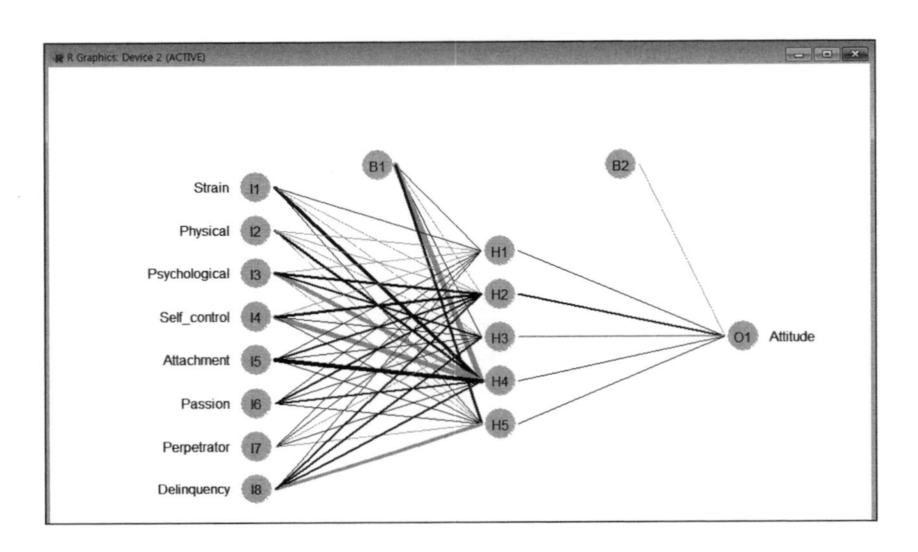


```
# 'neuralnet' 패키지 사용
> rm(list=ls())
> setwd("c:/cyberbullying_2017")
> install.packages('neuralnet')
> library(neuralnet)
> install.packages('MASS')
> library(MASS)
> tdata = read.table('cyberbullying_attitude_N.txt',header=T)
> input=read.table('input_GST.txt',header=T,sep=",")
> output=read.table('output_attitude.txt',header=T,sep=",")
> p_output=read.table('p_output_attitude_neuralnet.txt',header=T,sep=",")
> input_vars = c(colnames(input))
> output_vars = c(colnames(output))
```

> p_output_vars = c(colnames(p_output))

> form = as.formula(paste(paste(output_vars, collapse = '+'),'~',
paste(input_vars, collapse = '+')))

> form

> net = neuralnet(form, tdata, hidden=5, lifesign = "minimal",
linear.output = FALSE, threshold = 0.1)

- tdata 데이터셋으로 은닉층(hidden layer)을 5개 가진 신경망 모형을 실행하여 모형함수(분류기)를 만든다.
- net = neuralnet(form, tdata, hidden=c(5,3), lifesign = "minimal",
- linear.output = FALSE, threshold = 0.1) # hidden=c(5,3)
- threshold a numeric value specifying the threshold for the partial derivatives of the error function as stopping criteria.
- linear.output logical. If act.fct should not be applied to the output neurons set linear output to TRUE, otherwise to FALSE.
- lifesign a string specifying how much the function will print during the calculation of the neural network. 'none', 'minimal' or 'full'.

> summary(net)

> plot(net)

- black line: Layer과 connection 사이의 weight
- blue line: 각 step 에서의 the bias term

> pred = net$net.result[[1]]: 예측확률값을 산출하여 pred 변수에 할당한다.

- net.result[[1]은 예측확률값(real data)으로부터 얼마나 먼가에 대한 예측값으로 MSE(mean square error)를 사용한다.

> dimnames(pred)=list(NULL,c(p_output_vars))

- pred matrix에 p_output_vars 할당

> summary(pred)

> pred_obs = cbind(tdata, pred): 예측확률값(p)을 tdata에 추가한다.

> write.matrix(pred_obs,'cyberbullying_attitude_neuralnet.txt')

> m_data = read.table('cyberbullying_attitude_neuralnet.txt',header=T)

> attach(m_data)

> mean(p_Attitude): 평균 예측확률값 산출

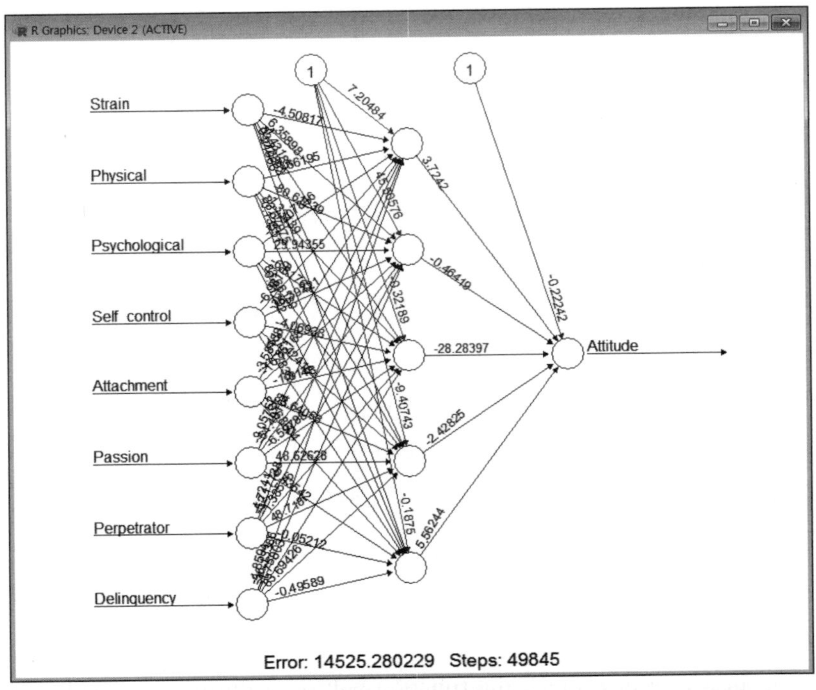


```
R Console
> net = neuralnet(form, tdata, hidden=5, lifesign = "minimal",
+   linear.output = FALSE, threshold = 0.1)
hidden: 5    thresh: 0.1    rep: 1/1    steps:    49845  error: 14525.28023     ti$
>
> p_output=read.table('p_output_attitude_neuralnet.txt',header=T,sep=",")
Warning message:
In read.table("p_output_attitude_neuralnet.txt", header = T, sep = ",") :
  incomplete final line found by readTableHeader on 'p_output_attitude_neuralnet.t$
>
> p_output_vars = c(colnames(p_output))
>
> summary(net)
                    Length  Class      Mode
call                      7 -none-     call
response             152426 -none-     numeric
covariate           1219408 -none-     numeric
model.list                2 -none-     list
err.fct                   1 -none-     function
act.fct                   1 -none-     function
linear.output             1 -none-     logical
data                     17 data.frame list
net.result                1 -none-     list
weights                   1 -none-     list
startweights              1 -none-     list
generalized.weights       1 -none-     list
result.matrix            54 -none-     numeric
> plot(net)
>
> pred = net$net.result[[1]]
> dimnames(pred)=list(NULL,c(p_output_vars))# pred matrix 에 p_output_vars 할당
> summary(pred)
  p_Attitude
 Min.   :0.1444947
 1st Qu.:0.2824538
 Median :0.6006327
 Mean   :0.5469545
 3rd Qu.:0.7281814
 Max.   :0.9664594
>
>
> pred_obs = cbind(tdata, pred)
```

```
R Console
> pred_obs = cbind(tdata, pred)
> write.matrix(pred_obs,'cyberbullying_attitude_neuralnet.txt')
>
> m_data = read.table('cyberbullying_attitude_neuralnet.txt',header=T)
> attach(m_data)
The following objects are masked from mydata1 (pos = 5):

    Attachment, Attitude, Day, Delinquency, Hour, Month, Negative,
    Passion, Perpetrator, Physical, Positive, Psychological, Region,
    Self_control, Strain, Week, Year

The following objects are masked from mydata1 (pos = 7):

    Attachment, Day, Delinquency, Hour, Month, Passion, Perpetrator,
    Physical, Psychological, Region, Self_control, Strain, Week, Year

> mean(p_Attitude)
[1] 0.5469544561
>
> |
```

[해석] 'neuralnet' 패키지를 이용한 신경망 모형에 대한 종속변수의 긍정의 평균 예측확률은 54.70%로 나타났으며, 부정의 평균 예측확률은 45.30%로 나타났다.

ROC curve 작성

> install.packages('ROCR'): ROC 곡선을 생성하는 패키지를 설치한다.

> library(ROCR)

> par(mfrow=c(1,1))

- par() 함수는 그래픽 인수를 조회하거나 설정하는 데 사용한다.
- mfrow=c(1,1): 한 화면에 1개(1*1) 플롯을 설정하는 데 사용한다.

> pred_obs = cbind(pred,subset(tdata,select=(colnames(output))))

- 예측집단의 변수(p_Attitude)를 tdata에 추가한다.

> PO_c=prediction(pred_obs$p_Attitude, pred_obs$Attitude)

- 실제집단과 예측집단을 이용하여 tdata의 Attitude의 추정치를 예측한다.

> PO_cf=performance(PO_c, "tpr", "fpr")

- ROC 곡선의 tpr(true positive rate)과 fpr(false positive rate)을 생성한다.

> auc_PO=performance(PO_c,measure="auc"): AUC 곡선의 성능을 평가한다.

> auc_PO@y.values: AUC 통계량을 산출한다.

> plot(PO_cf,main='Attitude')

- Title을 Attitude로 하여 ROC 곡선을 그린다.
- AUC 통계량을 범례에 포함한다.

> abline(a=0, b= 1): ROC 곡선의 기준선을 그린다.

```
R Console
> install.packages('ROCR')
Warning: package 'ROCR' is in use and will not be installed
> library(ROCR)
> par(mfrow=c(1,1))
> pred_obs = cbind(pred,subset(tdata,select=(colnames(output))))
> PO_c=prediction(pred_obs$p_Attitude, pred_obs$Attitude)
> PO_cf=performance(PO_c, "tpr", "fpr")
> auc_PO=performance(PO_c,measure="auc")
> auc_PO@y.values
[[1]]
[1] 0.7726007207

> plot(PO_cf,main='Attitude')
> legend('bottomright',legend=c('AUC=', auc_PO@y.values))
> abline(a=0, b= 1)
>
> |
```

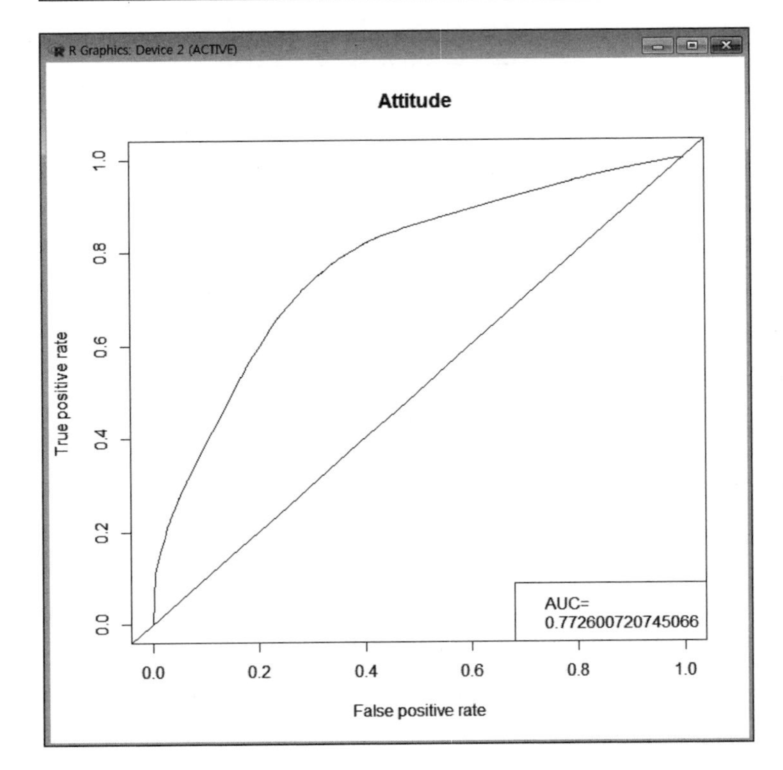

[해석] ROC 곡선의 성능은 77.26%(fair)로 나타났다.

```
# 모형평가(오분류표 작성)
> install.packages('caret')
> library(caret)
> install.packages('ggplot2')
> library(ggplot2)
> install.packages('e1071')
```

```
> library(e1071)
> cutoff_PO=PO_cf@alpha.values[[1]][which.min(abs(1-PO_cf@x.values[[1]] -
  PO_cf@y.values[[1]]))]
```

- 최적 cut-off 기준 예측(x.values: 특이도, y.value: 민감도)

```
> pred2 = transform(pred,p2_PO=ifelse(p_Attitude>=cutoff_PO,"1","0"))
```

- pred의 값을 0, 1로 변경하여 pred2의 p2_PO에 할당

```
> confusionMatrix(pred2$p2_PO, tdata$Attitude, positive="1")
```

- 오분류표를 작성한다.

```
R Console
> install.packages('caret')
Warning: package 'caret' is in use and will not be installed
> library(caret)
> install.packages('ggplot2')
Warning: package 'ggplot2' is in use and will not be installed
> library(ggplot2)
> install.packages('e1071')
Warning: package 'e1071' is in use and will not be installed
> library(e1071)
>
> cutoff_PO=PO_cf@alpha.values[[1]][which.min(abs(1-PO_cf@x.values[[1]] -
+  PO_cf@y.values[[1]]))]
> pred2 = transform(pred,p2_PO=ifelse(p_Attitude>=cutoff_PO,"1","0"))
> confusionMatrix(pred2$p2_PO, tdata$Attitude, positive="1")
Confusion Matrix and Statistics

          Reference
Prediction     0     1
         0 49592 23741
         1 19491 59602

               Accuracy : 0.7163738
                 95% CI : (0.7141036, 0.7186359)
    No Information Rate : 0.5467768
    P-Value [Acc > NIR] : < 0.00000000000000022204

                  Kappa : 0.4307352
 Mcnemar's Test P-Value : < 0.00000000000000022204

            Sensitivity : 0.7151410
            Specificity : 0.7178611
         Pos Pred Value : 0.7535686
         Neg Pred Value : 0.6762576
             Prevalence : 0.5467768
         Detection Rate : 0.3910225
   Detection Prevalence : 0.5188944
      Balanced Accuracy : 0.7165011

       'Positive' Class : 1

>
```

[해석] Mcnemar's Test(이전, 이후에 대해 명목변수로 측정한 다음 이전과 이후에 대한 차이가 있는지를 검정) 결과 실제집단과 예측집단은 유의한 차이가 있는 것으로 나타났다. Kappa(동일한 표본을 평가할 때 수행하는 명목형 평가의 합치도)는 −1과 1 사이의 값으로 Kappa가 클수록 결합도가 강하다. 따라서 Kappa는 0.4307로 강한 결합도를 나타내고 있다. 오분류표에 의한 정확도는 71.64%, 민감도는 71.51%, 특이도는 71.79% 등으로 나타났다.

2) 사이버 학교폭력 유형 예측모형

사이버 학교폭력에 대한 유형(가해자, 피해자, 방관자, 복합형)을 예측하는 신경망 모형은 다음과 같다.

```
# 'nnet' 패키지 사용
> rm(list=ls())
> setwd("c:/cyberbullying_2017")
> install.packages("nnet")
> library(nnet)
> install.packages('MASS')
> library(MASS)
> tdata = read.table('cyberbullying_type_S.txt',header=T)
> input=read.table('input_GST.txt',header=T,sep=",")
> output=read.table('output_type.txt',header=T,sep=",")
> input_vars = c(colnames(input))
> output_vars = c(colnames(output))
> form = as.formula(paste(paste(output_vars, collapse = '+'),'~',
  paste(input_vars, collapse = '+')))
> form
> tr.nnet = nnet(form, data=tdata, size=5)
> p=predict(tr.nnet, tdata, type='raw')
> pred_obs = cbind(tdata, p)
> write.matrix(pred_obs,'cyberbullying_type_neural.txt')
> mydata1=read.table('cyberbullying_type_neural.txt',header=T)
> attach(mydata1)
> mean(Bystander)
> mean(Complex_psychology)
> mean(Perpetrator)
> mean(Victim)
```

```
R Console
> tdata = read.table('cyberbullying_type_S.txt',header=T)
> input=read.table('input_GST.txt',header=T,sep=",")
Warning message:
In read.table("input_GST.txt", header = T, sep = ",") :
  incomplete final line found by readTableHeader on 'input_GST.txt'
> output=read.table('output_type.txt',header=T,sep=",")
Warning message:
In read.table("output_type.txt", header = T, sep = ",") :
  incomplete final line found by readTableHeader on 'output_type.txt'
>
> input_vars = c(colnames(input))
> output_vars = c(colnames(output))
> form = as.formula(paste(paste(output_vars, collapse = '+'),'~',
+  paste(input_vars, collapse = '+')))
> form
psychological_type ~ Strain + Physical + Psychological + Self_control +
    Attachment + Passion + Perpetrator + Delinquency
>
> tr.nnet = nnet(form, data=tdata, size=5)
# weights:  69
initial  value 83318.507402
iter  10 value 36437.158074
iter  20 value 32470.281042
iter  30 value 32370.225200
iter  40 value 32112.179895
iter  50 value 32005.943093
iter  60 value 31963.339841
iter  70 value 31923.031536
iter  80 value 31912.575445
iter  90 value 31909.816570
iter 100 value 31908.456978
final  value 31908.456978
stopped after 100 iterations
> p=predict(tr.nnet, tdata, type='raw')
> pred_obs = cbind(tdata, p)
>
> write.matrix(pred_obs,'cyberbullying_type_neural.txt')
> mydata1=read.table('cyberbullying_type_neural.txt',header=T)
> mean(Bystander)
[1] 0.09352795
> mean(Complex_psychology)
[1] 0.07656857
> mean(Perpetrator)
[1] 0.1220841
> mean(Victim)
[1] 0.7078194
>
> |
```

[해석] 'nnet' 패키지를 이용한 신경망 모형에 대한 종속변수의 가해자의 평균 예측확률은 12.21%, 피해자의 평균 예측확률은 70.78%, 방관자의 평균 예측확률은 9.35%, 복합형의 평균 예측확률은 7.67%로 나타났다.

```
> install.packages('NeuralNetTools')
> library(NeuralNetTools)
> plotnet(tr.nnet)
```

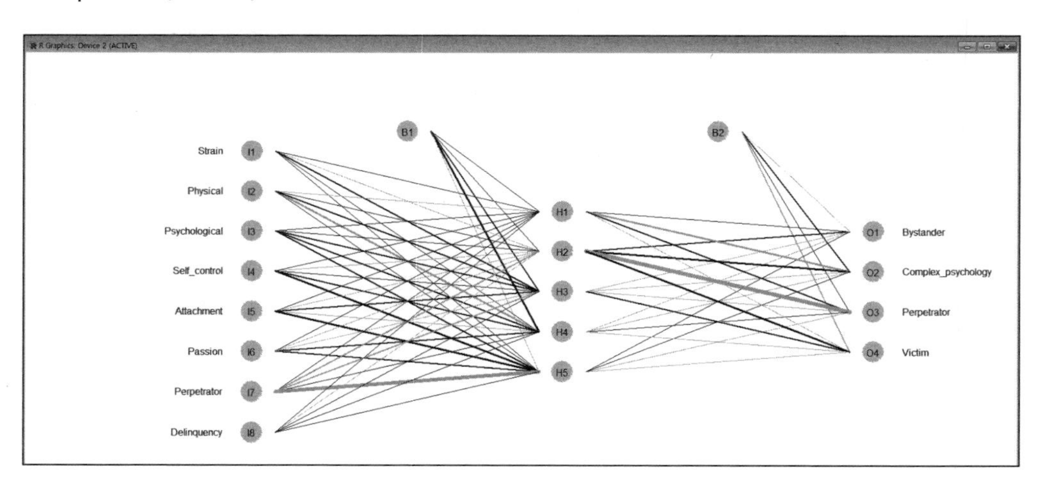

3.6 서포트벡터머신 모형

Cortes & Vapnic(1995)에 의해 제안된 서포트벡터머신(Support Vector Machine, SVM)은 지도학습 머신러닝의 일종으로 분류와 회귀에 모두 사용한다. 로지스틱 회귀는 입력값이 주어졌을 때 출력값에 대한 조건부 확률을 추정하는 데 비해, SVM은 확률 추정을 하지 않고 직접 분류 결과에 대한 예측만 함으로써 빅데이터(모집단)에서 분류 효율 자체만을 보면 확률추정 방법들보다 예측력이 전반적으로 높다. SVM은 [그림 3-8]과 같이 두 집단(y=1, y=-1)의 경계를 통과하는 두 초평면(support vector)에서 두 집단 경계에 있는 데이터 사이의 거리 차(margin)가 최대(maximize margin)인(오분류를 최소화하는) 모형을 결정한다. 두 집단의 거리차(d)는 두 초평면 사이의 거리를 나타내며, 두 집단의 분류식은 다음과 같다.

$$f(x) = w \cdot x + w_0 \qquad \text{(식 7)}$$

여기서 w는 추정모수, x는 입력값, ·는 벡터기호로 $(w_1x_1+w_2x_2+ \ldots +w_nx_n)$를 의미, w_0는 편의($bias$), $f(x)$는 분류함수를 나타낸다.

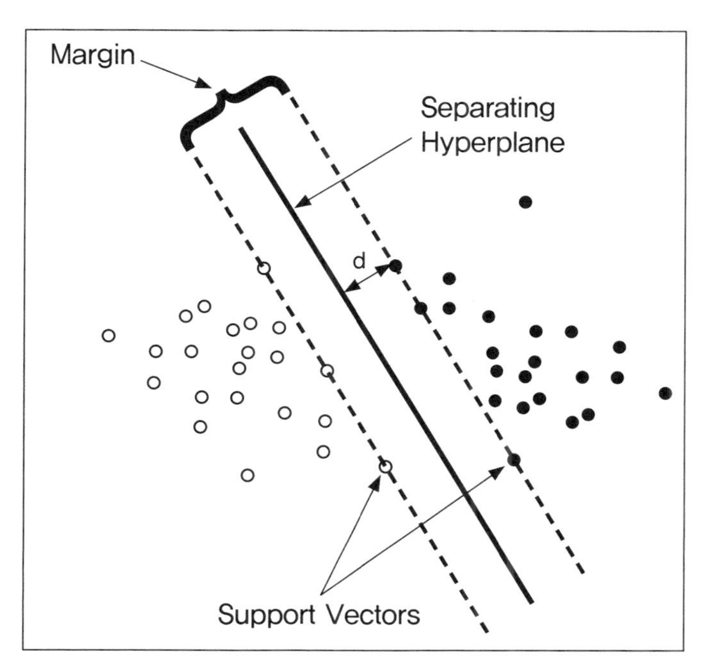

출처: https://cran.r-project.org/web/packages/e1071/vignettes/svmdoc.pdf
[그림 3-8] Support Vector Machine Classification (linear separable case)

1) 사이버 학교폭력 위험(부정, 긍정) 예측모형

사이버 학교폭력에 대한 감정(부정, 긍정)을 예측하는 서포트벡터머신 모형은 다음과 같다. R에서 서포트벡터머신 모형은 'e1071' 패키지를 사용한다.

```
> rm(list=ls())
> setwd("c:/cyberbullying_2017")
> library(e1071)
> library(caret)
> library(kernlab)
> tdata = read.table('cyberbullying_attitude_N.txt',header=T)
> input=read.table('input_GST.txt',header=T,sep=",")
> output=read.table('output_attitude.txt',header=T,sep=",")
> input_vars = c(colnames(input))
```

```
> output_vars = c(colnames(output))
> form = as.formula(paste(paste(output_vars, collapse = '+'),'~',
  paste(input_vars, collapse = '+')))
> form
> svm.model=svm(form,data=tdata,kernel='radial')
> summary(svm.model)
> p=predict(svm.model,tdata)
> mean(p)
```

```
R Console
> tdata = read.table('cyberbullying_attitude_N.txt',header=T)
> input=read.table('input_GST.txt',header=T,sep=",")
Warning message:
In read.table("input_GST.txt", header = T, sep = ",") :
  incomplete final line found by readTableHeader on 'input_GST.txt'
> output=read.table('output_attitude.txt',header=T,sep=",")
Warning message:
In read.table("output_attitude.txt", header = T, sep = ",") :
  incomplete final line found by readTableHeader on 'output_attitude.txt'
>
> input_vars = c(colnames(input))
> output_vars = c(colnames(output))
> form = as.formula(paste(paste(output_vars, collapse = '+'),'~',
+  paste(input_vars, collapse = '+')))
> form
Attitude ~ Strain + Physical + Psychological + Self_control +
    Attachment + Passion + Perpetrator + Delinquency
>
> svm.model=svm(form,data=tdata,kernel='radial')
> summary(svm.model)

Call:
svm(formula = form, data = tdata, kernel = "radial")


Parameters:
   SVM-Type:  eps-regression
 SVM-Kernel:  radial
       cost:  1
      gamma:  0.125
    epsilon:  0.1


Number of Support Vectors:  84824




>
> p=predict(svm.model,tdata)
> mean(p)
[1] 0.5729908312
>
> |
```

[해석] 서포트벡터머신 모형에 대한 종속변수의 긍정의 평균 예측확률은 57.30%로 나타났으며, 부정의 평균 예측확률은 42.70%로 나타났다.

2) 사이버 학교폭력 유형 예측모형

사이버 학교폭력에 대한 유형(가해자, 피해자, 방관자, 복합형)을 예측하는 서포트벡터머신 모형은 다음과 같다.

```
# Perpetrator 예측
> rm(list=ls())
> setwd("c:/cyberbullying_2017")
> install.packages('e1071')
> library(e1071)
> install.packages('caret')
> library(caret)
> install.packages('kernlab')
> library(kernlab)
> install.packages('MASS')
> library(MASS)
> tdata = read.table('cyberbullying_type_N_svm.txt',header=T)
> input=read.table('input_GST.txt',header=T,sep=",")
> output=read.table('output_Perpetrator.txt',header=T,sep=",")
> input_vars = c(colnames(input))
> output_vars = c(colnames(output))
> form = as.formula(paste(paste(output_vars, collapse = '+'),'~',
  paste(input_vars, collapse = '+')))
> form
> svm.model=svm(form,data=tdata,kernel='radial')
> p=predict(svm.model,tdata, type=prob)
> Perpetrator=p
> pred_obs = cbind(tdata, Perpetrator)
> write.matrix(pred_obs,'cyberbullying_SVMT_Perpetrator.txt')
> mydata1=read.table('cyberbullying_SVMT_Perpetrator.txt',header=T)
> attach(mydata1)
> mean(Perpetrator)
```

```
R Console
> tdata = read.table('cyberbullying_type_N_svm.txt',header=T)
> input=read.table('input_GST.txt',header=T,sep=",")
Warning message:
In read.table("input_GST.txt", header = T, sep = ",") :
  incomplete final line found by readTableHeader on 'input_GST.txt'
> output=read.table('output_Perpetrator.txt',header=T,sep=",")
Warning message:
In read.table("output_Perpetrator.txt", header = T, sep = ",") :
  incomplete final line found by readTableHeader on 'output_Perpetrator.txt'
> input_vars = c(colnames(input))
> output_vars = c(colnames(output))
> form = as.formula(paste(paste(output_vars, collapse = '+'),'~',
+  paste(input_vars, collapse = '+')))
> form
Perpetrator1 ~ Strain + Physical + Psychological + Self_control +
    Attachment + Passion + Perpetrator + Delinquency
>
> svm.model=svm(form,data=tdata,kernel='radial')
>
> p=predict(svm.model,tdata, type=prob)
> Perpetrator=p
> pred_obs = cbind(tdata, Perpetrator)
>
> write.matrix(pred_obs,'cyberbullying_SVMT_Perpetrator.txt')
> mydata1=read.table('cyberbullying_SVMT_Perpetrator.txt',header=T)
> attach(mydata1)
The following object is masked _by_ .GlobalEnv:

    Perpetrator

> mean(Perpetrator)
[1] 0.07525498
>
> |
```

[해석] 서포트벡터머신 모형에 대한 종속변수의 가해자의 평균 예측확률은 7.53%로 나타났다.

```
# Victim 예측
> tdata = read.table('cyberbullying_type_N_svm.txt',header=T)
> input=read.table('input_GST.txt',header=T,sep=",")
> output=read.table('output_Victim.txt',header=T,sep=",")
> input_vars = c(colnames(input))
> output_vars = c(colnames(output))
> form = as.formula(paste(paste(output_vars, collapse = '+'),'~',
  paste(input_vars, collapse = '+')))
> form
> svm.model=svm(form,data=tdata,kernel='radial')
> p=predict(svm.model,tdata, type=prob)
```

```
> Victim=p
> pred_obs = cbind(tdata, Victim)
> write.matrix(pred_obs,'cyberbullying_SVMT_Victim.txt')
> mydata1=read.table('cyberbullying_SVMT_Victim.txt',header=T)
> attach(mydata1)
> mean(Victim)
```

```
R Console
> ## Victim 예측
>
> tdata = read.table('cyberbullying_type_N_svm.txt',header=T)
> input=read.table('input_GST.txt',header=T,sep=",")
Warning message:
In read.table("input_GST.txt", header = T, sep = ",") :
  incomplete final line found by readTableHeader on 'input_GST.txt'
> output=read.table('output_Victim.txt',header=T,sep=",")
Warning message:
In read.table("output_Victim.txt", header = T, sep = ",") :
  incomplete final line found by readTableHeader on 'output_Victim.txt'
> input_vars = c(colnames(input))
> output_vars = c(colnames(output))
> form = as.formula(paste(paste(output_vars, collapse = '+'),'~',
+  paste(input_vars, collapse = '+')))
> form
Victim ~ Strain + Physical + Psychological + Self_control + Attachment +
    Passion + Perpetrator + Delinquency
>
> svm.model=svm(form,data=tdata,kernel='radial')
>
> p=predict(svm.model,tdata, type=prob)
> Victim=p
> pred_obs = cbind(tdata, Victim)
>
> write.matrix(pred_obs,'cyberbullying_SVMT_Victim.txt')
> mydata1=read.table('cyberbullying_SVMT_Victim.txt',header=T)
>
> attach(mydata1)
The following objects are masked _by_ .GlobalEnv:

    Perpetrator, Victim

The following objects are masked from mydata1 (pos = 3):

    Attachment, Bystander, Complex_psychology, Day, Delinquency,
    Hour, Month, Passion, Perpetrator, Perpetrator1, Physical,
    Psychological, psychological_type, Region, Self_control, Strain,
    Victim, Week, Year

> mean(Victim)
[1] 0.9072052
>
> |
```

[해석] 서포트벡터머신 모형에 대한 종속변수의 피해자의 평균 예측확률은 90.72%로 나타났다.

Bystander 예측

```
> tdata = read.table('cyberbullying_type_N_svm.txt',header=T)
> input=read.table('input_GST.txt',header=T,sep=",")
> output=read.table('output_Bystander.txt',header=T,sep=",")
> input_vars = c(colnames(input))
> output_vars = c(colnames(output))
> form = as.formula(paste(paste(output_vars, collapse = '+'),'~',
  paste(input_vars, collapse = '+')))
> form
> svm.model=svm(form,data=tdata,kernel='radial')
> p=predict(svm.model,tdata,type=prob)
> Bystander=p
> pred_obs = cbind(tdata, Bystander)
> write.matrix(pred_obs,'cyberbullying_SVMT_Bystander.txt')
> mydata1=read.table('cyberbullying_SVMT_Bystander.txt',header=T)
> attach(mydata1)
> mean(Bystander)
```

```
R Console
>
> tdata = read.table('cyberbullying_type_N_svm.txt',header=T)
> input=read.table('input_GST.txt',header=T,sep=",")
Warning message:
In read.table("input_GST.txt", header = T, sep = ",") :
  incomplete final line found by readTableHeader on 'input_GST.txt'
> output=read.table('output_Bystander.txt',header=T,sep=",")
Warning message:
In read.table("output_Bystander.txt", header = T, sep = ",") :
  incomplete final line found by readTableHeader on 'output_Bystander.txt'
>
> input_vars = c(colnames(input))
> output_vars = c(colnames(output))
> form = as.formula(paste(paste(output_vars, collapse = '+'),'~',
+  paste(input_vars, collapse = '+')))
> form
Bystander ~ Strain + Physical + Psychological + Self_control +
    Attachment + Passion + Perpetrator + Delinquency
>
> svm.model=svm(form,data=tdata,kernel='radial')
> # summary(svm.model)
>
> p=predict(svm.model,tdata,type=prob)
> Bystander=p
> pred_obs = cbind(tdata, Bystander)
>
> write.matrix(pred_obs,'cyberbullying_SVMT_Bystander.txt')
> mydata1=read.table('cyberbullying_SVMT_Bystander.txt',header=T)
> attach(mydata1)
The following objects are masked _by_ .GlobalEnv:

    Bystander, Perpetrator, Victim

The following objects are masked from mydata1 (pos = 3):

    Attachment, Bystander, Complex_psychology, Day, Delinquency,
    Hour, Month, Passion, Perpetrator, Perpetrator1, Physical,
    Psychological, psychological_type, Region, Self_control, Strain,
    Victim, Week, Year

The following objects are masked from mydata1 (pos = 4):

    Attachment, Bystander, Complex_psychology, Day, Delinquency,
    Hour, Month, Passion, Perpetrator, Perpetrator1, Physical,
    Psychological, psychological_type, Region, Self_control, Strain,
    Victim, Week, Year

> mean(Bystander)
[1] 0.02912772
>
> |
```

[해석] 서포트벡터머신 모형에 대한 종속변수의 방관자의 평균 예측확률은 2.91%로 나타났다.

```
# Complex_psychology 예측
> tdata = read.table('cyberbullying_type_N_svm.txt',header=T)
> input=read.table('input_GST.txt',header=T,sep=",")
> output=read.table('output_Complex_psychology.txt',header=T,sep=",")
```

```
> input_vars = c(colnames(input))
> output_vars = c(colnames(output))
> form = as.formula(paste(paste(output_vars, collapse = '+'),'~',
  paste(input_vars, collapse = '+')))
> form
> svm.model=svm(form,data=tdata,kernel='radial')
> p=predict(svm.model,tdata,type=prob)
> Complex_psychology=p
> pred_obs = cbind(tdata, Complex_psychology)
> write.matrix(pred_obs,'cyberbullying_SVMT_Complex_psychology.txt')
> mydata1=read.table('cyberbullying_SVMT_Complex_psychology.txt',header=T)
> attach(mydata1)
> mean(Complex_psychology)
```

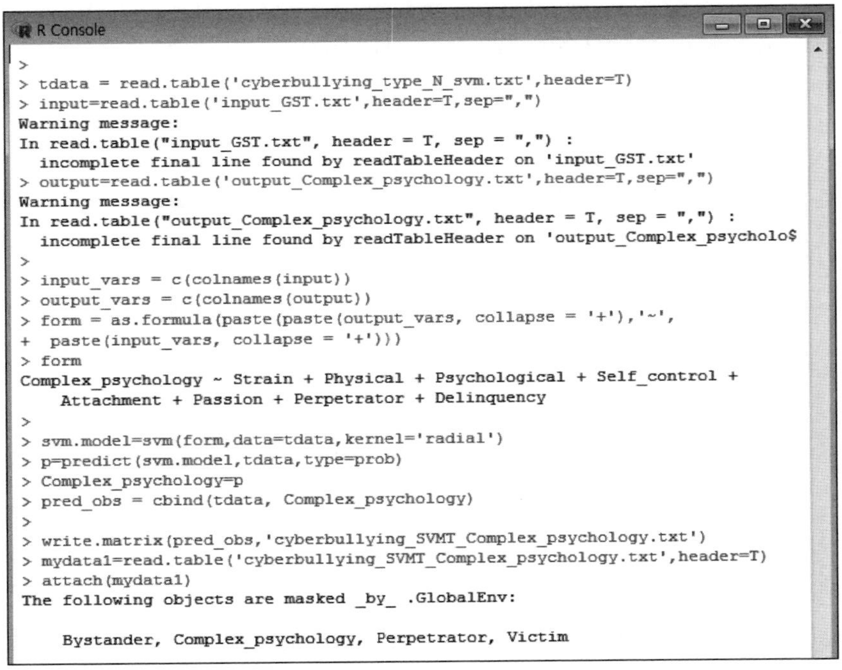

```
R Console
>
> tdata = read.table('cyberbullying_type_N_svm.txt',header=T)
> input=read.table('input_GST.txt',header=T,sep=",")
Warning message:
In read.table("input_GST.txt", header = T, sep = ",") :
  incomplete final line found by readTableHeader on 'input_GST.txt'
> output=read.table('output_Complex_psychology.txt',header=T,sep=",")
Warning message:
In read.table("output_Complex_psychology.txt", header = T, sep = ",") :
  incomplete final line found by readTableHeader on 'output_Complex_psycholo$
>
> input_vars = c(colnames(input))
> output_vars = c(colnames(output))
> form = as.formula(paste(paste(output_vars, collapse = '+'),'~',
+  paste(input_vars, collapse = '+')))
> form
Complex_psychology ~ Strain + Physical + Psychological + Self_control +
    Attachment + Passion + Perpetrator + Delinquency
>
> svm.model=svm(form,data=tdata,kernel='radial')
> p=predict(svm.model,tdata,type=prob)
> Complex_psychology=p
> pred_obs = cbind(tdata, Complex_psychology)
>
> write.matrix(pred_obs,'cyberbullying_SVMT_Complex_psychology.txt')
> mydata1=read.table('cyberbullying_SVMT_Complex_psychology.txt',header=T)
> attach(mydata1)
The following objects are masked _by_ .GlobalEnv:

    Bystander, Complex_psychology, Perpetrator, Victim
```

```
The following objects are masked from mydata1 (pos = 3):

    Attachment, Bystander, Complex_psychology, Day, Delinquency,
    Hour, Month, Passion, Perpetrator, Perpetrator1, Physical,
    Psychological, psychological_type, Region, Self_control, Strain,
    Victim, Week, Year

The following objects are masked from mydata1 (pos = 4):

    Attachment, Bystander, Complex_psychology, Day, Delinquency,
    Hour, Month, Passion, Perpetrator, Perpetrator1, Physical,
    Psychological, psychological_type, Region, Self_control, Strain,
    Victim, Week, Year

The following objects are masked from mydata1 (pos = 5):

    Attachment, Bystander, Complex_psychology, Day, Delinquency,
    Hour, Month, Passion, Perpetrator, Perpetrator1, Physical,
    Psychological, psychological_type, Region, Self_control, Strain,
    Victim, Week, Year

> mean(Complex_psychology)
[1] 0.02665872
```

[해석] 서포트벡터머신 모형에 대한 종속변수의 복합형의 평균 예측확률은 2.67%로 나타났다.

```
# 파일 합치기(예측확률을 1개의 파일로 합치기)
# 각각의 파일에서 종속변수 수정한 후(Perpetrator ->Perpetrator_1) 저장
> mydata1=read.table('cyberbullying_SVMT_Perpetrator.txt',header=T)
> mydata2=read.table('cyberbullying_SVMT_Victim.txt',header=T)
> mydata3=read.table('cyberbullying_SVMT_Bystander.txt',header=T)
> mydata4=read.table('cyberbullying_SVMT_Complex_psychology.txt',header=T)
> mydata5=cbind(mydata1, mydata2$Victim_1, mydata3$Bystander_1,
  mydata4$Complex_psychology_1)
> write.matrix(mydata5,'cyberbullying_SVMT_total.txt')
> mydata5=read.table('cyberbullying_SVMT_total.txt',header=T)
> attach(mydata5)
> mean(Perpetrator_1)
> mean(mydata2$Victim_1)
> mean(mydata3$Bystander_1)
> mean(mydata4$Complex_psychology)
```

```
R Console
> mydata1=read.table('cyberbullying_SVMT_Perpetrator.txt',header=T)
> mydata2=read.table('cyberbullying_SVMT_Victim.txt',header=T)
> mydata3=read.table('cyberbullying_SVMT_Bystander.txt',header=T)
> mydata4=read.table('cyberbullying_SVMT_Complex_psychology.txt',header=T)
> mydata5=cbind(mydata1, mydata2$Victim_1, mydata3$Bystander_1, mydata4$Comp$
> write.matrix(mydata5,'cyberbullying_SVMT_total.txt')
>
> mydata5=read.table('cyberbullying_SVMT_total.txt',header=T)
> attach(mydata5)
The following objects are masked _by_ .GlobalEnv:

    Bystander, Complex_psychology, Perpetrator, Victim

The following objects are masked from mydata1 (pos = 3):

    Attachment, Bystander, Complex_psychology, Day, Delinquency,
    Hour, Month, Passion, Perpetrator, Perpetrator1, Physical,
    Psychological, psychological_type, Region, Self_control, Strain,
    Victim, Week, Year

The following objects are masked from mydata1 (pos = 4):

    Attachment, Bystander, Complex_psychology, Day, Delinquency,
    Hour, Month, Passion, Perpetrator, Perpetrator1, Physical,
    Psychological, psychological_type, Region, Self_control, Strain,
    Victim, Week, Year

The following objects are masked from mydata1 (pos = 5):

    Attachment, Bystander, Complex_psychology, Day, Delinquency,
    Hour, Month, Passion, Perpetrator, Perpetrator1, Physical,
    Psychological, psychological_type, Region, Self_control, Strain,
    Victim, Week, Year

The following objects are masked from mydata1 (pos = 6):

    Attachment, Bystander, Complex_psychology, Day, Delinquency,
    Hour, Month, Passion, Perpetrator, Perpetrator1, Physical,
    Psychological, psychological_type, Region, Self_control, Strain,
    Victim, Week, Year

> mean(Perpetrator_1)
[1] 0.07525498
> mean(mydata2$Victim_1)
[1] 0.9072052
> mean(mydata3$Bystander_1)
[1] 0.02912772
> mean(mydata4$Complex_psychology)
[1] 0.07656857
>
> |
```

3.7 연관분석

연관분석(association analysis)은 대용량 데이터베이스에서 변수들 간의 의미 있는 관계를 탐색하기 위한 방법으로, 특별한 통계적 과정이 필요하지 않으며 빅데이터에 숨어 있는 연관규칙(association rule)을 찾는 것이다.

연관분석은 '기저귀를 구매하는 남성이 맥주를 함께 구매한다'는 장바구니 분석 사례에서 활용되는 분석기법으로, 소셜 데이터의 키워드도 장바구니 분석을 확장하여 적용할 수 있다.

소셜 빅데이터 분석에서 연관분석은 하나의 온라인 문서(transaction)에 포함된 둘 이상의 단어들에 대한 상호관련성을 발견하는 것으로, 동시에 발생한 어떤 단어들의 집합에 대해 조건과 연관규칙을 찾는 분석방법이다. 전체 문서에서 연관규칙의 평가 측도는 지지도(support), 신뢰도(confidence), 향상도(lift)로 나타낼 수 있다.

지지도는 전체 문서에서 해당 연관규칙(X→Y)에 해당하는 데이터의 비율($s = \frac{n(X \cup Y)}{N}$)이며, 신뢰도는 단어 X를 포함하는 문서 중에서 단어 Y도 포함하는 문서의 비율($c = \frac{n(X \cup Y)}{n(X)}$)을 의미한다. 향상도는 단어 X가 주어지지 않았을 때 단어 Y의 확률 대비 단어 X가 주어졌을 때 단어 Y의 확률의 증가비율($l = \frac{c(X \to Y)}{s(Y)}$)로, 향상도가 클수록 단어 X의 발생 여부가 단어 Y의 발생 여부에 큰 영향을 미치게 된다. 따라서 지지도는 자주 발생하지 않는 규칙을 제거하는 데 이용되며 신뢰도는 단어들의 연관성 정도를 파악하는 데 쓰일 수 있다. 향상도는 연관규칙($X \to Y$)에서 단어 X가 없을 때보다 있을 때 단어 Y가 발생할 비율을 나타낸다. 연관분석 과정은 연구자가 지정한 최소 지지도를 만족시키는 빈발항목집합(frequent item set)을 생성한 후, 이들에 대해 최저 신뢰도 기준을 마련하고 향상도가 1 이상인 것을 규칙으로 채택한다(Park, 2013).

소셜 빅데이터의 연관분석은 문서에서 나타나는 단어(이항 데이터: 문서에서 나타나는 단어의 유무로 측정된 데이터)의 연관규칙을 찾는 것으로 선험적 규칙(apriori principle) 알고리즘(algorithm)을 사용한다. 아프리오리 알고리즘(Apriori Algorithm)은 1994년 R. Agrawal과 R. Srikant(1994)가 제안하여 연관규칙 학습에 사용되고 있다.

소셜 빅데이터에서 선험적 알고리즘의 적용은 R의 arules 패키지의 apriori 함수로 연관규칙을 찾을 수 있다. 소셜 빅데이터의 연관분석은 키워드(예: 사이버 학교폭력 관련 키워드) 간의 규칙을 찾는 방법과 사이버 학교폭력 키워드와 종속변수[예: 사이버 학교폭력에 대한 유형(가해자, 피해자, 방관자, 복합형)] 간의 규칙을 찾는 방법이 있다.

1) 키워드 간 연관분석

사이버 학교폭력에 대한 비행요인(Access_entertainment_facilities~Student_violence) 키워드 간의 연관분석 절차는 다음과 같다.

> rm(list=ls())

> setwd("c:/cyberbullying_2017"): 작업용 디렉터리를 지정한다.

> install.packages("arules"): 'arules' 패키지를 설치한다.

> library(arules): 'arules' 패키지를 로딩한다.

> rm(list=ls())

> cyber_bullying=read.table(file='cyberbullying_type_association.txt',header=T)

- 청소년 사이버폭력 데이터(비행요인) 파일을 cyber_bullying 변수에 할당한다.

> attach(cyber_bullying)

> cyber_bullying_asso=cbind(Access_entertainment_facilities,Smoking,Drinking, Drug,Run_away,Gambling,Crime,Pregnant,Sexual_violence,Sex, Absence_without_leave,Student_violence)

- 청소년 사이버폭력의 12개의 비행요인 대상 변수를 cyber_bullying_asso 벡터로 할당한다.

> cyber_bullying_trans=as.matrix(cyber_bullying_asso,"Transaction")

- cyber_bullying_asso 변수를 0과 1의 값을 가진 matrix 파일로 변환하여 cyber_bullying_trans 변수에 할당한다.

> rules1=apriori(cyber_bullying_trans,parameter=list(supp=0.01,conf=0.01, target="rules"))

- 지지도 0.01, 신뢰도 0.01 이상인 규칙을 찾아 rule1 변수에 할당한다.

> summary(rules1): 연관규칙에 대해 summary하여 화면에 출력한다.

> rules.sorted=sort(rules1, by="confidence"): 신뢰도를 기준으로 정렬한다.

> inspect(rules.sorted): 신뢰도가 큰 순서로 정렬하여 화면에 출력한다.

- inspect() 함수는 lhs, rhs, support, confidence, lift, count 값을 출력한다.

- lhs(left-hand-side)는 선행(antecedent)을 의미하며, rhs(right-hand-side)는 후항

(consequent)을 의미한다.

> rules.sorted=sort(rules1, by="lift"): 향상도를 기준으로 정렬한다.

> inspect(rules.sorted): 향상도가 큰 순서로 정렬하여 화면에 출력한다.

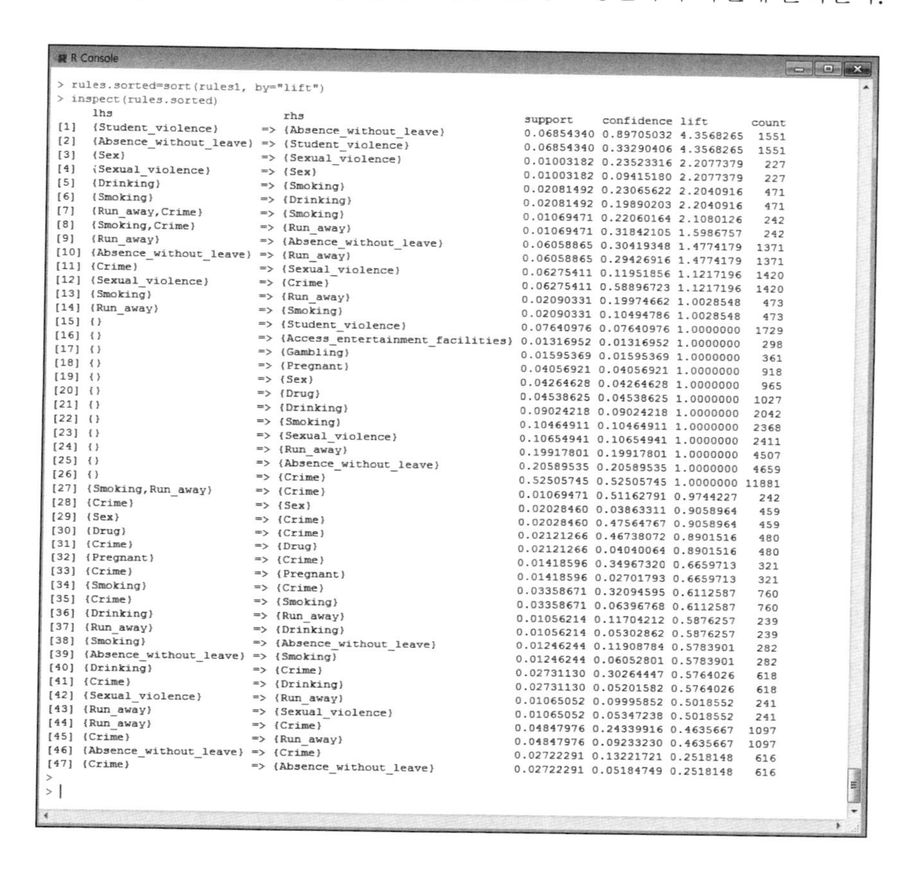

```
R Console
> rules.sorted=sort(rules1, by="lift")
> inspect(rules.sorted)
     lhs                          rhs                                  support    confidence lift      count
[1]  {Student_violence}        => {Absence_without_leave}              0.06854340 0.89705032 4.3568265  1551
[2]  {Absence_without_leave}   => {Student_violence}                   0.06854340 0.33290406 4.3568265  1551
[3]  {Sex}                     => {Sexual_violence}                    0.01003182 0.23523316 2.2077379   227
[4]  {Sexual_violence}         => {Sex}                                0.01003182 0.09415180 2.2077379   227
[5]  {Drinking}                => {Smoking}                            0.02081492 0.23065622 2.2040916   471
[6]  {Smoking}                 => {Drinking}                           0.02081492 0.19890203 2.2040916   471
[7]  {Run_away,Crime}          => {Smoking}                            0.01069471 0.22060164 2.1080126   242
[8]  {Smoking,Crime}           => {Run_away}                           0.01069471 0.31842105 1.5986757   242
[9]  {Run_away}                => {Absence_without_leave}              0.06058865 0.30419348 1.4774179  1371
[10] {Absence_without_leave}   => {Run_away}                           0.06058865 0.29426916 1.4774179  1371
[11] {Crime}                   => {Sexual_violence}                    0.06275411 0.11951856 1.1217196  1420
[12] {Sexual_violence}         => {Crime}                              0.06275411 0.58896723 1.1217196  1420
[13] {Smoking}                 => {Run_away}                           0.02090331 0.19974662 1.0028548   473
[14] {Run_away}                => {Smoking}                            0.02090331 0.10494786 1.0028548   473
[15] {}                        => {Student_violence}                   0.07640976 0.07640976 1.0000000  1729
[16] {}                        => {Access_entertainment_facilities}    0.01316952 0.01316952 1.0000000   298
[17] {}                        => {Gambling}                           0.01595369 0.01595369 1.0000000   361
[18] {}                        => {Pregnant}                           0.04056921 0.04056921 1.0000000   918
[19] {}                        => {Sex}                                0.04264628 0.04264628 1.0000000   965
[20] {}                        => {Drug}                               0.04538625 0.04538625 1.0000000  1027
[21] {}                        => {Drinking}                           0.09024218 0.09024218 1.0000000  2042
[22] {}                        => {Smoking}                            0.10464911 0.10464911 1.0000000  2368
[23] {}                        => {Sexual_violence}                    0.10654941 0.10654941 1.0000000  2411
[24] {}                        => {Run_away}                           0.19917801 0.19917801 1.0000000  4507
[25] {}                        => {Absence_without_leave}              0.20589535 0.20589535 1.0000000  4659
[26] {}                        => {Crime}                              0.52505745 0.52505745 1.0000000 11881
[27] {Smoking,Run_away}        => {Crime}                              0.01069471 0.51162791 0.9744227   242
[28] {Crime}                   => {Sex}                                0.02028460 0.03863311 0.9058964   459
[29] {Sex}                     => {Crime}                              0.02028460 0.47564767 0.9058964   459
[30] {Drug}                    => {Crime}                              0.02121266 0.46738072 0.8901516   480
[31] {Crime}                   => {Drug}                               0.02121266 0.04040064 0.8901516   480
[32] {Pregnant}                => {Crime}                              0.01418596 0.34967320 0.6659713   321
[33] {Crime}                   => {Pregnant}                           0.01418596 0.02701793 0.6659713   321
[34] {Smoking}                 => {Crime}                              0.03358671 0.32094595 0.6112587   760
[35] {Crime}                   => {Smoking}                            0.03358671 0.06396768 0.6112587   760
[36] {Drinking}                => {Run_away}                           0.01056214 0.11704212 0.5876257   239
[37] {Run_away}                => {Drinking}                           0.01056214 0.05302862 0.5876257   239
[38] {Smoking}                 => {Absence_without_leave}              0.01246244 0.11908784 0.5783901   282
[39] {Absence_without_leave}   => {Smoking}                            0.01246244 0.06052801 0.5783901   282
[40] {Drinking}                => {Crime}                              0.02731130 0.30264447 0.5764026   618
[41] {Crime}                   => {Drinking}                           0.02731130 0.05201582 0.5764026   618
[42] {Sexual_violence}         => {Run_away}                           0.01065052 0.09995852 0.5018552   241
[43] {Run_away}                => {Sexual_violence}                    0.01065052 0.05347238 0.5018552   241
[44] {Run_away}                => {Crime}                              0.04847976 0.24339916 0.4635667  1097
[45] {Crime}                   => {Run_away}                           0.04847976 0.09233230 0.4635667  1097
[46] {Absence_without_leave}   => {Crime}                              0.02722291 0.13221721 0.2518148   616
[47] {Crime}                   => {Absence_without_leave}              0.02722291 0.05184749 0.2518148   616
>
> |
```

[해석] 사이버 학교폭력에 대한 비행요인 키워드의 연관성 예측에서 {Student_violence} =>{Absence_without_leave} 두 변인의 연관성은 지지도 0.069, 신뢰도는 0.897, 향상도는 4.36로 나타났다. 이는 온라인 문서에서 Student_violence가 언급되면 Absence_without_leave가 나타날 확률이 89.7%이며, Student_violence가 언급되지 않은 문서보다 Absence_without_leave이 나타날 확률이 약 4.36배 높아지는 것을 의미한다.

청소년 비행요인 키워드 연관규칙의 소셜 네트워크 분석(SNA)

> install.packages("dplyr"): 데이터 분석을 위한 'dplyr' 패키지를 설치한다.

> library(dplyr): 'dplyr' 패키지를 로딩한다.

> install.packages("igraph")

- 'igraph' 패키지는 서로 연관이 있는 데이터를 연결하여 그래프로 나타내는 패키지다.

> library(igraph)

> rules = labels(rules1, ruleSep="/", setStart="", setEnd="")

- 시각화를 위한 데이터 구조를 변경한다.

> rules = sapply(rules, strsplit, "/", USE.NAMES=F)

- 시각화를 위한 데이터 구조를 변경한다.

> rules = Filter(function(x){!any(x == "")}, rules)

- 시각화를 위한 데이터 구조를 변경한다.

> rulemat = do.call("rbind", rules): 시각화를 위한 데이터 구조를 변경한다.

> rulequality = quality(rules1): 시각화를 위한 데이터 구조를 변경한다.

> ruleg = graph.edgelist(rulemat, directed=F)

> ruleg = graph.edgelist(rulemat[-c(1:16),], directed=F)

- 연관규칙 결과 중 { }를 제거한다.

> plot.igraph(ruleg, vertex.label=V(ruleg)$name, vertex.label. cex=0.7, vertex. size=20, layout=layout.fruchterman.reingold.grid): edgelist의 시각화를 실시한다.

```
R Console
> install.packages("dplyr")
Warning: package 'dplyr' is in use and will not be installed
> library(dplyr)
> install.packages("igraph")
Warning: package 'igraph' is in use and will not be installed
> library(igraph)
> rules = labels(rules1, ruleSep="/", setStart="", setEnd="")
> rules = sapply(rules, strsplit, "/",  USE.NAMES=F)
> rules = Filter(function(x){!any(x == "")},rules)
> rulemat = do.call("rbind", rules)
> rulequality = quality(rules1)
> ruleg = graph.edgelist(rulemat,directed=F)
>
>
> #plot for important pairs
>
> ruleg = graph.edgelist(rulemat[-c(1:16),],directed=F)
> plot.igraph(ruleg, vertex.label=V(ruleg)$name, vertex.label.cex=0.7,
+  vertex.size=12, layout=layout.fruchterman.reingold.grid)
Warning message:
In v(graph) : Grid Fruchterman-Reingold layout was removed,
we use Fruchterman-Reingold instead.
>
> |
```

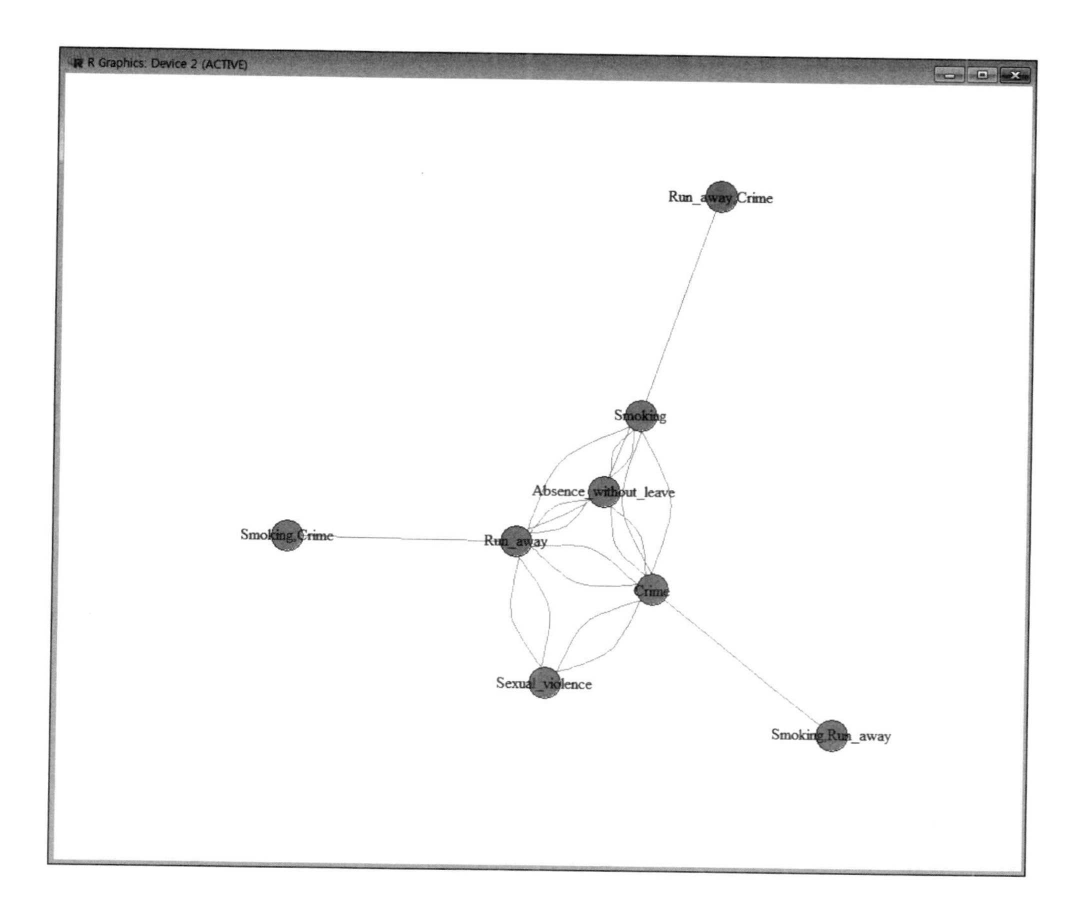

[해석] 연관규칙에 대한 SNA 결과는 상기 그림과 같다. 청소년 비행요인 키워드는 Absence_without_leave에 Run_away, Smoking, Sexual_violence, Crime이 상호 연결되어 있는 것으로 나타났다.

```
# 사이버 학교폭력 비행요인 키워드 연관규칙의 시각화
> install.packages("arulesViz")
> library(arulesViz)
> plot(rules1, method='paracoord', control=list(reorder=T))
```

- 병렬좌표 플롯(parallel coordinates plots) 시각화
- 선의 굵기는 지지도의 크기에 비례하고 색상의 농담은 향상도의 크기에 비례한다.
- parallel coordinates plot은 x축 화살표의 종착점이 RHS(right-hand-side: consequent)이고 시작점(2)과 중간 기착점(1)의 조합이 LHS(left-hand-side: antecedent)이다. X축과 교

차하는 Y축은 해당 item(비행요인: Access_entertainment_facilities~Student_violence)의 이름을 나타낸다. 따라서 좌표를 보는 방법은 Association rule을 참조하여 해석해야 한다.

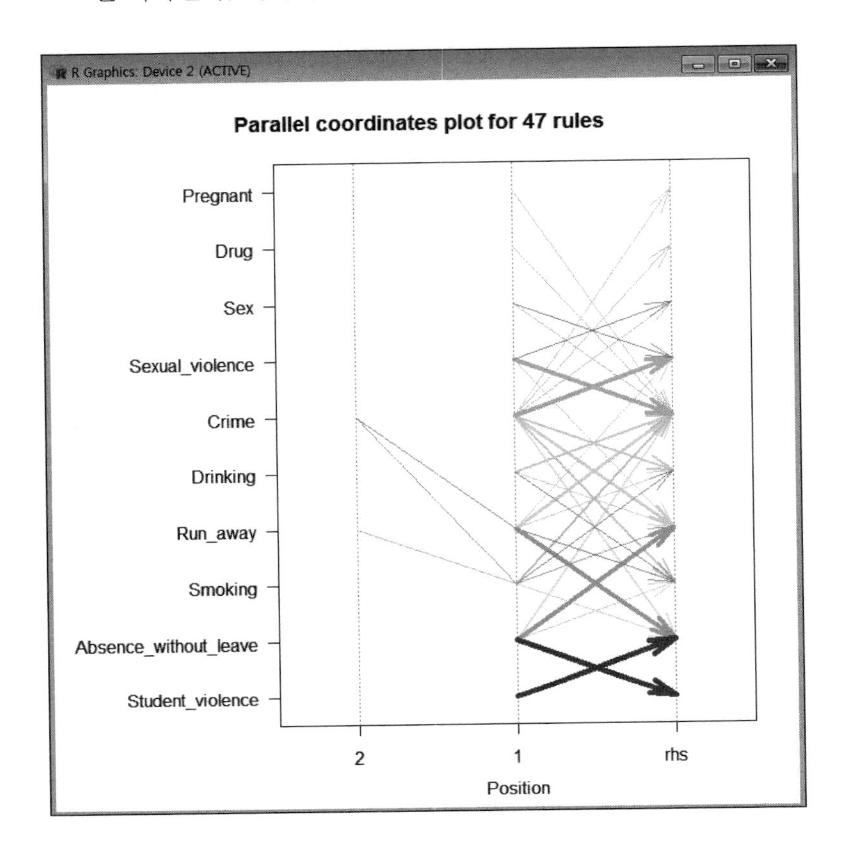

[해석] 사이버 학교폭력 비행요인 키워드 키워드는 첫 번째 연결 단계인 lhs(2)에서 Crime과 Run_away로 연결되고, 두 번째 연결 단계인 lhs(1)의 Smoking을 거쳐 최종 연결 단계인 rhs에서는 Absence_without_leave와 Run_away에 연결되는 것으로 나타났다.

2) 키워드와 종속변수 간 연관분석

사이버 학교폭력에 대한 비행요인(Access_entertainment_facilities~Student_violence) 키워드와 종속변수[사이버 학교폭력에 대한 유형(가해자, 피해자, 방관자, 복합형)] 간의 연관분석 절차는 다음과 같다.

```
> rm(list=ls())
> setwd("c:/cyberbullying_2017")
> install.packages("arules")
> library(arules)
> rm(list=ls())
> cyber_bullying=read.table(file='cyberbullying_type_association.txt',header=T)
> attach(cyber_bullying)
> cyber_bullying_asso=cbind(Perpetrator,Victim,Bystander,Complex_psychology,
  Access_entertainment_facilities,Smoking,Drinking,Drug,Run_away,Gambling,
  Crime,Pregnant,Sexual_violence,Sex,Absence_without_leave,Student_violence)
> trans=as.matrix(cyber_bullying_asso,"Transaction")
> rules1=apriori(trans,parameter=list(supp=0.002,conf=0.01), appearance=list
  (rhs=c("Perpetrator"), default="lhs"),control=list(verbose=F))
> rules1=apriori(trans,parameter=list(supp=0.01,conf=0.01), appearance=list
  (rhs=c("Victim"), default="lhs"),control=list(verbose=F))
> rules1=apriori(trans,parameter=list(supp=0.002,conf=0.01), appearance=list
  (rhs=c("Bystander"), default="lhs"),control=list(verbose=F))
> rules1=apriori(trans,parameter=list(supp=0.002,conf=0.01), appearance=list
  (rhs=c("Complex_psychology"), default="lhs"),control=list(verbose=F))
> rules.sorted=sort(rules1, by="confidence")
> inspect(rules.sorted)
> rules.sorted=sort(rules1, by="lift")
> inspect(rules.sorted)
```

```
R Console
> cyber_bullying_asso=cbind(Perpetrator,Victim,Bystander,Complex_psychology,
+ Access_entertainment_facilities,Smoking,Drinking,
+  Drug,Run_away,Gambling,Crime,Pregnant,Sexual_violence,Sex,
+  Absence_without_leave,Student_violence)
> trans=as.matrix(cyber_bullying_asso,"Transaction")
>
> rules1=apriori(trans,parameter=list(supp=0.002,conf=0.01), appearance=list
+ (rhs=c("Perpetrator"), default="lhs"),control=list(verbose=F))
> rules.sorted=sort(rules1, by="confidence")
> inspect(rules.sorted)
     lhs                                        rhs           support     confidence lift      count
[1]  {Absence_without_leave,Student_violence} => {Perpetrator} 0.068057274 0.99290780 6.9818265 1540
[2]  {Student_violence}                       => {Perpetrator} 0.068808556 0.90052053 6.3321873 1557
[3]  {Absence_without_leave}                  => {Perpetrator} 0.073625597 0.35758747 2.5144466 1666
[4]  {}                                       => {Perpetrator} 0.142213187 0.14221319 1.0000000 3218
[5]  {Drinking}                               => {Perpetrator} 0.008882800 0.09843291 0.6921504  201
[6]  {Sex}                                    => {Perpetrator} 0.003800601 0.08911917 0.6266590   86
[7]  {Smoking}                                => {Perpetrator} 0.009280537 0.08868243 0.6235880  210
[8]  {Pregnant}                               => {Perpetrator} 0.003270285 0.08061002 0.5668252   74
[9]  {Run_away}                               => {Perpetrator} 0.014848860 0.07455070 0.5242179  336
[10] {Crime}                                  => {Perpetrator} 0.038403748 0.07314199 0.5143123  869
[11] {Drug}                                   => {Perpetrator} 0.002872547 0.06329114 0.4450441   65
[12] {Smoking,Crime}                          => {Perpetrator} 0.002121266 0.06315789 0.4441072   48
[13] {Sexual_violence}                        => {Perpetrator} 0.005877674 0.05516383 0.3878953  133
[14] {Crime,Sexual_violence}                  => {Perpetrator} 0.003181899 0.05070423 0.3565367   72
[15] {Run_away,Crime}                         => {Perpetrator} 0.002253845 0.04649043 0.3269066   51
> rules.sorted=sort(rules1, by="lift")
> inspect(rules.sorted)
     lhs                                        rhs           support     confidence lift      count
[1]  {Absence_without_leave,Student_violence} => {Perpetrator} 0.068057274 0.99290780 6.9818265 1540
[2]  {Student_violence}                       => {Perpetrator} 0.068808556 0.90052053 6.3321873 1557
[3]  {Absence_without_leave}                  => {Perpetrator} 0.073625597 0.35758747 2.5144466 1666
[4]  {}                                       => {Perpetrator} 0.142213187 0.14221319 1.0000000 3218
[5]  {Drinking}                               => {Perpetrator} 0.008882800 0.09843291 0.6921504  201
[6]  {Sex}                                    => {Perpetrator} 0.003800601 0.08911917 0.6266590   86
[7]  {Smoking}                                => {Perpetrator} 0.009280537 0.08868243 0.6235880  210
[8]  {Pregnant}                               => {Perpetrator} 0.003270285 0.08061002 0.5668252   74
[9]  {Run_away}                               => {Perpetrator} 0.014848860 0.07455070 0.5242179  336
[10] {Crime}                                  => {Perpetrator} 0.038403748 0.07314199 0.5143123  869
[11] {Drug}                                   => {Perpetrator} 0.002872547 0.06329114 0.4450441   65
[12] {Smoking,Crime}                          => {Perpetrator} 0.002121266 0.06315789 0.4441072   48
[13] {Sexual_violence}                        => {Perpetrator} 0.005877674 0.05516383 0.3878953  133
[14] {Crime,Sexual_violence}                  => {Perpetrator} 0.003181899 0.05070423 0.3565367   72
[15] {Run_away,Crime}                         => {Perpetrator} 0.002253845 0.04649043 0.3269066   51
> |
```

[해석] 사이버 학교폭력에 대한 비행요인과 종속변수의 연관성 예측에서 신뢰도가 가장 높은 연관규칙으로는 {Absence_without_leave, Student_violence}=>{Perpetrator}이며 세 개 변인의 연관성은 지지도는 0.068, 신뢰도는 0.9929, 향상도는 6.981으로 나타났다. 이는 온라인 문서에서 'Absence_without_leave, Student_violence'이 언급되면 사이버 학교폭력의 대한 가해자(Perpetrator)일 확률이 99.3%이며, 'Absence_without_leave, Student_violence'이 언급되지 않은 문서보다 사이버 학교폭력의 대한 가해자일 확률이 6.98배 높아지는 것을 나타낸다.

3.8 군집분석

군집분석(cluster analysis)은 동일 집단에 속해 있는 개체들의 유사성에 기초하여 집단을 몇 개의 동질적인 군집으로 분류하는 분석기법이다. 군집분석은 머신러닝의 과정인 추상화와 일반화 과정을 생략하고 훈련데이터를 그대로 저장하기 때문에 게으른 학습(lazy learning) 또는 인스턴스 기반 학습(instance-based learning)이라고 한다. 즉, 인스턴스 기반 학습기는 모형을 생성하지 않고 유사한 데이터를 모으는 과정만 실시하는 비지도학습(Unsupervised Learning)이다. 따라서 군집분석은 데이터 내에 종속변수가 없는 상태에서 독립변수만으로 학습하여 모델링한 후, 종속변수가 포함되지 않은 신규데이터의 독립변수만으로 종속변수를 출력한다. 군집분석에는 연구자가 군집의 수를 지정하는 비계층적 군집분석(K-평균 군집분석)과 가까운 대상끼리 순차적으로 군집을 묶어가는 계층적 군집분석이 있다. K-평균 군집분석은 각각의 개체를 가장 가까운 중심(평균)의 군집에 할당하는 방법으로 군집의 연결 절차는 다음과 같다.

첫째, n개의 개체를 K개의 군집으로 할당하기 위하여 군집의 수 K를 설정한다.

둘째, K개 군집 각각의 평균을 구한다. 처음에는 자료를 K개의 군집으로 할당한 뒤 각 군집의 평균($\bar{x}_i$; $i=1, \ldots K$)을 구한다.

셋째, 개체 각각에 대해 K개 군집 평균에 이르는 유클리디안 거리(Euclidean Distance)를 계산하여[$d(x,y)=\sqrt{(x_1-y_1)^2+\cdots+(x_p-y_p)^2}$] 가장 가까운 군집으로 개체를 재배치한다.

넷째, 재배치가 수렴(군집 중심의 변화가 거의 없을 때 까지)할 때까지 반복한다.

따라서 K-means 군집분석은 사전에 군집의 개수인 K를 지정해야 한다. 군집의 수를 선정하는 방법에는, 첫째 군집의 수를 여러 개 지정하여 결과를 확인한 후, 결과 중 가장 적절한 최종 군집수를 결정한다. 군집수를 결정할 때는 최종 군집에 포함될 수 있는 요인이 2개 이상이 되어야 한다. 둘째 스크리 도표를 이용하여 군집의 수를 선정하는 방법이 있다. 스크리 도표는 군집 내 편차(within groups sum of squares)를 이용하여 군집의 플롯을 그리는 것으로, 군집의 플롯에서 급격한 경사가 완만해지거나 증가하는 지점에서 최종 군집의 수를 결정한다.

1) 군집분석

연구문제

청소년 사이버 폭력의 GST 요인에 대해 사이버 폭력 유형별 세분화를 위한 군집분석을 실시한다.

1단계: 군집의 수를 선정한다.

> rm(list=ls())

> setwd("c:/cyberbullying_2017"): 작업용 디렉터리를 지정한다.

> cyber_bullying=read.table(file="cyber_bullying_cluster_type_SEM.txt",header=T)

- 데이터 파일을 cyber_bullying에 할당한다.

> attach(cyber_bullying): 실행 데이터를 'cyber_bullying'로 고정시킨다.

> clust_data=cbind(Strain,Physical,Psychological,Self_control,Attachment, Passion,Perpetrator,Delinquency)

- 사이버 학교폭력 GST 요인(Strain~Delinquency)을 결합하여 clust_data에 할당한다.

> noc=(nrow(clust_data)-1)*sum(apply(clust_data, 2, var))

- 군집 내 편차(within groups sum of squares)를 산출한다.

> for (i in 2:8)
noc[i]=sum(kmeans(clust_data, center=i)$withinss)

- 8개 군집의 군집 내 편차를 산출한다.

> plot(noc, type='b', pch=19, xlab='Number of Clusters', ylab='Within groups sum of squares'): 스크리 도표를 그린다.

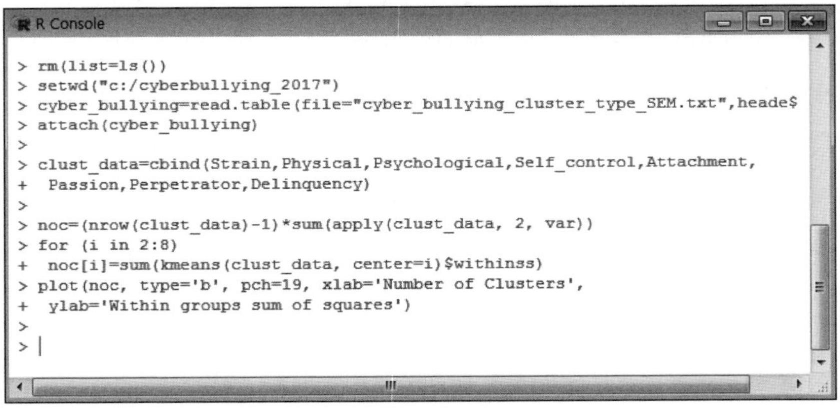

```
R Console
> rm(list=ls())
> setwd("c:/cyberbullying_2017")
> cyber_bullying=read.table(file="cyber_bullying_cluster_type_SEM.txt",heade$
> attach(cyber_bullying)
>
> clust_data=cbind(Strain,Physical,Psychological,Self_control,Attachment,
+  Passion,Perpetrator,Delinquency)
>
> noc=(nrow(clust_data)-1)*sum(apply(clust_data, 2, var))
> for (i in 2:8)
+  noc[i]=sum(kmeans(clust_data, center=i)$withinss)
> plot(noc, type='b', pch=19, xlab='Number of Clusters',
+  ylab='Within groups sum of squares')
>
> |
```

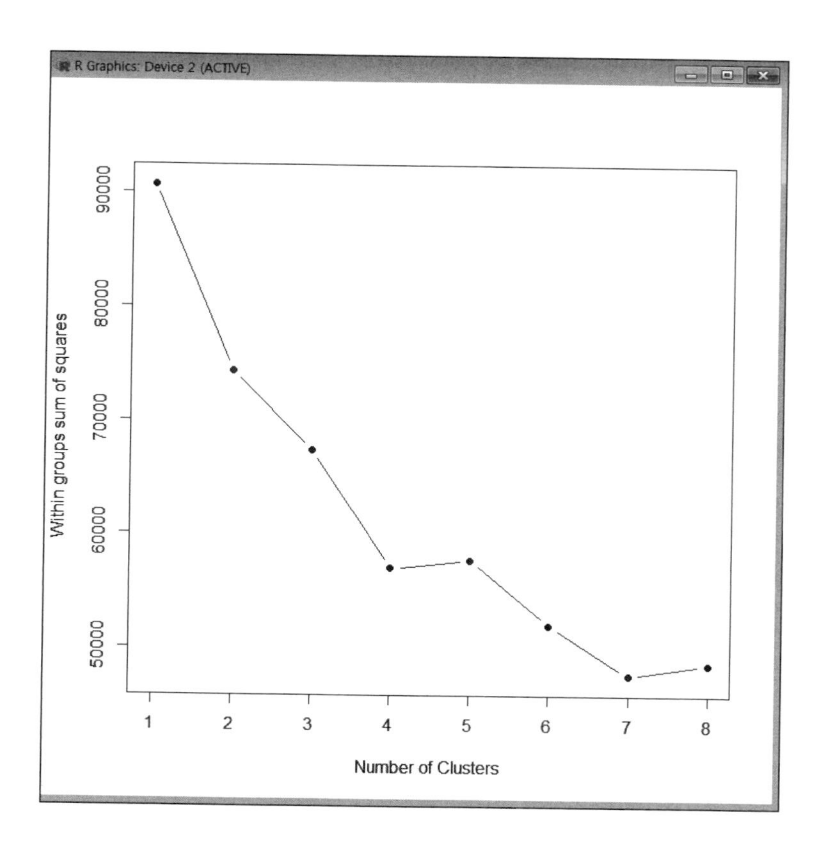

[해석] 상기 스크리 도표의 군집 4에서 급격한 경사가 완만해져 군집의 수를 4로 선정하였다.

2단계: 군집분석을 실시한다.

> fit = kmeans(clust_data, 4) # 4 cluster solution

- 4 cluster solution: m_data 객체를 4개의 군집으로 만들어 fit에 할당한다.

> fit: 4개의 군집(fit)을 화면에 출력한다.

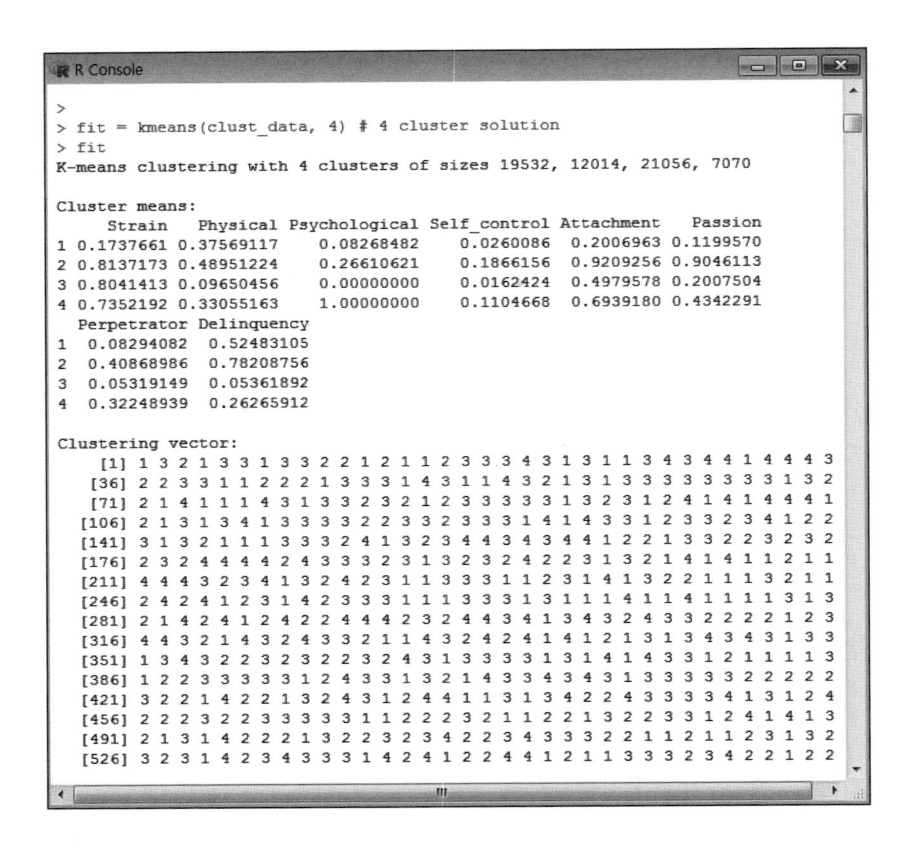

```
R Console
>
> fit = kmeans(clust_data, 4) # 4 cluster solution
> fit
K-means clustering with 4 clusters of sizes 19532, 12014, 21056, 7070

Cluster means:
     Strain   Physical Psychological Self_control Attachment   Passion
1 0.1737661 0.37569117    0.08268482    0.0260086  0.2006963 0.1199570
2 0.8137173 0.48951224    0.26610621    0.1866156  0.9209256 0.9046113
3 0.8041413 0.09650456    0.00000000    0.0162424  0.4979578 0.2007504
4 0.7352192 0.33055163    1.00000000    0.1104668  0.6939180 0.4342291
  Perpetrator Delinquency
1  0.08294082  0.52483105
2  0.40868986  0.78208756
3  0.05319149  0.05361892
4  0.32248939  0.26265912

Clustering vector:
    [1] 1 3 2 1 3 3 1 3 3 2 2 1 2 1 1 2 3 3 3 4 3 1 3 1 1 3 4 3 4 4 1 4 4 4 3
   [36] 2 2 3 3 1 1 2 2 2 1 3 3 3 1 4 3 1 1 4 3 2 1 3 1 3 3 3 3 3 3 3 3 1 3 2
   [71] 2 1 4 1 1 1 4 3 1 3 3 2 3 2 1 2 3 3 3 3 3 1 3 2 3 1 2 4 1 4 1 4 4 4 1
  [106] 2 1 3 1 3 4 1 3 3 3 3 2 2 3 3 2 3 3 3 1 4 1 4 3 3 1 2 3 3 2 3 4 1 2 2
  [141] 3 1 3 2 1 1 1 3 3 3 2 4 1 3 2 3 4 4 3 4 3 4 4 1 2 2 1 3 3 2 2 3 2 3 2
  [176] 2 3 2 4 4 4 4 2 4 3 3 3 2 3 1 3 2 3 2 4 2 2 3 1 3 2 1 4 1 4 1 1 2 1 1
  [211] 4 4 4 3 2 3 4 1 3 2 4 2 3 1 1 3 3 3 1 1 2 3 1 4 1 3 2 2 1 1 1 3 2 1 1
  [246] 2 4 2 4 1 2 3 1 4 2 3 3 3 1 1 1 3 3 3 1 3 1 1 1 4 1 1 4 1 1 1 1 3 1 3
  [281] 2 1 4 2 4 1 2 4 2 2 4 4 4 2 3 2 4 4 3 4 1 3 4 3 2 4 3 3 2 2 2 2 1 2 3
  [316] 4 4 3 2 1 4 3 2 4 3 3 2 1 1 4 3 2 4 2 4 1 4 1 2 1 3 1 3 4 3 4 3 1 3 3
  [351] 1 3 4 3 2 2 3 2 3 2 2 3 2 4 3 1 3 3 3 3 1 3 1 4 1 4 3 3 1 2 1 1 1 1 3
  [386] 1 2 2 3 3 3 3 3 1 2 4 3 3 1 3 2 1 4 3 3 4 3 4 3 1 3 3 3 3 3 2 2 2 2 2
  [421] 3 2 2 1 4 2 2 1 3 2 4 3 1 2 4 4 1 1 3 1 3 4 2 2 4 3 3 3 3 4 1 3 1 2 4
  [456] 2 2 2 3 2 2 3 3 3 3 3 1 1 2 2 2 3 2 1 1 2 2 1 3 2 2 3 3 1 2 4 1 4 1 3
  [491] 2 1 3 1 4 2 2 2 1 3 2 2 3 2 3 4 2 2 3 4 3 3 3 2 2 1 1 2 1 1 2 3 1 3 2
  [526] 3 2 3 1 4 2 3 4 3 3 3 1 4 2 4 1 2 2 4 4 1 2 1 1 3 3 3 2 3 4 2 2 1 2 2
```

[해석] Cluster means가 0.3 이상인 요인을 군집에 포함한다.

군집 1은 19,532건(Physical, Delinquency)으로 분류할 수 있다. 군집 2는 12,014건(Strain, Physical, Attachment, Passion, Perpetrator, Delinquency)으로 분류할 수 있다. 군집 3은 21,056건(Strain, Attachment)으로 분류할 수 있다. 군집 4는 7070건(Strain, Physical, Attachment, Passion, Psychological)으로 분류할 수 있다.

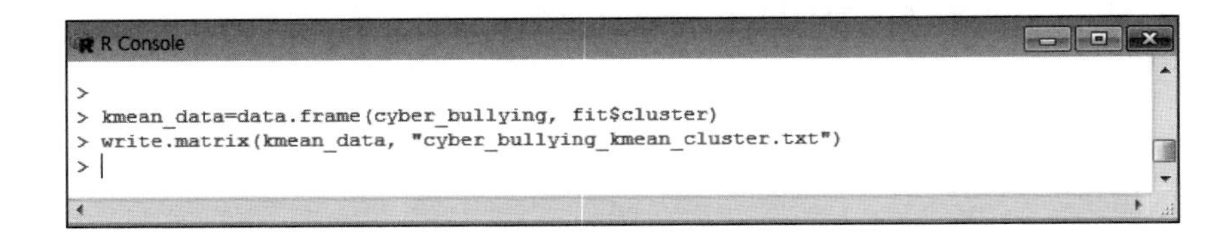

```
R Console
>
> kmean_data=data.frame(cyber_bullying, fit$cluster)
> write.matrix(kmean_data, "cyber_bullying_kmean_cluster.txt")
> |
```

> kmean_data=data.frame(cyber_bullying, fit$cluster)

- kmean_data 데이터에 소속군집을 추가한다(append cluster assignment).

> library(MASS): write.matrix() 함수가 포함된 MASS 패키지를 로딩한다.

> write.matrix(kmean_data, "cyber_bullying_kmean_cluster.txt")

- kmean_data 객체를 cyber_bullying_kmean_cluster.txt 파일에 출력한다.

2) 세분화

군집분석에서 저장된 소속군집을 이용하여 청소년 사이버 폭력 유형에 따른 세분화 분석을 할 수 있다. 군집분석에서의 세분화는 군집별로 각각의 특성을 도출하기 위해 상기 군집분석에서 분류된 4개의 군집(fit.cluster)에 대한 청소년 사이버 폭력 유형[psychological_type(1=가해자, 2=피해자, 3=방관자, 4=복합형)]을 카이제곱검정으로 확인한다.

> install.packages('Rcmdr'); library(Rcmdr)

- R 그래픽 사용환경을 지원하는 R Commander 패키지를 설치한다.

> install.packages('catspec'); library(catspec)

- 이원분할표(교차분석)를 지원하는 패키지를 설치한다.

> rm(list=ls())

> setwd("c:/cyberbullying_2017"): 작업용 디렉터리를 지정한다.

> cyber_bullying=read.table(file='cyber_bullying_kmean_cluster.txt', header=T)

- 데이터 파일을 cyber_bullying에 할당한다.

> attach(cyber_bullying): 실행 데이터를 'cyber_bullying'로 고정시킨다.

> t1=ftable(cyber_bullying[c('fit.cluster','psychological_type')])

- 소속군집과 사이버폭력 유형에 대한 이원분할표 벡터값을 t1 변수에 할당한다.

> ctab(t1,type=c('n','r','c','t'))

- 이원분할표의 빈도, 행(row), 열(column), total 퍼센트를 화면에 출력한다.

> chisq.test(t1): 이원분할표의 카이제곱검정 통계량을 화면에 출력한다.

```
R Console
> rm(list=ls())
> setwd("c:/cyberbullying_2017")
> cyber_bullying=read.table(file='cyber_bullying_kmean_cluster.txt', header=T)
> attach(cyber_bullying)
The following objects are masked from cyber_bullying (pos = 12):

    Attachment, Delinquency, Passion, Perpetrator, Physical, Psychological,
    psychological_type, Self_control, Strain

>
> t1=ftable(cyber_bullying[c('fit.cluster','psychological_type')])
> ctab(t1,type=c('n','r','c','t'))
                     psychological_type        1        2        3        4
fit.cluster
1           Count                        2948.00 14080.00  1474.00  1030.00
            Row %                          15.09    72.09     7.55     5.27
            Column %                       40.47    33.34    26.41    22.54
            Total %                         4.94    23.60     2.47     1.73
2           Count                         935.00  8439.00  1433.00  1207.00
            Row %                           7.78    70.24    11.93    10.05
            Column %                       12.83    19.98    25.68    26.42
            Total %                         1.57    14.14     2.40     2.02
3           Count                        2889.00 14460.00  2029.00  1678.00
            Row %                          13.72    68.67     9.64     7.97
            Column %                       39.66    34.24    36.36    36.73
            Total %                         4.84    24.23     3.40     2.81
4           Count                         513.00  5258.00   645.00   654.00
            Row %                           7.26    74.37     9.12     9.25
            Column %                        7.04    12.45    11.56    14.31
            Total %                         0.86     8.81     1.08     1.10
> chisq.test(t1)

        Pearson's Chi-squared test

data:  t1
X-squared = 954.8, df = 9, p-value < 2.2e-16

> |
```

[해석] 사이버 학교폭력 가해자는 군집 1(Physical, Delinquency)이 40.47%로 가장 높게 나타났으며, 사이버 학교폭력 피해자는 군집 3(Strain, Attachment)이 34.24%로 가장 높게 나타났으며, 사이버 학교폭력 방관자는 군집 3(Strain, Attachment)이 36.36%로 가장 높게 나타났으며, 사이버 학교폭력 복합형은 군집 3(Strain, Attachment)이 36.73%로 가장 높게 나타났다.

4 머신러닝 모형 평가

머신러닝 모형의 평가는 훈련용 데이터(training data)로 만들어진 모형함수를 시험용 데이터(training data)에 적용했을 때 나타나는 분류정확도를 이용한다. 따라서 예측모형의 평가는 <표 3-4>와 같이 실제집단과 예측집단(분류집단)의 오분류표로 검정할 수 있다.

〈표 3-4〉 오분류표[청소년 사이버폭력 위험(부정/긍정) 예측]

실제집단 \ 분류집단	0(Negative)	1(Positive)
0(Negative)	N_{00}	N_{01}
1(Positive)	N_{10}	N_{11}

* N: 전체 데이터 수

표<3-4>의 분류모형의 평가지표 중 '정확도(accuracy)=$(N_{00}+ N_{11})/N$'는 전체 데이터 중 올바르게 분류된 비율이며 '오류율(error rate)=$(N_{01}+N_{10})/N$'은 오분류된 비율이다.

'민감도(sensitivity)=$N_{00}/(N_{00}+N_{01})$'는 부정적 문서 중 정분류된 자료의 비율이다. '특이도(specificity)=$N_{11}/(N_{10}+N_{11})$'는 긍정적 문서 중 정분류된 자료의 비율이고 '정밀도(precision)=$N_{00}/(N_{00}+N_{10})$'는 부정적으로 분류된 문서 중에서 실제 부정적인 문서의 비율을 말한다.

〈표 3-5〉 오분류표[청소년 사이버폭력 유형(가해자/피해자/방관자/복합형) 예측]

실제집단 \ 분류집단	가해자	피해자	방관자	복합형
가해자	p1	p2	p3	p4
피해자	p5	p6	p7	p8
방관자	p9	p10	p11	p12
복합형	p13	p14	p15	p16

* N: 전체 데이터 수

표<3-5>의 분류모형의 평가지표 중 '정확도(accuracy)=(p1+p6+p11+p16)/N'는 전체 데이터 중 올바르게 분류된 비율이다.

'오류율(error rate)=(p2+p3+p4+p7+p8+p12+p5+p9+p10+p13+p14+p15)/N'은 오분류된 비율이다.

'상향정확도(Upward accuracy)=(p2+p3+p4+p7+p8+p12)/N'은 상향 데이터에서 올바르게 분류된 비율이다.

'하향정확도(Downward accuracy)=(p5+p9+p10+p13+p14+p15)/N'은 하향 데이터에서 올바르게 분류된 비율이다.

또한, 머신러닝 모형의 성능평가는 ROC(Receiver Operation Characteristic) 곡선으로 평가할 수 있다. ROC는 여러 절단값에서 민감도와 특이도의 관계를 보여주며 분류기의 성능이 기준선을 넘었는지 그래프로 확인할 수 있다. 민감도와 특이도는 반비례하여 ROC 곡선은 증가하는 형태를 나타낸다(그림 3-9). ROC는 예측력의 비교를 위해 ROC 곡선의 아래 면적을 나타내는 AUC(Area Under the Curve)를 사용하며, AUC 통계량이 클수록 예측력[2]이 우수한 분류기라고 할 수 있다.

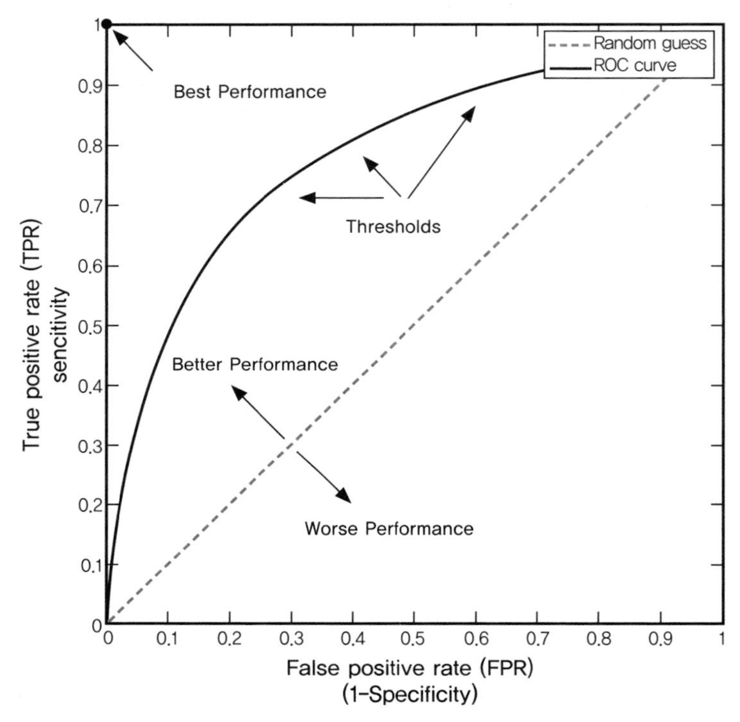

출처: Hassouna, M., Tarhini, A., Elyas, T. (2015). Customer Churn in Mobile Markets: A Comparison of Techniques. International Business Research, Vol 8(6), pp. 224-237.

[그림 3-9] ROC curve

머신러닝은 데이터를 추상화(데이터 간의 구조적 패턴의 명시적 기술인 모델로 적합화하는 훈련을 할 때, 본래의 데이터를 요약하여 추상적 형태로 변환하는 것)한 후, 일반화(추상적인 지식을 실행에 사용할 수 있도록 조정하는 과정)할 수 있도록 하는 학습과정을 거친다(그림 3-10). 따라서

2 AUC 통계량을 통한 성능평가 기준은 .90-1.0(excellent), .80-.90(good), .70-.80(fair), .60-.70(poor), .50-.60(fail)과 같다.

머신러닝 학습기를 평가하기 위해서는 대상 빅데이터를 훈련데이터(training data)와 시험데이터(test data)로 분할하여 훈련데이터로 머신러닝의 모형함수(학습기)을 개발한 후, 시험데이터에 적용하여 실제집단과 예측집단(분류집단)으로 평가하여 분류정확도가 높은 모형을 선택한 후, 종속변수(Labels)가 없는 신규데이터(new data)를 입력받아 신규데이터의 종속변수를 예측한다.

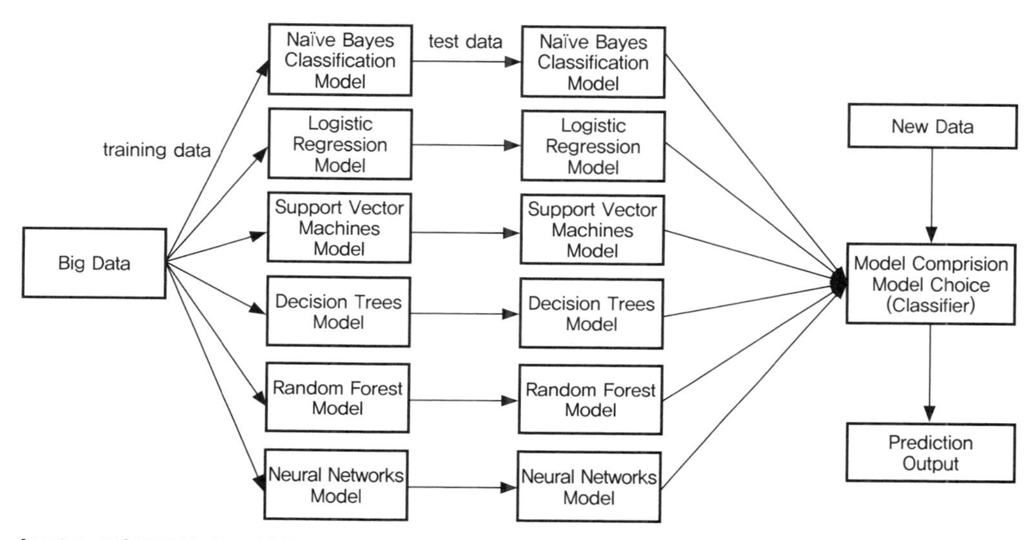

[그림 3-10] 빅데이터를 이용한 머신러닝 학습과정

4.1 오분류표를 이용한 머신러닝 모형의 평가

사이버 학교폭력의 위험과 유형을 예측하는 머신러닝 모형을 오분류표를 이용하여 평가하면 다음과 같다.

1) 나이브 베이즈 분류모형 평가

사이버 학교폭력 위험(부정, 긍정) 예측모형 평가

> rm(list=ls()): 모든 변수를 초기화한다.

> setwd("c:/cyberbullying_2017"): 작업용 디렉토리를 지정한다.

> install.packages('MASS'): MASS 패키지를 설치한다.

> library(MASS): write.matrix() 함수가 포함된 MASS 패키지를 로딩한다.

> install.packages('e1071'): e1071 패키지를 설치한다.

> library(e1071): e1071 패키지를 로딩한다.

> tdata = read.table('cyberbullying_attitude_S.txt',header=T)

- 사이버 학교폭력 데이터 파일을 tdata 객체에 할당한다.

> input=read.table('input_GST.txt',header=T,sep=",")

- 독립변수를 구분자(,)로 input 객체에 할당한다.

> output=read.table('output_attitude.txt',header=T,sep=",")

- 종속변수를 구분자(,)로 output 객체에 할당한다.

> input_vars = c(colnames(input))

- input 변수를 vector 값으로 input_vars 변수에 할당한다.

> output_vars = c(colnames(output))

- output 변수를 vector 값으로 output_vars 변수에 할당한다.

> form = as.formula(paste(paste(output_vars, collapse = '+'),'~',
paste(input_vars, collapse = '+'))): 문자열을 결합하는 함수(paste)를 사용하여
Naïve Bayes 모형의 함수식을 form 변수에 할당한다.

> form: Naïve Bayes 모형의 함수식을 출력한다.

> ind=sample(2, nrow(tdata), replace=T,prob=c(0.5,0.5))

- tdata를 5:5 비율로 샘플링한다.

> tr_data=tdata[ind==1,]

- 첫 번째 sample(50%)을 training data(tr_data)에 할당한다.

> te_data=tdata[ind==2,]

- 두 번째 sample(50%)을 test data(te_data)에 할당한다.

> train_data.lda=naiveBayes(form,data=tr_data)

- tr_data 데이터셋으로 Naïve Bayes Classification 모형을 실행하여 모형함수(분류기)를 만든다.

> ldapred=predict(train_data.lda, te_data, type='class')

- 분류기(train_data.lda)를 활용하여 te_data 데이터셋으로 모형 예측을 실시하여 분류집단을 생성한다.

> table(te_data$Attitude, ldapred ,dnn=c("Actual","Prediction"))

- 모형 비교를 위해 실제집단과 분류집단에 대한 모형 평가를 실시한다.

```
R Console
> rm(list=ls())
> setwd("c:/cyberbullying_2017")
> install.packages('MASS')
Warning: package 'MASS' is in use and will not be installed
> library(MASS)
> install.packages('e1071')
Warning: package 'e1071' is in use and will not be installed
> library(e1071)
>
> tdata = read.table('cyberbullying_attitude_S.txt',header=T)
> input=read.table('input_GST.txt',header=T,sep=",")
Warning message:
In read.table("input_GST.txt", header = T, sep = ",") :
  incomplete final line found by readTableHeader on 'input_GST.txt'
> output=read.table('output_attitude.txt',header=T,sep=",")
Warning message:
In read.table("output_attitude.txt", header = T, sep = ",") :
  incomplete final line found by readTableHeader on 'output_attitude.txt'
>
> input_vars = c(colnames(input))
> output_vars = c(colnames(output))
> form = as.formula(paste(paste(output_vars, collapse = '+'),'~',
+  paste(input_vars, collapse = '+')))
> form
Attitude ~ Strain + Physical + Psychological + Self_control +
    Attachment + Passion + Perpetrator + Delinquency
>
>
> ind=sample(2, nrow(tdata), replace=T,prob=c(0.5,0.5))
> tr_data=tdata[ind==1,]
> te_data=tdata[ind==2,]
>
> train_data.lda=naiveBayes(form,data=tr_data)
> ldapred=predict(train_data.lda, te_data, type='class')
> table(te_data$Attitude, ldapred ,dnn=c("Actual","Prediction"))
          Prediction
Actual      Negative Positive
  Negative     24904     9748
  Positive     12667    28938
>
> |
```

```
R Console
> table(te_data$Attitude, ldapred ,dnn=c("Actual","Prediction"))
          Prediction
Actual      Negative Positive
  Negative     24904     9748
  Positive     12667    28938
>
> perm_a=function(p1, p2, p3, p4) {pr_a=(p1+p4)/sum(p1, p2, p3, p4)
+       return(pr_a)} # 정확도
> perm_a(24904,9748,12667,28938)
[1] 0.7060598
> perm_e=function(p1, p2, p3, p4) {pr_e=(p2+p3)/sum(p1, p2, p3, p4)
+       return(pr_e)} # 오류율
> perm_e(24904,9748,12667,28938)
[1] 0.2939402
> perm_s=function(p1, p2, p3, p4) {pr_s=p1/(p1+p2)
+       return(pr_s)} # 민감도
> perm_s(24904,9748,12667,28938)
[1] 0.7186887
> perm_sp=function(p1, p2, p3, p4) {pr_sp=p4/(p3+p4)
+       return(pr_sp)} # 특이도
> perm_sp(24904,9748,12667,28938)
[1] 0.6955414
> perm_p=function(p1, p2, p3, p4) {pr_p=p1/(p1+p3)
+       return(pr_p)} # 정밀도
> perm_p(24904,9748,12667,28938)
[1] 0.6628517
>
> |
```

사이버 학교폭력 유형 예측모형 평가

```
R Console
> rm(list=ls())
> setwd("c:/cyberbullying_2017")
> install.packages('MASS')
Warning: package 'MASS' is in use and will not be installed
> library(MASS)
> install.packages('e1071')
Warning: package 'e1071' is in use and will not be installed
> library(e1071)
>
> tdata = read.table('cyberbullying_type_S.txt',header=T)
> input=read.table('input_GST.txt',header=T,sep=",")
Warning message:
In read.table("input_GST.txt", header = T, sep = ",") :
  incomplete final line found by readTableHeader on 'input_GST.txt'
> output=read.table('output_type.txt',header=T,sep=",")
Warning message:
In read.table("output_type.txt", header = T, sep = ",") :
  incomplete final line found by readTableHeader on 'output_type.txt'
>
>
> input_vars = c(colnames(input))
> output_vars = c(colnames(output))
> form = as.formula(paste(paste(output_vars, collapse = '+'),'~',
+  paste(input_vars, collapse = '+')))
> form
psychological_type ~ Strain + Physical + Psychological + Self_control +
    Attachment + Passion + Perpetrator + Delinquency
>
> ind=sample(2, nrow(tdata), replace=T,prob=c(0.5,0.5))
> tr_data=tdata[ind==1,]
> te_data=tdata[ind==2,]
>
> train_data.lda=naiveBayes(form,data=tr_data)
>
> ldapred=predict(train_data.lda, te_data, type='class')
> table(te_data$psychological_type, ldapred ,dnn=c("Actual","Prediction"))
                    Prediction
Actual               Bystander Complex_psychology Perpetrator Victim
  Bystander                  0                211           0   2589
  Complex_psychology         0                215           0   2075
  Perpetrator                0                  0        3599      0
  Victim                     0               1215           0  19870
>
> |
```

```
R Console
> table(te_data$psychological_type, ldapred ,dnn=c("Actual","Prediction"))
                    Prediction
Actual               Bystander Complex_psychology Perpetrator Victim
  Bystander                  0                211           0   2589
  Complex_psychology         0                215           0   2075
  Perpetrator                0                  0        3599      0
  Victim                     0               1215           0  19870
>
> perm_a=function(p1,p2,p3,p4,p5,p6,p7,p8,p9,p10,p11,p12,p13,p14,p15,p16)
+  {pr_a=(p1+p6+p11+p16)/sum(p1,p2,p3,p4,p5,p6,p7,p8,p9,p10,p11,p12,p13,p14,$
+      return(pr_a)} # 정확도(Accuracy)
> perm_a(0,211,0,2589,0,215,0,2075,0,0,3599,0,0,1215,0,19870)
[1] 0.7954591
>
> perm_u=function(p1,p2,p3,p4,p5,p6,p7,p8,p9,p10,p11,p12,p13,p14,p15,p16)
+  {pr_u=(p2+p3+p4+p7+p8+p12)/sum(p1,p2,p3,p4,p5,p6,p7,p8,p9,p10,p11,p12,p13$
+      return(pr_u)} # Upward accuracy
> perm_u(0,211,0,2589,0,215,0,2075,0,0,3599,0,0,1215,0,19870)
[1] 0.1637335
>
> perm_d=function(p1,p2,p3,p4,p5,p6,p7,p8,p9,p10,p11,p12,p13,p14,p15,p16)
+  {pr_d=(p5+p9+p10+p13+p14+p15)/sum(p1,p2,p3,p4,p5,p6,p7,p8,p9,p10,p11,p12,$
+      return(pr_d)} # Downward accuracy
> perm_d(0,211,0,2589,0,215,0,2075,0,0,3599,0,0,1215,0,19870)
[1] 0.04080742
>
> perm_e=function(p1,p2,p3,p4,p5,p6,p7,p8,p9,p10,p11,p12,p13,p14,p15,p16)
+  {pr_e=(p2+p3+p4+p7+p8+p12+p5+p9+p10+p13+p14+p15)/sum(p1,p2,p3,p4,p5,p6,p7$
+      return(pr_e)} # Error rate
> perm_e(0,211,0,2589,0,215,0,2075,0,0,3599,0,0,1215,0,19870)
[1] 0.2045409
>
> |
```

2) 신경망 모형 평가

```
# 사이버 학교폭력 위험(부정, 긍정) 예측모형 평가
> rm(list=ls())
> setwd("c:/cyberbullying_2017")
> install.packages("nnet")
> library(nnet)
> install.packages('MASS')
> library(MASS)
> tdata = read.table('cyberbullying_attitude_S.txt',header=T)
> input=read.table('input_GST.txt',header=T,sep=",")
> output=read.table('output_attitude.txt',header=T,sep=",")
> input_vars = c(colnames(input))
> output_vars = c(colnames(output))
> form = as.formula(paste(paste(output_vars, collapse = '+'),'~',
  paste(input_vars, collapse = '+')))
> form
> ind=sample(2, nrow(tdata), replace=T,prob=c(0.5,0.5))
> tr_data=tdata[ind==1,]
> te_data=tdata[ind==2,]
> tr.nnet = nnet(form, data=tr_data, size=5)
> names(tr.nnet)
> summary(tr.nnet)
> p=predict(tr.nnet, te_data, type='class')
> table(te_data$Attitude,p)
```

R Console

```
> tdata = read.table('cyberbullying_attitude_S.txt',header=T)
> input=read.table('input_GST.txt',header=T,sep=",")
Warning message:
In read.table("input_GST.txt", header = T, sep = ",") :
  incomplete final line found by readTableHeader on 'input_GST.txt'
> output=read.table('output_attitude.txt',header=T,sep=",")
Warning message:
In read.table("output_attitude.txt", header = T, sep = ",") :
  incomplete final line found by readTableHeader on 'output_attitude.txt'
>
> input_vars = c(colnames(input))
> output_vars = c(colnames(output))
> form = as.formula(paste(paste(output_vars, collapse = '+'),'~',
+  paste(input_vars, collapse = '+')))
> form
Attitude ~ Strain + Physical + Psychological + Self_control +
    Attachment + Passion + Perpetrator + Delinquency
>
> ind=sample(2, nrow(tdata), replace=T,prob=c(0.5,0.5))
> tr_data=tdata[ind==1,]
> te_data=tdata[ind==2,]
>
> tr.nnet = nnet(form, data=tr_data, size=5)
# weights:  51
initial  value 72556.814897
iter  10 value 44213.060893
iter  20 value 43337.033569
iter  30 value 43082.781087
iter  40 value 42924.275123
iter  50 value 42889.935483
iter  60 value 42804.142790
iter  70 value 42743.578986
iter  80 value 42716.040998
iter  90 value 42708.424862
iter 100 value 42703.730402
final  value 42703.730402
stopped after 100 iterations
>
> p=predict(tr.nnet, te_data, type='class')
> table(te_data$Attitude,p)
          p
           Negative Positive
  Negative    22192    12576
  Positive     8894    32959
>
> |
```

R Console

```
> table(te_data$Attitude,p)
          p
           Negative Positive
  Negative    22192    12576
  Positive     8894    32959
>
> perm_a=function(p1, p2, p3, p4) {pr_a=(p1+p4)/sum(p1, p2, p3, p4)
+       return(pr_a)} # 정확도
> perm_a(22192,12576,8894,32959)
[1] 0.7197896
> perm_e=function(p1, p2, p3, p4) {pr_e=(p2+p3)/sum(p1, p2, p3, p4)
+       return(pr_e)} # 오류율
> perm_e(22192,12576,8894,32959)
[1] 0.2802104
> perm_s=function(p1, p2, p3, p4) {pr_s=p1/(p1+p2)
+       return(pr_s)} # 민감도
> perm_s(22192,12576,8894,32959)
[1] 0.6382881
> perm_sp=function(p1, p2, p3, p4) {pr_sp=p4/(p3+p4)
+       return(pr_sp)} # 특이도
> perm_sp(22192,12576,8894,32959)
[1] 0.7874943
> perm_p=function(p1, p2, p3, p4) {pr_p=p1/(p1+p3)
+       return(pr_p)} # 정밀도
> perm_p(22192,12576,8894,32959)
[1] 0.7138905
>
> |
```

사이버 학교폭력 유형 예측모형 평가

```
package 'MASS' successfully unpacked and MD5 sums checked
Warning: cannot remove prior installation of package 'MASS'

The downloaded binary packages are in
        C:\Users\SAMSUNG\AppData\Local\Temp\Rtmp8we8f1\downloaded_packages
> library(MASS)
Error in library(MASS) : there is no package called 'MASS'
>
> tdata = read.table('cyberbullying_type_S.txt',header=T)
> input=read.table('input_GST.txt',header=T,sep=",")
Warning message:
In read.table("input_GST.txt", header = T, sep = ",") :
  incomplete final line found by readTableHeader on 'input_GST.txt'
> output=read.table('output_type.txt',header=T,sep=",")
Warning message:
In read.table("output_type.txt", header = T, sep = ",") :
  incomplete final line found by readTableHeader on 'output_type.txt'
>
> # 신경망 modeling
>
> input_vars = c(colnames(input))
> output_vars = c(colnames(output))
> form = as.formula(paste(paste(output_vars, collapse = '+'),'~',
+  paste(input_vars, collapse = '+')))
> form
psychological_type ~ Strain + Physical + Psychological + Self_control +
    Attachment + Passion + Perpetrator + Delinquency
>
> ind=sample(2, nrow(tdata), replace=T,prob=c(0.5,0.5))
> tr_data=tdata[ind==1,]
> te_data=tdata[ind==2,]
>
> tr.nnet = nnet(form, data=tr_data, size=5)
# weights:  69
initial  value 41636.788224
iter  10 value 17710.415466
iter  20 value 16161.271206
iter  30 value 16084.723593
iter  40 value 16021.006443
iter  50 value 15963.438679
iter  60 value 15941.254142
iter  70 value 15927.895073
iter  80 value 15922.025292
iter  90 value 15919.839674
iter 100 value 15917.820515
final  value 15917.820515
stopped after 100 iterations
> p=predict(tr.nnet, te_data, type='class')
```

```
> p=predict(tr.nnet, te_data, type='class')
> table(te_data$psychological_type,p)
                    p
                     Perpetrator Victim
  Bystander                    0   2791
  Complex_psychology           0   2287
  Perpetrator               3627      0
  Victim                       0  21082
>
>
> perm_a=function(p1,p2,p3,p4,p5,p6,p7,p8,p9,p10,p11,p12,p13,p14,p15,p16)
+  {pr_a=(p1+p6+p11+p16)/sum(p1,p2,p3,p4,p5,p6,p7,p8,p9,p10,p11,p12,p13,p14,p15,p16)
+       return(pr_a)} # 정확도(Accuracy)
> perm_a(0,0,0,2791,0,0,0,2287,0,0,3627,0,0,0,0,21082)
[1] 0.8295229
>
> perm_u=function(p1,p2,p3,p4,p5,p6,p7,p8,p9,p10,p11,p12,p13,p14,p15,p16)
+  {pr_u=(p2+p3+p4+p7+p8+p12)/sum(p1,p2,p3,p4,p5,p6,p7,p8,p9,p10,p11,p12,p13,p14,p15,p16)
+       return(pr_u)} # Upward accuracy
> perm_u(0,0,0,2791,0,0,0,2287,0,0,3627,0,0,0,0,21082)
[1] 0.1704771
>
> perm_d=function(p1,p2,p3,p4,p5,p6,p7,p8,p9,p10,p11,p12,p13,p14,p15,p16)
+  {pr_d=(p5+p9+p10+p13+p14+p15)/sum(p1,p2,p3,p4,p5,p6,p7,p8,p9,p10,p11,p12,p13,p14,p15,p16)
+       return(pr_d)} # Downward accuracy
> perm_d(0,0,0,2791,0,0,0,2287,0,0,3627,0,0,0,0,21082)
[1] 0
>
> perm_e=function(p1,p2,p3,p4,p5,p6,p7,p8,p9,p10,p11,p12,p13,p14,p15,p16)
+  {pr_e=(p2+p3+p4+p7+p8+p12+p5+p9+p10+p13+p14+p15)/sum(p1,p2,p3,p4,p5,p6,p7,p8,p9,p10,p11,p12,p13,p14,p15,p16)
+       return(pr_e)} # Error rate
> perm_e(0,0,0,2791,0,0,0,2287,0,0,3627,0,0,0,0,21082)
[1] 0.1704771
>
> |
```

3) 로지스틱 회귀모형 평가

```
# 사이버 학교폭력 위험(부정, 긍정) 예측모형 평가
> rm(list=ls())
> setwd("c:/cyberbullying_2017")
> tdata = read.table('cyberbullying_attitude_N.txt',header=T)
> input=read.table('input_GST.txt',header=T,sep=",")
> output=read.table('output_attitude.txt',header=T,sep=",")
> input_vars = c(colnames(input))
> output_vars = c(colnames(output))
> form = as.formula(paste(paste(output_vars, collapse = '+'),'~',
  paste(input_vars, collapse = '+')))
> form
> ind=sample(2, nrow(tdata), replace=T,prob=c(0.5,0.5))
> tr_data=tdata[ind==1,]
> te_data=tdata[ind==2,]
> i_logistic=glm(form, family=binomial,data=tr_data)
> p=predict(i_logistic,te_data,type='response')
> p=round(p): 예측확률을 반올림(round)하여 p 객체에 저장한다.
> table(te_data$Attitude,p)
```

R Console

```
> rm(list=ls())
> setwd("c:/cyberbullying_2017")
> tdata = read.table('cyberbullying_attitude_N.txt',header=T)
> input=read.table('input_GST.txt',header=T,sep=",")
Warning message:
In read.table("input_GST.txt", header = T, sep = ",") :
  incomplete final line found by readTableHeader on 'input_GST.txt'
> output=read.table('output_attitude.txt',header=T,sep=",")
Warning message:
In read.table("output_attitude.txt", header = T, sep = ",") :
  incomplete final line found by readTableHeader on 'output_attitude.txt'
>
> input_vars = c(colnames(input))
> output_vars = c(colnames(output))
> form = as.formula(paste(paste(output_vars, collapse = '+'),'~',
+  paste(input_vars, collapse = '+')))
> form
Attitude ~ Strain + Physical + Psychological + Self_control +
    Attachment + Passion + Perpetrator + Delinquency
>
> ind=sample(2, nrow(tdata), replace=T,prob=c(0.5,0.5))
> tr_data=tdata[ind==1,]
> te_data=tdata[ind==2,]
>
> i_logistic=glm(form, family=binomial,data=tr_data)
> p=predict(i_logistic,te_data,type='response')
> p=round(p)
```

R Console

```
> table(te_data$Attitude,p)
   p
        0     1
  0 22762 11695
  1  9969 31392
>
> perm_a=function(p1, p2, p3, p4) {pr_a=(p1+p4)/sum(p1, p2, p3, p4)
+      return(pr_a)} # 정확도
> perm_a(22762,11695,9969,31392)
[1] 0.7142631
> perm_e=function(p1, p2, p3, p4) {pr_e=(p2+p3)/sum(p1, p2, p3, p4)
+      return(pr_e)} # 오류율
> perm_e(22762,11695,9969,31392)
[1] 0.2857369
> perm_s=function(p1, p2, p3, p4) {pr_s=p1/(p1+p2)
+      return(pr_s)} # 민감도
> perm_s(22762,11695,9969,31392)
[1] 0.6605915
> perm_sp=function(p1, p2, p3, p4) {pr_sp=p4/(p3+p4)
+      return(pr_sp)} # 특이도
> perm_sp(22762,11695,9969,31392)
[1] 0.7589758
> perm_p=function(p1, p2, p3, p4) {pr_p=p1/(p1+p3)
+      return(pr_p)} # 정밀도
> perm_p(22762,11695,9969,31392)
[1] 0.6954264
>
> |
```

사이버 학교폭력 유형 예측모형 평가

```
R Console
> rm(list=ls())
> setwd("c:/cyberbullying_2017")
> install.packages("nnet")
Warning: package 'nnet' is in use and will not be installed
> library(nnet)
> install.packages('MASS')
Warning: package 'MASS' is in use and will not be installed
> library(MASS)
>
> tdata = read.table('cyberbullying_type_S.txt',header=T)
> input=read.table('input_GST.txt',header=T,sep=",")
Warning message:
In read.table("input_GST.txt", header = T, sep = ",") :
  incomplete final line found by readTableHeader on 'input_GST.txt'
> output=read.table('output_type.txt',header=T,sep=",")
Warning message:
In read.table("output_type.txt", header = T, sep = ",") :
  incomplete final line found by readTableHeader on 'output_type.txt'
>
> input_vars = c(colnames(input))
> output_vars = c(colnames(output))
> form = as.formula(paste(paste(output_vars, collapse = '+'),'~',
+  paste(input_vars, collapse = '+')))
> form
psychological_type ~ Strain + Physical + Psychological + Self_control +
    Attachment + Passion + Perpetrator + Delinquency
> ind=sample(2, nrow(tdata), replace=T,prob=c(0.5,0.5))
> tr_data=tdata[ind==1,]
> te_data=tdata[ind==2,]
> i_logistic=multinom(form, data=tr_data)
# weights:  40 (27 variable)
initial  value 41629.033370
iter  10 value 18775.669028
iter  20 value 17101.320618
iter  30 value 16654.647524
iter  40 value 16327.037482
iter  50 value 16326.298287
final  value 16326.297566
converged
```

```
R Console
> p=predict(i_logistic,te_data,type='class')
> table(te_data$psychological_type,p)
                    p
                     Bystander Complex_psychology Perpetrator Victim
  Bystander                  0                  0           0   2754
  Complex_psychology         0                  0           0   2249
  Perpetrator                0                  0        3589      0
  Victim                     0                  0           0  21051
>
> perm_a=function(p1,p2,p3,p4,p5,p6,p7,p8,p9,p10,p11,p12,p13,p14,p15,p16)
+  {pr_a=(p1+p6+p11+p16)/sum(p1,p2,p3,p4,p5,p6,p7,p8,p9,p10,p11,p12,p13,p14,p$
+      return(pr_a)} # 정확도(Accuracy)
> perm_a(0,0,0,2754,0,0,0,2249,0,0,3589,0,0,0,0,21051)
[1] 0.8312249
>
> perm_u=function(p1,p2,p3,p4,p5,p6,p7,p8,p9,p10,p11,p12,p13,p14,p15,p16)
+  {pr_u=(p2+p3+p4+p7+p8+p12)/sum(p1,p2,p3,p4,p5,p6,p7,p8,p9,p10,p11,p12,p13,$
+      return(pr_u)} # Upward accuracy
> perm_u(0,0,0,2754,0,0,0,2249,0,0,3589,0,0,0,0,21051)
[1] 0.1687751
>
> perm_d=function(p1,p2,p3,p4,p5,p6,p7,p8,p9,p10,p11,p12,p13,p14,p15,p16)
+  {pr_d=(p5+p9+p10+p13+p14+p15)/sum(p1,p2,p3,p4,p5,p6,p7,p8,p9,p10,p11,p12,p$
+      return(pr_d)} # Downward accuracy
> perm_d(0,0,0,2754,0,0,0,2249,0,0,3589,0,0,0,0,21051)
[1] 0
>
> perm_e=function(p1,p2,p3,p4,p5,p6,p7,p8,p9,p10,p11,p12,p13,p14,p15,p16)
+  {pr_e=(p2+p3+p4+p7+p8+p12+p5+p9+p10+p13+p14+p15)/sum(p1,p2,p3,p4,p5,p6,p7,$
+      return(pr_e)} # Error rate
> perm_e(0,0,0,2754,0,0,0,2249,0,0,3589,0,0,0,0,21051)
[1] 0.1687751
>
> |
```

4) 서포트벡터머신 모형 평가

```
# 사이버 학교폭력 위험(부정, 긍정) 예측모형 평가
> rm(list=ls())
> setwd("c:/cyberbullying_2017")
> library(e1071)
> library(caret)
> library(kernlab)
> tdata = read.table('cyberbullying_attitude_S.txt',header=T)
> input=read.table('input_GST.txt',header=T,sep=",")
> output=read.table('output_attitude.txt',header=T,sep=",")
> input_vars = c(colnames(input))
> output_vars = c(colnames(output))
> form = as.formula(paste(paste(output_vars, collapse = '+'),'~',
  paste(input_vars, collapse = '+')))
> form
> ind=sample(2, nrow(tdata), replace=T,prob=c(0.5,0.5))
> tr_data=tdata[ind==1,]
> te_data=tdata[ind==2,]
> svm.model=svm(form,data=tr_data,kernel='radial')
> p=predict(svm.model,te_data)
> table(te_data$Attitude,p)
```

```
R Console
> rm(list=ls())
> setwd("c:/cyberbullying_2017")
> library(e1071)
> library(caret)
Loading required package: lattice
Loading required package: ggplot2
Warning message:
package 'caret' was built under R version 3.4.2
> library(kernlab)

Attaching package: 'kernlab'

The following object is masked from 'package:ggplot2':

    alpha

>
>
> tdata = read.table('cyberbullying_attitude_S.txt',header=T)
> input=read.table('input_GST.txt',header=T,sep=",")
Warning message:
In read.table("input_GST.txt", header = T, sep = ",") :
  incomplete final line found by readTableHeader on 'input_GST.txt'
> output=read.table('output_attitude.txt',header=T,sep=",")
Warning message:
In read.table("output_attitude.txt", header = T, sep = ",") :
  incomplete final line found by readTableHeader on 'output_attitude.txt'
>
> input_vars = c(colnames(input))
> output_vars = c(colnames(output))
> form = as.formula(paste(paste(output_vars, collapse = '+'),'~',
+  paste(input_vars, collapse = '+')))
> form
Attitude ~ Strain + Physical + Psychological + Self_control +
    Attachment + Passion + Perpetrator + Delinquency
>
> ind=sample(2, nrow(tdata), replace=T,prob=c(0.5,0.5))
> tr_data=tdata[ind==1,]
> te_data=tdata[ind==2,]
>
> svm.model=svm(form,data=tr_data,kernel='radial')
> |
```

```
R Console
> p=predict(svm.model,te_data)
> table(te_data$Attitude,p)
          p
           Negative Positive
  Negative    22836    11859
  Positive     9151    32412
>
> perm_a=function(p1, p2, p3, p4) {pr_a=(p1+p4)/sum(p1, p2, p3, p4)
+      return(pr_a)} # 정확도
> perm_a(22836,11859,9151,32412)
[1] 0.7244879
> perm_e=function(p1, p2, p3, p4) {pr_e=(p2+p3)/sum(p1, p2, p3, p4)
+      return(pr_e)} # 오류율
> perm_e(22836,11859,9151,32412)
[1] 0.2755121
> perm_s=function(p1, p2, p3, p4) {pr_s=p1/(p1+p2)
+      return(pr_s)} # 민감도
> perm_s(22836,11859,9151,32412)
[1] 0.6581928
> perm_sp=function(p1, p2, p3, p4) {pr_sp=p4/(p3+p4)
+      return(pr_sp)} # 특이도
> perm_sp(22836,11859,9151,32412)
[1] 0.7798282
> perm_p=function(p1, p2, p3, p4) {pr_p=p1/(p1+p3)
+      return(pr_p)} # 정밀도
> perm_p(22836,11859,9151,32412)
[1] 0.713915
>
> |
```

사이버 학교폭력 유형 예측모형 평가

```
>
> rm(list=ls())
> setwd("c:/cyberbullying_2017")
> install.packages('e1071')
Warning: package 'e1071' is in use and will not be installed
> library(e1071)
> install.packages('caret')
Warning: package 'caret' is in use and will not be installed
> library(caret)
> install.packages('kernlab')
Warning: package 'kernlab' is in use and will not be installed
> library(kernlab)
>
>
> tdata = read.table('cyberbullying_type_S.txt',header=T)
> input=read.table('input_GST.txt',header=T,sep=",")
Warning message:
In read.table("input_GST.txt", header = T, sep = ",") :
  incomplete final line found by readTableHeader on 'input_GST.txt'
> output=read.table('output_type.txt',header=T,sep=",")
Warning message:
In read.table("output_type.txt", header = T, sep = ",") :
  incomplete final line found by readTableHeader on 'output_type.txt'
>
> input_vars = c(colnames(input))
> output_vars = c(colnames(output))
> form = as.formula(paste(paste(output_vars, collapse = '+'),'~',
+  paste(input_vars, collapse = '+')))
> form
psychological_type ~ Strain + Physical + Psychological + Self_control +
    Attachment + Passion + Perpetrator + Delinquency
>
> ind=sample(2, nrow(tdata), replace=T,prob=c(0.5,0.5))
> tr_data=tdata[ind==1,]
> te_data=tdata[ind==2,]
>
> svm.model=svm(form,data=tr_data,kernel='radial')
>
```

```
> p=predict(svm.model,te_data)
> table(te_data$psychological_type,p)
                   p
                    Bystander Complex_psychology Perpetrator Victim
  Bystander                 0                  0           0   2805
  Complex_psychology        0                  0           0   2291
  Perpetrator               0                  0        3660      0
  Victim                    0                  0           0  21034
>
> perm_a=function(p1,p2,p3,p4,p5,p6,p7,p8,p9,p10,p11,p12,p13,p14,p15,p16)
+  {pr_a=(p1+p6+p11+p16)/sum(p1,p2,p3,p4,p5,p6,p7,p8,p9,p10,p11,p12,p13,p14,p15,p16)
+      return(pr_a)} # 정확도(Accuracy)
> perm_a(0,0,0,2805,0,0,0,2291,0,0,3660,0,0,0,0,21034)
[1] 0.8289359
>
> perm_u=function(p1,p2,p3,p4,p5,p6,p7,p8,p9,p10,p11,p12,p13,p14,p15,p16)
+  {pr_u=(p2+p3+p4+p7+p8+p12)/sum(p1,p2,p3,p4,p5,p6,p7,p8,p9,p10,p11,p12,p13,p14,p15,p16)
+      return(pr_u)} # Upward accuracy
> perm_u(0,0,0,2805,0,0,0,2291,0,0,3660,0,0,0,0,21034)
[1] 0.1710641
>
> perm_d=function(p1,p2,p3,p4,p5,p6,p7,p8,p9,p10,p11,p12,p13,p14,p15,p16)
+  {pr_d=(p5+p9+p10+p13+p14+p15)/sum(p1,p2,p3,p4,p5,p6,p7,p8,p9,p10,p11,p12,p13,p14,p15,p16)
+      return(pr_d)} # Downward accuracy
> perm_d(0,0,0,2805,0,0,0,2291,0,0,3660,0,0,0,0,21034)
[1] 0
>
> perm_e=function(p1,p2,p3,p4,p5,p6,p7,p8,p9,p10,p11,p12,p13,p14,p15,p16)
+  {pr_e=(p2+p3+p4+p7+p8+p12+p5+p9+p10+p13+p14+p15)/sum(p1,p2,p3,p4,p5,p6,p7,p8,p9,p10,p11,p12,p13,p14,p15,p16)
+      return(pr_e)} # Error rate
> perm_e(0,0,0,2805,0,0,0,2291,0,0,3660,0,0,0,0,21034)
[1] 0.1710641
>
> |
```

5) 랜덤포레스트 모형 평가

```
# 사이버 학교폭력 위험(부정, 긍정) 예측모형 평가
> rm(list=ls())
> setwd("c:/cyberbullying_2017")
> install.packages("randomForest")
> library(randomForest)
> tdata = read.table('cyberbullying_attitude_S.txt',header=T)
> input=read.table('input_GST.txt',header=T,sep=",")
> output=read.table('output_attitude.txt',header=T,sep=",")
> input_vars = c(colnames(input))
> output_vars = c(colnames(output))
> form = as.formula(paste(paste(output_vars, collapse = '+'),'~',
  paste(input_vars, collapse = '+')))
> form
> ind=sample(2, nrow(tdata), replace=T,prob=c(0.5,0.5))
> tr_data=tdata[ind==1,]
> te_data=tdata[ind==2,]
> tdata.rf = randomForest(form, data=tr_data,
  forest=FALSE,importance=TRUE)
> p=predict(tdata.rf,te_data)
> table(te_data$Attitude,p)
```

```
R Console
> rm(list=ls())
> setwd("c:/cyberbullying_2017")
> install.packages("randomForest")
Warning: package 'randomForest' is in use and will not be installed
> library(randomForest)
>
> tdata = read.table('cyberbullying_attitude_S.txt',header=T)
> input=read.table('input_GST.txt',header=T,sep=",")
Warning message:
In read.table("input_GST.txt", header = T, sep = ",") :
  incomplete final line found by readTableHeader on 'input_GST.txt'
> output=read.table('output_attitude.txt',header=T,sep=",")
Warning message:
In read.table("output_attitude.txt", header = T, sep = ",") :
  incomplete final line found by readTableHeader on 'output_attitude.txt'
>
>
> input_vars = c(colnames(input))
> output_vars = c(colnames(output))
> form = as.formula(paste(paste(output_vars, collapse = '+'),'~',
+  paste(input_vars, collapse = '+')))
> form
Attitude ~ Strain + Physical + Psychological + Self_control +
    Attachment + Passion + Perpetrator + Delinquency
>
> ind=sample(2, nrow(tdata), replace=T,prob=c(0.5,0.5))
> tr_data=tdata[ind==1,]
> te_data=tdata[ind==2,]
>
> tdata.rf = randomForest(form, data=tr_data ,forest=FALSE,importance=TRUE)
>
> p=predict(tdata.rf,te_data)
> table(te_data$Attitude,p)
```

```
R Console
> p=predict(tdata.rf,te_data)
> table(te_data$Attitude,p)
          p
           Negative Positive
  Negative    21895    12588
  Positive     8528    32891
>
> perm_a=function(p1, p2, p3, p4) {pr_a=(p1+p4)/sum(p1, p2, p3, p4)
+      return(pr_a)} # 정확도
> perm_a(21895,12588,8528,32891)
[1] 0.7217992
> perm_e=function(p1, p2, p3, p4) {pr_e=(p2+p3)/sum(p1, p2, p3, p4)
+      return(pr_e)} # 오류율
> perm_e(21895,12588,8528,32891)
[1] 0.2782008
> perm_s=function(p1, p2, p3, p4) {pr_s=p1/(p1+p2)
+      return(pr_s)} # 민감도
> perm_s(21895,12588,8528,32891)
[1] 0.6349506
> perm_sp=function(p1, p2, p3, p4) {pr_sp=p4/(p3+p4)
+      return(pr_sp)} # 특이도
> perm_sp(21895,12588,8528,32891)
[1] 0.7941042
> perm_p=function(p1, p2, p3, p4) {pr_p=p1/(p1+p3)
+      return(pr_p)} # 정밀도
> perm_p(21895,12588,8528,32891)
[1] 0.7196858
>
> |
```

사이버 학교폭력 유형 예측모형 평가

```
R Console
> rm(list=ls())
> setwd("c:/cyberbullying_2017")
> install.packages("randomForest")
Warning: package 'randomForest' is in use and will not be installed
> library(randomForest)
>
> tdata = read.table('cyberbullying_type_S.txt',header=T)
> input=read.table('input_GST.txt',header=T,sep=",")
Warning message:
In read.table("input_GST.txt", header = T, sep = ",") :
  incomplete final line found by readTableHeader on 'input_GST.txt'
> output=read.table('output_type.txt',header=T,sep=",")
Warning message:
In read.table("output_type.txt", header = T, sep = ",") :
  incomplete final line found by readTableHeader on 'output_type.txt'
>
> # random forests modeling
>
> input_vars = c(colnames(input))
> output_vars = c(colnames(output))
> form = as.formula(paste(paste(output_vars, collapse = '+'),'~',
+  paste(input_vars, collapse = '+')))
> form
psychological_type ~ Strain + Physical + Psychological + Self_control +
    Attachment + Passion + Perpetrator + Delinquency
>
>
> ind=sample(2, nrow(tdata), replace=T,prob=c(0.5,0.5))
> tr_data=tdata[ind==1,]
> te_data=tdata[ind==2,]
>
> tdata.rf = randomForest(form, data=tr_data ,forest=FALSE,importance=TRUE)
> |
```

```
R Console
> p=predict(tdata.rf,te_data)
> table(te_data$psychological_type,p)
                    p
                     Bystander Complex_psychology Perpetrator Victim
  Bystander                  0                  0           0   2673
  Complex_psychology         0                  0           0   2207
  Perpetrator                0                  0        3598      0
  Victim                     0                  0           0  21129
>
> perm_a=function(p1,p2,p3,p4,p5,p6,p7,p8,p9,p10,p11,p12,p13,p14,p15,p16)
+  {pr_a=(p1+p6+p11+p16)/sum(p1,p2,p3,p4,p5,p6,p7,p8,p9,p10,p11,p12,p13,p14,p15,p16)
+      return(pr_a)} # 정확도(Accuracy)
> perm_a(0,0,0,2673,0,0,0,2207,0,0,3598,0,0,0,0,21129)
[1] 0.8351741
>
> perm_u=function(p1,p2,p3,p4,p5,p6,p7,p8,p9,p10,p11,p12,p13,p14,p15,p16)
+  {pr_u=(p2+p3+p4+p7+p8+p12)/sum(p1,p2,p3,p4,p5,p6,p7,p8,p9,p10,p11,p12,p13,p14,p15,p16)
+      return(pr_u)} # Upward accuracy
> perm_u(0,0,0,2673,0,0,0,2207,0,0,3598,0,0,0,0,21129)
[1] 0.1648259
>
> perm_d=function(p1,p2,p3,p4,p5,p6,p7,p8,p9,p10,p11,p12,p13,p14,p15,p16)
+  {pr_d=(p5+p9+p10+p13+p14+p15)/sum(p1,p2,p3,p4,p5,p6,p7,p8,p9,p10,p11,p12,p13,p14,p15,p16)
+      return(pr_d)} # Downward accuracy
> perm_d(0,0,0,2673,0,0,0,2207,0,0,3598,0,0,0,0,21129)
[1] 0
>
> perm_e=function(p1,p2,p3,p4,p5,p6,p7,p8,p9,p10,p11,p12,p13,p14,p15,p16)
+  {pr_e=(p2+p3+p4+p7+p8+p12+p5+p9+p10+p13+p14+p15)/sum(p1,p2,p3,p4,p5,p6,p7,p8,p9,p10,p11,p12,p13,p14,p15,p16)
+      return(pr_e)} # Error rate
> perm_e(0,0,0,2673,0,0,0,2207,0,0,3598,0,0,0,0,21129)
[1] 0.1648259
>
```

6) 의사결정나무 모형 평가

```
# 사이버 학교폭력 위험(부정, 긍정) 예측모형 평가
> install.packages('party')
> library(party)
> rm(list=ls())
> setwd("c:/cyberbullying_2017")
> tdata = read.table('cyberbullying_attitude_S.txt',header=T)
> input=read.table('input_GST.txt',header=T,sep=",")
> output=read.table('output_attitude.txt',header=T,sep=",")
> input_vars = c(colnames(input))
> output_vars = c(colnames(output))
> form = as.formula(paste(paste(output_vars, collapse = '+'),'~',
  paste(input_vars, collapse = '+')))
> form
> ind=sample(2, nrow(tdata), replace=T,prob=c(0.5,0.5))
> tr_data=tdata[ind==1,]
> te_data=tdata[ind==2,]
> i_ctree=ctree(form,tr_data)
> p=predict(i_ctree,te_data)
> table(te_data$Attitude,p)
```

```
R Console
> install.packages('party')
Warning: package 'party' is in use and will not be installed
> library(party)
> rm(list=ls())
> setwd("c:/cyberbullying_2017")
> tdata = read.table('cyberbullying_attitude_S.txt',header=T)
> input=read.table('input_GST.txt',header=T,sep=",")
Warning message:
In read.table("input_GST.txt", header = T, sep = ",") :
  incomplete final line found by readTableHeader on 'input_GST.txt'
> output=read.table('output_attitude.txt',header=T,sep=",")
Warning message:
In read.table("output_attitude.txt", header = T, sep = ",") :
  incomplete final line found by readTableHeader on 'output_attitude.txt'
> input_vars = c(colnames(input))
> output_vars = c(colnames(output))
> form = as.formula(paste(paste(output_vars, collapse = '+'),'~',
+  paste(input_vars, collapse = '+')))
> form
Attitude ~ Strain + Physical + Psychological + Self_control +
    Attachment + Passion + Perpetrator + Delinquency
>
> ind=sample(2, nrow(tdata), replace=T,prob=c(0.5,0.5))
> tr_data=tdata[ind==1,]
> te_data=tdata[ind==2,]
> i_ctree=ctree(form,tr_data)
> |
```

```
R Console
> p=predict(i_ctree,te_data)
> table(te_data$Attitude,p)
          p
           Negative Positive
  Negative    22758    11713
  Positive     9565    32278
>
> perm_a=function(p1, p2, p3, p4) {pr_a=(p1+p4)/sum(p1, p2, p3, p4)
+      return(pr_a)} # 정확도
> perm_a(22758,11713,9565,32278)
[1] 0.7211783
> perm_e=function(p1, p2, p3, p4) {pr_e=(p2+p3)/sum(p1, p2, p3, p4)
+      return(pr_e)} # 오류율
> perm_e(22758,11713,9565,32278)
[1] 0.2788217
> perm_s=function(p1, p2, p3, p4) {pr_s=p1/(p1+p2)
+      return(pr_s)} # 민감도
> perm_s(22758,11713,9565,32278)
[1] 0.6602071
> perm_sp=function(p1, p2, p3, p4) {pr_sp=p4/(p3+p4)
+      return(pr_sp)} # 특이도
> perm_sp(22758,11713,9565,32278)
[1] 0.7714074
> perm_p=function(p1, p2, p3, p4) {pr_p=p1/(p1+p3)
+      return(pr_p)} # 정밀도
> perm_p(22758,11713,9565,32278)
[1] 0.7040807
>
> |
```

사이버 학교폭력 유형 예측모형 평가

R Console

```
> install.packages('party')
Warning: package 'party' is in use and will not be installed
> library(party)
> rm(list=ls())
> setwd("c:/cyberbullying_2017")
> tdata = read.table('cyberbullying_type_S.txt',header=T)
> input=read.table('input_GST.txt',header=T,sep=",")
Warning message:
In read.table("input_GST.txt", header = T, sep = ",") :
  incomplete final line found by readTableHeader on 'input_GST.txt'
> output=read.table('output_type.txt',header=T,sep=",")
Warning message:
In read.table("output_type.txt", header = T, sep = ",") :
  incomplete final line found by readTableHeader on 'output_type.txt'
>
> input_vars = c(colnames(input))
> output_vars = c(colnames(output))
> form = as.formula(paste(paste(output_vars, collapse = '+'),'~',
+  paste(input_vars, collapse = '+')))
> form
psychological_type ~ Strain + Physical + Psychological + Self_control +
    Attachment + Passion + Perpetrator + Delinquency
>
> ind=sample(2, nrow(tdata), replace=T,prob=c(0.5,0.5))
> tr_data=tdata[ind==1,]
> te_data=tdata[ind==2,]
> i_ctree=ctree(form,tr_data)
>
> |
```

R Console

```
> p=predict(i_ctree,te_data)
> table(te_data$psychological_type,p)
                   p
                    Bystander Complex_psychology Perpetrator Victim
  Bystander                 0                  0           0   2744
  Complex_psychology        0                  0           0   2222
  Perpetrator               0                  0        3625      0
  Victim                    0                  0           0  21041
>
> perm_a=function(p1,p2,p3,p4,p5,p6,p7,p8,p9,p10,p11,p12,p13,p14,p15,p16)
+  {pr_a=(p1+p6+p11+p16)/sum(p1,p2,p3,p4,p5,p6,p7,p8,p9,p10,p11,p12,p13,p14,p15,p16)
+      return(pr_a)} # 정확도(Accuracy)
> perm_a(0,0,0,2744,0,0,0,2222,0,0,3625,0,0,0,0,21041)
[1] 0.8324109
>
> perm_u=function(p1,p2,p3,p4,p5,p6,p7,p8,p9,p10,p11,p12,p13,p14,p15,p16)
+  {pr_u=(p2+p3+p4+p7+p8+p12)/sum(p1,p2,p3,p4,p5,p6,p7,p8,p9,p10,p11,p12,p13,p14,p15,p16)
+      return(pr_u)} # Upward accuracy
> perm_u(0,0,0,2744,0,0,0,2222,0,0,3625,0,0,0,0,21041)
[1] 0.1675891
>
> perm_d=function(p1,p2,p3,p4,p5,p6,p7,p8,p9,p10,p11,p12,p13,p14,p15,p16)
+  {pr_d=(p5+p9+p10+p13+p14+p15)/sum(p1,p2,p3,p4,p5,p6,p7,p8,p9,p10,p11,p12,p13,p14,p15,p16)
+      return(pr_d)} # Downward accuracy
> perm_d(0,0,0,2744,0,0,0,2222,0,0,3625,0,0,0,0,21041)
[1] 0
>
> perm_e=function(p1,p2,p3,p4,p5,p6,p7,p8,p9,p10,p11,p12,p13,p14,p15,p16)
+  {pr_e=(p2+p3+p4+p7+p8+p12+p5+p9+p10+p13+p14+p15)/sum(p1,p2,p3,p4,p5,p6,p7,p8,p9,p10,p11,p12,p13,p14,p15,p16)
+      return(pr_e)} # Error rate
> perm_e(0,0,0,2744,0,0,0,2222,0,0,3625,0,0,0,0,21041)
[1] 0.1675891
>
>
> |
```

4.2 ROC 곡선을 이용한 머신러닝 모형의 평가

사이버 학교폭력의 위험과 유형을 예측하는 머신러닝 모형을 ROC 곡선을 이용하여 평가하면 다음과 같다.

ROC 곡선 평가
naiveBayes ROC
> rm(list=ls()): 모든 변수를 초기화한다.
> setwd("c:/cyberbullying_2017"): 작업용 디렉토리를 지정한다.
> install.packages('MASS'): MASS 패키지를 설치한다.
> library(MASS): write.matrix() 함수가 포함된 MASS 패키지를 로딩한다.
> install.packages('e1071'): e1071 패키지를 설치한다.
> library(e1071): e1071 패키지를 로딩한다.
> install.packages('ROCR'): ROC 곡선을 생성하는 패키지를 설치한다.
> library(ROCR): ROCR 패키지를 로딩한다.
> tdata = read.table('cyberbullying_attitude_N.txt',header=T)
- 청소년 사이버폭력 데이터 파일을 tdata 객체에 할당한다.
> input=read.table('input_GST.txt',header=T,sep=",")
- 독립변수를 구분자(,)로 input 객체에 할당한다.
> output=read.table('output_attitude.txt',header=T,sep=",")
- 종속변수를 구분자(,)로 output 객체에 할당한다.
> p_output=read.table('p_output_bayes.txt',header=T,sep=",")
- 예측확률 변수(posterior.0, posterior.1)를 구분자(,)로 p_output 객체에 할당한다.
> input_vars = c(colnames(input))
- input 변수를 vector 값으로 input_vars 변수에 할당한다.
> output_vars = c(colnames(output))
- output 변수를 vector 값으로 output_vars 변수에 할당한다.
> p_output_vars = c(colnames(p_output))
- p_output 변수를 vector 값으로 p_output_vars 변수에 할당한다.

```
> form = as.formula(paste(paste(output_vars, collapse = '+'),'~',
  paste(input_vars, collapse = '+')))
```

- 문자열을 결합하는 함수(paste)를 사용하여 Naïve Bayes 모형의 함수식을 form 변수에 할당한다.

> form: Naïve Bayes 모형의 함수식을 출력한다.

```
> ind=sample(2, nrow(tdata), replace=T,prob=c(0.5,0.5))
```

- tdata를 5:5 비율로 샘플링한다.

```
> tr_data=tdata[ind==1,]
```

- 첫 번째 sample(50%)을 training data(tr_data)에 할당한다.

```
> te_data=tdata[ind==2,]
```

- 두 번째 sample(50%)을 test data(te_data)에 할당한다.

```
> train_data.lda=naiveBayes(form,data=tr_data)
```

- tr_data 데이터셋으로 Naïve Bayes Classification 모형을 실행하여 모형함수(분류기)를 만든다.
- train_data.lda=naiveBayes(form,data=tr_data, laplace=1)

```
> p=predict(train_data.lda, te_data, type='raw')
```

- 분류기(train_data.lda)를 활용하여 test_data 데이터셋으로 모형 예측을 실시하여 분류집단을 생성한다.

```
> dimnames(p)=list(NULL,c(p_output_vars))
```

- 예측된 종속변수의 확률값을 posterior.0(긍정 예측확률)와 posterior.1(부정 예측확률) 변수에 할당한다.

```
> summary(p)
> mydata=cbind(te_data, p)
```

- te_data 데이터셋에 posterior.0와 posterior.1 변수를 추가(append)하여 mydata 객체에 할당한다.

```
> write.matrix(mydata,'naive_bayse_cyberbullying_ROC.txt')
```

- mydata 객체를 'naive_bayse_cyberbullying_ROC.txt' 파일로 저장한다.

```
> mydata1=read.table('naive_bayse_cyberbullying_ROC.txt',header=T)
```

- naive_bayse_cyberbullying_ROC.txt 파일을 mydata1 객체에 할당한다.

> attach(mydata1)

> pr=prediction(posterior.1, te_data$Attitude)

- 실제집단과 예측집단을 이용하여 tdata의 Attitude의 추정치를 예측한다.

> bayes_prf=performance(pr, measure='tpr', x.measure='fpr')

- ROC 곡선의 tpr(true positive rate)과 fpr(false positive rate)을 bayes_prf 객체에 할당한다.

> auc=performance(pr, measure='auc'): AUC 곡선의 성능을 평가한다.

> auc_bayes=auc@y.values[[1]]

- AUC 통계량을 산출하여 auc_bayes 객체에 할당한다.

> auc_bayes: AUC 통계량을 화면에 출력한다.

- auc_bayes=sprintf('%.2f',auc_bayes): 소수점 이하 두 자릿수 출력

> plot(bayes_prf,col=1,lty=1,lwd=1.5,main='ROC curver for Machine Learning Models')

- Title을 'ROC curver for Machine Learning Models'로 하여 ROC 곡선을 그린다.

> abline(0,1,lty=3): ROC 곡선의 기준선을 그린다

neural networks ROC

> install.packages("nnet")

> library(nnet)

> attach(tdata)

> tr.nnet = nnet(form, data=tr_data, size=5)

> p=predict(tr.nnet, te_data, type='raw')

> pr=prediction(p, te_data$Attitude)

> neural_prf=performance(pr, measure='tpr', x.measure='fpr')

> neural_x=unlist(attr(neural_prf, 'x.values'))

- X축의 값(fpr)을 neural_x 객체에 할당한다.

> neural_y=unlist(attr(neural_prf, 'y.values'))

- Y축의 값(tpr)을 neural_y 객체에 할당한다.

> auc=performance(pr, measure='auc')

> auc_neural=auc@y.values[[1]]

> auc_neural

- auc_neural=sprintf('%.2f',auc_neural): 소수점 이하 두 자릿수 출력

```
> lines(neural_x,neural_y, col=2,lty=2)
```
- fpr을 X축의 값, tpr을 Y의 값으로 하여 붉은색(col=2)과 대시선(ity=2) 모양으로 화면에 출력한다.

```
# logistic ROC
> i_logistic=glm(form, family=binomial,data=tr_data)
> p=predict(i_logistic,te_data,type='response')
> pr=prediction(p, te_data$Attitude)
> lo_prf=performance(pr, measure='tpr', x.measure='fpr')
> lo_x=unlist(attr(lo_prf, 'x.values'))
> lo_y=unlist(attr(lo_prf, 'y.values'))
> auc=performance(pr, measure='auc')
> auc_lo=auc@y.values[[1]]
> auc_lo
```
- auc_lo=sprintf('%.2f',auc_lo): 소수점 이하 두 자릿수 출력

```
> lines(lo_x,lo_y, col=3,lty=3)
```
- 초록색(col=3)과 도트선(ity=3) 모양으로 화면에 출력한다.

```
# SVM ROC
> library(e1071)
> library(caret)
> install.packages('kernlab')
> library(kernlab)
> svm.model=svm(form,data=tr_data,kernel='radial')
> p=predict(svm.model,te_data)
> pr=prediction(p, te_data$Attitude)
> svm_prf=performance(pr, measure='tpr', x.measure='fpr')
> svm_x=unlist(attr(svm_prf, 'x.values'))
> svm_y=unlist(attr(svm_prf, 'y.values'))
> auc=performance(pr, measure='auc')
> auc_svm=auc@y.values[[1]]
```

```
> auc_svm
```

- auc_svm=sprintf('%.2f',auc_svm): 소수점 이하 두 자릿수 출력

```
> lines(svm_x,svm_y, col=4,lty=4)
```

- 파랑색(col=4)과 도트 · 대시선(ity=4) 모양으로 화면에 출력한다.

```
# random forests ROC
> install.packages("randomForest")
> library(randomForest)
> tdata.rf = randomForest(form, data=tr_data ,forest=FALSE,
  importance=TRUE)
> p=predict(tdata.rf,te_data)
> pr=prediction(p, te_data$Attitude)
> ran_prf=performance(pr, measure='tpr', x.measure='fpr')
> ran_x=unlist(attr(ran_prf, 'x.values'))
> ran_y=unlist(attr(ran_prf, 'y.values'))
> auc=performance(pr, measure='auc')
> auc_ran=auc@y.values[[1]]
> auc_ran
```

- auc_ran=sprintf('%.2f',auc_ran): 소수점 이하 두 자릿수 출력

```
> lines(ran_x,ran_y, col=5,lty=5)
```

- 연파랑색(col=5)과 긴 대시선(ity=5) 모양으로 화면에 출력한다.

```
# decision trees ROC
> install.packages('party')
> library(party)
> i_ctree=ctree(form,tr_data)
> p=predict(i_ctree,te_data)
> pr=prediction(p, te_data$Attitude)
> tree_prf=performance(pr, measure='tpr', x.measure='fpr')
> tree_x=unlist(attr(tree_prf, 'x.values'))
> tree_y=unlist(attr(tree_prf, 'y.values'))
```

```
> auc=performance(pr, measure='auc')
> auc_tree=auc@y.values[[1]]
> auc_tree
```

- auc_tree=sprintf('%.2f',auc_tree): 소수점 이하 두 자릿수 출력

```
> lines(tree_x,tree_y, col=6,lty=5)
```

- 보라색(col=5)과 2개의 대시선(ity=6) 모양으로 화면에 출력한다.

```
> legend('bottomright',legend=c('naive bayes','neural network',
'logistics','SVM', 'random forest','decision tree'),lty=1:6, col=1:6)
```

- bottomright 위치에 머신러닝 모형의 범례를 지정한다.

```
> legend('topleft',legend=c('naive=',auc_bayes,'neural=',auc_neural,
'logistics=',auc_lo,'SVM=',auc_svm,'random=',auc_ran,'decision=',auc_tree),cex=0.7)
```

- topleft 위치에 머신러닝 모형의 AUC 통계량의 범례를 지정한다.

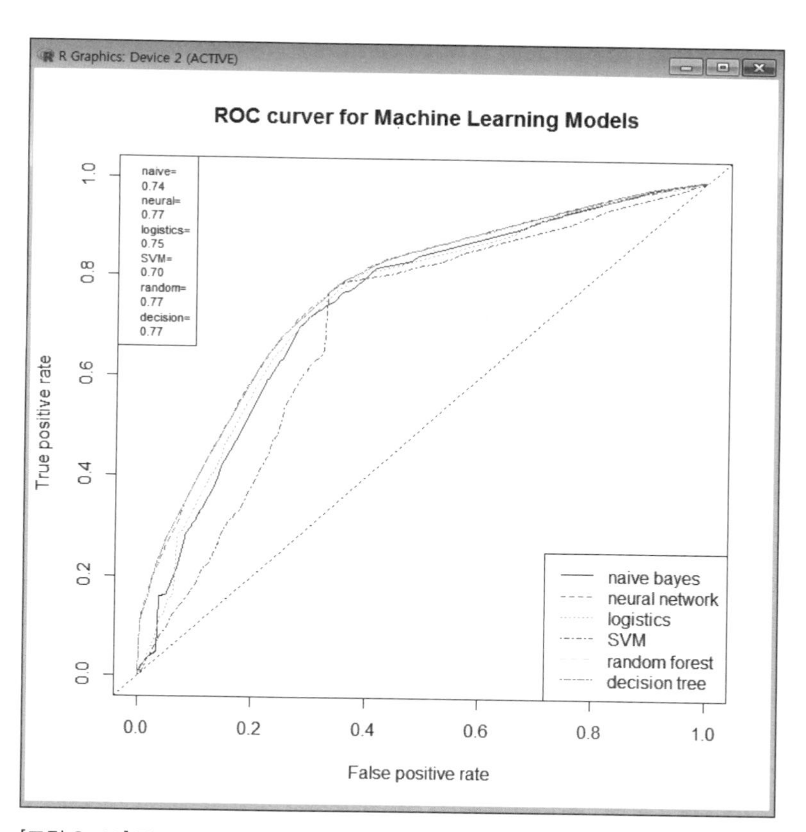

[그림 3-11] The receiver operator characteristic curve for Machine learning models

〈표 3-6〉 Evaluation of machine learning models

Evaluation Index	Naïve Bayes Classification	neural networks	logistic regression	support vector machines	random forests	decision trees
accuracy	70.61	71.98	71.43	72.45	72.18	72.12
error rate	29.39	28.02	28.57	27.55	27.82	27.88
sensitivity	71.87	63.83	66.06	65.82	63.50	66.02
specificity	69.55	78.75	75.90	77.98	79.41	77.14
precision	66.29	71.39	69.54	71.39	71.97	70.41
AUC	73.96	76.86	74.33	70.15	76.63	76.83
			best accuracy		SVM	
			best error rate		SVM	
			best sensitivity		Naïve Bayes	
			best specificity		random	
			best precision		random	
			best AUC(Area Under the Curve)		neural	

5 시각화

데이터 시각화(data visualization)는 데이터의 분석결과나 머신러닝의 예측결과를 쉽게 이해할 수 있도록 시각적으로 표현하고 전달하는 과정을 말한다. 시각화는 텍스트 데이터의 시각화, 시계열 데이터의 시각화, 지리적 데이터의 시각화로 분석할 수 있다.

5.1 텍스트 데이터의 시각화

텍스트 데이터를 시각화하는 방법으로는 워드클라우드(word cloud)를 많이 사용한다. 워드클라우드는 빅데이터의 텍스트 데이터베이스에 포함된 단어의 출현 빈도를 쉽게 이해할 수 있도록 2차원 공간에 구름 모양으로 표현하는 시각적 기법이다. 일반적으로 글자의 크기는 빈도에 비례하고, 빈도가 높은 단어일수록 중앙에 위치한다.

사이버 학교폭력 긴장요인의 워드 클라우드 작성

> setwd("c:/cyberbullying_2017"): 작업용 디렉터리를 지정한다.

> install.packages('wordcloud')

- 워드클라우드를 처리하는 패키지를 설치한다.

> library(wordcloud): 워드클라우드 처리 패키지를 로딩한다.

> key=c('Domestic_violence','Child_abuse','Parent_divorce','Economic_problem', 'Friend_Violence','Break_up','School_control','Academic_stress','School_records', 'School_violence_experience','Transfer','Individualism','Materialism','Bullying_culture', 'Class_society','Hell_Korea','Female_dislike','Interested_soldier', 'Traffic_ accident', 'Game','Internet_addiction', 'Celebrity','Movie','Adult','Gag','Chat_app','Youtube', 'Personal_broadcasting')

- 사이버 폭력 긴장요인의 키워드를 key 벡터에 할당한다.

> freq=c(2269,1338,3515,7269,5844,1101,32816,1503,32084,5849,8949,2348,858, 539,617,1085,6452,784,1852,1764,2496,29473,24413,488,799,2253,1497,1153)

- 사이버 폭력 긴장요인의 키워드의 빈도를 freq 벡터에 할당한다.

> library(RColorBrewer): 컬러를 출력하는 패키지를 로딩한다.

> palete=brewer.pal(9,"Set1")

- RColorBrewer의 9가지 글자 색상을 palete 변수에 할당한다.

> wordcloud(key,freq,scale=c(4,1),rot.per=.12,min.freq=100, random.order=F,random.color=T,colors=palete): 워드클라우드를 출력한다.

- key: key 벡터에 할당된 단어(글자)를 나타낸다.
- freq: freq 벡터에 할당된 단어의 빈도수를 나타낸다.

- scale(4, 1): 단어 크기(최대 4, 최소 1)를 나타내며 기본값은 c(4, 0.5)이다.
- rot.per=.12: key 벡터에 할당된 단어의 12%를 90도로 출력·배치한다.
- min.freq=100: 최소 언급 횟수 지정(100 이상 언급된 단어만 출력), 기본값은 3이다.
- max.words: 출력하고자 하는 단어 수 지정, 기본은 모든 단어 출력, 지정하면 내림차순으로 단어의 수만큼 지정한다.
- random.order=F: 그리는 순서에 따라 화면의 중심에서 가장자리로 배치된다. 인수가 T이면 단어가 임의의 순으로 그려지고, 인수가 F이면 단어가 빈도의 내림차순으로 배치된다. 따라서 F이면 출현빈도가 높은 단어일수록 중앙에 위치된다. 기본값은 T이다.
- random.color=T: 인수가 F이면 빈도의 내림차순으로 colors 인수에서 지정한 색상의 순서대로 단어의 색상이 지정된다. 인수가 T이면 무작위로 지정된다. 기본값은 F이다.
- colors=palete: 빈도별로 표현할 단어의 색상을 지정한다. palete 변수에 할당된 색상으로 출력단어의 색상을 지정한다.

```
> savePlot("cyber_bullying_strain_wordcloud",type="png")
```

- 결과를 그림파일로 저장한다.
- type="png": PNG 형식 저장("jpeg": JPEG 형식 저장)

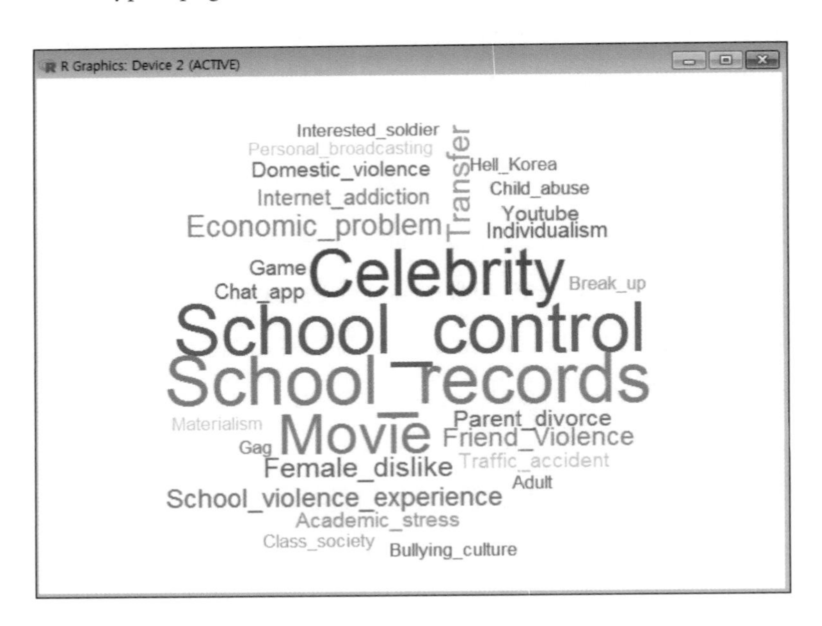

[해석] 사이버 학교폭력 긴장요인의 키워드는 School_control, Celebrity, School_records, Movie 등에 집중되어 있는 것으로 나타났다.

사이버 학교폭력 토픽/토픽유사어의 워드클라우드 작성

```
R Console
> setwd("c:/cyberbullying_2017")
> install.packages('wordcloud')
Warning: package 'wordcloud' is in use and will not be installed
> library(wordcloud)
>
> key=c('왕따','은따','영따','영원히따','전따','반따','뚱따','이지매','집단따돌림','집단괴롭힘',
+  '또래폭력','집단폭력','집단학대','담배셔틀','빵셔틀','사이버폭력','카카오톡왕따','카톡왕따',
+  '카톡따돌림','카카오스토리왕따','카카오스토리따돌림','카스왕따','카따','사이버불링','싸이버불링',
+  '온라인따돌림','사이버따돌림','직따','직장왕따','직장따돌림','동료학대','돈셔틀','학교폭행',
+  '학생폭력','학생폭행','학교집단폭력','학교집단폭행','학생집단폭력','학생집단폭행','싸이버폭력',
+  '사이버폭행','사이버따','싸이버따돌림','사이버괴롭힘','싸이버괴롭힘','SNS폭력','SNS폭행',
+  '트위터폭력','트위터폭행','페이스북폭력','메신저폭력','메신저폭행','메신저따돌림','스마트폰폭력',
+  '스마트폰따돌림','스마트폰괴롭힘','사이버스토킹')
>
> freq=c(541294,11366,290,17,2924,212,125,5981,28931,9172,47,8091,4321,1797,40532,
+  12835,264,514,15,26,7,42,624,79083,121,33,1379,126,408,182,10,1491,126,3769,3744,
+  30,40,2,42,38,49,7,8,1043,1,136,6,123,9,4,16,1,1,21,10,4,3209)
>
> library(RColorBrewer)
> palete=brewer.pal(9,"Set1")
> wordcloud(key,freq,scale=c(4,1),rot.per=.12,min.freq=100,random.order=F,
+  random.color=T,colors=palete)
> savePlot("cyber_bullying_topic_wordcloud",type="png")
>
> |
```

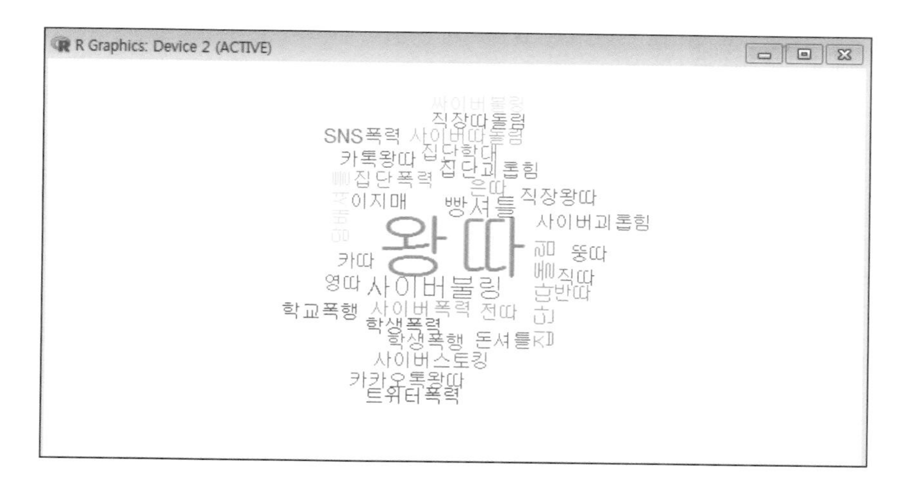

[해석] 사이버 학교폭력 토픽/토픽유사어의 키워드는 왕따, 사이버불링, 빵셔틀 등에 집중되어 있는 것으로 나타났다.

5.2 시계열 데이터의 시각화

시계열 형태의 빅데이터는 선그래프와 막대그래프로 시각화할 수 있다.

1) 선그래프의 시각화

선그래프는 plot() 함수를 사용한다. plot() 함수의 주요 인수는 <표 3-7>과 같다.

〈표 3-7〉 plot() 함수의 주요 인수

인수	기능
type='p'	플롯의 형식 지정[점(p), 선(l), 점/선(b), 점 없는 플롯(c), 점선중첩(o)]
xlim=c(하한, 상한)	x축의 범위를 지정
ylim=c(하한, 상한)	y축의 범위를 지정
log='x'	로그플롯 지정(x, y, xy, yx)
main='문자열'	제목 문자열 지정
sub='문자열'	부제목 문자열 지정
xlab='문자열'	x축 라벨을 지정
ylab='문자열'	y축 라벨을 지정
ann	FALSE를 지정하면 제목이나 축의 라벨을 그리지 않음
axes	FALSE를 지정하면 테두리를 그리지 않음
col='색', col=수치	플롯의 색 지정(1부터 차례로 검정, 빨강, 초록,파랑, 연파랑, 보라, 노랑, 회색 등)
lty=수치	선의 종류[투명선(0), 실선(1), 대시선(2), 도트선(3), 도트와 대시선(4), 긴 대시선(5), 2개의 대시선(6)]
las=수치	축라벨을 그리는 형식 지정[축과 나란히(0), 축과 수평(1), 축과 수직(2), 축의 라벨과 모두 수직(3)]
lwd=수치	선의 너비 지정
cex=수치	문자의 크기 지정
font='폰트명'	글꼴 지정
pch=수치	점플롯 종류 지정[□(0),○(1),△(2),+(3),×(4)]

자료: 후나오노부오 지음, 김성재 옮김(2014). R로 배우는 데이터 분석 기본기 데이터 시각화. 한빛미디어. p.419.

사이버 학교폭력 비행과 긴장요인의 미래신호 탐색 시각화

> rm(list=ls()): 모든 변수를 초기화한다.

> setwd("c:/cyberbullying_2017"): 작업용 디렉터리를 지정한다.

> cyberbullying=read.table(file="긴장비행_DoV_학교폭력.txt",header=T)

- cyberbullying 변수에 데이터를 할당한다.

> windows(height=8.5, width=8)

- 출력 화면의 크기를 지정한다.

> plot(cyberbullying$tf,cyberbullying$df,xlim=c(0,11500),ylim=c(-.1,1.5),pch=18, col=8,xlab='average_term_frequency',ylab='time_weighted_increasing_rate', main='Keyword Emergence Map')

- cyberbullying$tf: x축에 변수 cyberbullying$tf를 지정한다.
- cyberbullying$df: y축에 변수 cyberbullying$df를 지정한다.
- xlim=c(0,11500): x축의 범위(0,11500)를 지정한다.
- ylim=c(−.1,1.5): y축의 범위(−.1,1.5)를 지정한다.
- pch=18: 점의 모양(0=square~18=filled diamond blue)[3]을 지정한다.
- col=8: 점의 색(1=검정, 2=빨강, 3=초록, 4=파랑, 5=연파랑, 6=보라, 7=노랑, 8=회색)
- xlab=' ': x축의 라벨을 지정한다.
- ylab=' ': y축의 라벨을 지정한다.
- main=' ': 제목 문자열을 지정한다.

> text(cyberbullying$tf,cyberbullying$df,label=cyberbullying$학교폭력,cex=0.8, col='red')

- text(): 플롯 영역의 좌표에 문자를 출력하는 함수
- x(cyberbullying$tf), y(tf,cyberbullying$df) 좌표에 'cyberbullying$학교폭력' 문자열을 0.8 포인트 크기의 빨강색으로 출력한다.

> abline(h=0.206, v=712, lty=1, col=4, lwd=0.5)

- abline(): 직교좌표에 직선을 그리는 함수
- h=horizon, v=vertical, lty=선의 종류(실선), col=선의 색(파랑), lwd: 선의 넓이

> savePlot('긴장비행_DoV_학교폭력',type='png')

- 결과를 그림파일로 저장한다.

---

3 PCH Symbols Chart는 thttp://www.endmemo.com/program/R/pchsymbols.php를 참조.

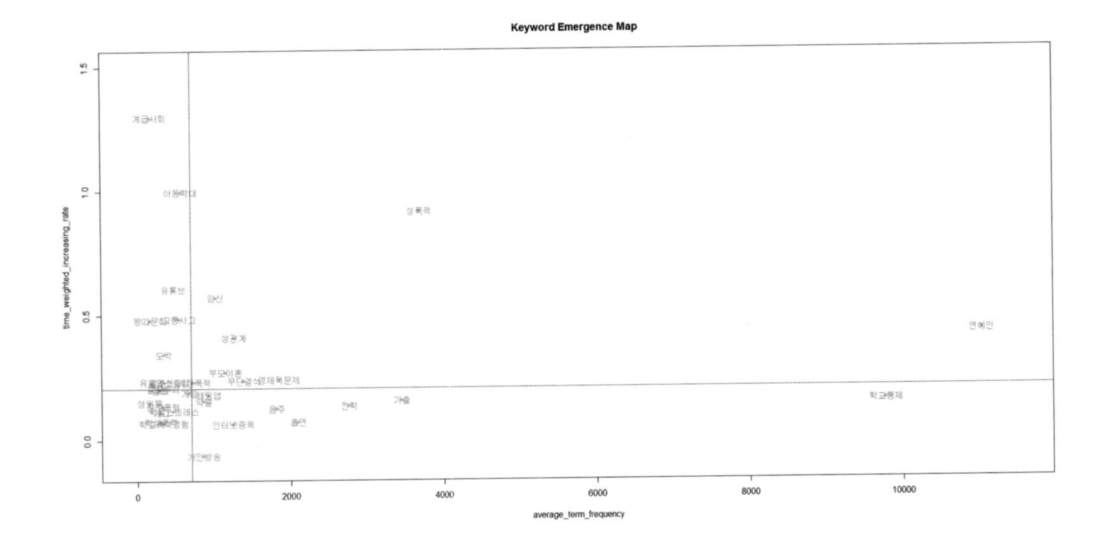

[해석] KEM(Keyword Emergence Map)에서 사이버 학교폭력의 긴장과 비행 요인의 강신호는 성폭력, 임신, 성관계, 연예인, 부모이혼, 무단결석, 경제적문제, 가정폭력으로 나타났으며, 약신호(미래신호)는 계급사회, 아동학대, 유튜브, 왕따문화, 교통사고, 도박, 유흥업소출입, 물질주의로 나타났다. 잠재신호로는 게임, 성임물, 친구폭력, 학업스트레스, 학생폭력, 학교폭력경험으로 나타났으며, 강하지만 증가율이 낮은 신호는 채팅앱, 약물, 인터넷중독, 개인방송, 음주, 흡연, 전학, 가출, 학교통제로 나타났다.

```
# 사이버 학교폭력 시간별 문서현황 시각화
> rm(list=ls())
> setwd("c:/cyberbullying_2017")
> cyber=read.csv("cyberbullying_time.csv",sep=",",stringsAsFactors=F)
> a=cyber$X2013년: 2013년 항목을 a변수에 할당한다(숫자 항목은 'X'를 추가한다).
> b=cyber$X2014년
> c=cyber$X2015년
> d=cyber$X2016년
> e=cyber$total: total 항목을 e변수에 할당한다.
> plot(a,xlab="",ylab="",ylim=c(0,12),type="o",axes=FALSE,ann=F,col=1)
```

- a: 2013년 항목이 할당된 변수 a를 지정한다.
- xlab="문자", ylab="문자": x, y축에 사용할 문자열을 지정한다.

- ylim=c(0, 12): y축의 범위(0~12)를 지정한다.

- type="o": 그래프 타입[점모양(p), 선모양(l), 점과선중첩모양(o) 등]

- axes=FALSE: x, y축을 표시하지 않는다.

- ann=F: x, y축의 제목을 지정하지 않는다.

- col=1: 그래프의 색을 지정한다[검정(1), 빨강(2), 초록(3), 파랑(4), 연파랑(5), 보라(6), 노랑(7), 회색(8) 등].

> title(main="사이버 학교폭력 시간별 문서 현황",col.main=1,font.main=2)

- main="메인 제목": 그래프의 제목을 설정한다.

- col.main=1: 제목에 사용되는 색상을 지정한다(1: 검정).

- font.main=2: 제목에 사용되는 font를 지정한다[보통(1), 진하게(2), 기울임(3)].

> title(xlab="시간",col.lab=1): x축 문자열을 검정색으로 지정한다.

> title(ylab="버즈",col.lab=1): y축 문자열을 검정색으로 지정한다.

> axis(1,at=1:24,lab=c(cyber$시간),las=2): x축과 y축을 지정값으로 표시한다.

- 1: 축 지정(1: x축, 2: y축)

- at=1:24: x축의 범위(1~24)를 지정한다.

– lab=c(cyber$시간): cyber 데이터의 시간 항목을 화면에 표시한다.

- las=2: x축의 라벨(항목)을 축에 대해 수직으로 작성한다(1: 수평, 2: 수직).

> axis(2,ylim=c(0,12),las=2): x축과 y축을 지정값으로 표시한다.

- 2: 축지정(1: x축, 2: y축)

- ylim=c(0, 12): y축의 범위(1~12)를 지정한다.

- las=2: y축의 라벨(항목)을 축에 대해 수직으로 작성한다.

> lines(b,col=2,type="o"): 2014년은 붉은색의 점과선 중첩모양으로 화면에 출력한다.

> lines(c,col=3,type="o"): 2015년은 초록색의 점과선 중첩모양으로 화면에 출력한다.

> lines(d,col=4,type="o"): 2016년은 파랑색의 점과선 중첩모양으로 화면에 출력한다.

> lines(e,col=5,type="o"): total은 연파랑의 점과선 중첩모양으로 화면에 출력한다.

> colors=c(1,2,3,4,5): 범례에 사용될 색상을 지정한다.

> legend(18,12,c("2013년","2014년","2015년","2016년","Total"),cex=0.9, col=colors,lty=1,lwd=2): 범례 형식을 지정한다.

- legend(18, 12): 범례의 위치를 지정한다(x축 18번째와 y축 12번째).

- c("2013년"~"Total"): 범례의 항목을 화면에 출력한다.

- cex=0.9: 범례의 문자 크기를 지정한다.
- col=colors: 범례의 색상을 지정한다[c(1, 2, 3, 4, 5)].
- lty=1: 선의 종류를 지정한다(1: 실선).
- lwd=2: 선의 너비를 지정한다.

> savePlot("cyberbullying_time.png",type="png"): 결과를 그림 파일로 저장한다.

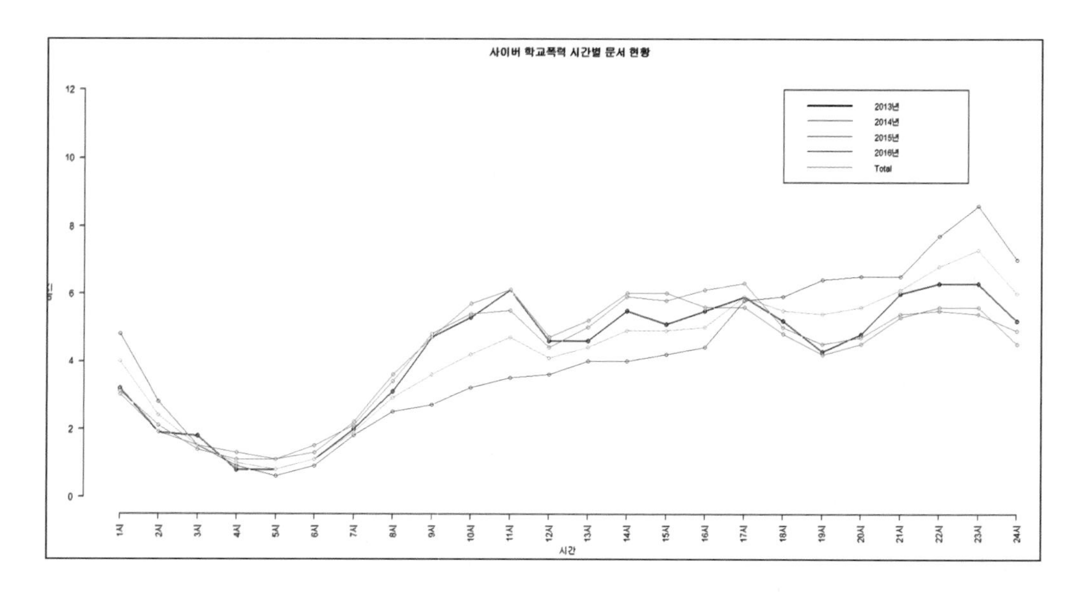

[해석] 2016년을 제외하고 사이버 학교폭력과 관련된 온라인 문서는 등교 시간인 7시부터 증가하여 11시 이후 감소하며, 12시 이후 증가하여, 다시 17시 이후 감소하고, 19시 이후 증가하여 23시 이후 감소 추세를 보이는 것으로 나타났다.

사이버 학교폭력 월별 문서현황 시각화

```
R Console
>
> setwd("c:/cyberbullying_2017")
> cyber=read.csv("cyberbullying_month.csv",sep=",",stringsAsFactors=F)
> a=cyber$X2013년
> b=cyber$X2014년
> c=cyber$X2015년
> d=cyber$X2016년
> e=cyber$total
> plot(a,xlab="",ylab="",ylim=c(0,50),type="l",axes=FALSE,ann=F,col=1)
> title(main="사이버 학교폭력 월별 문서 현황",col.main=1,font.main=2)
> title(ylab="버즈(%)",col.lab=1)
> axis(1,at=1:12,lab=c(cyber$월),las=1)
> axis(2,ylim=c(0,20),las=2)
> lines(b,col=2,type="l")
> lines(c,col=3,type="l")
> lines(d,col=4,type="l")
> lines(e,col=5,type="l")
> colors=c(1,2,3,4,5)
> legend(8,45,c("2013년","2014년","2015년","2016년","Total"),
+  cex=0.9,col=colors,lty=1,lwd=2)
> savePlot("cyberbullying_month",type="png")
>
> |
```

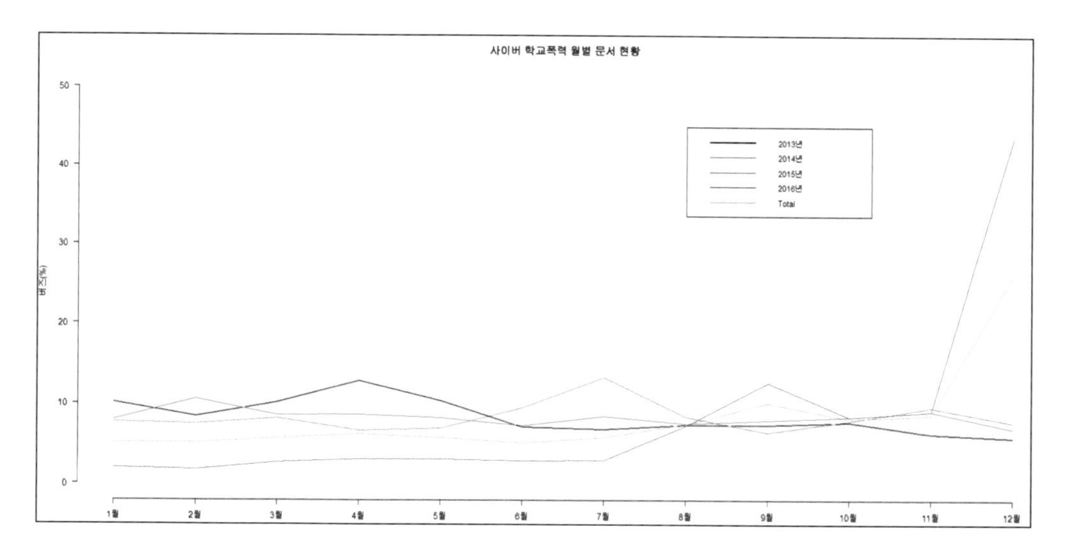

[해석] 2016년을 제외하고 사이버 학교폭력과 관련된 관련된 온라인 문서는 개학 시기인 3월부터 증가하여 4월에 감소하며, 6월부터 증가하여 7월에 감소하고, 9월부터 증가하여 11월부터 감소 추세를 보이는 것으로 나타났다.

사이버 학교폭력 비행요인 일별 위험도 시각화(신경망)

- 신경망 모형의 예측확률 값으로 일별 위험도를 분석

```
R Console
> setwd("c:/cyberbullying_2017")
> drug=read.csv("cyberbullying_day_2014년.csv",sep=",",stringsAsFactors=F)
> a=drug$Access_entertainment_facilities
> b=drug$Smoking
> c=drug$Drinking
> d=drug$Drug
> e=drug$Run_away
> f=drug$Gambling
> g=drug$Crime
> h=drug$Pregnant
> i=drug$Sexual_violence
> j=drug$Sex
> k=drug$Absence_without_leave
> l=drug$Student_violence
>
> ## color 지정(color의 No는 8번부터 계속 반복하여 출현)
> ## topo.colors(10) 등 사용하면 8번이후 color 반복출현
> ## 따라서 8개 이상의 항목에 대한 color 지정시, hex value를 사용함.
>
> plot(a,xlab="",ylab="",ylim=c(0,1.2),type="l",axes=FALSE,ann=F,col="#4C00F$
>
> title(main="cyberbullying_day_2014",col.main=1,font.main=2)
> title(xlab="Day",col.lab=1)
> title(ylab="Buzz",col.lab=1)
> axis(1,at=1:365)
> axis(2,ylim=c(0,1.2),las=2)
> lines(b,col="#0019FFFF",type="l")
> lines(c,col="#0080FFFF",type="l")
> lines(d,col="#00E5FFFF",type="l")
> lines(e,col="#00FF4DFF",type="l")
> lines(f,col="#4DFF00FF",type="l")
> lines(g,col="#E6FF00FF",type="l")
> lines(h,col="#FFFF00FF",type="l")
> lines(i,col="#FFDE59FF",type="l")
> lines(j,col="#FFE0B3FF",type="l")
> lines(k,col="#FDBF6F",type="l")
> lines(l,col="#FF7F00",type="l")
>
> color=c("#4C00FFFF","#0019FFFF","#0080FFFF","#00E5FFFF",
+ "#00FF4DFF","#4DFF00FF","#E6FF00FF","#FFFF00FF","#FFDE59FF",
+ "#FFE0B3FF","#FDBF6F","#FF7F00")
>
> legend(250,1.2,c('entertainment','Smoking',
+ 'Drinking','Drug','Run_away','Gambling','Crime','Pregnant',
+ 'Sexual_violence','Sex','Absence_without',
+ 'Student_violence'),cex=0.9,col=color,lty=1,lwd=2)
> savePlot("cyberbullying_day_2014.png",type="png")
>
> |
```

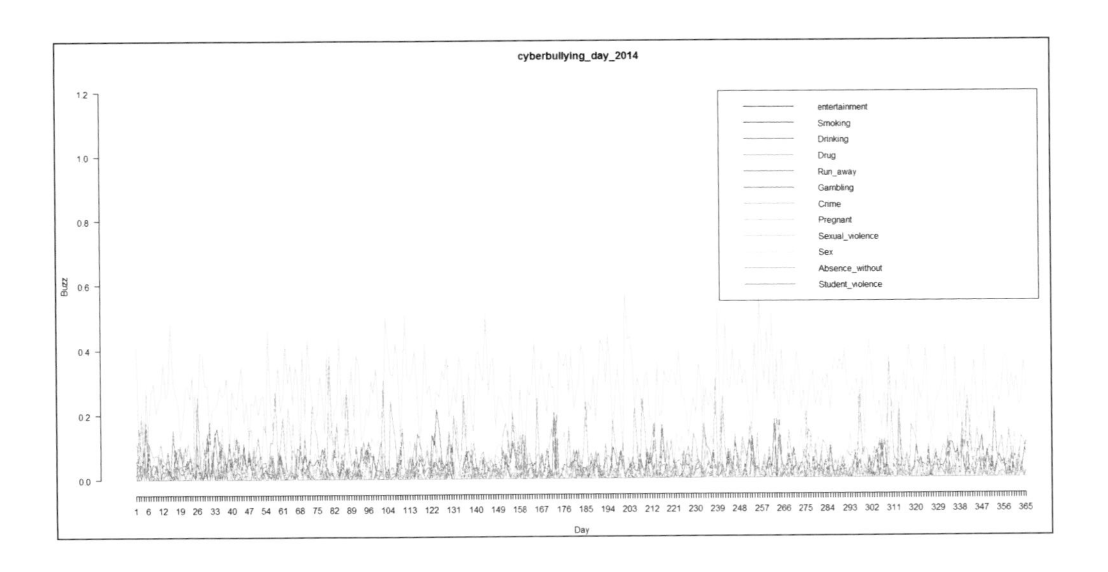

[해석] 신경망 모형의 사이버 폭력 비행요인의 위험 예측확률은 Access_entertainment_facilities는 일평균 0.61%, Smoking은 일평균 3.47%, Drinking은 일평균 3.39%, Drug는 일평균 1.37%, Run_away는 일평균 6.74%, Gambling은 일평균 0.67%, Crime은 일평균 26.84%, Pregnant는 일평균 0.97%, Sexual_violence는 일평균 4.35%, Sex는 일평균 1.42%, Absence_without_leave은 일평균 2.69%, Student_violence는 일평균 1.42%, 전체 비행요인은 일평균 위험도는 53.91%로 나타났다.

2) 막대그래프의 시각화

\# 막대그래프 시각화(비행요인의 출현 빈도)

- 막대그래프는 barplot() 함수를 사용한다

> rm(list=ls()): 모든 변수를 초기화한다.

> setwd("c:/cyberbullying_2017"): 작업용 디렉터리를 지정한다.

> f=read.csv("cyberbullying_delequency.csv",sep=",",stringsAsFactors=F)

> bp=barplot(f$Freqency, names.arg=f$delequency,main="Delequency buzz tracking", col=gray.colors(12),xlim=c(0,35000),cex.names=0.5,col.main=1,font.main=2,las=1, horiz=T)

- f$Freqency: x축 변수(빈도)를 지정한다.

- names.arg=f$delequency: x축 변수(delequency)를 지정한다.
- main="Delequency buzz tracking": 그래프 제목을 지정한다.
- col=gray.colors(12): 흑백 컬러 12색을 지정한다.
- xlim=c(0,35000): x축의 범위를 지정한다.
- cex.names=0.7: y축의 글자 크기를 지정한다.
- col.main=1: 그래프 제목을 검정색으로 지정한다.
- font.main=2: 그래프 제목의 폰트(1: 짙게, 2: 옅게, 3: 기울임)를 지정한다.
- las=1: 축의 라벨을 수평으로 그린다(las=2: 수직).
- horiz=T : 막대그래프를 수평으로 지정한다(F나 디폴트는 수직 지정).

```
> text(y=bp,x=f$Freqency*1,pos=4,labels=paste(f$Freqency,'case'),
  col='black',cex=0.4)
```

- pos=1(below), 2(left), 3(above, default), 4(right)
- y축의 변수 빈도를 수평바 위에 출력(검정색, 0.5 크기)한다.

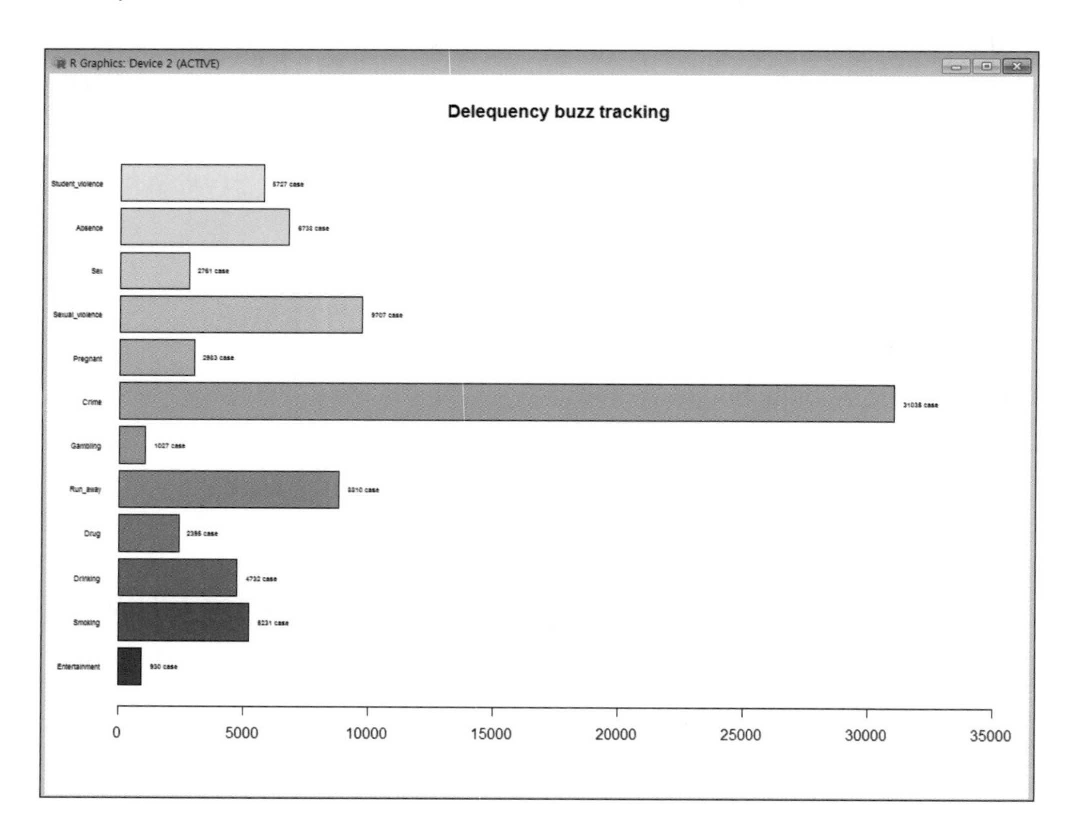

```
R Console
> ## barPlot 그래프(막대그래프 작성: 세로바)
>
> rm(list=ls())
> setwd("c:/cyberbullying_2017")
> f=read.csv("cyberbullying_delequency.csv",sep=",",stringsAsFactors=F)
> bp=barplot(f$Freqency, names.arg=f$delequency,main="Delequency buzz tracking",
+  col=gray.colors(12),ylim=c(0,35000),cex.names=0.5,
+  col.main=1,font.main=2,las=1,horiz=F)
> # pos=1(below), 2(left), 3(above, default), 4(right)
> text(x=bp,y=f$Freqency*1,pos=3,labels=paste(f$Freqency,'case'),
+  col='black',cex=0.4)
>
> |
```

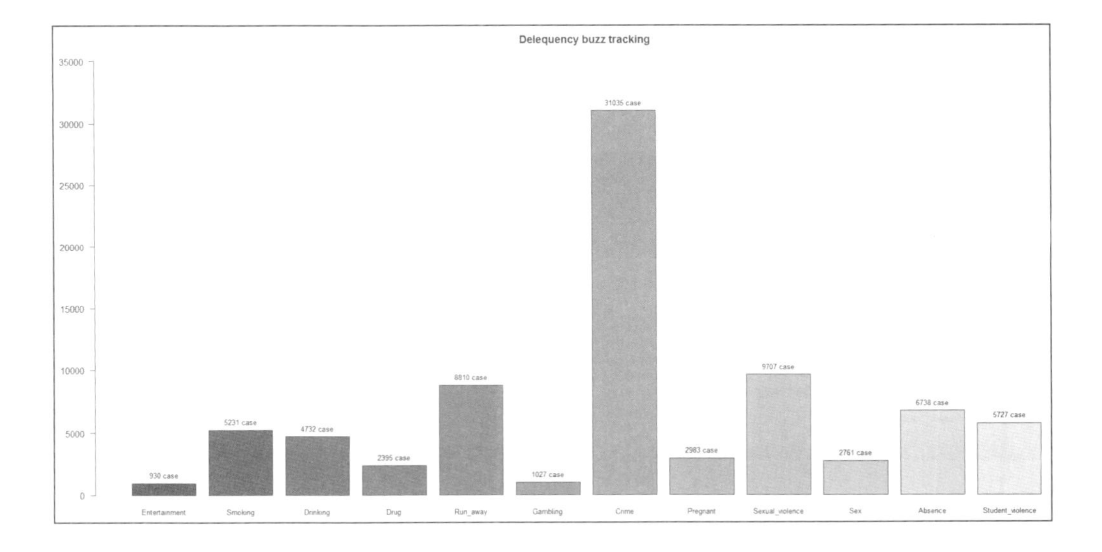

5.3 지리적 데이터의 시각화[4]

빅데이터에서 수집된 지리적 데이터(geographical data) 또는 공간 데이터(spatial data)는 지역 사이의 연관성이나 지역의 시간에 따른 변화를 보기 위해 시각화를 통하여 분석할 수 있다. R을 활용한 지리적 데이터의 시각화는 '행정지도 폴리곤 데이터와 sp 패키지를 이용' 할 수 있다. 세계 각국의 행정지도는 GADM(Global Administrative Area)에서 위도와 경도의

4 본 절의 일부 내용은 '송태민·송주영(2017). 머신러닝을 활용한 소셜 빅데이터 분석과 미래신호예측. pp. 310' 부분에서 발췌한 것임을 밝힌다.

좌표를 지닌 rds Format 형태의 데이터를 다운로드 받아 사용할 수 있다. 우리나라 행정지도 폴리곤 데이터는 다음의 절차로 다운로드 받아 저장할 수 있다.

1단계: http://www.gadm.org/에 접속한다.

2단계: [Download] 버튼을 클릭한 후 'Country: South Korea','File format: R(Spatialpolygons DataFrame)'을 선택하고 [OK] 버튼을 클릭한다.

3단계: 'Level 0'를 선택하여 'KOR-adm0.rds'를 다운로드 받는다.

4단계: 'Level 1'과 ' Level 2'를 차례로 선택하여 'KOR-adm1.rds'와 'KOR-adm2.rds'를 다운로드 받아 시각화 지정 폴더에 저장한다.

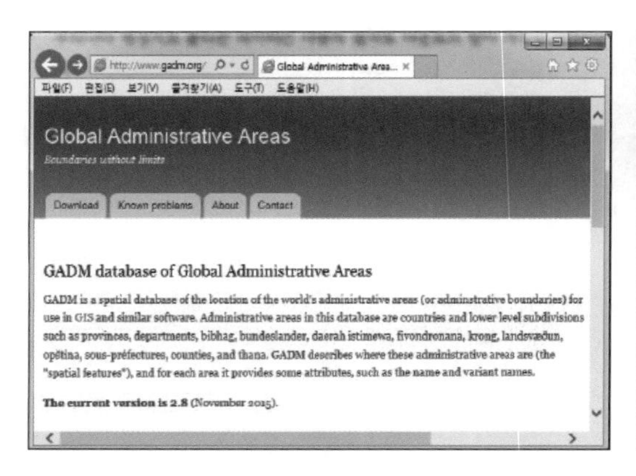

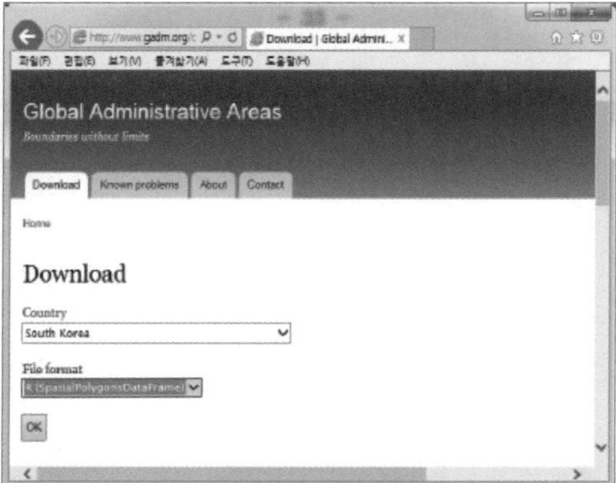

\# 지역별 사이버 학교폭력 위험 시각화

> install.packages('sp'): sp 패키지를 설치한다.

> library(sp): sp 패키지를 로딩한다.

> setwd("c:/cyberbullying_2017")

> gadm=readRDS("KOR_adm0.rds")

- rds format은 readRDS("file.rds")로 지도를 읽어온다.

> plot(gadm): 우리나라 전체 지도를 화면에 출력한다.

> gadm=readRDS("KOR_adm1.rds")

> plot(gadm): 우리나라 시도별 행정지도를 화면에 출력한다.

> pop = read.table('gdam_cyberbullying.txt',header=T): pop 변수에 데이터를 할당한다.

> pop_s = pop[order(pop$Code),]

- pop 변수의 코드를 정렬, pop_s 변수에 할당한다.
- Code: KOR_adm1.rds에서 이용하는 시도에 대한 숫자코드

```
> inter=c(0,22,35,80,90,92,96,123,131,205,261,320,411,440,510,770,1700)
```

- 버즈량을 17개 구간[(0, 22)~(770, 1700)]으로 설정한다.

```
> pop_c=cut(pop_s$Y2013,breaks=inter)
```

- pop_s 변수에서 2013년 항목을 17단계로 구분하여 pop_c 변수에 할당한다.

```
> gadm$pop=as.factor(pop_c)
```

- pop_c 변수 요소를 읽어와서 gadm$pop에 할당한다.

```
> col=rev(heat.colors(length(levels(gadm$pop))))
```

- 각 구간의 색을 heat 색상으로 할당한다.
- heat.colors, topo.colors, cm.colors, terrain.colors, rainbow, diverge.colors, gray.colors
- col=gray.colors(length(levels(gadm$pop)))

```
> spplot(gadm, 'pop', col.regions=col, main='2013 School cyberbullying Risks by Region')
```

- pop 변수에 할당된 구간의 색을 지정된 색상으로 채워서 지도를 그린다.

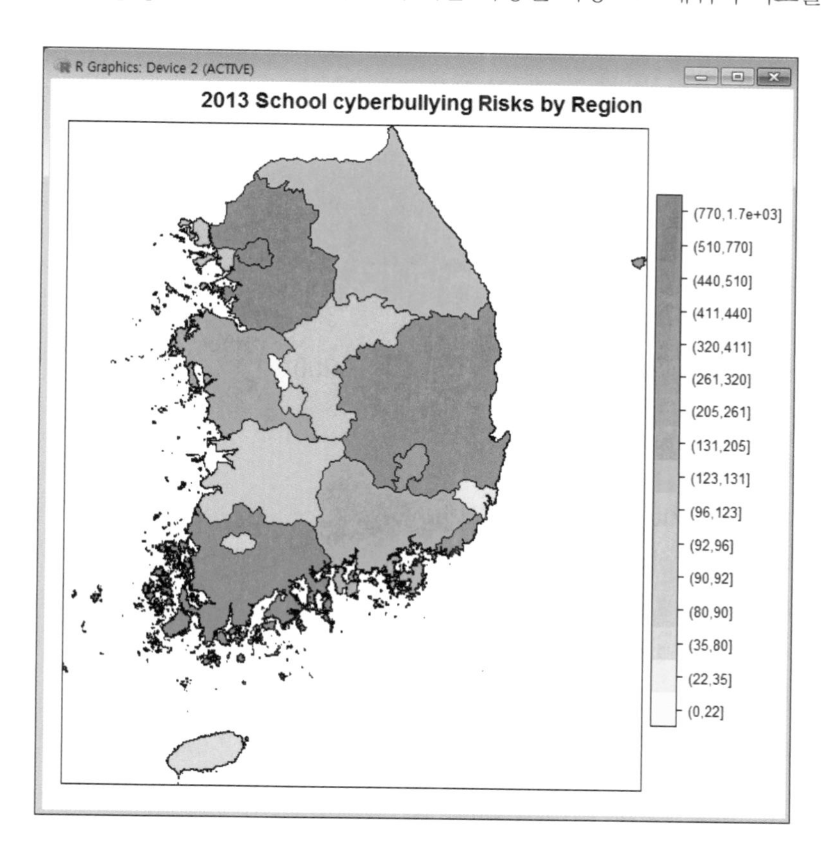

```
# 지역별 연도별 사이버 학교폭력 위험 시각화
> pop = read.table('gdam_cyberbullying.txt',header=T)
> pop_s = pop[order(pop$Code),]
> inter=c(0,22,35,80,90,92,96,123,131,205,261,320,411,440,510,770,1700)
> pop_c=cut(pop_s$Y2013,breaks=inter)
> gadm$pop=as.factor(pop_c)
> col=rev(heat.colors(length(levels(gadm$pop))))
> p1=spplot(gadm, 'pop', col.regions=col, main='2013 cyberbullying')
> pop_s = pop[order(pop$Code),]
> inter=c(0,50.60,70,77,80,90,120,125,130,150,170,260,287,300,400,600,1200)
> pop_c=cut(pop_s$Y2014,breaks=inter)
> gadm$pop=as.factor(pop_c)
> col=rev(heat.colors(length(levels(gadm$pop))))
> p2=spplot(gadm, 'pop', col.regions=col, main='2014 cyberbullying')
> pop_s = pop[order(pop$Code),]
> inter=c(0,20,50,60,70,117,130,145,150,170,210,260,270,320,340,500,1200,1300)
> pop_c=cut(pop_s$Y2015,breaks=inter)
> gadm$pop=as.factor(pop_c)
> col=rev(heat.colors(length(levels(gadm$pop))))
> p3=spplot(gadm, 'pop', col.regions=col, main='2015 cyberbullying')
> pop_s = pop[order(pop$Code),]
> inter=c(0,50,56,62,70,90,110,120,130,145,150,160,180,200,310,800,1100,1400)
> pop_c=cut(pop_s$Y2016,breaks=inter)
> gadm$pop=as.factor(pop_c)
> col=rev(heat.colors(length(levels(gadm$pop))))
> p4=spplot(gadm, 'pop', col.regions=col, main='2016 cyberbullying')
> print(p1,pos=c(0, 0.5, 0.5, 1), more=T)
> print(p2,pos=c(0.5, 0.5, 1, 1), more=T)
> print(p3,pos=c(0, 0, 0.5, 0.5), more=T)
> print(p4,pos=c(0.5, 0, 1, 0.5), more=T)
```

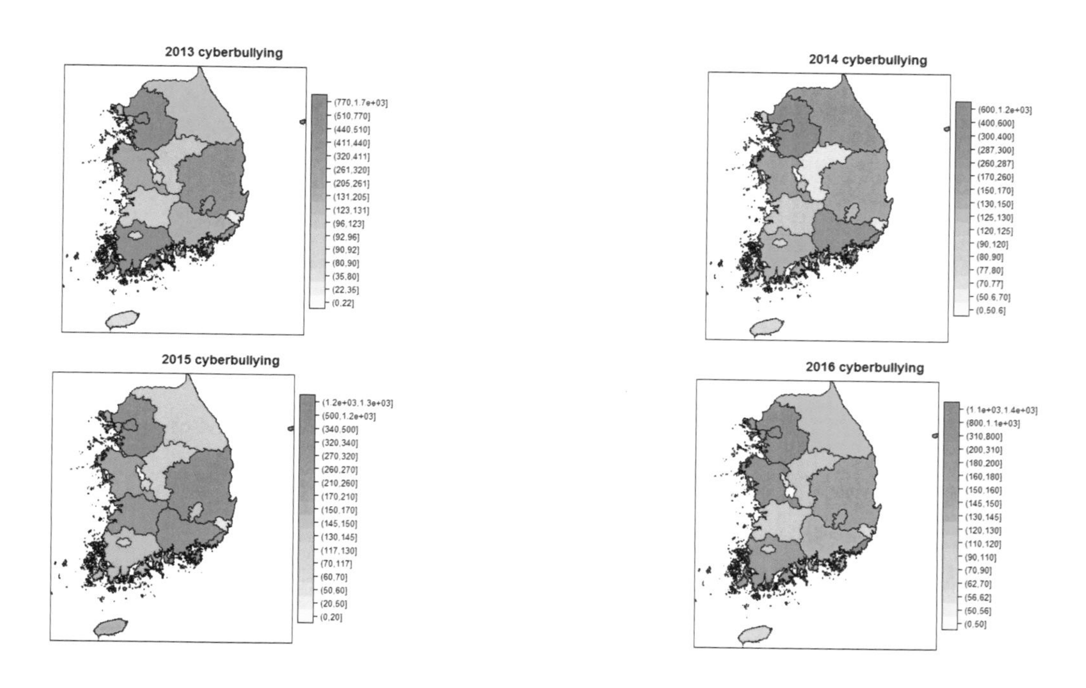

[해석] 사이버 학교폭력에 대한 부정적 감정은 2013년에는 서울, 경기, 전남 순으로 가장 높게, 2014년에는 서울, 경기, 부산 순으로 가장 높게, 2015년에는 서울, 경기, 경북 순으로 가장 높게, 2016년에는 부산, 서울, 충남 순으로 가장 높게 나타났다.

참고문헌

1. 송태민·송주영(2017). 머신러닝을 활용한 소셜 빅데이터 분석과 미래신호예측. 한나래출판사.
2. 최종후 · 한상태 · 강현철 · 김은석 · 김미경 · 이성건(2006). 데이터마이닝 예측 및 활용. 한나래아카데미.
3. Breiman, L. (1996). Bagging predictors. *Machine Learning*, 26, 123–140.
4. Breiman, L. (2001). Random forest. *Machine learning*, 45(1), 5–32.
5. Cortes, C., & Vapnik, V. (1995). Support-vector networks. *machine Learning*, 20, 273–297.
6. David E. Rumelhart, Geoffrey E. Hinton, & Ronald J. Williams. (1986). Learning representations by back-propagating errors. *Nature*, 323:533–536.
7. Hand, D., Mannila, H., Smyth P. (2001) "Principles of Data Mining." The MIT Press, Cambridge, ML.
8. Jin, J. H., Oh, M. A. (2013). Data Analysis of Hospitalization of Patients with Automobile Insurance and Health Insurance: A Report on the Patient Survey. *Journal of the Korea Data Analysis Society*, 15(5B), 2457–2469.
9. Minsky, M., & Papert, S. (1969) "Perceptrons." MIT Press, Cambridge.
10. Mitchell, Tom. M. (1997) *Machine Learning*. New York: McGraw-Hill., 59.
11. Park, H. C. (2013). Proposition of causal association rule thresholds. *Journal of the Korean Data & Information Science Society*, 24(6), 1189–1197.
12. Rakesh Agrawal and Ramakrishnan Srikant. Fast algorithms for mining association rules. Proceedings of the 20th International Conference on Very Large Data Bases, VLDB, pages 487–499, Santiago, Chile, September 1994.
13. U.S.EPS, "Guidelines for developing an air quality (Ozone and PM2.5) forecasting program", 2003, EPA–456/R–03–002.

2부

빅데이터 분석 사례

머신러닝을 활용한 한국의 섹스팅(sexting) 위험 예측[1]

1 서론

2014년 현재 10대 청소년의 99.7%가 스마트폰을 보유하고 있고(한국인터넷진흥원, 2014), 10대 청소년의 95.2%가 인터넷을 사용하며 고등학생의 78.1%가 SNS를 이용하는(미래창조과학부·한국인터넷진흥원, 2014) 것으로 나타나, 스마트폰을 이용한 인터넷 사용은 청소년의 필수적 활동이 되고 있다. 이와 같이 청소년의 일생생활에서의 인터넷 및 스마트폰 이용이 증가함에 따라 긍정적인 효과와 더불어 인터넷 중독 등 역기능의 문제가 제기되고 있다. 2014년 청소년의 스마트폰 중독은 29.2%로 성인의 스마트폰 중독률 11.3%의 약 2.6배에 달하는 것으로 나타나고 있으며(미래창조과학부·한국정보화진흥원, 2014), 2014년 현재 중·고등학생의 52.6%가 스마트폰을 통하여 성인물을 경험한 것으로(여성가족부, 2014년 청소년 유해환경 접촉 실태조사) 조사되었다. 일부 청소년들은 자신의 성행동 장면을 촬영하

1 본 연구의 일부 내용은 '송주영 교수(펜실베니아 주립대학교), 송태민 교수(삼육대학교), 이진리(미시간 주립대학교 형사사법대학 박사과정)'가 공동으로 수행한 것으로 'Juyoung Song, Tae Min Song, Jin Ree Lee.(2017). Stay alert: Forecasting the risks of sexting in Korea using social big data. *Computers in Human Behavior*, 81(2018): 294-302'에 게재된 것임을 밝힌다.

여 실시간 인터넷 방송서비스[UCC(User Create Contents) 방송 등]나 웹하드 등 파일공유사이트를 통해 게시하는 등의 비행을 저질러 정부차원의 청소년에 대한 음란물 차단 대책이 요구되고 있다.

섹스팅(Sexting)은 성(sex)과 문자메시지 보내기(texting)의 합성어로 만 18세 미만의 청소년들이 자신의 핸드폰상이나 인터넷상에서 만난 불특정한 이성에게 자신의 특정한 신체부위를 노출시킨 그림파일을 주고받는 것을 의미한다(Walker et al., 2011: p. 8; Lounsbury et al., 2009: p. 1). 본 연구에서는 청소년들이 음란물 관련 메시지를 온라인상에서 주고받는 것을 섹스팅으로 정의하였다.

섹스팅의 문제점은 청소년의 신체노출 사진을 핸드폰에 가지고 있을 경우 아동 포르노그래피로 법적인 제제를 당할 수 있으며, 섹스팅 상대에게 정서적·신체적 상처를 입힐 수 있다는 것이다(Chalfen, 2009: p. 263). 또한 청소년기 인터넷 음란물 접촉은 술, 담배와도 같이 청소년 시기에 호기심에 의해 한번 해 볼 수 있는 행동으로 피해자가 없는 비행이라는 점에서 지위비행의 한 종류라고 분류되기도 하지만, 음란물의 경우 청소년에게 있어서 성에 대한 의식이나 가치관, 성태도 등에 영향을 미칠 수 있고, 성에 대한 왜곡을 사실로서 인식하게 되는 위험성을 내포하고 있다(김정규, 2012: p. 2). 또한 청소년기에 음란물에 대한 경험은 성에 대한 잘못된 현실 인식을 갖게 하며 지속적인 호기심으로 인해 더욱 음란물에 집착하게 만들 가능성이 있다(주지혁 & 김형일, 2010: p. 18). 이와 같이 섹스팅 문제의 심각성에도 불구하고 국내에서는 섹스팅에 대한 과학적 연구가 부족한 실정에 있다.

한편 모바일 인터넷과 소셜미디어의 확산으로 데이터양이 기하급수적으로 증가하여 데이터의 생산, 유통 소비체계에 큰 변화가 일어나면서 데이터가 경제적 자산이 될 수 있는 빅데이터 시대가 도래되었다. 세계 각국의 정부와 기업들은 빅데이터가 공공과 민간에 미치는 파급효과를 전망함에 따라 SNS를 통해 생산되는 소셜 빅데이터의 활용과 분석을 통하여 사회적 문제의 해결과 정부의 정책을 효과적으로 추진할 수 있을 것으로 예측하고 있다. 기존에 실시하던 횡단적 조사나 종단적 조사 등을 대상으로 한 연구는 정해진 변인들에 대한 개인과 집단의 관계를 보는 데는 유용하나, 사이버상에서 언급된 개인별 담론(buzz)에서 논의된 관련 정보 간의 연관관계를 밝히고 원인을 파악하는 데는 한계가 있다(song et al., 2014). 이에 반해 소셜 빅데이터 분석은 훨씬 방대한 량의 데이터를 활용하여 다양한 참여자의 생각과 의견을 확인할 수 있기 때문에 사회적 문제의 예측을 보다 정확하게 할 수가 있다. 본 연구는 우리나라 온라인 뉴스사이트, 블로그, 카페, SNS, 게시판 등에서 수집한 소셜 빅데이터를 바탕으로 머신러닝을 활용하여 우리나라 섹스팅에 대한 위험요인을 예측하고자 한다.

2 이론적 배경

청소년 시기는 일반적으로 성적인 호기심이 높은 시기이며, 성에 대한 사실과 환상의 구분에 취약함으로써 온라인의 성(性) 콘텐츠에 노출되기 쉬운 시기이다(신선미, 2013: p. 276). 음란물이란 인간의 성적 행위를 노골적으로 묘사하여 음탕하고 난잡한 느낌을 주는 사진이나 잡지, 영상물 등을 통틀어 이르는 말로, 주로 상업적 목적으로 성기와 성행위만을 강조해서 보여줌으로써 그것을 읽거나 보는 사람을 성적으로 흥분하게 만드는 글, 사진, 만화, 잡지 등을 말한다(김문녕, 2012: p. 52). 특히, 한국에서의 "아동·청소년이용음란물"은 아동·청소년 또는 아동·청소년으로 명백하게 인식될 수 있는 사람이나 표현물이 등장하여 '성교행위', '구강·항문 등 신체의 일부나 도구를 이용한 유사 성교 행위', '신체의 전부 또는 일부를 접촉·노출하는 행위로서 일반인의 성적 수치심이나 혐오감을 일으키는 행위', '자위행위' 중 어느 하나에 해당하는 행위를 하거나 그 밖의 성적 행위를 하는 내용을 표현하는 것으로서 필름·비디오물·게임물 또는 컴퓨터나 그 밖의 통신매체를 통한 화상·영상 등의 형태로 된 것을 말한다(아동·청소년의 성보호에 관한 법률, 제2조 5호).[2] 미국의 경우, 미국연방법인 PROTECT Act에서 아동 포르노그라피의 개념을 "성적으로 노골적인 행위(sexual explict conduct)에 관여하고 있는 미성년자를 묘사한 영상"으로 정하고 있으며, 여기서 성적으로 노골적인 행위라 함은 '동성 또는 이성 간에 생식을 이용한 성교행위, 구강 및 항문과 생식기를 이용한 유사 성교 행위, 수간, 자위, 가학적 또는 피가학적인 학대행위, 특정인의 생식기 혹은 음부의 외설적인 전시행위'라고 구체적으로 명시되어 있다(U.S. Department of State, 2003). 일본에서는 '아동매춘, 아동포르노에 관련된 행위 등에

2 http://www.law.go.kr/lsInfoP.do?lsiSeq=150720&efYd=20140929#0000. 2017.11.3. 인출

대한 처벌 등 법률 제 2조의 3'과 '도쿄도 청소년 보호 조례 개정안 제 3장 7조 2항'에서 아동포르노그라피의 개념을 '18세 미만의 청소년에 대해서 성적인 감정을 자극하거나, 아동을 상대로 한 성교, 아동을 상대로 한 성교유사행위, 아동에 의한 성교, 아동에 의한 성교유사행위가 포함되는 것'으로 규정하고 있다(東京都議会, 2010). 현대사회에서 음란물이 문제가 된 사회적 배경으로는 미디어 소비의 주체가 기성세대에서 청소년으로 확대된 현실을 들 수 있다. 청소년들에게도 다양한 미디어를 소비할 수 있는 선택권이 주어져서 인터넷 음란물 접촉과도 같은 문제행동이 가능해진 것이다(Gruber & Thau, 2003: pp. 441-443).

섹스팅은 2010년 Macquarie 온라인 사전[3]에 처음으로 등재된 이후 연구자들에 의해 쓰여지고 있다(Walker et al., 2011: p. 8). 연구자들 사이에는 청소년들끼리 신체노출 사진을 교환하는 활동에 대해서 "나체 또는 반나체 사진교환"이라는 애매한 용어 대신 섹스팅이라는 용어를 사용하기로 합의가 되었으며, 성적인 의미가 담긴 SMS(Short Message Service) 문자를 주고받는 활동을 제외하고 사진을 교환하는 행위만을 부르는 용어로 섹스팅의 의미가 정해지고 있다(Lounsbury et al., 2010: p. 2). 한국은 섹스팅이란 '청소년이 상업적 목적 없이 휴대폰을 이용하여 성적으로 자극적인 문자메시지나 음성메시지, 혹은 자신이나 친구들의 성적으로 노골적인 사진, 동영상 등을 제작 혹은 유통(보내거나 받는)하는 행위'로 정의하고 있다(이창훈 & 김은경, 2009: p. 43). 이와 같이 섹스팅이라는 단어는 청소년들에게 인지되지 않은 경우가 많으며 대다수의 청소년들은 신체노출 사진을 교환하는 행위를 섹스팅이라고 생각하고 있다(Ringrose et al., 2012: p. 8).

섹스팅은 주로 해외에서 연구되어 왔으며 국내에서는 대부분 청소년의 인터넷을 통한 음란물 이용과 영향에 대한 연구가 수행되어 왔다. 미국의 남성청소년 67%와 여성청소년 71%가 한 번 이상은 나체사진이나 성적인 내용이 담긴 메시지를 전송해보거나 전송받아본 경험이 있다고 조사되었다(Chalfen, 2009: pp. 258-259). 섹스팅 사진의 경우 만 15세부터 스스로 섹스팅 사진을 촬영하기 시작해서 만 16-17세에 이를수록 참여율이 높아지며, 여성청소년이 남성청소년보다 1.56배는 더 신체노출 사진을 많이 제작하는 것으로 나타났다(Mitchell et al., 2011: pp. 17-18). 섹스팅은 주로 13-18세의 청소년들에 의해 이루어지며, 대부분 자신과 친한 친구들에게도 노출사진을 전송하거나 공유하여 교환한 신체노출 사진이 또래 집단에 유포되었을 경우 교우관계 단절문제 및 왕따문제, 언어폭

3 https://www.macquariedictionary.com.au

력 등의 문제가 발생하고, 신체노출 사진 유포의 피해자가 된 청소년의 정신건강은 심각하게 저하될 수 있다(Jaishankar, 2009: pp. 21-22).

섹스팅은 개인적 요인과 환경적 요인이 둘 다 청소년에게 작용하는 경우로서 충동적이거나 자아 성찰이 부족한 개인적 태도나 특성을 지니고 있는 청소년이 상황적 압박을 받거나 익명성으로 인해 태도-행동 일치성 수준이 낮아져서 섹스팅을 시작하게 된다(Sherman & Fazio, 1983: pp. 311-320).

여성청소년의 경우 남자친구에게 연애의 증거물 또는 관계의 지속을 위해서 신체 일부분의 사진을 요구받는 경우 성희롱 같은 문제가 발생할 수 있으며, 자신이 이성 친구와 친밀한 사이라는 것을 과시하기 위해 이성친구의 신체 일부분의 사진을 자신의 SNS 계정에 업로드해서 많은 사람들에게 공개하는 경우 많은 청소년들이 성적 수치심을 느끼게 된다(Ringrose et al., 2012: p. 29). 섹스팅을 진행하는 남성청소년과 여성청소년의 경우 서로 신체노출 사진을 교환하는 비율은 남성·여성이 모두 비슷하고 섹스팅을 진행하는 상황에서 신체노출 사진을 요구하는 입장은 남성청소년이 여성청소년에 비해 2.5배 많으며, 신체노출 사진을 요구받는 입장은 여성청소년이 남성청소년에 비해 1.75배 많은 것으로 밝혀졌다(Temple et al., 2012: p. 830).

미국의 대법원은 섹스팅 사진 유포 및 교환 행위를 '청소년에 대한 성적인 감정을 느끼게 하는 외설적인 아동 포르노그래피'로 정의하고, 청소년을 대상으로 한 신체노출 사진의 유포 및 교환 행위는 '외설'의 정의에 부합하지 못하는 이미지라 할지라도 처벌받게 됨을 명시하고 있으며, 또한, 신체적 노출사진 촬영은 청소년의 향후의 건강한 심리적 발달을 저해하는 요인으로 나타날 수 있어 잠재적 아동학대의 요인이 된다고 밝힌 바 있다(McLaughlin, 2010: pp. 14-15). 청소년은 핸드폰을 이용한 신체노출 사진을 주고받는 것을 부모가 알고 있다는 인식을 가졌을 경우 섹스팅을 지속할 가능성이 낮아지는 것으로 나타나, 부모의 관심이 청소년의 섹스팅 참여율의 감소 및 참여를 방지하기 위한 좋은 대안으로 지목되고 있다(Lenhart, 2009: p. 15).

한국의 섹스팅의 연구에서 전체의 20% 청소년들(13~19세)이 섹스팅 활동을 경험한 적 있으며, 섹스팅 활동은 주로 휴대폰을 이용하여 야한 문자나 이메일 전송, 자신이나 친구의 다리, 속옷, 탈의장면 등을 찍고 전송하기 등의 형태를 띠고 있는 것으로 나타났다(이창훈 & 김은경, 2009: p. 100). 인터넷 음란물은 매우 간단하게 익명으로 무료로 이용할 수 있기 때문에, 성에 대한 호기심이 많고 성표현물(sexual content)을 찾는 경향이 많은 청소년들에게 쉽게 접근할 수 있는 음란물 접촉 대상이 된다(주지혁 & 김형일, 2013: p. 12). 인터넷 음란사이트에서는 몰래카메라 등을 이용해서 관음증적 욕구를 충족시키는 사이트와 애니메이션 동영상으로 제작되는 헨타이(hentai) 등이 있으며, 이러한 사이트들은 소정의 비용을 지불하거나 일정액의 회비를 내게 되면 관람, 복사, 다운로드가 가능하며, 게스트 자격으로 무료로 방문(Free tour · free preview)도 가능하여 만 18−19세 미만의 청소년도 언제 어디서나 제한 없이 볼 수가 있다(김민 & 곽재분, 2011: pp. 294−295). 청소년들 사이에서 인기가 있는 음란물 접근방법은 일대일 파일공유 네트워크(Peer−to−Peer file sharing networks)로 특정 인터넷 사이트를 거치지 않고도 파일공유 네트워크 프로그램을 이용해서 익명의 사람으로부터 음란물을 쉽게 전송받고 전송할 수 있다(Greenfield, 2004: p. 746). 스마트폰 음란물도 청소년들에게 유포되고 있는데 스마트폰 유해물 4만 1천206건 중 90.2%가 음란 채팅, 성인 동영상 등을 볼 수 있는 어플인 것으로 나타났다(오예진, 2013).[4] 스마트폰을 이용해서 의도적으로 음란물을 찾아보는 청소년들은 자기통제력이 낮거나 또래집단과의 차별접촉이 많을수록 음란물을 의도적으로 더 자주 찾아보는 것으로 나타났다(최정임 & 정동훈, 2014: p. 451).

청소년들이 많이 시청하는 텔레비전 프로그램 중 성적인 내용이 있는 프로그램을 반복시청을 하게 되면 청소년들이 성에 대한 종합적 가치관을 형성하기 어렵고 성문제에 대한 왜곡된 답을 학습할 가능성이 크다(심재웅, 2010: p. 79). 온라인에서의 성적 추구 행위에 대해 수치심이나 죄의식을 덜 느끼고 심지어 오프라인까지 성적 추구 행위가 전이되는 특징을 가지고 있다(김민 & 곽재분, 2011: p. 303). 아동·청소년 등장 음란물의 경우 성적으로 조숙한 아동이나 청소년의 성적인 어필 및 이를 이용한 성행위가 주된 내용으로 등장하기 때문에 아동 및 청소년에 대한 왜곡된 성인식을 가지게 될 수 있고, 소아기호증을 가진 사람들의 아동 성비행을 합리화시켜주는 주된 요인이 되기도 한다(Itzin, 1997: p. 96).

인터넷상의 음란물을 자주 접할 경우 음란물 속에 나타난 여성이 강간당하는 상황을 즐긴다는 것을 실제와 혼동하는 '강간 신화(rape myth)'가 청소년들에게 나타나게 되며, 남성들과 일방적인 성관계를 맺기를 여성들이 은근히 바라고 있다는 내용을 실제적이라고 믿어버리는 잘못된 성관념이 청소년이나 성인들에게 생겨나게 될 수 있다(Malamuth &

4 오예진(2013). "스마트폰 음란물 90%가 앱에서 나와". 『연합뉴스』. 2013. 5. 26.

Check, 1985: pp. 314-315). 음란물 시청빈도가 높은 청소년들의 경우 음란물 시청빈도가 낮은 청소년들보다 '공격적인 성 행동'을 하게 될 확률이 더 높으며, 특히 알코올 섭취를 하는 청소년들이 음란물을 시청하게 되는 경우 성문제로 인한 비행을 일으키는 확률이 더욱 높아진다(Ybappa & Mitchell, 2005: p. 483).

음란물의 경우 상대적으로 가벼운 내용(Soft porn)과 가학적인 내용을 담은 음란물(Hard-core Pornography)이 존재하는데, 현재 인터넷상에서는 가학적인 내용을 담은 음란물의 수가 비약적으로 증가하고 있으며 가학적인 내용은 충격적이고 깜짝 놀라게 하는 영상 이미지들이 다수 포함되어 있어 성에 대한 잘못된 인식을 강화시킬 수 있다(Eberstadt & Layden, 2010: p. 21).

3 연구방법

3.1 연구대상

본 연구는 국내의 SNS, 온라인 뉴스 사이트 등 인터넷을 통해 수집된 소셜 빅데이터를 대상으로 하였다. 본 분석에서는 146개의 온라인 뉴스 사이트, 9개의 게시판, 1개의 SNS(트위터) 등 총 156개의 온라인 채널을 통해 수집 가능한 텍스트 기반의 웹문서(버즈)를 소셜 빅데이터로 정의하였다. 섹스팅 관련 토픽(topic)의 수집은 2011. 1. 1~2015. 3. 31(4년 3개월간) 해당 채널에서 요일, 주말, 휴일을 고려하지 않고 매 시간단위로 수집하였으며, 수집된 총 65,611건 중 청소년 추정 문서 13,774건(2011년: 1,086건, 2012년: 5,352건, 2013년: 3,983건, 2014년: 2,319건, 2015년: 1,034건)의 텍스트(Text) 문서를 본 연구의 분석에 포함시켰다. 섹스팅 토픽은 모든 관련 문서를 수집하기 위해 '섹스팅'을 사용하였으며, 토픽과 같은 의미로 사용되는 토픽 유사어로는 '음란물 유통, 성인물 유통, sexting, 음란 유통, 음란 유포, 음란물 업로드, 음란물 다운, 음란 공유, 음란 채팅, 포르노 유통, 포르노 유포, 야동 유통, 야동 유포, 야동 업로드, 야동 다운' 용어를 사용하였다. 본 연구를 위한 소셜 빅데이터의 수집[5]은 크롤러(Crawler)를 사용하였고, 이후 주제분석을 통해 분류된 명사형 어휘를 유목화(categorization)하여 분석요인으로 설정하였다.

3.2 연구도구

섹스팅과 관련하여 수집된 문서는 주제분석의 과정을 거쳐 다음과 같이 정형화 데이터로 코드화하여 사용하였다.

(1) 섹스팅 관련 감정

본 연구의 섹스팅 감정 키워드는 문서 수집 이후, 주제분석을 통하여 총 106개(중독, 갈등, 강제, 걱정, 고민, 고생, 고통, 골치, 공감, 공포, 긍정, 기쁨, 논란, 눈물, 단절, 따뜻, 문제, 반대, 서명, 불안, 불편, 비난, 사회악, 상처, 서명, 스트레스, 실패, 심각, 악영향, 어려움, 우려, 우울증, 인정, 자유, 잘못, 재미, 중독성, 즐거움, 집착, 최고, 최악, 포기, 피로, 한숨, 한심, 행복, 호기심, 후회, 흥미, 희망, 긴급, 엄중, 비방, 강화, 흥분, 충격, 기대, 요구, 강경, 모욕, 중요, 집중, 협박, 검토, 해결, 부담, 위험, 비판, 장난, 적나라, 야한, 비하한, 자극적인, 곤혹, 막장, 유혹, 침해, 욕설, 자극, 쓰레기, 은밀, 기대감, 거짓, 혼란, 힘들다, 부적절, 현혹, 호소, 선처, 조롱, 불쌍, 위협한, 수치심, 잔인, 잔혹, 왜곡, 방탕, 배신감, 악마, 빡친다, 퇴치, 혐오감, 퇴폐적, 마음고생, 충격적인, 복수) 키워드로 분류하였다. 본 연구에서는 106개의 음란물 유통 감정 키워드(변수)가 가지는 음란물 유통 감정 정도를 판단하기 위해 2차 요인분석을 통하여 11개의 요인(67개 변수)으로 축약을 실시한 후, 감성분석을 실시하였다. 일반적으로 감성분석은 긍정과 부정의 감성어 사전으로 분석해야 하나, 본 연구에서는 요인분석의 결과로 분류된 주제어의 의미를 파악하여 감성분석을 실시하였다. 요인분석에서 결정된 11개의 요인에 대한 주제어의 의미를 파악하여 '일반군, 위험군'으로 감성분석을 실시하였다. 따라서 본 연구에서는 일반군(27개: 강경, 고통, 상처, 수치심, 비방, 엄중, 마음고생, 한숨, 골치, 불편, 퇴치, 피로, 조롱, 악영향, 최악, 쓰레기, 단절, 한심, 서명, 비하한, 모욕, 거짓, 배신감, 사회악, 혼란, 불쌍, 장난), 위험군(28개: 잔혹, 잔인, 공포, 고생, 최고, 중요, 자유, 위험, 요구, 인정, 자극, 침해, 기대, 해결, 긍정, 충격, 적나라, 중독성, 중독, 방탕, 퇴폐적, 유

5 본 연구를 위한 소셜 빅데이터의 수집 및 토픽 분류는 '(주)SK텔레콤 스마트인사이트'에서 수행함.

혹, 은밀, 혐오감, 집착, 야한, 흥분, 흥미)으로 분류하였다. 그리고 일반군과 위험군의 감정을 동일한 횟수로 표현한 문서는 잠재군으로 분류하였다. 그리고 최종 위험군과 잠재군은 '위험'으로 일반군과 감정을 나타내지 않은 문서는 '일반'으로 분류하였다. 위험군은 섹스팅을 긍정적으로 생각하는 감정이고, 일반군은 섹스팅을 부정적으로 생각하는 감정을 나타낸다.

(2) 섹스팅에 대한 제도

섹스팅에 대한 제도 정의는 요인분석과 주제분석 과정을 거쳐 '가중처벌, 정보통신망법, 벌금, 아동청소년보호법'의 4개 제도로 제도가 있는 경우는 '1', 없는 경우는 '0'으로 코드화하였다.

(3) 섹스팅에 대한 기관

섹스팅에 대한 기관 정의는 주제분석 과정을 거쳐 '방송통신위원회, 경찰청, 국회, 청와대, 정부, 사법기관, 시민단체, 국제기구'의 8개 기관으로 기관이 있는 경우는 '1', 없는 경우는 '0'으로 코드화하였다.

(4) 섹스팅에 대한 폐해

섹스팅에 대한 폐해의 정의는 요인분석과 주제분석 과정을 거쳐 '명예훼손, 성범죄, 사기, 음주, 사회문제'의 5개 폐해로 폐해가 있는 경우는 '1', 없는 경우는 '0'으로 코드화하였다.

(5) 섹스팅에 대한 영향

섹스팅에 대한 영향의 정의는 주제분석 과정을 거쳐 '공부, 건강, 대인관계, 비용, 윤리의식, 성욕'의 6개로 해당 영향이 있는 경우는 '1', 없는 경우는 '0'으로 코드화하였다.

(6) 섹스팅에 대한 도움

섹스팅에 대한 도움의 정의는 요인분석과 주제분석 과정을 거쳐 '예방교육, 전문가상담, 건전생활유도, 통제, 사랑'의 5개 도움으로 해당 도움이 있는 경우는 '1', 없는 경우는 '0'으로 코드화하였다.

(7) 섹스팅에 대한 유형

섹스팅에 대한 유형의 정의는 요인분석과 주제분석 과정을 거쳐 '성인음란물, 유해광고, 스미싱[6], 아동음란물'의 4개 유형으로 해당 유형이 있는 경우는 '1', 없는 경우는 '0'으로 코드화하였다.

(8) 섹스팅에 대한 내용

섹스팅에 대한 내용의 정의는 요인분석과 주제분석 과정을 거쳐 '누드, 성행위, 원조교재, 문란행위, 폭력'의 5개 내용으로 해당 내용이 있는 경우는 '1', 없는 경우는 '0'으로 코드화하였다.

(9) 섹스팅에 대한 유통방식

섹스팅에 대한 유통방식의 정의는 주제분석 과정을 거쳐 '수요, 공급, 공유'의 3개 유통방식으로 해당 내용이 있는 경우는 '1', 없는 경우는 '0'으로 코드화하였다.

(10) 섹스팅에 대한 채널

섹스팅에 대한 채널의 정의는 요인분석과 주제분석 과정을 거쳐 'SNS, 온라인커뮤니티, 파일공유채널'의 3개 채널로 해당 내용이 있는 경우는 '1', 없는 경우는 '0'으로 코드화하였다.

3.3 분석방법

본 연구에서는 우리나라의 섹스팅의 위험을 설명하는 가장 효율적인 예측모형을 구축하기 위해 [그림 4-1]과 같은 분석방법을 사용하였다. 크롤러를 이용하여 섹스팅 관련 온라인 문서를 수집한 후, 주제분석과 감정분석을 실시하여 키워드를 분류하였다. 분류된 키워드는 코딩을 통해 수치로 변환하였고, 단어빈도와 문서빈도를 이용하여 미래신호를

6 스미싱은 문자메시지(SMS)와 피싱(Phishing)의 합성어로 휴대전화 문자메시지를 통해 발송되는 피싱공격을 의미한다.

탐색하고, 탐색된 신호들은 분류과정을 통해 새로운 현상을 발견하고 예측할 수 있는 머신러닝 분석을 실시하였다. 섹스팅에 대한 주요 신호의 탐색은 DoV와 DoD를 산출하여 KEM과 KIM으로 확인하였다. 그리고 다양한 머신러닝 분석기술을 사용하여 예측모델링과 시각화를 실시하였다.

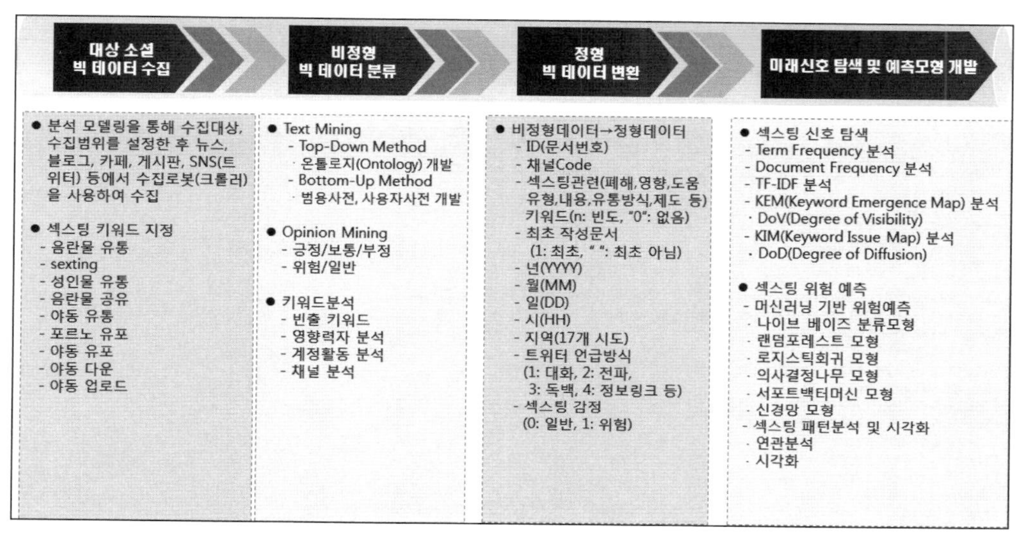

[그림 4-1] 섹스팅 소셜 빅데이터 분석 방법

4 연구결과

4.1 섹스팅 관련 문서(버즈) 현황

섹스팅과 관련된 버즈는 연도별로 다르지만 10시부터 증가하여 11시 이후 급감하며, 다시 13시 이후 증가하여 15시 이후 감소하고, 23시 이후 증가하여 3시 이후 급감하는 패턴을 보이고 있는 것으로 나타났다. 섹스팅과 관련된 버즈는 목요일과 수요일에 가장 높은 추이를 보이는 반면, 주말에는 감소하는 것으로 나타났다(그림 4-2).

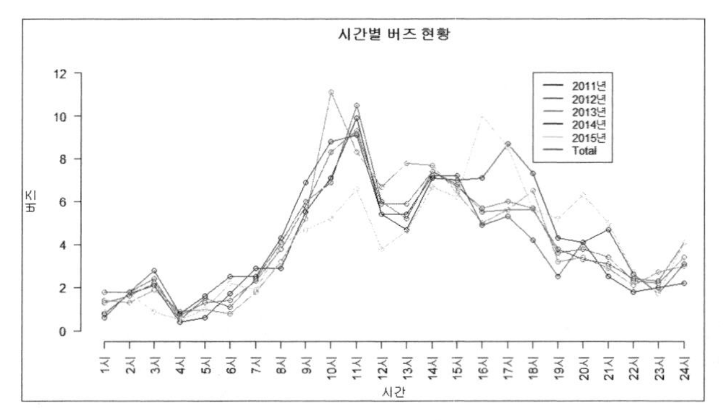

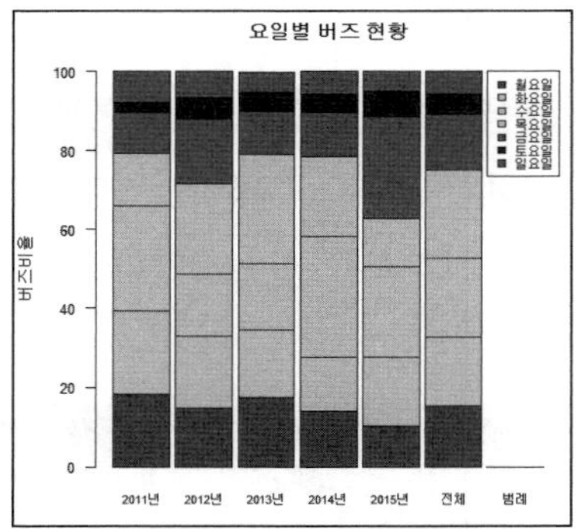

C:₩Sexting_2017₩소셜빅데이터_2부3장_syntax.R - R Editor

```
sex=read.csv("음란물시간_그래프.csv",sep=",",stringsAsFactors=F)
a=sex$X2011년
b=sex$X2012년
c=sex$X2013년
d=sex$X2014년
e=sex$X2015년
f=sex$total
plot(a,xlab="",ylab="",ylim=c(0,12),type="o",axes=FALSE,ann=F,col=1)
title(main="시간별 버즈 현황",col.main=1,font.main=2)
title(xlab="시간",col.lab=1)
title(ylab="버즈",col.lab=1)
axis(1,at=1:24,lab=c(sex$시간),las=2)
axis(2,ylim=c(0,12),las=2)
lines(b,col=2,type="o")
lines(c,col=3,type="o")
lines(d,col=4,type="o")
lines(e,col=5,type="o")
lines(f,col=6,type="o")
colors=c(1,2,3,4,5,6)
legend(18,12,c("2011년","2012년","2013년","2014년","2015년","Total"),cex=0.9,
 col=colors,lty=1,lwd=2)
```

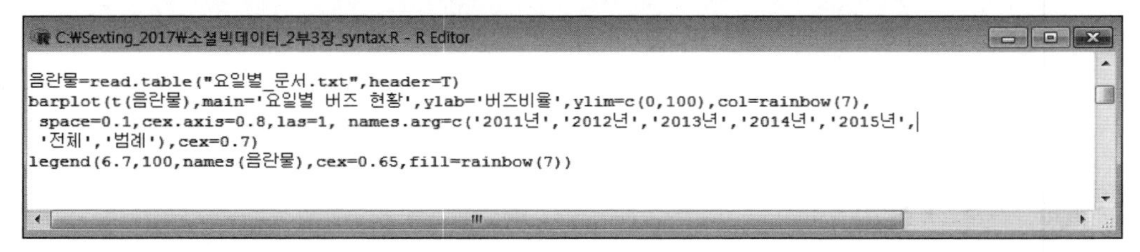
C:₩Sexting_2017₩소셜빅데이터_2부3장_syntax.R - R Editor

```
음란물=read.table("요일별_문서.txt",header=T)
barplot(t(음란물),main='요일별 버즈 현황',ylab='버즈비율',ylim=c(0,100),col=rainbow(7),
 space=0.1,cex.axis=0.8,las=1, names.arg=c('2011년','2012년','2013년','2014년','2015년',
 '전체','범례'),cex=0.7)
legend(6.7,100,names(음란물),cex=0.65,fill=rainbow(7))
```

[그림 4-2] 섹스팅 관련 시간별 및 요일별 버즈 현황

[그림 4-3]과 같이 연도별 섹스팅에 대해 긍정적인 감정(위험) 변화는 2011년 대비 평균 4.6배씩 증가하였으며, 위험 감정의 표현 단어는 요구, 충격, 인정, 자유, 중요, 침해 등의 순으로 집중된 것으로 나타났다. 섹스팅에 대해 부정적인 감정(일반) 변화는 2011년 대비 평균 2.5배씩 증가하였으며, 일반 감정의 표현 단어는 수치심, 상처, 고통, 모욕, 악영향, 장난 등의 순으로 집중된 것으로 나타났다.

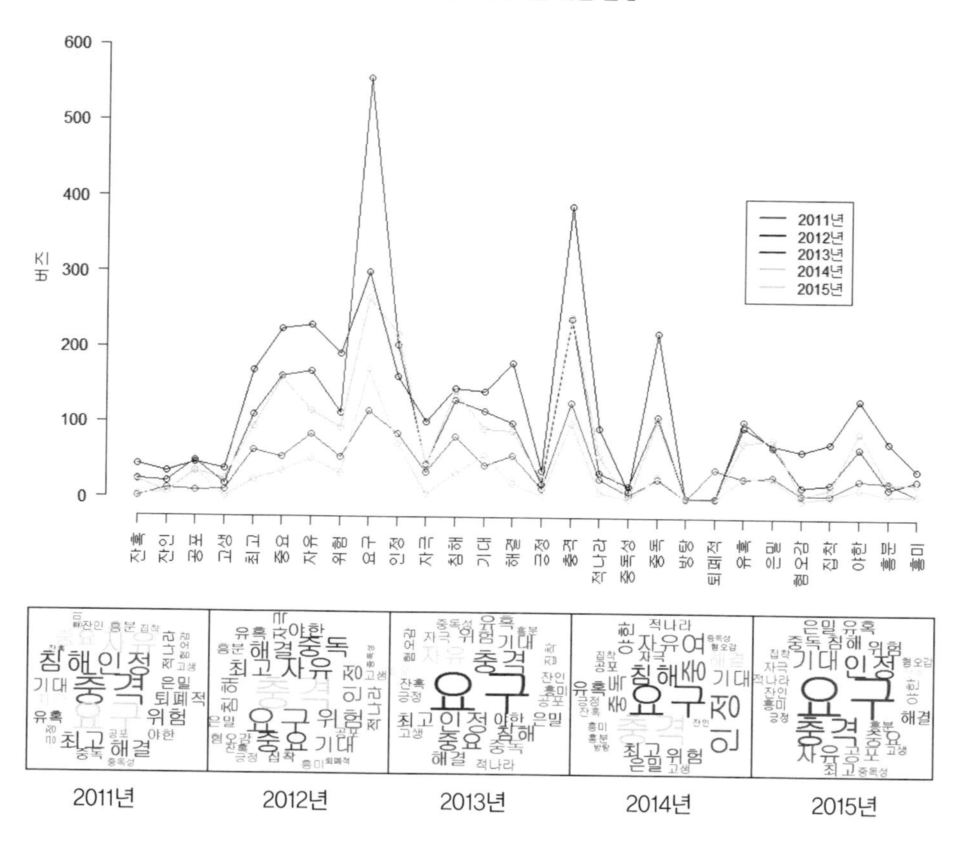

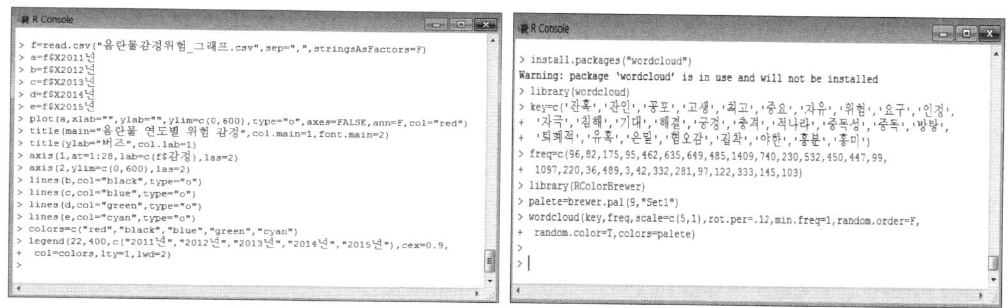

[그림 4-3] 연도별 섹스팅 감정 변화

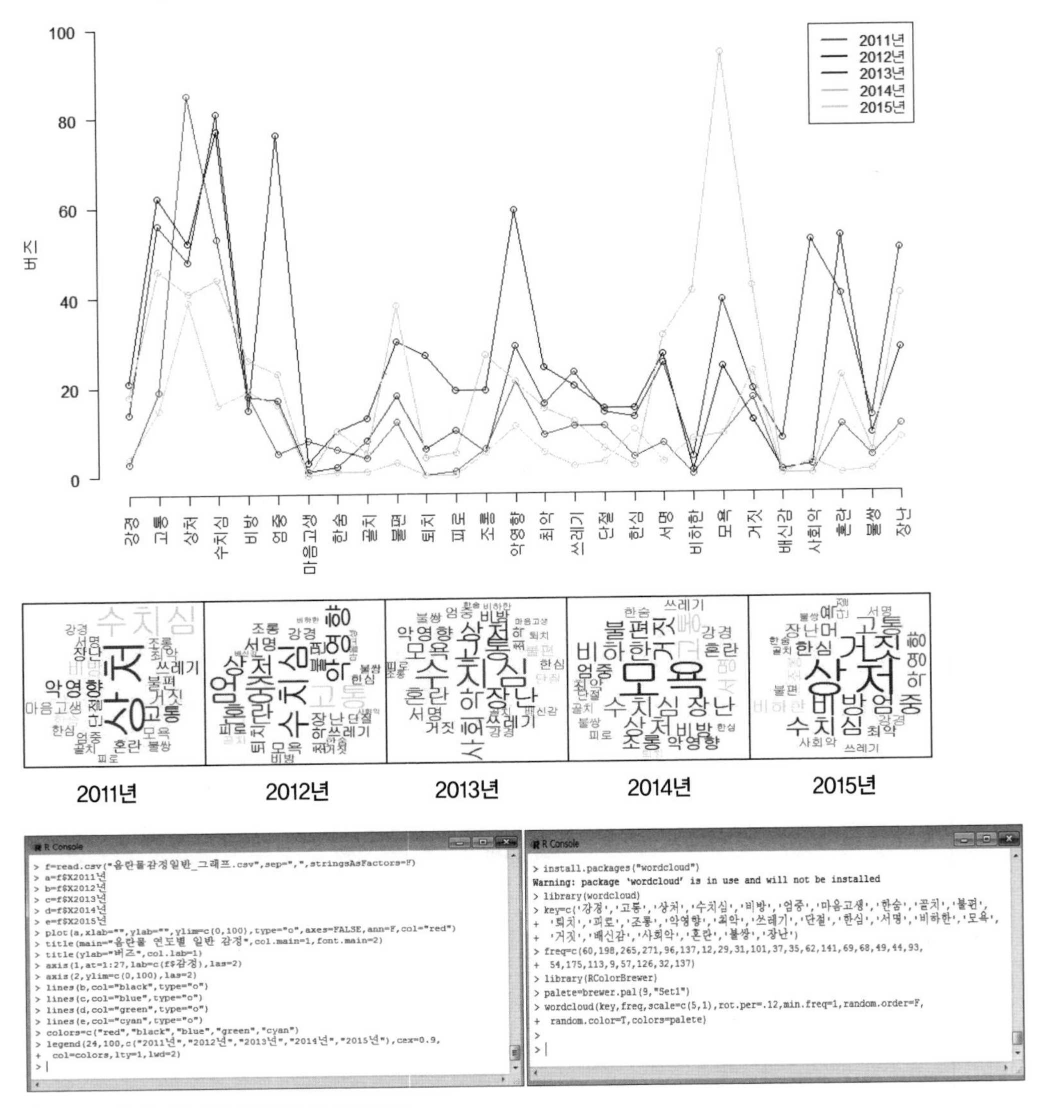

[그림 4-3] 연도별 섹스팅 감정 변화 (계속)

4.2 섹스팅 미래신호 탐색

미래신호 탐색 방법론에 따라 단어빈도(TF), 문서빈도(DF), 단어의 중요도 지수를 고려한 문서의 빈도(TF-IDF)의 분석을 통하여 섹스팅 관련 주요 요인에 대한 키워드의 변화를 살펴보았다(표 4-1). 단어빈도에서는 가중처벌이 9위로 나타났으나, 문서빈도에서는 7위로 나타나 섹스팅에 대한 가중처벌의 요구가 확산되고 있는 것으로 나타났다. 중요도 지수를 고려한 단어빈도(TF-IDF)에서는 정보통신망법, 성인음란물, 성범죄, 성행위, 전문가상담 등이 우선인 것으로 나타났다. 이는 섹스팅에서 정보통신망법상 성인음란물, 성범죄 등에 대한 전문가 상담이 매우 중요한 위치를 차지하고 있는 것을 알 수 있다. 그리고 키워드의 연도별 순위의 변화는 <표 4-2>와 같이 정보통신망법, 성인음란물, 성행위, 성범죄, 전문가상담, 통제, 예방교육, 누드, 아동청소년보호법, 사랑 등의 순으로 번갈아 강조되고 있는 것으로 나타났다. 이는 섹스팅에 대한 대응방안으로 법적인 규제와 함께 상담프로그램의 도입이 필요하다는 것을 알 수 있다.

〈표 4-1〉 섹스팅 주요 요인의 키워드 분석

순위	TF		DF		TF-IDF	
	키워드	빈도	키워드	빈도	키워드	빈도
1	정보통신망법	29648	정보통신망법	8630	정보통신망법	22397
2	성인음란물	11346	성인음란물	6920	성인음란물	9659
3	성범죄	8775	성범죄	4553	성범죄	9066
4	전문가상담	4745	전문가상담	3516	성행위	5495
5	성행위	4736	성행위	3397	전문가상담	5435
6	통제	3956	통제	2935	통제	4841
7	벌금	3201	가중처벌	1976	벌금	4625
8	예방교육	2873	예방교육	1896	예방교육	4061
9	가중처벌	2513	벌금	1764	누드	3651
10	누드	2504	누드	1711	가중처벌	3507
11	아동청소년보호법	1953	아동청소년보호법	1674	아동청소년보호법	2866
12	아동음란물	1727	아동음란물	1636	아동음란물	2552
13	사랑	1639	사랑	1386	사랑	2540
14	공부	1338	공부	1267	공부	2126
15	유해광고	1069	유해광고	855	유해광고	1881
16	폭력	943	폭력	852	폭력	1661
17	건전생활유도	734	건전생활유도	665	건전생활유도	1372
18	명예훼손	671	문란행위	595	명예훼손	1306

순위	TF		DF		TF-IDF	
	키워드	빈도	키워드	빈도	키워드	빈도
19	문란행위	637	명예훼손	556	문란행위	1221
20	사기	532	사기	453	사기	1083
21	스미싱	442	음주	401	스미싱	974
22	음주	423	사회문제	376	음주	883
23	사회문제	362	건강	334	건강	767
24	건강	354	스미싱	308	사회문제	766
25	성욕	169	성욕	169	성욕	416
26	비용	129	비용	129	비용	333
27	윤리의식	121	윤리의식	120	윤리의식	316
28	대인관계	71	대인관계	65	대인관계	204
합계		87611	합계	49139	합계	96005

〈표 4-2〉 섹스팅 주요 요인의 연도별 키워드 순위변화(TF기준)

순위	2011년	2012년	2013년	2014년
1	정보통신망법	정보통신망법	정보통신망법	정보통신망법
2	성인음란물	성인음란물	성인음란물	성인음란물
3	성행위	성범죄	성범죄	성범죄
4	성범죄	전문가상담	성행위	전문가상담
5	전문가상담	성행위	전문가상담	통제
6	통제	통제	벌금	성행위
7	예방교육	가중처벌	통제	벌금
8	누드	예방교육	예방교육	누드
9	아동청소년보호법	벌금	누드	예방교육
10	사랑	아동음란물	아동청소년보호법	사랑
11	명예훼손	누드	가중처벌	아동청소년보호법
12	벌금	아동청소년보호법	아동음란물	가중처벌
13	가중처벌	공부	사랑	유해광고
14	공부	사랑	공부	아동음란물
15	폭력	폭력	문란행위	공부
16	건전생활유도	유해광고	폭력	스미싱
17	유해광고	건전생활유도	유해광고	명예훼손

순위	2011년	2012년	2013년	2014년
18	문란행위	명예훼손	건전생활유도	건전생활유도
19	사기	사회문제	사기	사기
20	음주	음주	스미싱	폭력
21	비용	건강	명예훼손	문란행위
22	건강	사기	사회문제	음주
23	사회문제	문란행위	음주	건강
24	윤리의식	성욕	건강	사회문제
25	아동음란물	스미싱	성욕	성욕
26	성욕	윤리의식	비용	대인관계
27	스미싱	비용	윤리의식	윤리의식
28	대인관계	대인관계	대인관계	비용

상기 미래신호 탐지방법론에 따라 분석한 결과는 <표 4-3>, <표 4-4>와 같다. 섹스팅의 주요 요인에 대한 DoV 증가율과 평균단어빈도를 산출한 결과 DoV의 증가율의 중앙값은 0.1로 섹스팅의 주요 요인은 평균적으로 증가하고 있는 것으로 나타났다. 정보통신망법, 성범죄, 전문가상담, 아동청소년보호법, 아동음란물은 높은 빈도를 보이고 있으며 DoV 증가율은 중앙값보다 높게 나타나 시간이 갈수록 신호가 강해지는 것으로 나타났다. 성행위, 통제, 예방교육, 공부의 평균단어빈도는 높게 나타났으며, DoV 증가율은 중앙값보다 낮게 나타나 시간이 갈수록 신호가 약해지는 것으로 나타났다(표 4-3). <표 4-4>와 같이 DoD의 증가율의 중앙값은 0.0855로 섹스팅의 주요 요인은 평균적으로 확산되고 있는 것으로 나타났다. 전문가상담, 통제, 가중처벌, 벌금, 아동청소년보호법, 아동음란물은 높은 빈도를 보이고 있으며 DoD 증가율은 중앙값보다 높게 나타나 시간이 갈수록 신호가 강해지는 것으로 나타났다. 성인음란물, 성행위 등의 평균단어빈도는 높게 나타났으며, DoD 증가율은 중앙값보다 낮게 나타나 시간이 갈수록 신호가 약해지는 것으로 나타났다. DoV의 평균단어빈도와 DoD의 평균문서빈도를 X축으로 설정하고 DoV와 DoD의 평균증가율을 Y축으로 설정한 후, 각 값의 중앙값을 사분면으로 나누면 2사분면에 해당하는 영역의 키워드는 약신호가 되고 1사분면에 해당하는 키워드는 강신호가 된다. 빈도수 측면에서는 상위 10위에 DoV와 DoD 모두 정보통신망법, 성인음란물, 성범죄, 전문가상담, 성행위, 통제, 벌금, 예방교육, 가중처벌, 누드가 포함되었다.

〈표 4-3〉 섹스팅 주요 요인의 DoV 평균증가율과 평균단어빈도

키워드	DoV				평균증가율	평균단어빈도
	2011년	2012년	2013년	2014년		
정보통신망법	2855	12124	7117	7552	0.121	7412
성인음란물	1397	4968	3050	1931	-0.100	2837
성범죄	654	4381	2292	1448	0.129	2194
전문가상담	517	1664	1254	1310	0.112	1186
성행위	672	1605	1468	991	-0.026	1184
통제	477	1444	941	1094	0.089	989
벌금	179	1190	1063	769	0.359	800
예방교육	259	1223	828	563	0.056	718
가중처벌	159	1418	469	467	0.371	628
누드	222	736	793	753	0.254	626
아동청소년보호법	207	615	658	473	0.126	488
아동음란물	18	912	466	331	4.045	432
사랑	187	478	461	513	0.194	410
공부	138	483	452	265	0.047	335
유해광고	99	301	282	387	0.328	267
폭력	126	409	289	119	-0.168	236
건전생활유도	110	207	247	170	0.083	184
명예훼손	179	196	113	183	0.064	168
문란행위	88	102	331	116	0.974	159
사기	75	107	203	147	0.432	133
스미싱	17	77	131	217	0.982	111
음주	65	163	97	98	-0.049	106
사회문제	30	170	100	62	0.068	91
건강	40	157	86	71	-0.024	89
성욕	18	77	55	19	-0.100	42
비용	41	39	46	3	-0.261	32
윤리의식	25	53	27	16	-0.299	30
대인관계	4	32	17	18	0.423	18
중앙값					0.1005	301

〈표 4-4〉 섹스팅 주요 요인의 DoD 평균증가율과 평균문서빈도

키워드	DoD				평균증가율	평균문서빈도
	2011년	2012년	2013년	2014년		
정보통신망법	836	3823	2122	1849	0.090	2158
성인음란물	780	3025	1960	1155	-0.051	1730
성범죄	412	2147	1151	843	0.077	1138
전문가상담	388	1244	940	944	0.127	879
성행위	478	1187	1023	709	-0.022	849
통제	332	1087	682	834	0.165	734
가중처벌	155	993	392	436	0.282	494
예방교육	194	821	499	382	0.039	474
벌금	102	717	528	417	0.372	441
누드	163	548	551	449	0.186	428
아동청소년보호법	165	527	561	421	0.172	419
아동음란물	17	848	453	318	4.145	409
사랑	155	408	388	435	0.227	347
공부	126	457	432	252	0.076	317
유해광고	91	284	259	221	0.133	214
폭력	119	373	256	104	-0.180	213
건전생활유도	104	186	225	150	0.081	166
문란행위	47	102	330	116	1.017	149
명예훼손	144	171	101	140	0.028	139
사기	66	97	173	117	0.351	113
음주	65	146	96	94	-0.022	100
사회문제	43	170	101	62	-0.061	94
건강	37	148	80	69	0.026	84
스미싱	15	72	93	128	0.714	77
성욕	18	77	55	19	-0.089	42
비용	41	39	46	3	-0.278	32
윤리의식	24	53	27	16	-0.273	30
대인관계	4	29	16	16	0.390	16
중앙값					0.0855	265.5

[그림 4-4], [그림 4-5], <표 4-5>와 같이 섹스팅 주요 요인 관련 키워드에서 아동음란물은 KEM과 KIM 모두 강신호이면서 높은 증가율을 보이는 것으로 나타났다. 이는 섹스팅에서 아동음란물에 대한 언급이 증가하며 시간이 갈수록 아동음란물에 대한 신호가 빠르게 확산되고 있는 것으로 나타났다. KEM과 KIM에 공통적으로 나타나는 강신호(1사분면)에는 아동음란물, 가중처벌, 벌금, 누드, 사랑, 전문가상담, 정보통신망법, 아동청소년보호법이 포함되었고, 약신호(2사분면)에는 문란행위, 스미싱, 사기, 대인관계, 유해광고가 포함된 것으로 나타났다. 4사분면에 나타난 강하지만 증가율이 낮은 신호는 성인음란물, 성행위, 예방교육, 공부로 나타났으며, 3사분면에 나타난 잠재신호는 비용, 윤리의식, 성욕, 폭력, 음주, 명예훼손, 사회문제, 건전생활유도, 건강으로 나타났다. 특히 약신호인 2사분면에는 문란행위, 스미싱이 높은 증가율을 보이는 것으로 나타났다.

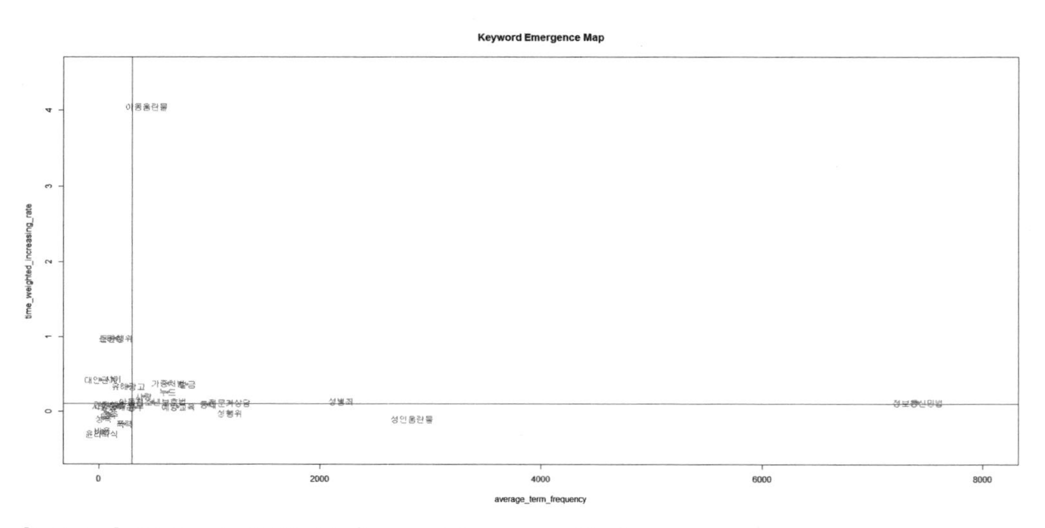

[그림 4-4] 섹스팅 주요 요인의 KEM(Keyword Emergence Map)

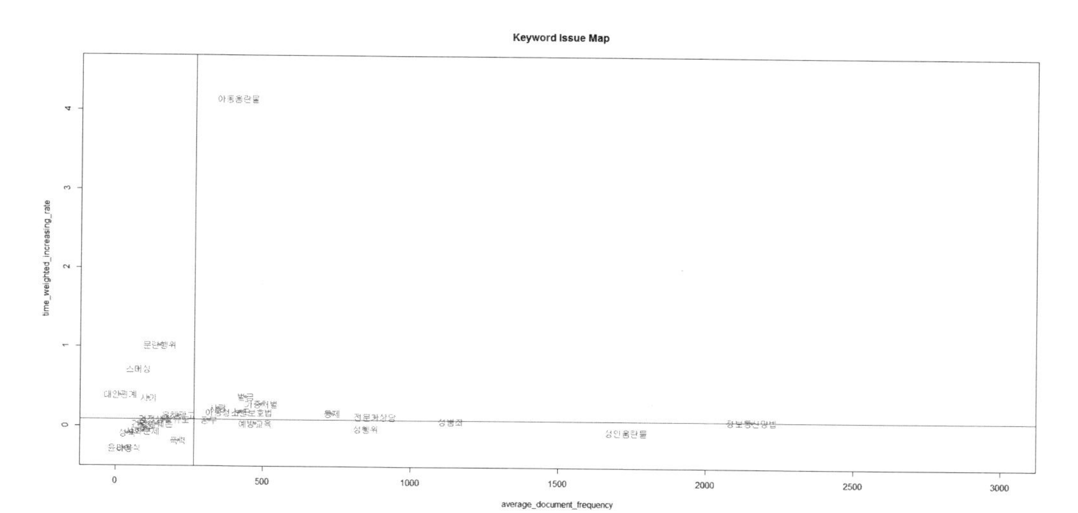

[그림 4-5] 섹스팅 주요 요인의 KIM(Keyword Issue Map)

〈표 4-5〉 섹스팅 주요 요인의 미래신호

구분	잠재신호 (Latent signal)	약신호 (Weak signal)	강신호 (Strong signal)	강하지만 증가율이 낮은 신호 (Strong but low increasing signal)
KEM	비용, 윤리의식, 성욕, 폭력, 음주, 명예훼손, 사회문제, 건전생활유도, 건강	문란행위, 스미싱, 사기, 대인관계, 유해광고	아동음란물, 가중처벌, 벌금, 누드, 사랑, 전문가상담, 정보통신망법, 아동청소년보호법, 성범죄	성인음란물, 성행위, 예방교육, 공부, 통제
KIM	비용, 윤리의식, 성욕, 폭력, 음주, 명예훼손, 사회문제, 건전생활유도, 건강	문란행위, 스미싱, 사기, 대인관계, 유해광고	아동음란물, 가중처벌, 벌금, 누드, 사랑, 전문가상담, 정보통신망법, 통제, 아동청소년보호법	성인음란물, 성행위, 예방교육, 공부, 성범죄
주요 신호	비용, 윤리의식, 성욕, 폭력, 음주, 명예훼손, 사회문제, 건전생활유도, 건강	문란행위, 스미싱, 사기, 대인관계, 유해광고	아동음란물, 가중처벌, 벌금, 누드, 사랑, 전문가상담, 정보통신망법, 아동청소년보호법	성인음란물, 성행위, 예방교육, 공부

<표 4-6>과 같이 섹스팅에 대한 위험 감정 키워드의 연관성 예측에서 {집착, 야한, 흥분} => {혐오감} 네 변인의 연관성은 지지도 0.001, 신뢰도는 0.933, 향상도는 132.53

으로 나타났다. 이는 온라인 문서에서 집착, 야한, 흥분이 언급되면 혐오감 감정이 나타날 확률이 93.3%이며, 집착, 야한, 흥분이 언급되지 않은 문서보다 혐오감 감정을 나타낼 확률이 132.5배 높아지는 것을 나타낸다. 따라서 섹스팅의 위험 감정은 혐오감, 집착, 자극, 야한, 자유, 요구에 강하게 연결되어 있는 것으로 나타났다.

〈표 4-6〉 섹스팅의 위험 감정 키워드 연관성 예측

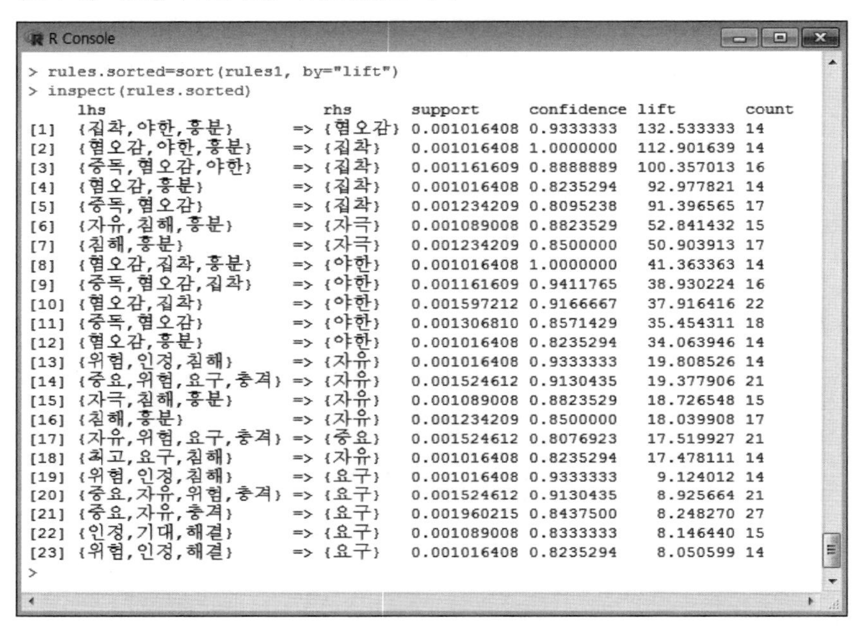

```
R Console
> rules.sorted=sort(rules1, by="lift")
> inspect(rules.sorted)
     lhs                          rhs      support     confidence lift       count
[1]  {집착,야한,흥분}         => {혐오감} 0.001016408 0.9333333 132.533333 14
[2]  {혐오감,야한,흥분}       => {집착}   0.001016408 1.0000000 112.901639 14
[3]  {중독,혐오감,야한}       => {집착}   0.001161609 0.8888889 100.357013 16
[4]  {혐오감,흥분}            => {집착}   0.001016408 0.8235294  92.977821 14
[5]  {중독,혐오감}            => {집착}   0.001234209 0.8095238  91.396565 17
[6]  {자유,침해,흥분}         => {자극}   0.001089008 0.8823529  52.841432 15
[7]  {침해,흥분}              => {자극}   0.001234209 0.8500000  50.903913 17
[8]  {혐오감,집착,흥분}       => {야한}   0.001016408 1.0000000  41.363363 14
[9]  {중독,혐오감,집착}       => {야한}   0.001161609 0.9411765  38.930224 16
[10] {혐오감,집착}            => {야한}   0.001597212 0.9166667  37.916416 22
[11] {중독,혐오감}            => {야한}   0.001306810 0.8571429  35.454311 18
[12] {혐오감,흥분}            => {야한}   0.001016408 0.8235294  34.063946 14
[13] {위험,인정,침해}         => {자유}   0.001016408 0.9333333  19.808526 14
[14] {중요,위험,요구,충격}    => {자유}   0.001524612 0.9130435  19.377906 21
[15] {자극,침해,흥분}         => {자유}   0.001089008 0.8823529  18.726548 15
[16] {침해,흥분}              => {자유}   0.001234209 0.8500000  18.039908 17
[17] {자유,위험,요구,충격}    => {중요}   0.001524612 0.8076923  17.519927 21
[18] {최고,요구,침해}         => {자유}   0.001016408 0.8235294  17.478111 14
[19] {위험,인정,침해}         => {요구}   0.001016408 0.9333333   9.124012 14
[20] {중요,자유,위험,충격}    => {요구}   0.001524612 0.9130435   8.925664 21
[21] {중요,자유,충격}         => {요구}   0.001960215 0.8437500   8.248270 27
[22] {인정,기대,해결}         => {요구}   0.001089008 0.8333333   8.146440 15
[23] {위험,인정,해결}         => {요구}   0.001016408 0.8235294   8.050599 14
>
```

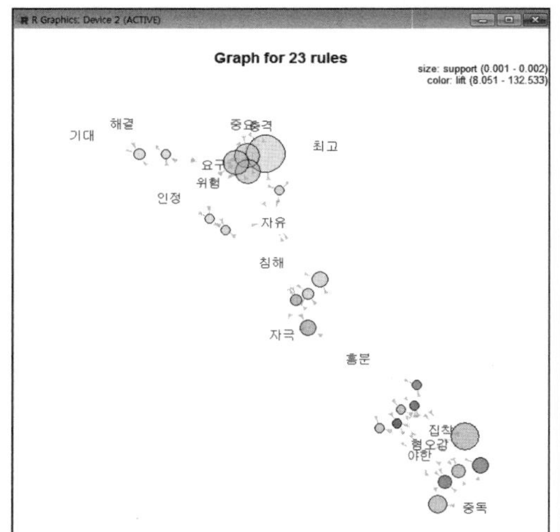

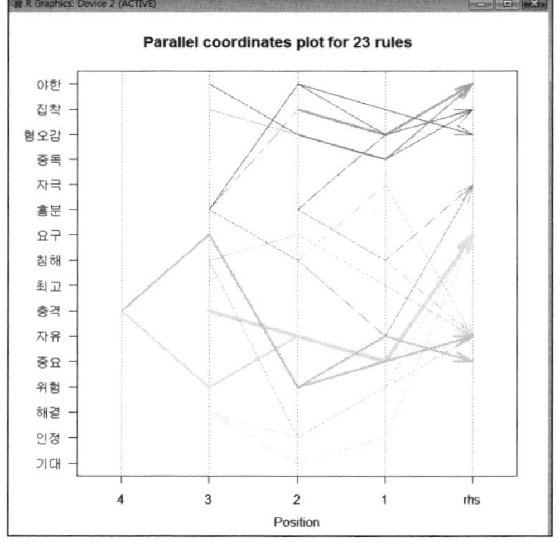

```
> asso=read.table("음란물위험감정_연관분석.txt",header=T)
> install.packages("arules")
Warning: package 'arules' is in use and will not be installed
> library(arules)
> trans=as.matrix(asso,"Transaction")
> #rules1=apriori(trans,parameter=list(supp=0.001,conf=0.8,target="rules"))
> #inspect(sort(rules1))
> #summary(rules1)
> rules.sorted=sort(rules1, by="confidence")
> #inspect(rules.sorted)
> rules.sorted=sort(rules1, by="lift")
> #inspect(rules.sorted)
> #install.packages("arulesViz")
> #library(arulesViz)
> #plot(rules1, method='graph',control=list(type='items'))
> #plot(rules1, method='paracoord',control=list(reorder=T))
>
> |
```

[그림 4-6]과 같이 지역별 섹스팅에 대한 감정은 일반은 서울, 경기, 대전, 부산, 경남 등의 순으로 높은 것으로 나타났고, 위험은 서울, 경기, 부산, 대전, 전남 등의 순으로 높은 것으로 나타났다.

[그림 4-6] 지역별 섹스팅 감정(일반, 위험)

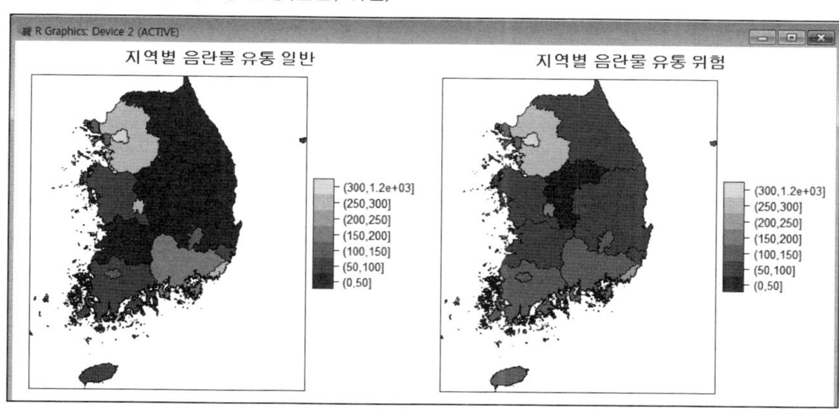


```
> library(sp)
> pop = read.table('지역별음란물감정_지도.txt',header=T)
> pop_s = pop[order(pop$Code),]
> inter=c(0, 50, 100, 150, 200, 250, 300, 1200)
> pop_c=cut(pop_s$위험,breaks=inter)
> gadm$pop=as.factor(pop_c)
> col=gray.colors(length(levels(gadm$pop)))
> p1=spplot(gadm, 'pop', col.regions=col, main='지역별 음란물 유통 위험')
> pop_c=cut(pop_s$일반,breaks=inter)
> gadm$pop=as.factor(pop_c)
> col=gray.colors(length(levels(gadm$pop)))
> p2=spplot(gadm, 'pop', col.regions=col, main='지역별 음란물 유통 일반')
> print(p2,pos=c(0, 0.5, 0.5, 1), more=T)
> print(p1,pos=c(0.5, 0.5, 1, 1), more=T)
>
```

<표 4-7>과 같이 섹스팅과 관련하여 긍정적 감정(위험)을 나타내는 버즈는 38.3%(2011년 51.7%, 2012년 32.4%, 2013년 36.1%, 2014년 46.3%, 2015년 45.5%)로 나타났다. 섹스팅과 관련 폐해는 성범죄(71.2%), 명예훼손(9.5%), 사기(7.6%) 등의 순으로 나타났다. 섹스팅과 관련 유형은 성인음란물(71.3%), 아동음란물(16.1%), 유해광고(3.8%), 스미싱(3.8%) 순으로 나타났다. 섹스팅과 관련 내용으로는 성행위(52.7%), 누드(25.3%), 폭력(12.0%) 등의 순으로 나타났다. 섹스팅과 관련 도움으로는 전문가상담(33.8%), 통제(29.2%), 예방교육(17.7%) 등의 순으로 나타났다. 섹스팅과 관련 유통으로는 공급(58.2%), 수요(22.8%), 공유(19.0%)의 순으로 나타났다. 섹스팅과 관련 영향으로는 공부(61.7%), 건강(15.8%), 성욕(8.1%) 등의 순으로 나타났다. 섹스팅과 관련 제도로는 정보통신망법(61.2%), 가중처벌(13.6%), 벌금(13.3%), 아동청소년보호법(11.9%) 순으로 나타났다. 섹스팅과 관련 기관은 경찰청(49.6%), 방송통신위원회(15.0%), 정부(13.0%), 국회(9.2%) 등의 순으로 나타났다. 섹스팅과 관련 채널은 SNS(56.1%), 파일공유채널(33.3%), 온라인커뮤니티(10.6%) 순으로 나타났다.

〈표 4-7〉 섹스팅 관련 온라인 문서(버즈) 현황

구분	항목	N(%)	구분	항목	N(%)
감정	위험	5,277(38.3)	내용	누드	1,893(25.3)
	일반	8,497(61.7)		성행위	3,943(52.7)
	계	13,774		원조교재	94(1.3)
채널	SNS	5,820(56.1)		문란행위	659(8.8)
	온라인커뮤니티	1,094(10.6)		폭력	897(12.0)
	파일공유채널	3,454(33.3)		계	7,486
	계	10,368	도움	예방교육	2,044(17.7)
유형	성인음란물	7,440(71.3)		전문가상담	3,916(33.8)
	유해광고	919(3.8)		건전생활유도	708(6.1)
	스미싱	398(3.8)		통제	3,382(29.2)
	아동음란물	1,676(16.1)		사랑	1,530(13.2)
	계	10,433		계	11,580

구분	항목	N(%)
유통	수요	2,681(22.8)
	공급	6,829(58.2)
	공유	2,232(19.0)
	계	11,742
폐해	명예훼손	657(9.5)
	성범죄	4,931(71.2)
	사기	529(7.6)
	음주	417(6.0)
	사회문제	393(5.7)
	계	6,927
영향	공부	1,432(61.7)
	건강	367(15.8)
	대인관계	77(3.3)
	비용	133(5.7)
	윤리의식	123(5.3)
	성욕	188(8.1)
	계	2,320

구분	항목	N(%)
제도	가중처벌	2,105(13.6)
	정보통신망법	9,455(61.2)
	벌금	2,060(13.3)
	아동청년보호법	1,838(11.9)
	계	
기관	방송통신위원회	1,642(15.0)
	경찰청	5,442(49.6)
	국회	1,006(9.2)
	청와대	528(4.8)
	정부	1,427(13.0)
	사법기관	590(5.4)
	시민단체	244(2.2)
	국제기구	82(0.7)
	계	10,964

4.3 섹스팅 관련 소셜 네트워크 분석

근접중심성은 평균적으로 다른 노드들과의 거리가 짧은 노드의 중심성이 높은 경우로, 근접중심성이 높은 노드는 확률적으로 가장 빨리 다른 노드에 영향을 주거나 받을 수 있다. 따라서 [그림 4-7]의 성인음란물은 (누드, 폭력, 문란행위)에, 아동음란물은 (성행위, 누드, 폭력)에, 유해광고는 (성행위, 누드)에 밀접하게 연결되어 있으며, 스미싱은 (성행위, 누드)에, 원조교재는 성인음란물과 약하게 연결되어 있는 것으로 나타났다.

[그림 4-7] 섹스팅의 내용·유형 간 외부 근접중심성

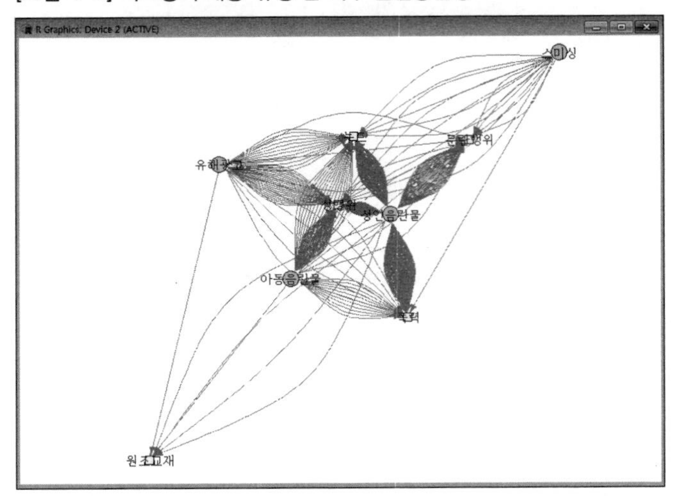

```
R Console
> sexting=read.csv('sexting_type.csv',head=T)
> graph_f=data.frame(source=sexting$Source, target=sexting$Target)
> sexting=graph.data.frame(graph_f,direct=T)
> gubun1=V(sexting)$name
> gubun=str_sub(gubun1,start=1,end=1)
> colors=c()
>   for(i in 1:length(gubun)) {
+   if(gubun[i]==' ') {
+   colors=c(colors,'yellow')}
+   else {
+   colors=c(colors,'green')}
+  }
> sizes=c()
>   for(i in 1:length(gubun)){
+   if(gubun[i]==' ') {
+   sizes=c(sizes,4)}
+   else {
+   sizes=c(sizes,8)}
+  }
> shapes=c()
> for (i in 1:length(gubun)){
+  if(gubun[i]==' '){
+  shapes=c(shapes,'square')}
+  else{
+  shapes=c(shapes,'circle')}
+  }
> plot(sexting,layout=layout.fruchterman.reingold,vertex.size=sizes,
+  edge.arrow.size=0.5,vertex.color=colors,vertex.shape=shapes)
> |
```

<표 4-8>과 같이 섹스팅 위험에 대한 연관성 예측에서 가장 신뢰도가 높은 연관규칙으로는 {문란행위, 성인음란물} => {위험}이며 세 변인의 연관성은 지지도 0.031, 신뢰도는 0.765, 향상도는 1.996으로 나타났다. 이는 온라인 문서에서 문란행위, 성인음란물이 언급되면 섹스팅을 긍적적(위험)으로 생각할 확률이 76.5%이며, 문란행위, 성인음란물이 언급되지 않은 문서보다 섹스팅이 위험한 확률이 1.996배 높아지는 것을 나타낸다. 특히, {아동음란물} => {일반} 두 변인의 연관성은 지지도 0.074, 신뢰도는 0.609, 향상도는 0.987로 나타났다. 이는 온라인 문서에서 아동음란물이 언급되면 섹스팅이 부정적(일반)인 확률이 60.9%이며, 아동음란물이 언급되지 않은 문서보다 섹스팅이 부정적 확률이 0.98배로 낮아지는 것을 나타낸다.

〈표 4-8〉 유형과 내용 요인에 대한 섹스팅 위험 예측

```
R Console
> rules.sorted=sort(rules1, by="lift")
> inspect(rules.sorted)
     lhs                                rhs    support    confidence lift      count
[1]  {문란행위,성인음란물}           => {위험} 0.03092784 0.7648115 1.9963073  426
[2]  {성행위,폭력}                   => {위험} 0.02279657 0.7511962 1.9607686  314
[3]  {문란행위}                      => {위험} 0.03455786 0.7223065 1.8853610  476
[4]  {누드,성행위,성인음란물}        => {위험} 0.04450414 0.7078522 1.8476324  613
[5]  {누드,성행위}                   => {위험} 0.05227240 0.6792453 1.7729628  720
[6]  {폭력,성인음란물}               => {위험} 0.03071003 0.6438356 1.6805366  423
[7]  {누드,성인음란물}               => {위험} 0.06780892 0.6401645 1.6709543  934
[8]  {성행위,성인음란물}             => {위험} 0.13329461 0.6232179 1.6267204 1836
[9]  {성인음란물,유해광고}           => {위험} 0.02686220 0.6055646 1.5806419  370
[10] {누드}                          => {위험} 0.08269203 0.6016904 1.5705295 1139
[11] {폭력}                          => {위험} 0.03818789 0.5863991 1.5306161  526
[12] {성행위}                        => {위험} 0.16589226 0.5795080 1.5126290 2285
[13] {유해광고}                      => {위험} 0.03833309 0.5745375 1.4996551  528
[14] {성행위,아동음란물}             => {위험} 0.02243357 0.5638686 1.4718071  309
[15] {성인음란물}                    => {위험} 0.26862204 0.4973118 1.2980809 3700
[16] {성인음란물,아동음란물}         => {위험} 0.03071003 0.4495218 1.1733396  423
[17] {아동음란물}                    => {위험} 0.04755336 0.3908115 1.0200942  655
[18] {}                              => {위험} 0.38311311 0.3831131 1.0000000 5277
[19] {}                              => {일반} 0.61688689 0.6168869 1.0000000 8497
[20] {아동음란물}                    => {일반} 0.07412516 0.6091885 0.9875207 1021
[21] {성인음란물,아동음란물}         => {일반} 0.03760709 0.5504782 0.8923487  518
[22] {성인음란물}                    => {일반} 0.27152606 0.5026882 0.8148790 3740
[23] {유해광고}                      => {일반} 0.02838682 0.4254625 0.6896928  391
[24] {성행위}                        => {일반} 0.12037171 0.4204920 0.6816355 1658
[25] {폭력}                          => {일반} 0.02693480 0.4136009 0.6704647  371
[26] {누드}                          => {일반} 0.05474082 0.3983096 0.6456768  754
[27] {성행위,성인음란물}             => {일반} 0.08058661 0.3767821 0.6107798 1110
[28] {누드,성인음란물}               => {일반} 0.03811529 0.3598355 0.5833087  525
[29] {누드,성행위}                   => {일반} 0.02468419 0.3207547 0.5199571  340
>
```

```
R Console
> library(arules)
> trans=as.matrix(asso,"Transaction")
> rules1=apriori(trans,parameter=list(supp=0.02,conf=0.2),
+  appearance=list(rhs=c("위험", "일반"),
+  default="lhs"),control=list(verbose=F))
> #inspect(sort(rules1))
> #summary(rules1)
> rules.sorted=sort(rules1, by="confidence")
> #inspect(rules.sorted)
> rules.sorted=sort(rules1, by="lift")
> #inspect(rules.sorted)
```

4.4 섹스팅의 위험에 미치는 요인

<표 4-9>와 같이 모든 도움요인은 섹스팅의 위험에 정적인 영향을 미치는 것으로 나타나, 건전생활유도, 사랑, 전문가상담, 통제, 예방교육 순으로 섹스팅의 위험에 도움이 되는 것으로 나타났다. 모든 영향요인은 섹스팅의 위험에 정적인 영향을 미치는 것으로 나타나, 윤리의식, 대인관계, 건강, 공부 등의 순으로 섹스팅의 위험에 영향을 주는 것으로 나타났다. 내용요인은 원조교제를 제외한 모든 요인이 섹스팅의 위험에 정적인 영향을 미치는 것으로 나타나, 문란행위, 성행위 등의 순으로 섹스팅의 위험에 영향을 주는

것으로 나타났다. 유형요인은 아동음란물을 제외한 모든 요인이 섹스팅의 위험에 정적인 영향을 미치는 것으로 나타나, 성인음란물, 스미싱, 유해광고의 순으로 섹스팅의 위험에 영향을 주는 것으로 나타났다. 폐해요인은 사회문제를 제외한 모든 요인이 섹스팅의 위험에 정적인 영향을 미치는 것으로 나타나, 음주, 성범죄 등의 순으로 섹스팅의 위험에 영향을 주는 것으로 나타났다. 모든 제도요인은 섹스팅의 위험에 정적인 영향을 미치는 것으로 나타나, 정보통신망법, 가중처벌 등의 순으로 섹스팅의 위험에 영향을 주는 것으로 나타났다. 유통요인은 공유가 섹스팅의 위험에 가장 큰 영향을 주는 것으로 나타났다.

〈표 4-9〉 섹스팅에 영향을 요인주)

변수		위험			
		b†	S.E.‡	OR§	P
도움	예방교육	.568	.057	1.765	.000
	전문가상담	.835	.043	2.306	.000
	건전생활유도	1.326	.103	3.767	.000
	통제	.607	.045	1.834	.000
	사랑	.881	.062	2.414	.000
영향	공부	1.061	.060	2.891	.000
	건강	1.136	.123	3.114	.000
	대인관계	1.589	.316	4.901	.000
	비용	.800	.179	2.225	.000
	윤리의식	2.081	.268	8.016	.000
	성욕	.978	.173	2.659	.000
내용	누드	.739	.054	2.095	.000
	성행위	1.028	.041	2.797	.000
	원조교재	−.425	.242	.654	.079
	문란행위	1.595	.092	4.927	.000
	폭력	.664	.075	1.942	.000
유형	성인음란물	1.067	.037	2.906	.000
	유해광고	.689	.072	1.992	.000
	스미싱	.992	.112	2.695	.000
	아동음란물	.053	.056	1.054	.341

변수		위험			
		b†	S.E.‡	OR§	P
폐해	명예훼손	.412	.086	1.509	.000
	성범죄	1.162	.038	3.197	.000
	사기	.632	.096	1.881	.000
	음주	1.334	.120	3.795	.000
	사회문제	-.090	.110	.913	.411
제도	가중처벌	.528	.050	1.695	.000
	정보통신망법	.643	.042	1.903	.000
	벌금	.438	.051	1.550	.000
	아동청소년보호법	.439	.053	1.551	.000
유통	수요	.170	.044	1.186	.000
	공급	.006	.035	1.006	.876
	공유	.662	.047	1.939	.000

주: * 기준범주: 일반, † Standardized coefficients, ‡ Standard error, § odds ratio

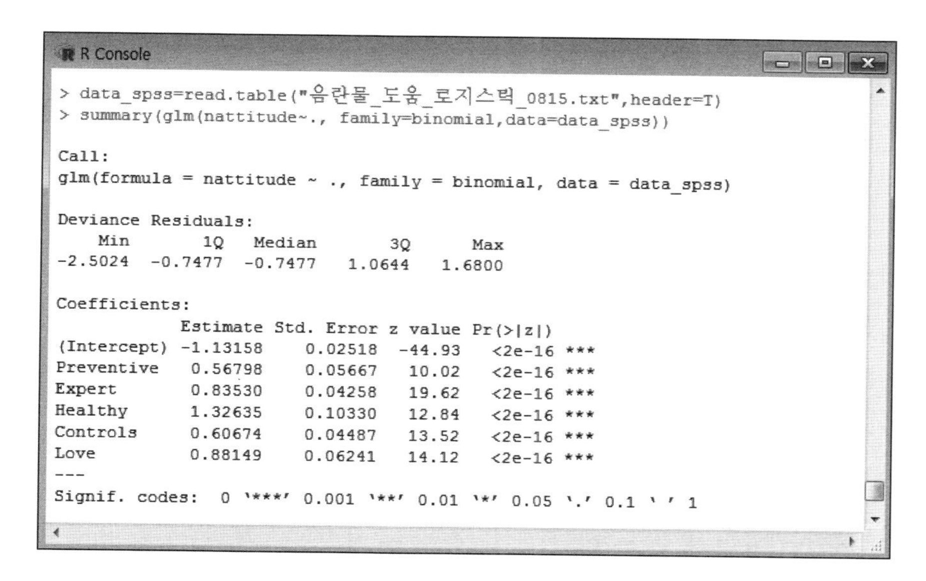

```
R Console
> data_spss=read.table("음란물_도움_로지스틱_0815.txt",header=T)
> summary(glm(nattitude~., family=binomial,data=data_spss))

Call:
glm(formula = nattitude ~ ., family = binomial, data = data_spss)

Deviance Residuals:
    Min       1Q   Median       3Q      Max
-2.5024  -0.7477  -0.7477   1.0644   1.6800

Coefficients:
            Estimate Std. Error z value Pr(>|z|)
(Intercept) -1.13158    0.02518  -44.93   <2e-16 ***
Preventive   0.56798    0.05667   10.02   <2e-16 ***
Expert       0.83530    0.04258   19.62   <2e-16 ***
Healthy      1.32635    0.10330   12.84   <2e-16 ***
Controls     0.60674    0.04487   13.52   <2e-16 ***
Love         0.88149    0.06241   14.12   <2e-16 ***
---
Signif. codes:  0 '***' 0.001 '**' 0.01 '*' 0.05 '.' 0.1 ' ' 1
```

랜덤포레스트 모형을 활용하여 섹스팅 감정(일반, 위험)에 영향을 주는 주요 요인을 분석하면 [그림 4-8]과 같다. 랜덤포레스트 모형의 중요도(IncNodePurity) 그림을 살펴보면 섹스팅 감정에 가장 큰 영향을 미치는(일반과 위험 감정을 분류하는 중요한 요인) 주요 요인은 '성행위'로 나타났다. 그 다음으로 문란행위, 누드, 유해광고, 성인음란물, 폭력, 스미싱, 아동음란물 등의 순으로 나타났다.

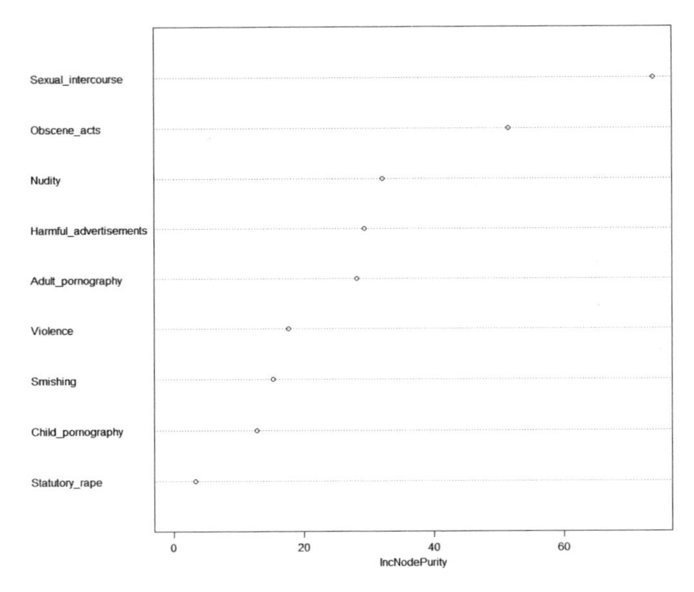

[그림 4-8] 랜덤포레스트 모형의 섹스팅 주요 요인의 중요도

4.5 섹스팅 관련 위험 예측모형

본 연구에서는 섹스팅 관련 위험을 예측하기 위하여 섹스팅의 도움요인, 내용요인, 유형요인에 대해 의사결정나무 분석을 실시하였다. 섹스팅의 도움요인이 섹스팅의 위험 예측모형에 미치는 영향은 [그림 4-9]와 같다. 나무구조의 최상위에 있는 네모는 루트노드로서, 예측변수(독립변수)가 투입되지 않은 종속변수(위험, 일반)의 빈도를 나타낸다. 루트노드에서 섹스팅의 위험은 38.3%(5,277건), 일반은 61.7%(8,497건)으로 나타났다. 루트노드의 하단의 가장 상위에 위치하는 요인은 섹스팅 위험 예측에 가장 영향력이 높은(관련성이 깊은)요인으로 '전문가상담요인'의 영향력이 가장 큰 것으로 나타났다. '전문가상담요인'이 있을 경우 섹스팅의 위험은 이전의 38.3%에서 58.1%로 증가한 반면, 일반은 이전의 61.7%에서 40.9%로 감소하였다. '전문가상담요인'이 있고 '건전생활유도요인'이 있는 경우 섹스팅의 위험은 이전의 58.1%에서 85.0%로 증가한 반면, 일반은 이전의 40.9%에서 15.0%로 감소하였다. <표 4-10>의 섹스팅 도움요인의 위험 예측모형에 대한 이익도표와 같이 섹스팅의 위험에 가장 영향력이 높은 경우는 '전문가상담요인'이 있고 '건전생활유도요인'이 있으며 '사랑요인'이 있는 조합으로 나타났다. 즉, 10번 노드의 지수(index)가 234.5%로 뿌리마디와 비교했을 때 10번 노드의 조건을 가진 집단이 섹스팅 위험이 높을

확률이 2.34배로 나타났다. 일반인에게 가장 영향력이 높은 경우는 '전문가상담요인'이 없고 '통제요인'이 없고, '건전생활유도요인'이 없는 조합으로 나타났다. 즉 13번 노드의 지수가 121.7%로 뿌리마디와 비교했을 때 13번 노드의 조건을 가진 집단이 일반의 확률이 1.22배로 나타났다.

섹스팅의 내용요인이 섹스팅의 위험 예측모형에 미치는 영향은 [그림 4-10]과 같다. 섹스팅 위험 예측에 가장 영향력이 높은 내용요인으로 '성행위요인'의 영향력이 가장 큰 것으로 나타났다. '성행위요인'이 높을 경우 섹스팅의 위험은 이전의 38.3%에서 58.0%로 증가한 반면, 일반인은 이전의 61.7%에서 42.0%로 감소하였다. '성행위요인'이 높고 '누드요인'이 높은 경우 섹스팅의 위험은 이전의 58.0%에서 67.9%로 증가한 반면, 일반인은 이전의 42.0%에서 32.1%로 감소하였다. <표 4-11>의 섹스팅 내용요인의 위험 예측모형에 대한 이익도표와 같이 섹스팅의 위험에 가장 영향력이 높은 경우는 '성행위요인'이 있고 '누드요인'이 있고 '폭력요인'이 있는 조합으로 나타났다. 즉, 12번 노드의 지수가 208.2%로 뿌리마디와 비교했을 때 12번 노드의 조건을 가진 집단이 섹스팅 위험이 높을 확률이 2.08배로 나타났다. 일반인에게 가장 영향력이 높은 경우는 '성행위요인'이 없고 '문란행위요인'이 없고 '누드요인'이 없는 조합으로 나타났다. 즉 7번 노드의 지수가 119.3%로 뿌리마디와 비교했을 때 7번 노드의 조건을 가진 집단이 일반의 확률이 1.19배로 나타났다.

섹스팅의 유형요인이 섹스팅의 위험 예측모형에 미치는 영향은 [그림 4-11]과 같다. 섹스팅 위험 예측에 가장 영향력이 높은 유형요인으로 '성인음란물요인'의 영향력이 가장 큰 것으로 나타났다. '성인음란물요인'이 있을 경우 섹스팅의 위험은 이전의 38.3%에서 49.7%로 증가한 반면, 일반인은 이전의 61.7%에서 50.3%로 감소하였다. '성인음란물요인'이 있고 '유해광고요인'이 있는 경우 섹스팅의 위험은 이전의 49.7%에서 60.6%로 증가한 반면, 일반은 이전의 50.3%에서 39.4%로 감소하였다. <표 4-12>의 섹스팅 내용요인의 위험 예측모형에 대한 이익도표와 같이 섹스팅의 위험에 가장 영향력이 높은 경우는 성인음란물요인'이 없고 '스미싱요인'이 있는 조합으로 나타났다. 즉, 6번 노드의 지수가 178.9%로 뿌리마디와 비교했을 때 6번 노드의 조건을 가진 집단이 섹스팅 위험이 높을 확률이 약 1.78배로 나타났다. 일반인에게 가장 영향력이 높은 경우는 '성인음란물요인'이 없고 '스미싱요인'이 없고 '유해광고요인'이 없는 조합으로 나타났다. 낮은 조합으로 나타났다. 즉 10번 노드의 지수가 125.3%로 뿌리마디와 비교했을 때 10번 노드의 조건을 가진 집단이 일반의 확률이 1.25배로 나타났다.

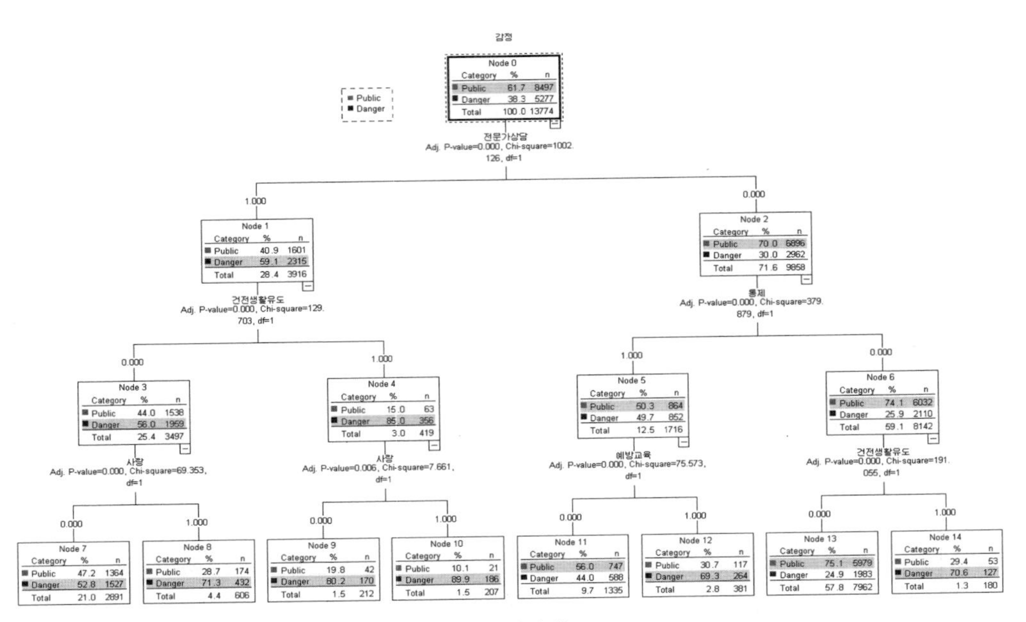

[그림 4-9] 도움요인의 섹스팅 위험 예측모형(SPSS 분석결과)

〈표 4-10〉 도움요인의 섹스팅 위험 예측모형에 대한 이익도표

구분	노드	이익지수				누적지수			
		노드(n)	노드(%)	이익(%)	지수(%)	노드(n)	노드(%)	이익(%)	지수(%)
위험	10	207	1.5	3.5	234.5	207	1.5	3.5	234.5
	9	212	1.5	3.2	209.3	419	3.0	6.7	221.8
	8	606	4.4	8.2	186.1	1025	7.4	14.9	200.7
	14	180	1.3	2.4	184.2	1205	8.7	17.3	198.2
	12	381	2.8	5.0	180.9	1586	11.5	22.3	194.0
	7	2891	21.0	28.9	137.9	4477	32.5	51.3	157.8
	11	1335	9.7	11.1	115.0	5812	42.2	62.4	147.9
	13	7962	57.8	37.6	65.0	13774	100.0	100.0	100.0
일반	13	7962	57.8	70.4	121.7	7962	57.8	70.4	121.7
	11	1335	9.7	8.8	90.7	9297	67.5	79.2	117.3
	7	2891	21.0	16.1	76.5	12188	88.5	95.2	107.6
	12	381	2.8	1.4	49.8	12569	91.3	96.6	105.8
	14	180	1.3	.6	47.7	12749	92.6	97.2	105.0
	8	606	4.4	2.0	46.5	13355	97.0	99.3	102.4
	9	212	1.5	.5	32.1	13567	98.5	99.8	101.3
	10	207	1.5	.2	16.4	13774	100.0	100.0	100.0

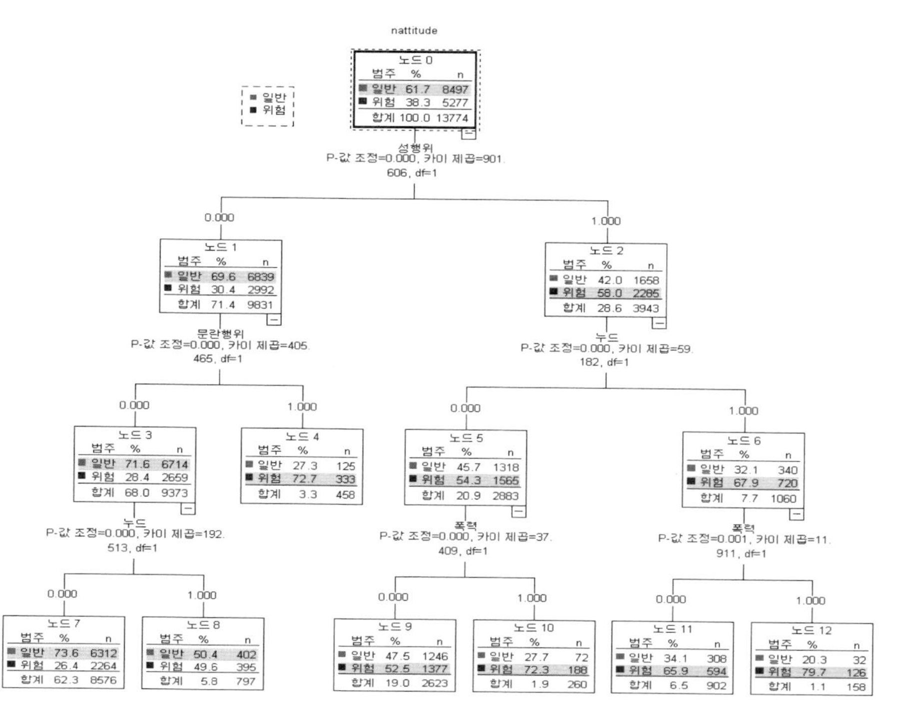

[그림 4-10] 내용 요인의 섹스팅 위험 예측모형(SPSS 분석결과)

〈표 4-11〉 내용 요인의 섹스팅 위험 예측모형에 대한 이익도표

구분	노드	이익지수				누적지수			
		노드(n)	노드(%)	이익(%)	지수(%)	노드(n)	노드(%)	이익(%)	지수(%)
위험	12	158	1.1	2.4	208.2	158	1.1	2.4	208.2
	4	458	3.3	6.3	189.8	616	4.5	8.7	194.5
	10	260	1.9	3.6	188.7	876	6.4	12.3	192.8
	11	902	6.5	11.3	171.9	1778	12.9	23.5	182.2
	9	2623	19.0	26.1	137.0	4401	32.0	49.6	155.3
	8	797	5.8	7.5	129.4	5198	37.7	57.1	151.3
	7	8576	62.3	42.9	68.9	13774	100.0	100.0	100.0
일반	7	8576	62.3	74.3	119.3	8576	62.3	74.3	119.3
	8	797	5.8	4.7	81.8	9373	68.0	79.0	116.1
	9	2623	19.0	14.7	77.0	11996	87.1	93.7	107.6
	11	902	6.5	3.6	55.4	12898	93.6	97.3	103.9
	10	260	1.9	.8	44.9	13158	95.5	98.2	102.7
	4	458	3.3	1.5	44.2	13616	98.9	99.6	100.8
	12	158	1.1	.4	32.8	13774	100.0	100.0	100.0

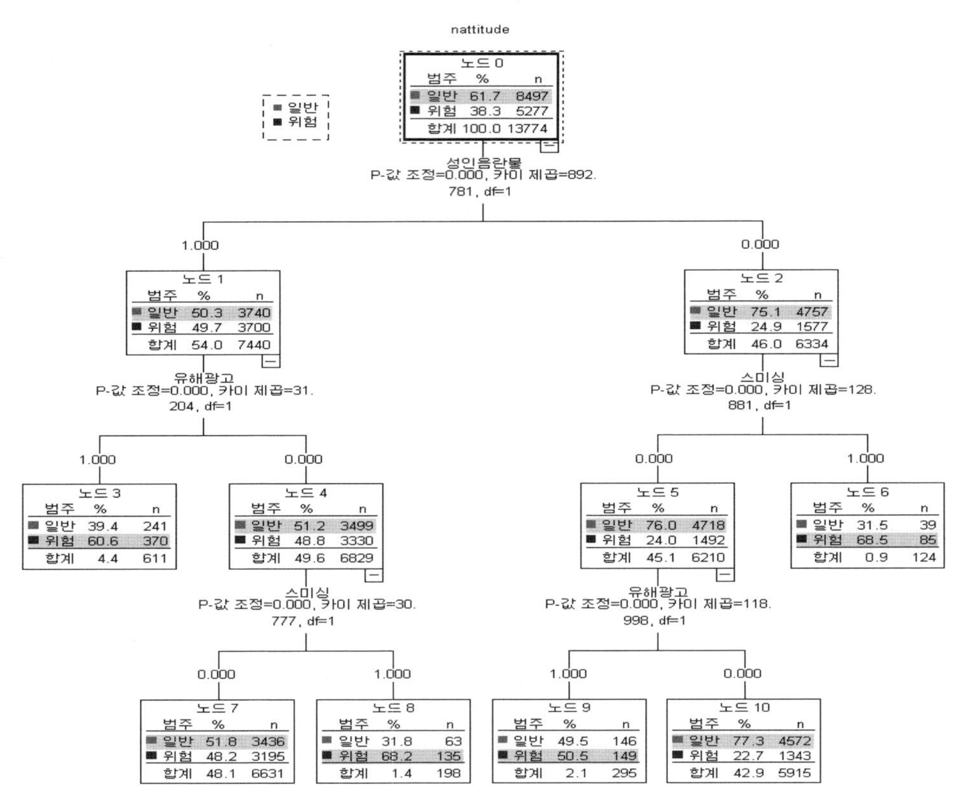

[그림 4-11] 유형 요인의 섹스팅 위험 예측모형(SPSS 분석결과)

〈표 4-12〉 유형 요인의 섹스팅 위험 예측모형에 대한 이익도표

구분	노드	이익지수				누적지수			
		노드(n)	노드(%)	이익(%)	지수(%)	노드(n)	노드(%)	이익(%)	지수(%)
위험	6	124	.9	1.6	178.9	124	.9	1.6	178.9
	8	198	1.4	2.6	178.0	322	2.3	4.2	178.3
	3	611	4.4	7.0	158.1	933	6.8	11.2	165.1
	9	295	2.1	2.8	131.8	1228	8.9	14.0	157.1
	7	6631	48.1	60.5	125.8	7859	57.1	74.5	130.7
	10	5915	42.9	25.5	59.3	13774	100.0	100.0	100.0
일반	10	5915	42.9	53.8	125.3	5915	42.9	53.8	125.3
	7	6631	48.1	40.4	84.0	12546	91.1	94.2	103.5
	9	295	2.1	1.7	80.2	12841	93.2	96.0	102.9
	3	611	4.4	2.8	63.9	13452	97.7	98.8	101.2
	8	198	1.4	.7	51.6	13650	99.1	99.5	100.4
	6	124	.9	.5	51.0	13774	100.0	100.0	100.0

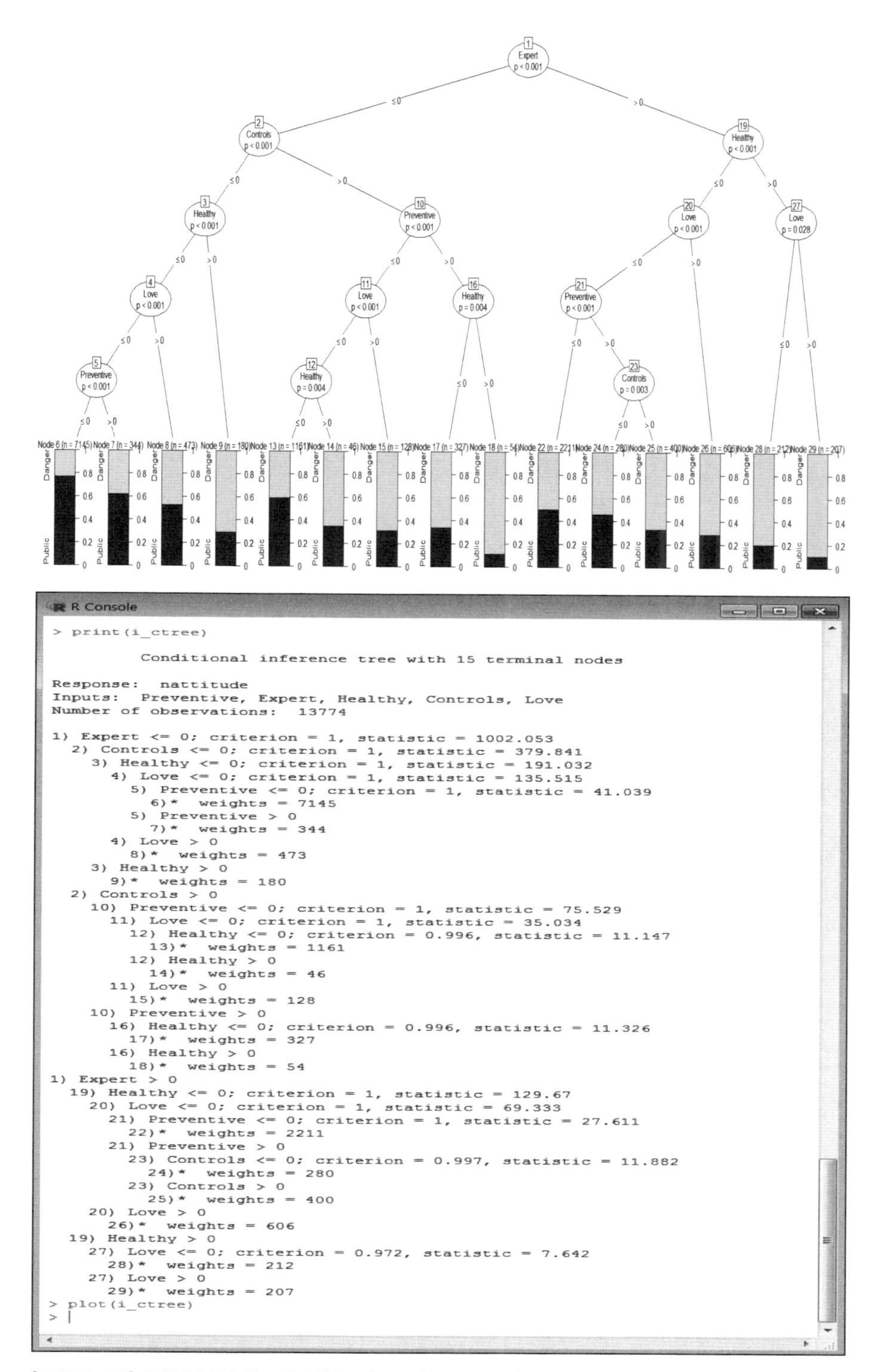

[그림 4-12] 도움요인의 섹스팅 위험 예측모형(R 분석결과)

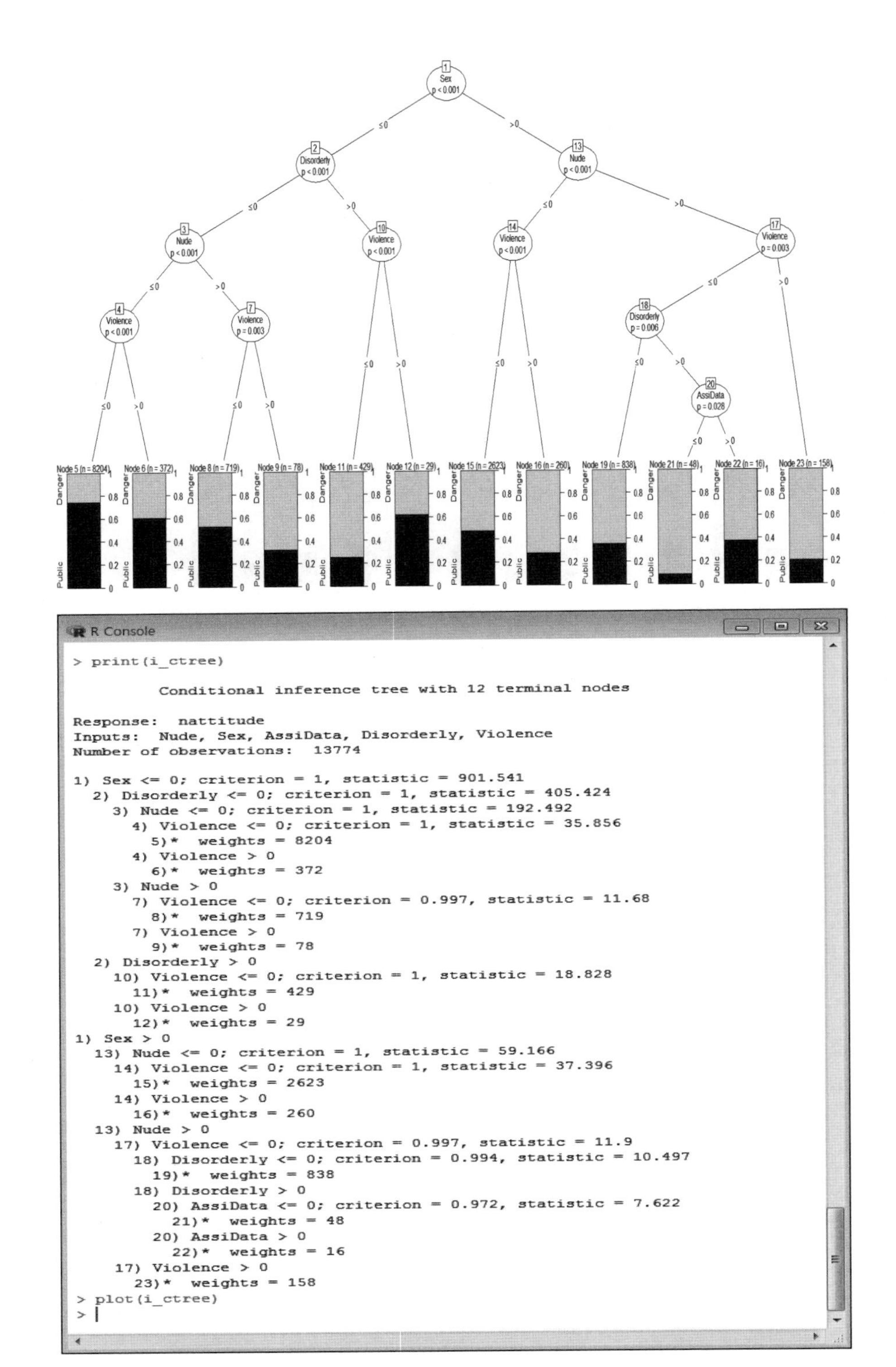


```
> print(i_ctree)

         Conditional inference tree with 12 terminal nodes

Response:  nattitude
Inputs:  Nude, Sex, AssiData, Disorderly, Violence
Number of observations:  13774

1) Sex <= 0; criterion = 1, statistic = 901.541
  2) Disorderly <= 0; criterion = 1, statistic = 405.424
    3) Nude <= 0; criterion = 1, statistic = 192.492
      4) Violence <= 0; criterion = 1, statistic = 35.856
        5)*  weights = 8204
      4) Violence > 0
        6)*  weights = 372
    3) Nude > 0
      7) Violence <= 0; criterion = 0.997, statistic = 11.68
        8)*  weights = 719
      7) Violence > 0
        9)*  weights = 78
  2) Disorderly > 0
    10) Violence <= 0; criterion = 1, statistic = 18.828
      11)*  weights = 429
    10) Violence > 0
      12)*  weights = 29
1) Sex > 0
  13) Nude <= 0; criterion = 1, statistic = 59.166
    14) Violence <= 0; criterion = 1, statistic = 37.396
      15)*  weights = 2623
    14) Violence > 0
      16)*  weights = 260
  13) Nude > 0
    17) Violence <= 0; criterion = 0.997, statistic = 11.9
      18) Disorderly <= 0; criterion = 0.994, statistic = 10.497
        19)*  weights = 838
      18) Disorderly > 0
        20) AssiData <= 0; criterion = 0.972, statistic = 7.622
          21)*  weights = 48
        20) AssiData > 0
          22)*  weights = 16
    17) Violence > 0
      23)*  weights = 158
> plot(i_ctree)
> |
```

[그림 4-13] 내용요인의 섹스팅 위험 예측모형(R 분석결과)

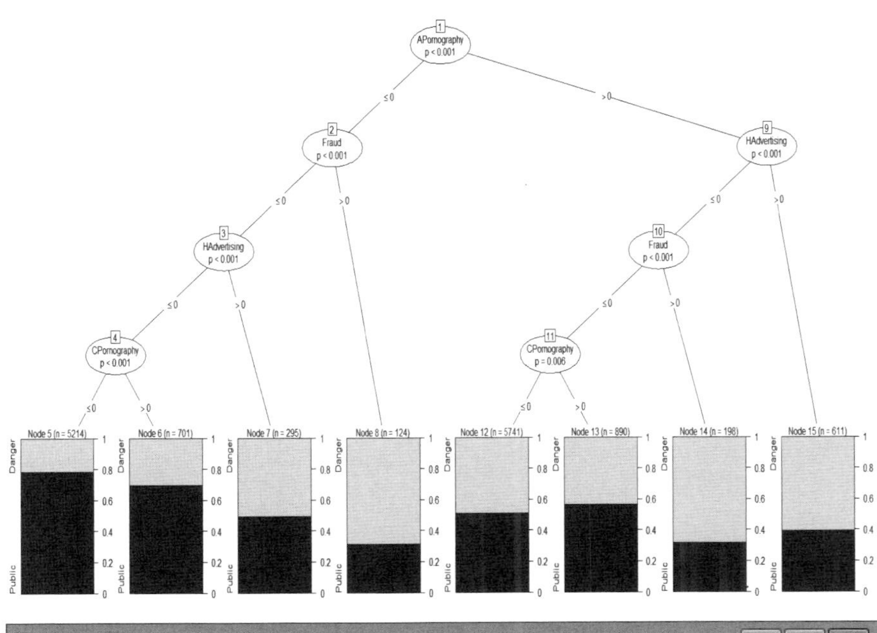

R Console

```
> print(i_ctree)

         Conditional inference tree with 8 terminal nodes

Response:  nattitude
Inputs:  APornography, HAdvertising, Fraud, CPornography
Number of observations:  13774

1) APornography <= 0; criterion = 1, statistic = 892.716
  2) Fraud <= 0; criterion = 1, statistic = 128.86
    3) HAdvertising <= 0; criterion = 1, statistic = 118.979
      4) CPornography <= 0; criterion = 1, statistic = 27.726
        5)*  weights = 5214
      4) CPornography > 0
        6)*  weights = 701
    3) HAdvertising > 0
      7)*  weights = 295
  2) Fraud > 0
    8)*  weights = 124
1) APornography > 0
  9) HAdvertising <= 0; criterion = 1, statistic = 31.2
    10) Fraud <= 0; criterion = 1, statistic = 30.773
      11) CPornography <= 0; criterion = 0.994, statistic = 9.983
        12)*  weights = 5741
      11) CPornography > 0
        13)*  weights = 890
    10) Fraud > 0
      14)*  weights = 198
  9) HAdvertising > 0
    15)*  weights = 611
> plot(i_ctree)
>
```

[그림 4-14] 유형요인의 섹스팅 위험 예측모형(R 분석결과)

섹스팅의 도움요인, 내용요인, 유형요인에 대한 머신러닝 모형의 분석결과 의사결정나무, 랜덤포레스트, 신경망 등의 순으로 성능이 좋은 것으로 나타났다(그림 4-15).

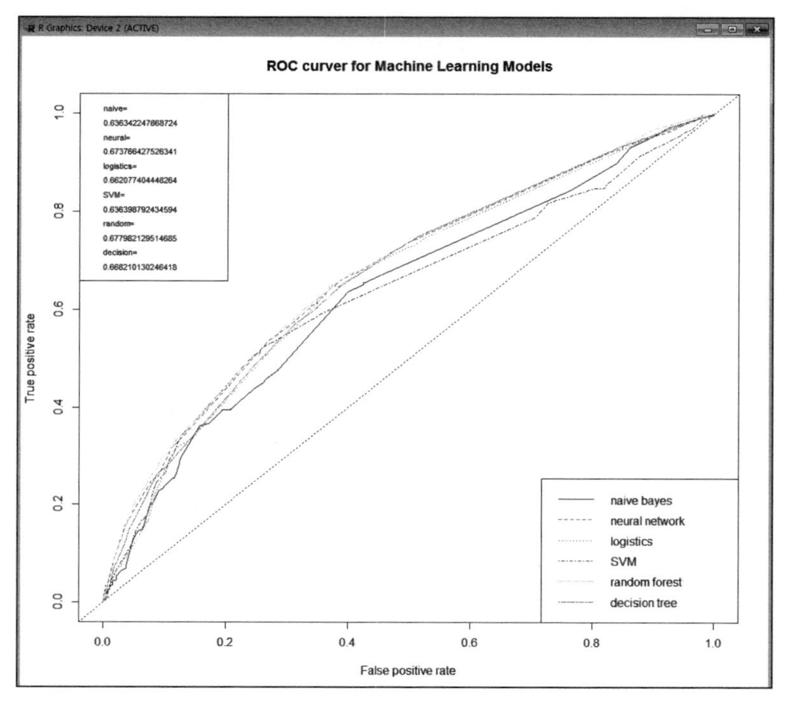

[그림 4-15] 머신러닝 모형의 성능평가

신경망 모형을 활용하여 섹스팅 주요 요인의 위험 예측에서 주요 요인 전체의 위험도는 47.47%로 나타났다. 요인별 위험도는 성인음란물은 21.0%, 성행위는 10.64%, 누드는 4.48%, 아동음란물은 3.3%, 유해광고는 2.49%, 문란행위는 2.08%, 폭력은 2.06%, 원조교재는 1.4%, 스미싱은 1.28% 순으로 나타났다(그림 4-16).

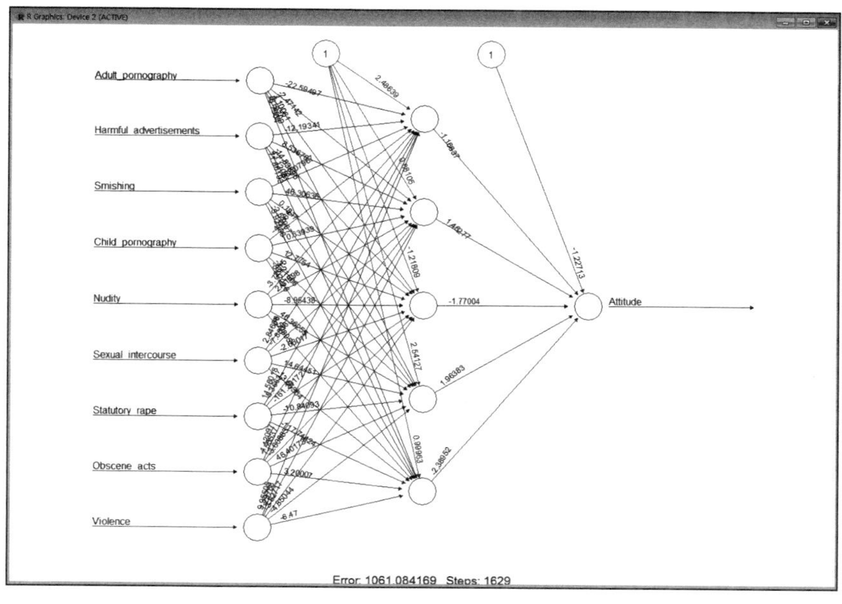

[그림 4-16] 신경망 모형의 섹스팅 주요 요인의 위험 예측

```
R Console
> setwd("c:/Sexting_2017")
> weight = read.table('neural_predict_weight.txt',header=T)
> #attach(weight)
> weight_v=cbind(Adult_pornography,Harmful_advertisements,Smishing,
+  Child_pornography,Nudity,Sexual_intercourse,Statutory_rape,
+  Obscene_acts,Violence,pred,co)
> # pred: 신경망 부정예측확률
> # co: 문서당 섹스팅 주요 요인 포함 전체 빈도(count)
> # 해당요인위험도=해당요인출현유무*(전체 요인의 부정예측확률)/문서당 요인 전체빈도
> nAdult_pornography=Adult_pornography*(pred)/co
> nHarmful_advertisements=Harmful_advertisements*(pred)/co
> nSmishing=Smishing*(pred)/co
> nChild_pornography=Child_pornography*(pred)/co
> nNudity=Nudity*(pred)/co
> nSexual_intercourse=Sexual_intercourse*(pred)/co
> nStatutory_rape=Statutory_rape*(pred)/co
> nObscene_acts=Obscene_acts*(pred)/co
> nViolence=Violence*(pred)/co
> mean(nAdult_pornography)
[1] 0.2099594
> mean(nHarmful_advertisements)
[1] 0.02492494
> mean(nSmishing)
[1] 0.01276543
> mean(nChild_pornography)
[1] 0.03296218
> mean(nNudity)
[1] 0.04480251
> mean(nSexual_intercourse)
[1] 0.1063932
> mean(nStatutory_rape)
[1] 0.001429951
> mean(nObscene_acts)
[1] 0.02081569
> |
```

5 결론 및 고찰

본 연구는 국내의 온라인 뉴스 사이트, 블로그, 카페, SNS, 게시판 등 인터넷을 통해 수집된 소셜 빅데이터를 머신러닝을 적용하여 분석함으로써 우리나라 섹스팅의 위험요인을 예측하고자 하였다.

본 연구의 결과를 요약하면 다음과 같다. 첫째, 섹스팅과 관련된 버즈는 10시부터 증가하여 11시 이후 급감하며, 다시 13시 이후 증가하여 15시 이후 감소하고, 23시 이후 증가하여 3시 이후 급감하는 패턴을 보이고 있다. 섹스팅과 관련된 버즈는 목요일과 수요일이 가장 높은 반면, 주말에는 감소하는 것으로 나타났다. 둘째, 섹스팅에 대한 긍정적 감정(위험)의 표현 단어는 요구, 충격, 인정, 자유, 중요, 침해 등의 순으로 집중된 것으로 나타났다. 섹스팅에 대한 위험 감정 키워드의 연관성 예측에서 위험 감정은 '혐오감, 집착, 자극, 야한, 자유, 요구'에 강하게 연결되어 있는 것으로 나타났다. 셋째, 섹스팅에 대한 긍정적 감정(위험)을 나타내는 버즈는 38.3%로 나타났다. 넷째, 섹스팅의 영향은 윤리의식, 대인관계, 성욕, 건강, 공부, 비용 순으로 위험한 것으로 나타났으며, 유통방식은 수요보다 공유의 위험이 더 큰 것으로 나타났다. 다섯째, 섹스팅 관련 네트워크 분석에서 아동음란물은 '성행위, 누드, 폭력'과 밀접하게 연결되어 있으며, 스미싱은 성행위와 밀접하게 연결되어 있는 것으로 나타났다.

여섯째, 섹스팅 주요 신호에 대한 미래신호 탐색에서 강신호는 아동음란물, 가중처벌, 벌금, 누드, 사랑, 전문가상담, 정보통신망법, 아동청소년보호법이 포함되었고, 약신호는 문란행위, 스미싱, 사기, 대인관계, 유해광고가 포함된 것으로 나타났다.

일곱째, 섹스팅의 내용이 섹스팅에 영향을 미치는 연관분석에서 온라인 문서상에 '문란행위, 성인음란물'이 언급되면 섹스팅을 긍적적으로 생각(위험)하는 확률이 높은 것으로 나타났다. 여덟째, 섹스팅의 위험에 도움을 주는 요인으로는 '전문가상담', '건전생활유도', '사랑' 요인이 있는 조합으로 나타났다. 섹스팅의 위험에 영향을 미치는 내용요인으로는 '성행위'와 '누드' 요인이 있는 조합으로 나타났다. 섹스팅에 영향을 미치는 유형요인으로는 '성인음란물'이 없고 '스미싱' 요인이 있는 조합으로 나타났다.

본 연구를 근거로 우리나라의 섹스팅의 문제에 대해 다음과 같은 정책적 함의를 도출할 수 있다. 첫째, 섹스팅에 대한 온라인 문서가 23시에서 3시 사이에 집중하고 있어 늦은 시간에 청소년의 섹스팅을 방지할 수 있는 대책 마련이 요구되고 있다. 현재 청소년의 게임 중독을 방지하기 위하여 여성가족부는 셧다운제, 문화체육관광부는 게임시간 선택제를 실시하고 있다. 셧다운제는 16세 미만의 청소년에게 오전 0시부터 오전 6시까지 심야 6시간 동안 인터넷 게임 제공을 제한하는 것을 말하며, 게임시간 선택제는 청소년 게임중독을 막기 위해 보호자가 만 18세 미만 청소년의 게임 시간을 선택하여 제한할 수 있는 제도를 말한다. 섹스팅을 방지하기 위해서는 법령과 정책의 정합성 제고를 위한 일원화 방안이 검토되어야 하며, 특히 섹스팅이 심야시간에 발생한다는 것을 고려할 때 여성가족부에서 실시하는 셧다운제로 일원화하는 방안으로 검토되어야 할 것으로 본다. 둘째, 2011년부터 2015년 3월까지 한국의 섹스팅 위험은 38.3%로 나타났다. 이는 2014년 여성가족부의 조사결과 청소년의 섹스팅은 2011년 12.3%, 2012년 20.5%, 2014년 52.6%로 평균 28.5%를 어느 정도 지지하는 것으로 나타났다. 본 연구의 결과와 같이 2011년을 제외하고 섹스팅의 위험은 지속적으로 증가하는 것으로 나타난 것은 청소년들에게 스마트 기기의 보급의 확산과 관련이 있는 스마트폰 중독과 관련이 있는 것으로 보며, 정부차원에서 예방교육과 치료·상담을 통한 해소방안 마련과 함께 청소년의 유해정보 차단을 위한 다양한 애플리케이션이 개발되어야 할 것으로 본다. 셋째, 섹스팅 미래신호 탐색에서 전문가상담, 통제, 가중처벌, 벌금, 아동청소년보호법, 아동음란물은 시간이 갈수록 신호가 강해지는 것으로 나타나 아동음란물에 대한 법적규제나 처벌강화의 요구가 확산되는 것으로 나타났다. 그리고 성인음란물, 성행위가 시간이 갈수록 신호가 약해지는 것으로 나타나, 아동음란물에 비해 상대적으로 성인음란물에 대한 접근이 비교적 용이하여 성인음란물에 대한 신호가 약해지는 것으로 보인다. 상위 10위에 정보통신망법, 성인음란물, 성범죄, 전문가상담, 성행위, 통제, 벌금, 예방교육, 가중처벌, 누드가 포함되어 섹스팅의 대응방안으로 법적규제와 전문가 상담 등의 프로그램 도입이 필요한 것으로 나타났다. 약신호 중 문란행위, 스미싱은 높은 증가율을 보이고 있어 이들 요인에 대한 적극적인 대응책이 마련되어야 할 것으로 본다.

넷째, 윤리의식, 대인관계, 성욕, 건강, 공부, 비용에 섹스팅의 위험이 있는 것은 기존의 연구(이창훈 & 김은영, 2009: p. 101)에서 친구 사이에 주목을 받기 위해서 섹스팅을 하며 섹스팅을 하는 청소년들은 성적이 떨어지거나 수치심이나 도덕심을 고려치 않고 자신의 정서적·심리적 쾌락을 추구하는 잠재적 sexter가 될 가능성이 높다는 연구를 지지하는 것이다. 다섯째, 섹스팅의 유통방식이 수요보다 공유의 위험이 더 큰 것으로 나타나 청소년들의 음란물 접근방법이 특정 인터넷 사이트를 거치지 않고도 인기가 있는 일대일 파일공유 네트워크로 음란물을 쉽게 전송받을 수 있기 때문에 정부차원에서 웹하드와 파일공유 사이트의 음란물 유통 행위에 대한 지속적인 모니터링이 필요할 것으로 본다.

여섯째, 섹스팅의 내용요인의 위험 예측에서 '성인물'이 없고 '스미싱'이 있는 문서인 경우 섹스팅 위험이 가장 높은 것으로 나타나, 일상적인 문자메시지에 성인음란물의 내용을 포함하여 유통시키는 섹스팅에 대한 지속적인 모니터링이 필요할 것으로 본다.

일곱째, 섹스팅의 위험에 '전문가상담, 건전생활유도, 사랑'이 가장 영향력이 높은 것으로 나타났다. 이는 청소년의 섹스팅의 대책을 위한 학교와 가정 차원에서의 접근이 필요한 것을 시사하는 것이다. 따라서 학교차원에서는 학생들에게 미디어 메시지를 비판적으로 읽어내고 이해하는 능력에 관한 교육과 함께 부모의 모니터링과 이해의 중요성을 학부모에게 이야기하고 성적으로 음란한 내용 대신 건전한 성과 이성관계에 대해서 배울 수 있도록 대안책을 마련해주는 것이 필요하며(Flood, 2009: p. 143), 가정에서 부모의 규제적 노력이 청소년의 섹스팅을 방지하는 데 효과가 있을 것으로 본다. 끝으로 섹스팅을 모니터링 할 수 있는 정부차원의 대책이 마련되어야 할 것이다.

현재 사어버안전국(http://cyberbureau.police.go.kr)에서 음란물 근절을 위해 아동·청소년 이용 음란물 전담조직을 설치하여 웹하드·P2P 사이트, 인터넷 음란물을 집중적으로 단속을 하고 있지만 실시간으로 이루어지는 섹스팅에 대한 모니터링은 어려운 실정이다. 따라서 섹스팅의 위험요소를 분석하여 섹스팅에 위험이 있는 온라인 문서를 모니터링하고 제재할 수 있는 애플리케이션이 개발되어야 할 것으로 본다.

본 연구는 개개인의 특성을 가지고 분석한 것이 아니고 그 구성원이 속한 전체 집단의 자료를 대상으로 분석하였기 때문에 이를 개인에게 적용하였을 경우 생태학적 오류(ecological fallacy)가 발생할 수 있다(Song et al., 2014). 또한, 청소년으로 예상되는 온라인 문서(버즈)를 분석 대상으로 선정하였기 때문에 성인이 남긴 문서 중에 청소년의 키워드(10대 미만, 초등학생, 중등학생, 고등학생 등)가 있으면 대상으로 포함되어 분석 대상의 정확성에 한계가 있을 수 있다. 끝으로 섹스팅은 스마트폰의 문자메시지나 콘텐츠로 유통되기 때문에 기존의 표본추출을 통한 횡단조사 방법과 더불어 소셜미디어에서 수집된 빅데이터의 활용과 분석을 할 경우, 섹스팅의 위험 예측은 더욱 신뢰성이 있을 것으로 본다.

참고문헌

1. Chalfen, R. (2009). 'it's only a picture': sexting, 'smutty' snapshots and felony charges, *Visual Studies*, 24(3); 258–269.
2. Choi, JY, & Chung, DH (2014). Teenagers with Smartphones Exposed to Sexual Content, *The Journal of the Korea Contents Association*, 14(4); 445–455.
3. Eberstadt, M., & Layden, M. A. (2010). *The social costs of pornograpy, A statement of Findings and Recommendations*, The Witherspoon Institute.
4. Flood, M. (2009). Youth, Sex, and the Internet. *Counselling, Psychotherapy, and Health*, 5(1); 131–147.
5. Greenfield, P.M. (2004). Inadvertent exposure to porngrapy on the Internet: Implications of peer-to-peer file-sharing networks for child development and families, *Applied Development Psychology*, 25; 741–750.
6. Gruber, E., & Thau, H. (2003). Sexually Related Content on Television and Adolescents of Color: Media Theory, Physiological Development, and Psychological Impact, *Journal of Negro Education*, 72(4); 438–456.
7. Itzin, C. (1997). Pornography and the Organization of Intrafamilial and Extrafamilial Child Sexual Abuse: Developing a Conceptual Model. *Child Abuse Review*, 6: 94–106.
8. Jaishankar. K. (2009). Sexting: A new form of Victimless Crime?. *International Journal of Cyber Criminology*, 3(1); 21–25.
9. Joo, JH, & Kim, HI (2013). Exploration of relationship among Korean adolescents' sexual orientations, exposure to internet pronograpy and sexual behaviors after after exposure: focused on PLS path modeling analysis. *The Journal of Digital Policy & Management*, 11(6); 11–21.
10. Kim, JG (2012). The Predictive Factors on Adolescents' Exposure to Sexually Explict Online Materials and Adolescents's Sexuality, *Social Science Studies*, 24(1); 1–33.
11. Kim, M., & Kawk, JB (2011). You Cybersex Addiction in the Digital Media Era. *SoonChunhyang Journal of Humanities*, 29; 283–326.
12. Kim, MN (2012). A Study on understanding of Adolescent Sex Offenses and Pornography Addiction. *Korean Assoication of Addiction Crime*, 2(1); 47–71.
13. Korea Internet and Security Agency (2014). 2014 Mobile Internet use Survey, 19.
14. Lee, CH, & Kim, EG (2009). A Study of Sexting Activites among south Korean Youths. *Korean Institute of Criminology Research series*, 09–17; 11–131.

15. Lenhart, A. (2009). *Teens and Sexting: How and why minor teens are sending sexually suggestive nude or nearly nude images via text messaging*, Pew Internet & American Life Project.
16. Lounsbury, K., Mitchell, K. J., & Finkelhor, D. (2011). *The true prevalence of "Sexting"*. Crimes against Children Research Center.
17. Malamuth, N. M., & Check, J. V. P. (1985). The Effects of Aggeressive Pornograpy on Belief in Rape Myths: Individual Differences. *Journal of Research in Personality*, 19; 299–320.
18. McLaughlin, J. H. (2010). *Crime and Punishment: Teen Sexting in Context*. Florida Coastal School of Law.
19. Ministry of Science, ICT and Future Planning & Korea Internet and Security Agency (2014). 2014 Internet use Survey.
20. Ministry of Science, ICT and Future Planning & National Information Society Agency (2014). 2014 Internet Addiction Survey,
21. Ministry of the Gender Equality & Family (2014). 2014 Youth Harmful environment Contact survey.
22. Mitchell, K. J., Finkelhor, D., Jones, L. M., & Wolak, J. (2011). Prevalence and Characteristics of Young Sexting: A National Study. *Pediatrics*, 129(13); 13–20.
23. Oh, YJ. (2013). "Smartphone pornography 90% comes from apps". *yonhapnews*, 2013.5.26.
24. Ringrose, L., Gill, R., Livingstone, R., & Harvey, L. (2012). A qualitative study of children, young people and 'sexting': a report prepared for the NSPCC. *National Society for the Prevention of Cruelty to children*, London, UK.
25. Sherman, S. J., & Fazio, R. H. (1983). Parallels between attitudes and traits as predictors of behavior. *Journal of Personality*, 51(3); 308–345.
26. Shin, SM. (2013). Associations of Demographic and Psycho-Social Characteristics with Frequent Watching Pornography Material or the Adults-Only Internet Chatting. *The Korean Journal of Stress Research*, 21(4); 275–281.
27. Shim, JW. (2010). The Role of Timing to Exposure to Pronography in What Adolescent Boys and Girls Think About Sexual Issues, Media, Gender & Culture, 16; 75–105.
28. Song TM, Song J, An JY, Hayman LL & Woo JM (2014). "Psychological and Social Factors Affecting Internet Searches on Suicide in Korea: A Big Data Analysis of Google Search Trends." *Yonsei Med Journal*, 55(1); 254–263.
29. Temple, J. R., Paul, J. A., Berg, P. V. D., Le, V. D., McElhany, A., Temple, B. W. (2012).

Teen Sexting and Its Association With Sexual Behaviors. *Archives of Pediatrics and Adolecent Med*, 166(9); 828−833.

30. Tokyo Congress (2010). Tokyo Congress's Youth Protection Ordinance revised.

31. U.S. Department of state (2003). Prosecutorial Remedies and Other Tools To end the Exploitation of Children Today Act of 2003. Title V, Obscenity and Pornography.

32. Walker, S., Sanci, L., & Temple-Smith, M. (2011). Sexting and young people, *Youth Studies Australia*. 30(4); 8−16.

33. Ybarra, M.L. & Mitchell, K.J.(2005). Exposure to Internet Pornograpy among Children and Adolescents : A National Survey. *CyberPsychology & Behavior*, 8(5); 473−486.

머신러닝을 활용한 소년범의 범죄지속 위험 예측모형 개발[1]

1 서론

우리나라의 최근 범죄율은 성인 범죄의 경우 2006년 성인인구 10만 명당 4,586명 이던 범죄건수가 2015년에는 4,482명으로 2.26% 감소한 반면 소년범죄율은 2006년 소년인구 10만 명당 1,034명에서 2015년 1,412명으로 36.56% 증가한 것으로 나타나 소년범죄율은 높은 증가율을 보이고 있다(법무연수원, 2016: p. 554). 특히 2015년 보호관찰대상자의 전체 재범률은 7.6%로 나타났으며, 이는 소년대상자의 재범률 11.7%, 성인대상자의 재범률 5.2%[2]의 평균 재범률로 소년대상자의 재범률이 성인대상보다 2배 이상 높게 나타나 한국의 소년사법에서 청소년에 대한 우려를 나타내고 있다(Chang et al., 2016). 우리나라의 소년범죄자 가운데는 재범자의 비율이 증가하고 있고 재범기간도 짧은 특성을 보이고 있다(Park, 2015). 소년범죄 발생비가 가장 높은 범죄군은 재산범죄이며, 그 다음은 강력범죄(폭

---

1 본 연구는 2017년 펜실페니아 주립대학교 연구개발비(Pennsylvania State University Research and Development Grant 2017)의 지원을 받았음.

2 http://www.index.go.kr/potal/main/EachDtlPageDetail.do?idx_cd=1736. 2017. 8. 1. 최종인출

력), 교통범죄, 강력범죄(흉악)의 순으로 나타났다.[3] 청소년의 재범을 사전에 예방하기 위해서는 재범이 심각한 청소년 범죄자에게 나타나는 특정 위험요소에 대한 파악이 매우 중요하다. 청소년 재범은 정적 위험 요인과 동적 위험 요인과 관련이 있다고 보고 있다(Resnick et al., 2004; Mulder et al., 2010). 정적 위험요인은 변화될 수 없지만 동적 위험요인은 중재에 의해 변화가 가능하기 때문에 청소년의 재범 위험요인의 파악에는 동적 위험요인을 중요하게 다루어야 한다(Lodewijks et al., 2008; Mulder et al., 2010). 청소년의 재범 위험을 평가하는 도구로는 정적위험요소(과거경험요소)와 동적위험요소(사회적요소, 개인적요소)를 모두 포함하고 있는 SAVRY(Structured Assessment of Violence Risk in Youth)가 대표적으로 사용되고 있다. 한편 조사를 통한 재범 위험요인의 파악은 표본의 크기가 작거나 짧은 기간에 입소한 청소년의 범죄지속을 예측하는 데는 가능한 방법이나 소년보호소에 입소한 전체 청소년을 대상으로는 범죄지속 위험을 탐지하고 예측하는 데는 제한적이다. 따라서 청소년 위험 예측을 위한 빅데이터는 중요한 자료원이 될 수 있으며, 이를 머신러닝 알고리즘(machine learning algorithms)을 사용하면 거대한 빅데이터에서 청소년 재범을 탐지하고 예측하는 데 더 좋은 결과를 얻을 수 있을 것이다. 본 연구는 한국의 소년분류심사원에 입원한 위탁소년에 대해 SAVRY와 모집단 차별론에 근거한 환경조사 자료를 활용하여 머신러닝을 기반으로 청소년 범죄지속의 위험을 예측할 수 있는 모형을 제시하고자 한다.

2 이론적 논의

청소년 재범을 억제하기 위한 방안으로 위험요인에 대한 진단이 모색되어 왔다(Howell, 2003; Vincent et al., 2012). 위험요인에 대한 진단은 재범의 가능성을 평가하는 것으로 범죄를 저질러 형사사법시스템을 거쳐 간 청소년들이 또 범죄를 저지를 가능성이 있는지 예측하는 것이다(이정민 & 조윤오, 2017). 청소년 재범을 예방하기 위한 위험요소의 진단은 청소년의 개인별 범죄유발욕구요소(criminogenic need factors)나 가족 또는 비행친구 집단과 같이

3 Supreme Prpsecutors' Office(2016). 2016 Analytical Statistics on Crime.

처우가 가능한 동적위험요소(dynamic risk factors)에 초점을 맞추어야 한다(Perrault et al., 2012). 따라서 성별, 초기 비행연령과 같이 변화 시킬 수 없는 요소보다는 변화 가능한 동적위험 요소에 초점을 두고 그에 맞는 적절한 처우를 통해 재범의 위험성을 낮추는 것이 필요하다(Vincent et al., 2012; 이정민 & 조윤오, 2017). 청소년의 재범 위험성욕구평가(Risk Needs Assessment, RNA) 도구로는 정적 및 동적 요소를 모두 포함하고 있는 SAVRY(Structured Assessment of Violence Risk in Youth)(Borum et al., 2000)가 대표적으로 사용되고 있다. SAVRY의 정적위험요소(static items)로는 과거경험요소(historical risk factors)인 폭력전과(history of violence), 비폭력전과(history of nonviolent offending), 최초폭력연령(early initiation of violence), 과거감독/중재실패(past supervision/intervention failures), 자해나 자살 시도경험(history of self-harm or suicide attempts), 가정폭력노출(exposure to violence in the home), 어린시절 학대경험(childhood history of maltreatment), 부모/보호자의 범죄경력(parental/caregiver criminality), 초기 보호자의 보호능력 상실(early caregiver disruption), 부족한 학업성취도(poor scholl achievement)가 포함된다. SAVRY의 동적위험요소(dynamic items)로는 사회적 위험요소(social/contextual risk factors)인 비행친구(peer delinquency), 따돌림(peer rejection), 스트레스 및 문제대체능력(stress and poor coping), 부족한 부모의 관리능력(poor parental management), 개인적/사회적 지지의 결핍(lack of personal/social support), 지역사회해체(community disorganization)가 포함되며, 개인적 위험요소(individual risk factors)에는 부정적 태도(negative attitudes), 위험행동에 대한 충동성(risk taking/impulsivity), 물질오남용(substance use difficulties), 분노조절능력(anger management problems), 낮은 공감능력/죄책감(low empathy/remorse), 주의력결핍/과잉행동장애(attention-deficit/hyperactivity difficulties), 낮은 준법정신(poor compliance), 낮은 학업/직업에의 전념(low interest/commitment to school)이 포함된다. SAVRY에는 정적, 동적 위험요소 외에 보호요소(protective risk factors)인 친사회적 행동(prosocial involvement), 강한사회적 유대(strong social support), 강한애착과 유대(strong attachments and bonds), 중재와 권위에 대한 긍정적 태도(positive attitude toward intervention and authority), 학업/직업에의 강한 전념(strong commitment to school), 탄력적인 성격(resilient personality traits)을 포함하고 있다. SAVRY는 전 세계에서 청소년 범죄자의 폭력위험성을 평가하는 데 가장 많이 활용되는 도구 중 하나로(Zhou et al., 2017), 많은 연구에서 폭력 및 비폭력 범죄 재범에 대한 예측력이 정확한 것으로 나타났다(Lodewijks et al., 2008; Shepherd et al., 2014; Zhou et al., 2017). Howell(2003)은 청소년 재범을 억제하는 요인으로 가정, 학교, 친구, 지역사회, 개인 등으로 분류하였으며,

위험요인들(학교와의 낮은 유대, 비행친구, 공격성, 낮은 학교성적, 부모와의 부정적/약한 관계성, 낮은 지적능력, 결손가정, 가정의 낮은 경제적 수준 등)에 많이 노출될수록 범죄를 저지를 기회가 높아짐을 강조하며 이러한 위험요인들을 통해 고위험군 위기집단을 선별하고 위험요인들을 차단하는 전략이 구축되어야 한다고 분석했다(Park, 2015). 한편, 발전범죄학(developmental criminology)은 범죄경력에 있어서 개인별로 상이한 유형을 보인다는 사실이 발견되면서 범죄학의 중요한 연구 분야가 되었다(Thornberry, 1997; 송주영 & 한영선, 2013). Moffitt(1997)는 발전범죄학에 근거하여 개인의 기본성향이 범죄지속의 중요한 인과요인으로 보는 모집단 차별론(population heterogeneity perspective)을 제시하였다. 모집단 차별론을 근거한 청소년 재범 위험요인에 대한 연구로는 범죄연령(Moffitt, 1997; Loeber, 1982), 자아통제력(Gottfredson & Hirschi, 1990; Polakowski, 1994), 스트레스(Attar et al., 1994), 학업성취도(Farrington, 1989, 이순래, 2005), 자해 및 자살시도(Flannery et al., 2001), 학대경험(Cottle et al., 2001), 약물사용(Stoolmiller & Blechman, 2005; 박지선, 2015), 비행친구(Laird et al., 2005; 이순기 & 박혁기, 2007), 부모양육문제(Nagin & Farrington, 1993; Smith, 1995; Farrington, 2005), 가출(노일성, 2009; 조윤오, 2012), 결손가정(이수정, 2007), 가정결손친구(곽대경 & 박현수, 2012) 등의 연구가 있다.

3 연구대상 및 분석방법

3.1 연구대상 및 측정도구

본 연구의 자료는 2016년 5월-6월 기간 중 한국의 전국 소년분류심사원에 입원한 465명(남자: 372명, 여자: 93명)에 대해 SAVRY와 모집단 차별론에 근거한 환경조사 자료를 활용하였다. 본 연구의 종속변수로 사용된 범죄경력(Crime careers)은 초범(First offender)은 소년원에 처음 입소한 청소년으로, 재범(Recidivist)은 소년원에 2번 이상 입소한 청소년으로 정의하였다. 범죄경력에 영향을 미치는 독립변수는 부모결손(Single parent), 친구의 부모결손(Single parent of peer), 비행친구(Delinquent peer), 가출(Running away), 자해(Self-injury), 학교결석(Absence from school), 음주(Drinking), 흡연(Smoking), 약물(Drug use), 성경험(Sexual relationship), 우울(Depression), 자살생각(Suicide attempt)의 12개의 변수를 사용하였다.

3.2 통계분석

본 연구에서는 한국의 소년원에 입소한 소년범의 범죄지속 위험을 예측하기 위하여 머신러닝 분석 기술을 적용하였다. Breiman(2001)이 제안한 랜덤포레스트는 머신러닝의 분류 기법 중 하나로 분류 정확도가 우수하고 이상치에 둔감하며 계산이 빠르다는 장점이 있다(Jin & Oh, 2013). 본 연구에서는 랜덤포레스트의 중요도(importance)를 계산하여 청소년의 범죄지속에 영향을 미치는 각 독립변수의 중요도를 분석하였다. 청소년의 범죄지속에 대한 위험요인을 예측하기 위하여 머신러닝의 의사결정나무를 사용하였다. 본 연구의 의사결정나무 형성을 위한 분석 알고리즘은 지니지수(Gini index)나 분산(variance)의 감소량을 분리기준으로 사용하는 CRT(Classification and Regression Trees)를 사용하였다(Breiman et al., 1984). 그리고 소년범의 범죄경력에 영향을 미치는 독립변수들 간의 상호관련성을 파악하기 위해서 연관분석(association analysis)을 실시하였다. 연관분석은 선험적규칙(apriori principle) 알고리즘을 사용하였다. 그리고 청소년의 범죄지속 예측모형은 가중계수를 효과적으로 추정할 수 있는 역전파(back propagation) 알고리즘(Rumelhart et al., 1986)을 적용한 다층신경망(multilayer neural network)을 사용하였다. 본 연구의 청소년 범죄지속 모델의 다층신경망은 12개의 독립변수를 입력층(input layer)으로 투입하였고, 입력층의 노드들을 합성하는 중간노드들의 집합인 은닉층(hidden layer)은 5개로 지정하였으며, 은닉층의 노드들을 합성하는 출력층(output layer)은 범죄경력(First offender, Recidivist)으로 구성하였다. 그리고 머신러닝 모형의 평가는 ROC(Receiver Operation Characteristic) curve와 AUC(Area Under the Curve)를 사용하였다. 본 연구의 의사결정나무 분석은 IBM SPSS 24.0을 사용하였고 교차분석, 랜덤포레스트, 연관분석, 다층신경망 분석, 모형의 평가는 R 3.4.2를 사용하였다.

4 연구결과

전체 연구대상 465명 중 초범은 72.9%(339명), 재범은 27.1%(126명)으로 나타났다. 부모결손(Single parent)이 있는 경우 재범은 33.5%로 나타났다. 가출(Running away)이 있는 경우 재범은 30.0%로 나타났다. 학교결석(Absence from school)이 있는 경우 재범은 34.3%로 나타났다. 흡연(Smoking)이 있는 경우 재범은 29.2%로 나타났다. 성경험(Sexual relationship)이 있는 경우 재범은 31.8%로 나타났다(표 5-1).

〈표 5-1〉 Cross table of Independent variable and dependent variable n(%)

Variables		First offender	Recidivist	χ^2
Single parent	없음	186(79.1)	49(20.9)	9.38***
	있음	153(66.5)	77(33.5)	
Single parent of peer	없음	132(75.4)	43(24.6)	.906
	있음	207(71.4)	83(28.6)	
Delinquent peer	없음	137(72.9)	51(27.1)	.000
	있음	202(72.9)	75(27.1)	
Running away	없음	143(77.3)	42(22.7)	3.00*
	있음	196(70.0)	84(30.0)	
Self-injury	없음	269(72.1)	104(27.9)	.588
	있음	70(76.1)	22(23.9)	
Absence from school	없음	163(82.7)	34(17.3)	16.747***
	있음	176(65.7)	92(34.3)	
Smoking	없음	78(78.8)	21(21.2)	2.205
	있음	261(71.3)	105(28.7)	
Drinking	없음	55(85.9)	9(14.1)	6.383**
	있음	284(70.8)	117(29.2)	
Drug use	없음	310(74.0)	109(26.0)	2.512
	있음	29(63.0)	17(37.0)	
Sexual relationship	없음	176(77.9)	50(22.1)	5.504**
	있음	163(68.2)	76(31.8)	

Variables		First offender	Recidivist	χ^2
Depression	없음	264(74.6)	90(25.4)	2.101
	있음	75(67.6)	36(32.4)	
Suicide attempt	없음	294(73.5)	106(26.5)	.516
	있음	45(69.2)	20(30.8)	

주: $^{***}p<0.01$, $^{**}p<0.05$, $^{*}p<0.1$

본 연구의 랜덤포레스트를 활용하여 청소년 범죄지속에 영향을 주는 주요 요인으로는 [그림 5-1]과 같다. 랜덤포레스트의 중요도(IncNodePurity) 그림에서 청소년 범죄지속에 가장 큰 영향을 미치는(연관성이 높은) 요인은 부모결손으로 나타났으며, 그 뒤를 이어 학교결석, 비행친구, 약물, 우울, 친구부모결손, 가출, 성경험, 음주, 자해, 자살생각, 흡연의 순으로 나타났다.

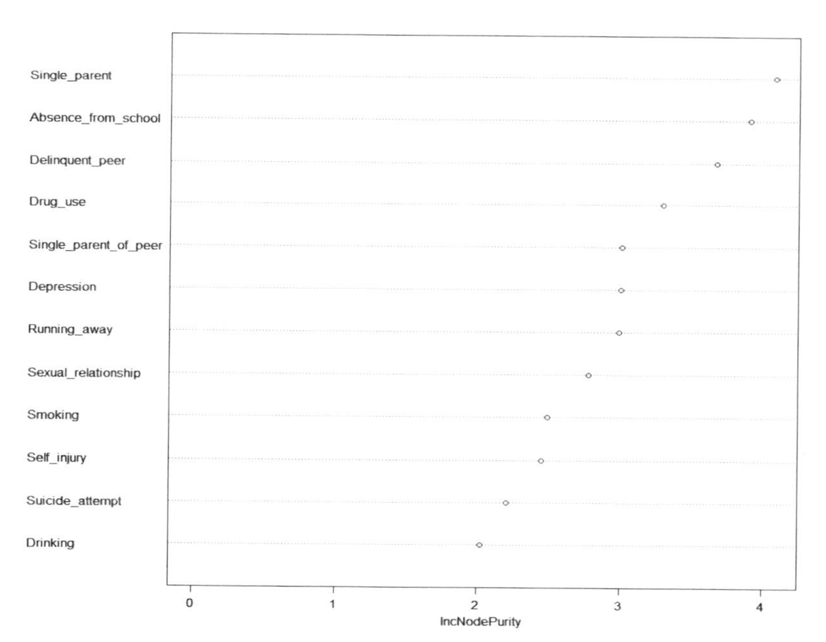

[그림 5-1] Random Forest Model of crime careers

본 연구에서 청소년 범죄지속 위험요인을 예측하기 위하여 데이터마이닝의 의사결정나무 분석을 실시하였다. 청소년 범죄지속에 미치는 영향은 [그림 5-2]와 같다. 뿌리마디에서 초범은 72.9%(339명), 재범은 27.1%(126명)으로 나타났다. 뿌리마디 하단의 가장 상위에 위치하는 요인이 범죄지속 위험 예측에 가장 영향력이 높은 요인으로 '결석' 요인의 영향력이 가장 큰 것으로 나타났다. '결석' 요인이 있는 경우 재범 위험은 이전의 27.1%에서 34.3%로 증가한 것으로 나타났다. '결석' 요인이 있고 '성경험' 요인이 있는 경우 재범 위험은 이전의 34.3%에서 38.7%로 증가한 것으로 나타났다. 본 연구의 초범의 위험이 가장 높은 경우는 '결석' 요인이 없고, '부모결손' 요인이 있고 '음주' 요인이 없는 조합으로 나타났다. 즉, 12번 노드의 지수(index)가 137.2%로 뿌리마디와 비교했을 때 12번 노드의 조건을 가진 집단의 초범의 위험이 약 1.37배로 나타났다(표 5-2). 재범의 위험이 가장 높은 경우는 '결석' 요인이 있고, '부모결손' 요인이 있고 '자해' 요인이 없는 조합으로 나타났다. 즉, 8번 노드의 지수가 150.2%로 뿌리마디와 비교했을 때 8번 노드의 조건을 가진 집단의 재범의 위험이 약 1.50배로 나타났다(표 5-2).

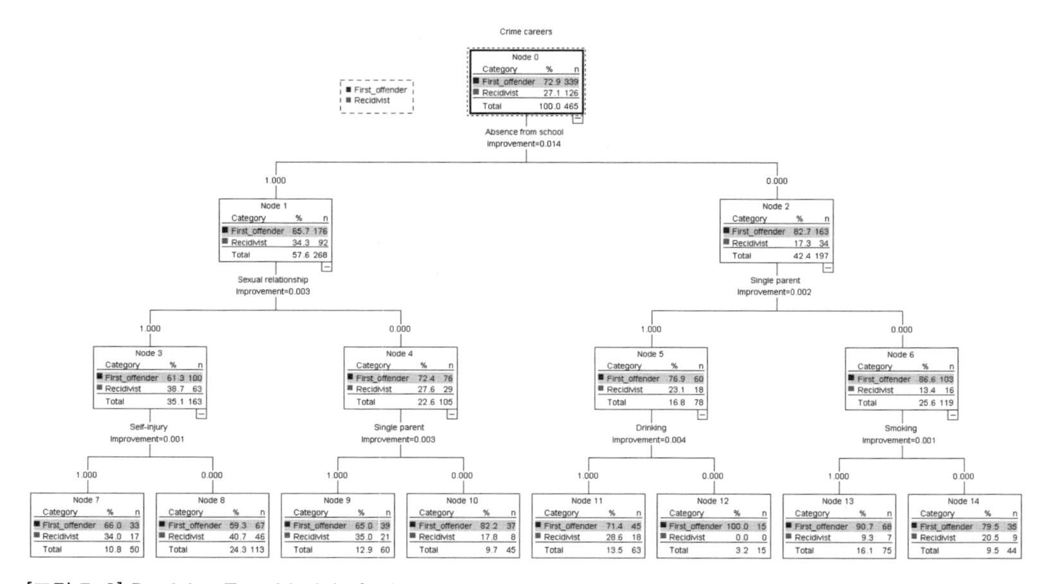

[그림 5-2] Decision Tree Model of crime careers

〈표 5-2〉 Gini Chart of Decision Tree Model of crime careers

Target Category: .00 First offender

Gains for Nodes

Node	Node-by-Node						Cumulative					
	Node		Gain		Response	Index	Node		Gain		Response	Index
	N	Percent	N	Percent			N	Percent	N	Percent		
12	15	3.2%	15	4.4%	100.0%	137.2%	15	3.2%	15	4.4%	100.0%	137.2%
13	75	16.1%	68	20.1%	90.7%	124.4%	90	19.4%	83	24.5%	92.2%	126.5%
10	45	9.7%	37	10.9%	82.2%	112.8%	135	29.0%	120	35.4%	88.9%	121.9%
14	44	9.5%	35	10.3%	79.5%	109.1%	179	38.5%	155	45.7%	86.6%	118.8%
11	63	13.5%	45	13.3%	71.4%	98.0%	242	52.0%	200	59.0%	82.6%	113.4%
7	50	10.8%	33	9.7%	66.0%	90.5%	292	62.8%	233	68.7%	79.8%	109.5%
9	60	12.9%	39	11.5%	65.0%	89.2%	352	75.7%	272	80.2%	77.3%	106.0%
8	113	24.3%	67	19.8%	59.3%	81.3%	465	100.0%	339	100.0%	72.9%	100.0%

Growing Method: CRT
Dependent Variable: Crime_careers Crime careers

Target Category: 1.00 Recidivist

Gains for Nodes

Node	Node-by-Node						Cumulative					
	Node		Gain		Response	Index	Node		Gain		Response	Index
	N	Percent	N	Percent			N	Percent	N	Percent		
8	113	24.3%	46	36.5%	40.7%	150.2%	113	24.3%	46	36.5%	40.7%	150.2%
9	60	12.9%	21	16.7%	35.0%	129.2%	173	37.2%	67	53.2%	38.7%	142.9%
7	50	10.8%	17	13.5%	34.0%	125.5%	223	48.0%	84	66.7%	37.7%	139.0%
11	63	13.5%	18	14.3%	28.6%	105.4%	286	61.5%	102	81.0%	35.7%	131.6%
14	44	9.5%	9	7.1%	20.5%	75.5%	330	71.0%	111	88.1%	33.6%	124.1%
10	45	9.7%	8	6.3%	17.8%	65.6%	375	80.6%	119	94.4%	31.7%	117.1%
13	75	16.1%	7	5.6%	9.3%	34.4%	450	96.8%	126	100.0%	28.0%	103.3%
12	15	3.2%	0	0.0%	0.0%	0.0%	465	100.0%	126	100.0%	27.1%	100.0%

Growing Method: CRT
Dependent Variable: Crime_careers Crime careers

연관분석은 청소년의 범죄지속 위험에 영향을 주는 둘 이상의 독립변수에 대한 상호관련성을 발견하는 것이다. <표 5-3>과 같이 {부모결손, 음주} => {재범} 세 변인의 연관성은 지지도는 0.163, 신뢰도는 0.367, 향상도는 1.355로 76명에게 이와 같은 규칙이 나타났다. 이는 '부모결손, 음주' 요인이 있으면 재범일 확률이 36.7%이며, '부모결손, 음주' 요인이 없는 청소년보다 재범할 확률이 1.36배 높아지는 것으로 나타났다.

〈표 5-3〉 Association rule of crime careers

R Console

```
> inspect(rules.sorted)
```

	lhs		rhs	support	confidence	lift	count
[1]	{Single_parent,Drinking}	=>	{Recidivist}	0.1634409	0.3671498	1.354957	76
[2]	{Absence_from_school,Smoking,Drinking}	=>	{Recidivist}	0.1763441	0.3660714	1.350978	82
[3]	{Absence_from_school,Smoking}	=>	{Recidivist}	0.1806452	0.3605150	1.330472	84
[4]	{Absence_from_school,Drinking}	=>	{Recidivist}	0.1913978	0.3531746	1.303382	89
[5]	{Running_away,Absence_from_school}	=>	{Recidivist}	0.1505376	0.3465347	1.278878	70
[6]	{Absence_from_school}	=>	{Recidivist}	0.1978495	0.3432836	1.266880	92
[7]	{Single_parent}	=>	{Recidivist}	0.1655914	0.3347826	1.235507	77
[8]	{Drinking,Sexual_relationship}	=>	{Recidivist}	0.1612903	0.3275109	1.208671	75
[9]	{Smoking,Drinking,Sexual_relationship}	=>	{Recidivist}	0.1526882	0.3227273	1.191017	71
[10]	{Smoking,Sexual_relationship}	=>	{Recidivist}	0.1548387	0.3200000	1.180952	72
[11]	{Single_parent_of_peer,Smoking,Drinking}	=>	{Recidivist}	0.1655914	0.3195021	1.179115	77
[12]	{Sexual_relationship}	=>	{Recidivist}	0.1634409	0.3179916	1.173541	76
[13]	{Running_away,Smoking,Drinking}	=>	{Recidivist}	0.1569892	0.3133047	1.156244	73
[14]	{Single_parent_of_peer,Smoking}	=>	{Recidivist}	0.1677419	0.3107570	1.146841	78
[15]	{Running_away,Smoking}	=>	{Recidivist}	0.1591398	0.3096234	1.142658	74
[16]	{Single_parent_of_peer,Drinking}	=>	{Recidivist}	0.1763441	0.3094340	1.141959	82
[17]	{Running_away,Drinking}	=>	{Recidivist}	0.1741935	0.3079848	1.136611	81
[18]	{Running_away}	=>	{Recidivist}	0.1806452	0.3000000	1.107143	84
[19]	{Smoking,Drinking}	=>	{Recidivist}	0.2215054	0.2959770	1.092296	103
[20]	{Drinking}	=>	{Recidivist}	0.2516129	0.2917706	1.076772	117
[21]	{Smoking}	=>	{Recidivist}	0.2258065	0.2868852	1.058743	105
[22]	{Single_parent_of_peer}	=>	{Recidivist}	0.1784946	0.2862069	1.056240	83
[23]	{Self_injury}	=>	{First_offender}	0.1505376	0.7608696	1.043671	70
[24]	{Delinquent_peer,Drinking}	=>	{Recidivist}	0.1569892	0.2818533	1.040173	73
[25]	{Delinquent_peer}	=>	{First_offender}	0.4344086	0.7292419	1.000288	202

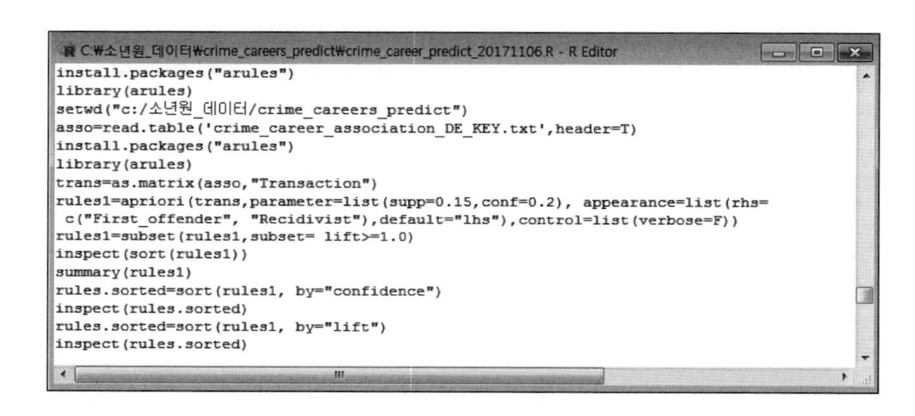

C:₩소년원_데이터₩crime_careers_predict₩crime_career_predict_20171106.R - R Editor

```
install.packages("arules")
library(arules)
setwd("c:/소년원_데이터/crime_careers_predict")
asso=read.table('crime_career_association_DE_KEY.txt',header=T)
install.packages("arules")
library(arules)
trans=as.matrix(asso,"Transaction")
rules1=apriori(trans,parameter=list(supp=0.15,conf=0.2), appearance=list(rhs=
 c("First_offender", "Recidivist"),default="lhs"),control=list(verbose=F))
rules1=subset(rules1,subset= lift>=1.0)
inspect(sort(rules1))
summary(rules1)
rules.sorted=sort(rules1, by="confidence")
inspect(rules.sorted)
rules.sorted=sort(rules1, by="lift")
inspect(rules.sorted)
```

청소년 범죄경력의 예측을 위한 머신러닝 모형의 분석결과 랜덤포레스트, 신경망, 서포트벡터머신 등의 순으로 성능이 좋은 것으로 나타났다(그림 5-3).

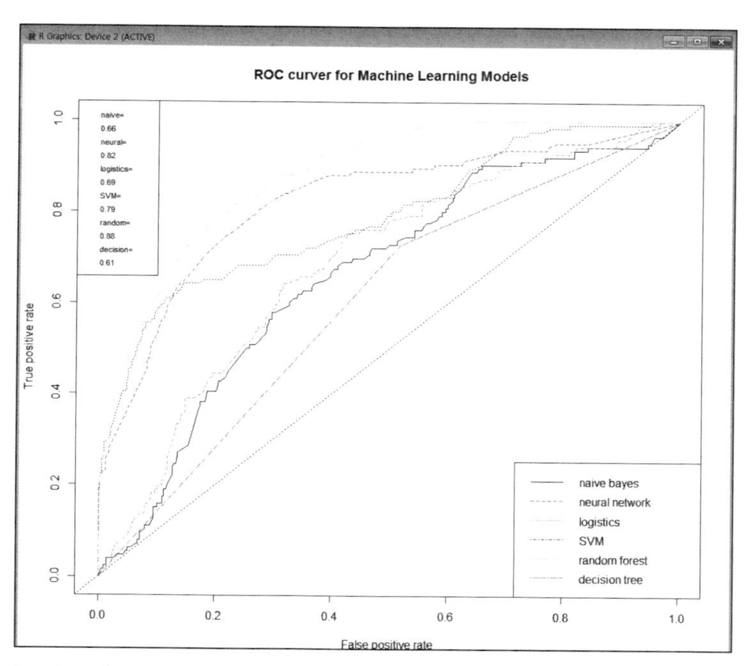

[그림 5-3] ROC curve of Machine learning models

C:₩소년원_데이터₩crime_careers_predict₩crime_career_prediction_roc_total.R - R Editor

```
install.packages('ROCR')
library(ROCR)
install.packages("nnet")
library(nnet)
install.packages('MASS')
library(MASS)
# 신경망 modeling
input_vars = c(colnames(input))
output_vars = c(colnames(output))
form = as.formula(paste(paste(output_vars, collapse = '+'),'~',
 paste(input_vars, collapse = '+')))
form
tr.nnet = nnet(form, data=tdata, size=5)
p=predict(tr.nnet, tdata, type='raw')
pr=prediction(p, tdata$Crime_careers)
neural_prf=performance(pr, measure='tpr', x.measure='fpr')
neural_x=unlist(attr(neural_prf, 'x.values'))
neural_y=unlist(attr(neural_prf, 'y.values'))
auc=performance(pr, measure='auc')
auc_neural=auc@y.values[[1]]
auc_neural=sprintf('%.2f',auc_neural)# 소숫점 2자리까지 출력
lines(neural_x,neural_y, col=2,lty=2)
abline(0,1,lty=3)
```

청소년 범죄경력의 다층신경망 예측모형(그림 5-4)을 수행한 결과, 범죄지속 확률은 26.54%로 나타났다. 각 요인별 범죄지속 확률은 음주(4.15%), 흡연(3.49%), 가출(3.10%), 학교결석(3.05%), 부모결손(2.66%), 친구부모결손(2.61%), 성경험(2.47%), 비행친구(2.31%), 우울(1.03%), 약물(0.60%), 자살시도(0.55%), 자해(0.54%)의 순으로 영향을 미치는 것으로 나타났다.

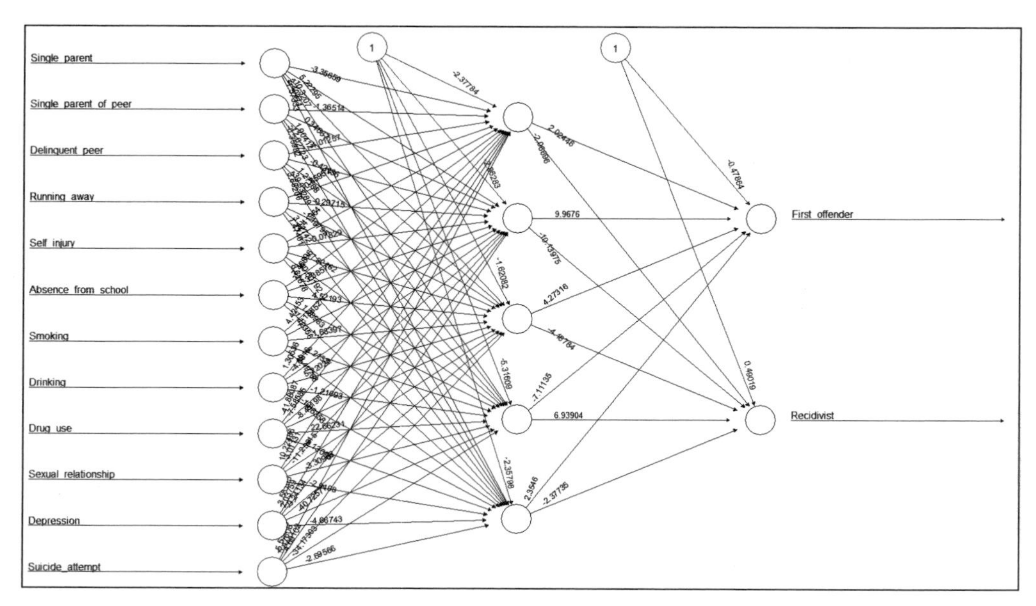

[그림 5-4] Multilayer neural network of crime careers

```
R Console
> setwd("c:/소년원_데이터/crime_careers_predict")
> weight = read.table('neural_predict_weight.txt',header=T)
> #attach(weight)
> weight_v=cbind(Single_parent,Single_parent_of_peer,Delinquent_peer,
+  Running_away,Self_injury,Absence_from_school,Smoking,Drinking,
+  Drug_use,Sexual_relationship,Depression,Suicide_attempt,pred,co)
> # pred: 신경망 부정예측확률
> # co: 문서당 범죄지속 요인 포함 전체 빈도(count)
> # 해당요인위험도=해당요인출현유무*(전체 요인의 부정예측확률)/문서당 요인 전체빈도
> nSingle_parent=Single_parent*(pred)/co
> nSingle_parent_of_peer=Single_parent_of_peer*(pred)/co
> nDelinquent_peer=Delinquent_peer*(pred)/co
> nRunning_away=Running_away*(pred)/co
> nSelf_injury=Self_injury*(pred)/co
> nAbsence_from_school=Absence_from_school*(pred)/co
> nSmoking=Smoking*(pred)/co
> nDrinking=Drinking*(pred)/co
> nDrug_use=Drug_use*(pred)/co
> nSexual_relationship=Sexual_relationship*(pred)/co
> nDepression=Depression*(pred)/co
> nSuicide_attempt=Suicide_attempt*(pred)/co
> mean(nSingle_parent)
[1] 0.02655796
> mean(nSingle_parent_of_peer)
[1] 0.02607168
> mean(nDelinquent_peer)
[1] 0.02312745
> mean(nRunning_away)
[1] 0.03096143
> mean(nSelf_injury)
[1] 0.005398367
> mean(nAbsence_from_school)
[1] 0.03050771
> mean(nSmoking)
[1] 0.03487917
> mean(nDrinking)
[1] 0.04146075
> mean(nDrug_use)
[1] 0.005954397
> mean(nSexual_relationship)
[1] 0.02470437
> mean(nDepression)
[1] 0.01028188
> mean(nSuicide_attempt)
[1] 0.0055131
> mean(pred)
[1] 0.2654183
```

ROC 곡선에 의한 소년범의 범죄경력의 다층신경망 예측모형의 성능평가 결과 초범의 예측모형의 AUC 통계량이 0.802, 재범의 예측모형의 AUC 통계량이 0.804로 나타나 성능은 좋은 것(good)으로 나타났다(그림 5-5).

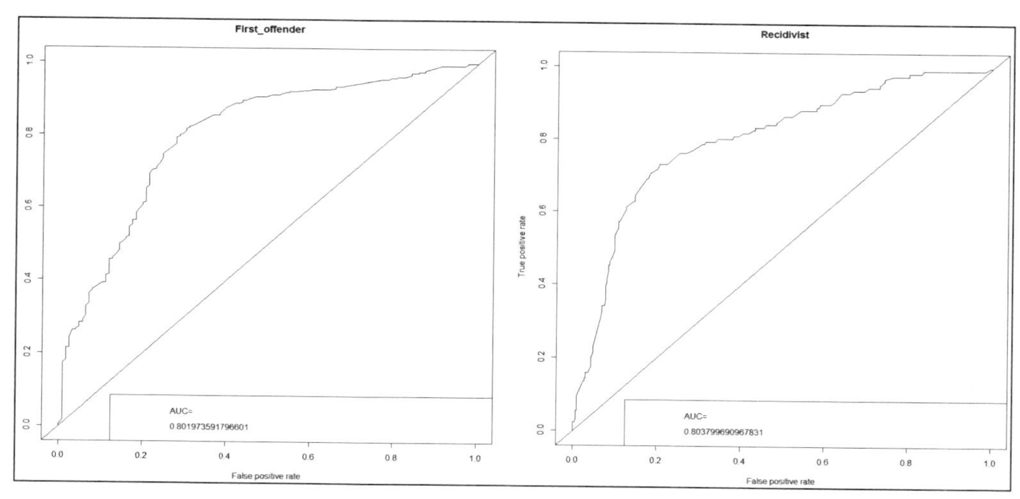

[그림 5-5] ROC curve of crime careers(multilayer neural network)

C:₩소년원_데이터₩crime_careers_predict₩crime_career_predict_20171106.R - R Editor

```
rm(list=ls())
setwd("c:/소년원_데이터/crime_careers_predict")
install.packages('neuralnet')
library(neuralnet)
install.packages('MASS')
library(MASS)
tdata = read.table('crime_career_numeric.txt',header=T)
input=read.table('input_crime.txt',header=T,sep=",")
output=read.table('output_crime.txt',header=T,sep=",")
p_output=read.table('p_output_crime.txt',header=T,sep=",")
input_vars = c(colnames(input))
output_vars = c(colnames(output))
p_output_vars = c(colnames(p_output))
form = as.formula(paste(paste(output_vars, collapse = '+'),'~',
 paste(input_vars, collapse = '+')))
form
net = neuralnet(form, tdata, hidden=5, lifesign = "minimal",
 linear.output = FALSE, threshold = 0.1)
summary(net)
plot(net)
pred = net$net.result[[1]]
dimnames(pred)=list(NULL,c(p_output_vars))# pred matrix 에 p_output_vars 할당
summary(pred)
pred_obs = cbind(tdata, pred)
write.matrix(pred_obs,'crime_career_neuralnet.txt')
m_data = read.table('crime_career_neuralnet.txt',header=T)
attach(m_data)
mean(pRecidivist)
install.packages('ROCR')
library(ROCR)
par(mfrow=c(1,2))
PO_c=prediction(pred_obs$pFirst_offender, pred_obs$First_offender)
PO_cf=performance(PO_c, "tpr", "fpr")
auc_PO=performance(PO_c,measure="auc")
auc_PO@y.values
plot(PO_cf,main='First_offender')
legend('bottomright',legend=c('AUC=', auc_PO@y.values))
abline(a=0, b= 1)
NG_c=prediction(pred_obs$pRecidivist, pred_obs$Recidivist)
NG_cf=performance(NG_c, "tpr", "fpr")
auc_NG=performance(NG_c,measure="auc")
auc_NG@y.values
plot(NG_cf,main='Recidivist')
legend('bottomright',legend=c('AUC=', auc_NG@y.values))
abline(a=0, b= 1)
```

5 결론 및 함의

최근 우리나라 청소년범죄는 양적인 측면에서 감소하는 추세를 보이고 있으나 질적인 측면에서는 더욱 흉포화, 전문화되고 있으며, 특히 청소년의 높은 재범률은 우리사회의 삶의 질을 위협하는 큰 요인이 되고 있다(송주영 & 한영선, 2013). 청소년의 재범을 예방하기 위해서는 재범이 심각한 청소년 범죄자에게 나타나는 특정 위험 요소에 대한 처우를 목표로 하면 가능하다(Mulder et al., 2010). 교정 당국은 재범 위험 요인에 대한 진단을 통해 위험성이 높은 청소년은 발견된 위험요인에 따른 맞춤형 교정프로그램을 제공함으로써 청소년 재범을 예방할 수 있다.

청소년의 재범 위험성 평가도구(Risk Needs Assessment)로는 SAVRY(Structured Assessment of Violence Risk in Youth)가 대표적으로 사용되고 있다. SAVRY는 청소년 재범의 정적 및 동적 위험요소를 측정하여 재범의 위험을 예측할 수 있다. 또한 모집단 차별론(population heterogeneity perspective)에 기초하여 개인의 기본 성향과 범죄지속 간의 인과관계를 파악함으로써 재범의 위험을 예측할 수 있다. 그동안 많은 연구에서는 평가도구를 사용하여 범죄지속과 변수 간의 인과관계 분석하여 청소년 재범을 예측해 왔다. 그러나 이러한 재범 위험 예측 방법은 사용한 평가도구에서 나타난 변수(요인)에 대한 위험 예측에 국한되어 개개인의 재범 위험 예측의 적용에는 한계가 있다. 또한 형사사법시스템을 거쳐 가는 모든 소년범 대상으로 평가도구에 따른 위험 예측은 현실적으로 적용하기 어렵다. 따라서 그동안 형사사법시스템을 거쳐 간 모든 청소년의 환경평가자료(이하 청소년범죄 예측 빅데이터)를 머신러닝 기술을 활용하여 재범의 위험을 자동적으로 미리 예측한다면 개개인에 대한 위험 예측은 물론 맞춤형 교정프로그램의 제공을 통하여 재범을 사전에 예방할 수 있을 것이다.

따라서 본 연구에서는 한국의 소년분류심사원에 입원한 위탁소년에 대해 SAVRY와 모집단 차별론에 근거한 환경조사자료를 머신러닝 기술을 활용하여 청소년 범죄지속의 위험을 예측할 수 있는 모형을 제시하였다. 본 연구결과를 요약하면 다음과 같다.

첫째, 연구대상 중 초범은 72.9%, 재범은 27.1%으로 나타나 2015년 보호관찰대상자의 소년대상자의 재범율 11.7%과 차이는 있는 것으로 나타났다. 그러나 송주영과 한영선(2014)의 연구에서 1998년 한국의 전국 소년분류심사원에 입원한 3,102명에 대해 12년간

(1998.1.1.~2009. 12. 31.)의 범죄경력(구속기록) 자료를 활용하여 분석한 결과[4] 범죄중단율 74.0%, 잠정적 범죄지속률 19.2%, 평생 범죄지속률 6.8%로 나타나 범죄중단율 74.0%와 범죄지속률 26.0%의 결과와 본 연구의 분석결과는 비슷한 것으로 나타났다.

둘째, 청소년 범죄지속에 가장 큰 영향을 미치는(연관성이 높은) 요인은 부모결손으로 나타났으며, 그 뒤를 이어 학교결석, 비행친구, 약물, 우울, 친구부모결손, 가출, 성경험, 음주, 자해, 자살생각, 흡연의 순으로 나타났다. 이는 학업성취도가 낮은 청소년이 범죄지속이 높다는 기존의 연구(Farrington, 1989; 이순래, 2005)와 가정 결손친구의 범죄지속 위험은 경비행친구와 중비행친구가 많을수록 폭력비행이 지속될 가능성이 높다는 연구(곽대경, 2012; 송주영 & 한영선, 2014)를 지지하는 것으로 나타났다. 그리고 결손가정 요인의 범죄지속 위험은 비정상적인 가정에서 양육된 소년일수록 범죄지속이 높다는 연구를 지지하는 것으로 나타났다(이수정, 2007; 송주영 & 한영선, 2014). 셋째, 의사결정나무 분석결과 청소년 재범의 위험이 가장 높은 경우는 '결석' 요인이 있고, '부모결손' 요인이 있고 '자해' 요인이 없는 조합으로 나타났다. 이는 학업성취도가 낮은 청소년이 범죄지속이 높다는 기존의 연구(Farrington, 1989; 이순래, 2005)와 결손가정의 청소년이 일반가정 청소년보다 범죄지속이 높다는 기존의 연구(이수정, 2007; 송주영 & 한영선, 2014)를 지지하는 것으로 나타났다. 따라서 청소년 대상의 가출예방교육, 또래상담교육, 가족중재, 아웃리치 등 보다 다양한 맞춤형 교정프로그램이 마련되어야 할 것이다.

넷째, 연관분석에서 '부모결손', '음주' 요인이 있으면 재범일 확률이 1.36배 높아지는 것으로 나타났다. 이는 결손가정의 청소년이 범죄지속이 높다는 기존의 연구(이수정, 2007; 송주영 & 한영선, 2014)를 지지하고, 약물사용이 많을수록 범죄지속이 높다는 연구(Stoolmiller & Blechman, 2005; 박지선, 2015)를 지지하는 것으로 나타났다. 따라서 범죄지속 위험 청소년 대상으로 가족중재 프로그램과 함께 건강생활 습관에 대한 교정프로그램이 마련되어야 할 것이다. 특히 건강생활 습관의 관리는 IoT 기술을 적용한 웨어러블 형태의 개인건강 측정기기를 통한 실시간·지능형 맞춤 건강생활 습관 서비스 기능을 적용하면 청소년의 기기 활용의 순응도를 높혀 재범 위험을 예방하는 데 혁신적 기여를 할 수 있을 것으로 본다. 끝으로 소념범의 범죄경력의 다층신경망 예측모형을 수행한 결과 범죄지속 확률은

---

4 송주영·한영선(2014)의 연구에서는 범죄지속여부를 개인범죄율[총범죄횟수×365일/(전체활동기간(일)−수감기간(일))]이 0.1 미만은 범죄중단, 0.1 이상 0.5 미만은 잠정적 범죄지속, 0.5 이상은 평생범죄지속으로 정의하였다.

26.54%로 나타났다. 이는 다층신경망 모형이 종속변수가 있는 기존 데이터를 학습한 후, 기존 데이터의 독립변수만으로 예측한 결과로 기존 데이터에서 측정한 재범률 27.1%와 비슷한 결과가 나타났음을 보여주고 있다. 따라서 1998년 이후 소년분류심사원에 입소한 전체 소년범 환경조사데이터(범죄 예측 빅데이터)를 머신러닝 기술을 활용하여 재범의 위험을 자동적으로 미리 예측한다면 개개인에 대한 위험 예측은 물론 맞춤형 교정프로그램의 제공을 통해 재범을 사전에 예방할 수 있을 것이다.

본 고의 연구의 제한점은 머신러닝의 학습데이터가 부족하여 검정데이터(test data)로 예측한 성능평가 결과를 제시하지 못하였다. 향후 소년원에 입소한 모든 범죄 예측 빅데이터를 활용한다면 청소년 재범의 위험을 보다 정확히 예측할 수 있는 머신러닝 모형의 개발은 물론 신규 입소한 청소년의 환경조사 자료만으로 재범위험이 높은 청소년을 발견함으로써 개인별 맞춤형 교정프로그램 제공을 통한 청소년 재범을 사전에 예방할 수 있는 체계를 구축할 수 있을 것으로 본다.

참고문헌

1. 곽대경, 박현수 (2012). A Study on Factors that Influence Persistent Violent Delinquency of Youth . 한국공안행정학회, 21(2): 46-82.
2. Andrews, D. A., & Bonta, J. (1995). Level of Service Inventory – Revised. Toronto, Canada: Multi-Health Systems.
3. Attar, B., Guerra, N., & Tolan, P. (1994). Neighborhood disadvantage, stressful life events, and adjustment in urban elementary-school children. *Journal of Clinical Child Psychology*, 23, 391-400.
4. Borum, R., Bartel, P., & Forth, A. (2000). Manual for the Structured Assessment for Violence Risk in Youth(SAVRY): Consultation Edition. Tampa, FL: Louis de la Parte Florida Mental Health Institute, University of South Florida.
5. Breiman, L. (2001). Random forest, Machine learning, 45(1), 5-32.
6. Breiman, L., Friedman, J. H., Olshen, R. A., & Stone, C. J. (1984). *Classification and Regression Trees*. Wadsworth, Belmont.
7. Campbell, A. (1990). Female participation in gangs. In C. Huff (Ed.), *Gangs in America* (pp. 163-182). Newbury Park, CA: Sage.
8. Chang An Sik, An Yoon Sook, Jung, Hye Won (2016). Path Analysis on the Attitudes toward Recidivism among Juvenile Delinquents in the Proposition No. 6 Facilities. *Correction review*, 26(3): 211-233.
9. Cho Yoon Ho (2012). A Study on the Factors that Affect Recidivism of Youth Offenders Released from Detention Center . *Korean journal of youth studies*, 19(2), 79-98.
10. David E. Rumelhart, Geoffrey E. Hinton, & Ronald J. Williams. Learning representations by back-propagating errors. 1986, Nature 323:533-536.27.
11. Farrington, D. (1989). Early predictors of adolescent aggression and adult violence. *Violence and Victims*, 4, 79-100.
12. Farrington, D. (2005). Childhood origins of antisocial behavior. *Clinical Psychology and Psychotherapy*, 12, 177-190.
13. Flannery, D., Singer, M., & Wester, K. (2001) Violence exposure, psychological trauma and suicide risk in a community sample of dangerously violent adolescents. *Journal of the Academy of Child and Adolescent Psychiatry*, 40(4), 435-442.
14. Gottfredson, M. R., & Hirschi. (1990). *A General Theory of Crime*. Stanford. CA: Stanford University Press.

15. Howell, J. C. (2003). *Preventing & Reducing Juvenile Delinquency: A Comprehensive Framework*. Sage Publications.

16. Jin, J. H., Oh, M. A. (2013). Data Analysis of Hospitalization of Patients with Automobile Insurance and Health Insurance: A Report on the Patient Survey. Journal of the Korea Data Analysis Society, 15(5B), 2457–2469.

17. Laird, R., Pettit, G., Dodge, K., & Bates, J. (2005). Peer relationship antecedents of delinquent behavior in late adolescence: Is there evidence of demographic group differences in developmental processes? *Development and Psychopathology*, 17, 127–144.

18. Lee Jeong Min, Cho Yoon Ho (2017). A Study on the Risk Factors of recidivism of male juvenile: Study for J-DRAI and A treatment plan. 2017 Korea Prospecting Society Spring Conference. 7–37.

19. Lee Soo Jung (2007). Recidivism Prediction Based on Risk Assessment Procedure for Juvenile Diversion at Police. *The Korean Journal of Social and Personality Psychology*, 21(2), 47–57.

20. Lee Soon Rae (2005). A Study on the Causes of Persistent Juvenile Delinquency – Focusing on the Moffitt's theory on Heterogenous Etiology. *Korean criminological review*, 16(4): 269–300.

21. Lee Soon Rrae, Park Hyuk Gi (2007). A study on the development of delinquent career, *Korean Criminology*, 1(2): 149–190.

22. Lodewijks, H., Doreleijers, T., & de Ruiter, C. (2008). SAVRY risk assessment in violent dutch adolescents. *Criminal justice and behavior* 35(6): 696–709.

23. Loeber, R. (1982). The stability of antisocial and delinquent child behavior: A review. *Child Development*, 53, 1431–1446.

24. Mike Stoolmiller & Elaine A. Blechman (2005). Substance Use is a Robust Predictor of Adolescent Recidivism. *SAGE*, Volume: 32 issue: 3, page(s): 302–328. https://doi.org/10.1177/0093854804274372

25. Moffitt, Terri E. (1997). Adolescence-Limited and Life-Course-Persistent Offending: A Complementary Pair of Developmental Theories. New Jersey, Transaction Publishers.

26. Mulder, E., Brand, E., Bullens, R., & Marle, H. V. (2010). A classification of risk factors in serious juvenile offenders and the relation between patterns of risk factors and recidivism. *Criminal Behaviour and Mental Health*, 20(1): 23–38.

27. Nagin, D. S., & D. P. Farrington. (1993). The Stability of criminal potential from childhood to adulthood. *Criminology* 30(2): 235–260.

28. Noh Il Seok (2009). Factors predicting recidivism of violent juvenile probationers: Study for developing LJP-RRAR(Larcenous Juvenile Probationers-Rapid Risk Assessment of Recidivism). *Korean journal of clinical psychology*, 28(2), 449–470.

29. Park Jisun (2015). The characteristics and risk factors of juvenile offenders who re-offend. *The Korean Psychological Association*. 6(2), 71-84.
30. Park Sunyoung (2015). Impact of High Risk Situations and Crime Opportunities on Juvenile Delinquencies: Focusing on Crime Types. correction discourse, Asian Forum for Corrections, 9(2), 79-108.
31. Perrault, R. T., Paiva-Salisbury, M. P., & Vincent, G. M. (2012). Probation Officers' Perceptions of Youths' Risk of Reoffending and Use of Risk Assessment in Case Management. *Behavioral Sciences and the Law*, 30(4): 487-505.
32. Polakowski, M. (1994). linking self-and social control with deviance: Illuminating the structure underlying a General Theory of Crime and its relation to deviant activity. *Journal of Quantitative Criminology* 10: 4-77.
33. Rakesh Agrawal & Ramakrishnan Srikant (1994). Fast Algorithms for Mining Association Rules. Proceedings of the 20th VLDB Conference Santiago Chile. IBM Almaden Research Center.
34. Resnick, M. D., Ireland, M., & Borowski, I. (2004). Youth violence perpetration: What protects? What predicts? Findings from the National Longitudinal Study of Adolescent Health. *Journal of Adolescent Health*, 35(5): 424.e1-424.e10.
35. Shepherd, S. M., Luebbers, S., Ogloff, J. R. P., Fullam, R., & Dolan, M. (2014). The Predictive Validity of Risk Assessment Approaches for Young Australian Offenders. *Psychiatry, Psychology and Law* 21(5): 801-817.
36. Smith, C. A., & T. P. Thornberry. (1995). The relationship between childhood maltreatment and adolescent involvement in delinquency. *Criminology* 33: 451-477.
37. Song juyoung & Han Youngsun (2014). Risk predicting of crime continuation in South Korean male adolescents : Application of data-mining decision tree model. *Korean criminological review*, 25(2), 239-260.
38. Supreme Prpsecutors' Office (2016). 2016 Analytical Statistics on Crime.
39. Thornberry, Terence P. (1997). Developmental Theories of Crime and Delinquency. Advances in Criminoloical Theory 7.
40. Vincent, G. M., Paiva-Salisbury, M. L., Cook, N. E., Guy, L S., & Perrault, R. T. (2012). Impact of Risk/Needs Assessment on Juvenile Probation Officers' Decision Making. *Psychology Public Policy and Law* 18(4): 549-576.
41. Zhou, J., Witt, K., Cao, X., Chen, C., & Wang, X. (2017). Predicting Reoffending Using the Structured Assessment of Violence Risk in Youth(SAVRY): A 5-Year Follow-Up Study of Male Juvenile Offenders in Hunan Province, China. PLoS One 12(1):1177-1199.

머신러닝 기반 의약품 부작용과 마약 위험 예측모형 개발[1]

1 서론

의학이 발달함에 따라 질병의 예방, 경감 및 치료 등의 목적으로 사용되는 의약품의 사용도가 증가하고 있으며 이에 따른 약물유해반응(Adverse Drug Reactions, 이하 ADRs)도 증가하고 있다. ADRs는 사망 및 질병의 주요 원인으로 개인뿐만 아니라 사회적 주요 문제로 인식되고 있다. 미국 병원에 입원한 환자의 6.7%가 입원 중에 ADRs를 경험하며 1994년 한 해에 ADRs로 인한 추정 사망 환자수는 약 10만 명으로 당시 미국 사망원인 1위 심장병(연간 사망: 약 75만 명), 2위 암(약 53만 명), 3위 뇌졸중(약 15만 명)에 이어 네 번째 주요 사망원인으로 제시되었다[1]. 영국에서는 ADRs와 관련된 입원이 전체의 6.5%를 차지하며, 이 중 80%가 ADRs을 직접적 요인으로 제시되었으며[2], 유럽 연합 지역에서는 평균 3.5%의 입원이 ADRs로 인한 것 이었으며, 환자 중 10.1%가 입원 중에 ADRs를 경험

1 본 연구의 일부 내용은 삼육대 산학협력단의 민간위탁용역 과제[과제명: 머신러닝 기반 의약품 사고·위해 예측모형 개발(소셜 빅데이터 중심), 용역의뢰기관: ㈜플렉스나인]의 일환으로 수행되었으며, 해외 학술지에 게재하기 위하여 '송주영 교수(펜실베니아 주립대학교), 송태민 교수(삼육대학교), 서선화 박사(삼육대학교)'가 공동으로 수행한 것임을 밝힌다.

한다고 보고되었다.[3] ADRs로 인한 사회경제적 손실도 상당한 것으로 보고되고 있다. 미국 내 외래환자를 기반으로 한 연구는 약물 관련 유병률과 사망률로 인한 발생 비용이 1995년 766억 달러에서 2000년 1,774억 달러로 2배 넘게 증가하였으며 이는 부작용 및 사망관련 총비용이 의약품 자체 총비용을 넘어선 것으로 보고되고 있다.[4] 영국 내 연간 ADRs 관련 입원에 대한 발생비용도 4.66억 파운드로 추정되며 상당한 경제적 손실을 초래하고 있다.[2] 우리나라는 의약품 사용빈도가 높은 국가로 이에 따른 의약품 부작용은 지속적으로 증가할 것으로 예상되고 있다.[5]

한국은 전세계 약물복용 1위국(미국의 2배)이며(The Science Times, 2012),[6] 고령화, 평균수명 증가 등 사회적 증가 요인들과 함께 의약품 부작용은 증가할 것으로 예상(BioPharm, 2012)[7]하고 있다. 우리나라에서는 입원기간 중 ADRs을 경험한 환자는 그렇지 않은 환자에 비해 평균 재원일수(3.9일, 31.6% 증가)와 급여진료비(930,420원, 20.7% 증가)의 차이를 보이며[8] 환자들의 건강을 저해하고 의료비를 증가시키는 요인으로 작용하며 이로 인한 사회적 피해를 증가시키고 있다. 최근 일반의약품의 편의점 판매 등 소비자의 자가치료(self-medicate) 시장 활성화 등에 따라 의약품 부작용 안전관리 사각지대가 등장하고, 의약품의 인터넷 불법유통, 가짜약 및 허가받지 않은 의약품류 등 불법사례가 증가하고 있다. ADRs의 약 60–70%는 예방 가능함에도 불구하고 식별되지 못한 경우가 흔하다.[9–10] 따라서 의약품 관련한 사고들을 조기에 탐지하여 이로 인한 공중 보건 및 안전문제를 개선하고 사회경제적 손실을 줄이기 위해 세계적으로 약물감시(pharmacovigilance)에 많은 관심과 노력이 이루어져왔다. 특히, 의약품은 위기발생 직전에 반드시 이상 징후나 조짐 등이 발생[2]되고 이를 조기에 포착하지 못하면 상황변화에 대한 적시대응 부족과 판단의 착오로 인해 위기가 확산된다.

의약품의 효과성과 안전성을 평가하기 위해 시판 전 시행되는 임상시험은 작은 표본 크기, 상대적으로 짧은 기간 및 연구 참가자들의 다양성 부족(소아나 노인환자 및 다른 약물 복용 환자 제외 등)과 같은 요인으로 인해 모든 ADRs를 감지하는 데 제한적이다.[11] 이러한 시판 전 약물 감시(Pre-marketing surveillance)의 단점을 극복하고 시판 후 안전성 문제로부터 환자를 보호하고 치명적인 환자 피해를 최소화하기 위해서는 대규모 인구 집단을 대상

2 하인리히의 법칙(Heinrich's law)에 따르면 1건의 대형사고 발생 전 29건의 경고성의 작은 사고가 일어나고, 이에 앞서 300번의 징후가 나타난다(1:29:300법칙).

으로 잠재적인 ADRs을 확인하기 위한 지속적인 약물안전 감시가 필수적으로 수행되어야 한다. 지난 수십 년 동안 시판 후 약물감시(post-marketing surveillance)는 자발적 신고 시스템(Spontaneous Reporting System)을 중심으로 이루어졌다. 자발적 신고 시스템은 미국식품의약국(Food and Drug Administration, FDA)이나 유럽의약품기구(European Medicines Agency, EMA)와 같은 정부규제기관에서 지원하는 감시 메커니즘으로 제약업체, 의료서비스 제공자 및 환자가 의심되는 ADRs를 직접 보고할 수 있다. 환자에 의한 자발적 신고는 다른 의료서비스 제공자의 신고에 비해 보다 자세하고 시간적 정보를 포함하며 기존에 알려지지 않은 ADRs의 발견을 증대시키는 것으로 알려졌다.[12-15] 그러나 자발적 신고를 통한 ADRs의 과소신고(underreporting)는 그 효과를 제한한다. Hazelld & Shakir[16]는 ADRs 중 90% 이상이 과소 신고된다고 추정하였다. 이 외에도 임상정보가 불충분한 경우가 많고 약품을 투여 받은 분모집단에 대한 정보가 없기 때문에 실제 환자들에서 발생한 위험수준을 정확하게 평가하기 어려운 한계점이 있다.[17] 자발적 신고의 한계점을 보완하면서 의미 있는 안전성 문제를 파악하기 위한 적극적 약물감시방법(active surveillance)으로 빅데이터가 또 하나의 중요한 자료원으로 최근 많은 관심을 받고 있다. 아울러 컴퓨터 처리로 사용 가능한 건강 관련 정보의 급속한 성장과 자연어처리(Natural Language Processing, NLP) 및 머신러닝 알고리즘(Machine learning algorithms)을 사용하여 거대한 양의 데이터를 자동적으로 처리할 수 있는 기술적 발전은 전자의료기록(Electronic Medical Records, EMR)이나 소셜미디어 데이터(social media data) 같은 빅데이터를 활용하여 ADRs를 감지하고 예측하는 데 더 많은 기회를 열어주었다. 실제로 최근 몇 년간 국제적으로 미국의 Sentinel Initiative, 유럽의 EU-ADR Project 및 일본의 MIHARI(The Medical Information for Risk Assessment Initiative)처럼 보험청구 자료와 병원의무기록 자료 등 대규모 전산자료를 활용하여 의약품 부작용을 탐지하고 입증하기 위한 적극적인 의약품 모니터링 프로젝트가 시행되고 있으며 우리나라는 국민건강보험공단의 빅데이터를 활용한 의약품 안전사고 모니터링 구축 방안이 제시되고 있다.[5]

ADRs 보고 시 표준화되고 체계적인 ADRs 용어체계 활용은 정보 전달 및 안전조치 활용의 근간이 되는 만큼 중요하기 때문에, 국제적으로 ADRs 용어체계를 표준화하려는 많은 노력이 이루어졌다. 현재 널리 통용되고 있는 국제 용어체계는 1969년 세계보건기구에서 개발된 WHO-ART(World Health Organization Adverse Reaction Terminology)와 1994년 국제 의약품 규제조화 위원회(The International Council for Harmonisation of Technical Requirements for Pharmaceutical for Human Use, ICH)에서 개발된 MedDRA(Medical Dictionary for Regulatory Activities) 이며,[18] 현재 약물감시 관계자들의 요구를 만족시키는 하나의 국제 표준 용어 솔루션을 갖추기 위해 WHO-ART와 MedDRA와의 연계를 적극적으로 모색 중이다[19](그림 6-1).

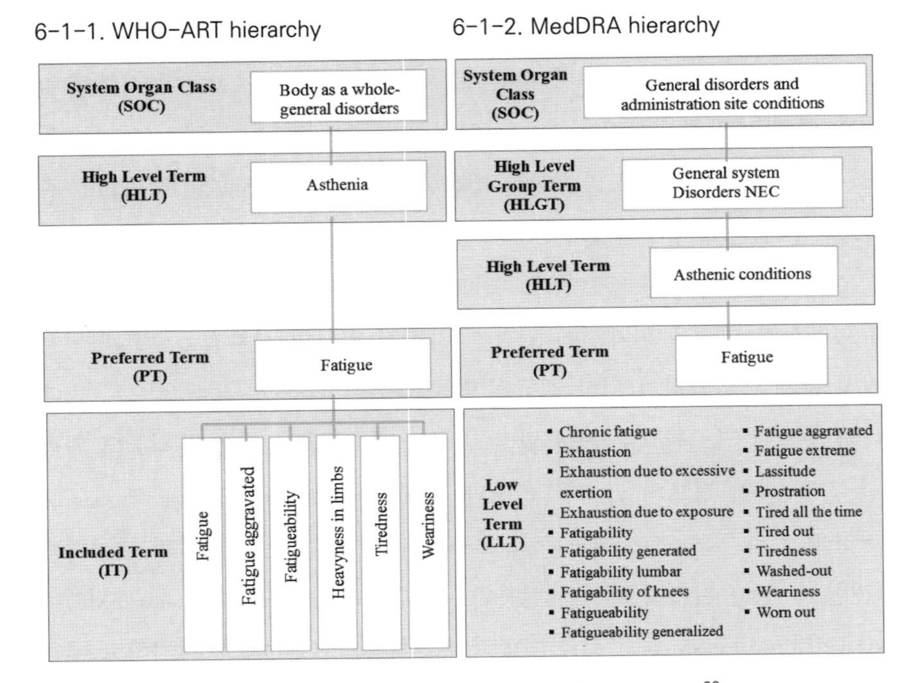

[그림 6-1] WHO-ART & MedDRA hierarchy example (PT: Fatigue)[20]

우리나라는 미국 등 외국에 비해 마약중독 실태는 심각하지 않은 것으로 알려져 있으나 최근 주부, 학생까지 마약이 유포되는 등 저변이 확대되고 있어, 확산 방지를 위한 체계적인 노력이 필요한 시점이다. 유엔마약범죄사무소(UNODC)는 2009년 15~64세까지 1회 이상 불법 마약을 남용한 세계 불법 마약 남용 인구가 세계 인구의 3.4~6.6%에 상당하는 1억 5천3백만~3억 명 가량인 것으로 추산하였으며, 이 중 약 12%인 1,550만~3,860만 명이 마약 중독과 마약 남용 장애를 가진 '문제마약 남용자(Problem drug users)'로 분류하고 있다(대검찰청, 2012).

우리나라는 최근 인터넷과 SNS를 이용한 마약류 거래가 이루어지면서 일반인들이 마약류를 구입할 수 있는 기회가 증가함에 따라 마약류 공급사범 및 매수 사범은 증가하고 있다(대검찰청, 2015: p. 97).[3] 2015년 국내의 마약류 범죄를 분석한 결과 마약류 사범은 역대 최다인 11,916명으로 2014년(9,984명) 대비 19.4%가 증가한 것으로 나타났다(대검찰청, 2015).[21] 이에 따라 정부는 인터넷 상시 모니터링 시스템을 구축·운영하여 불법사이트를 즉각 폐쇄·차단 조치하고 관련정보를 수사 단서로 활용하여 적극적으로 수사한다는 방침을 밝히고 있다. 마약(narcotics)이란 용어는 '무감각'이라는 뜻의 그리스어 'narkotikos'에서 유래하였으며, 수면 및 혼미를 야기해 동통을 완화시키는 물질을 말한다. 그동안 '마약'이라는 용어는 좁은 의미의 마약·향정신성의약품·대마를 통틀어 가리키는 의미로 혼용되었으며, 최근에는 이들을 총칭하여 '마약류'라는 용어를 사용하고 있다(대검찰청, 2015: p. 2).

세계보건기구(WHO)의 보고에 따르면, 『'마약류'는 ① 약물사용의 욕구가 강제에 이를 정도로 강하고(의존성), ② 사용약물의 양이 증가하는 경향이 있으며(내성), ③ 사용 중지 시, 온몸에 견디기 어려운 증상이 나타나며(금단증상), ④ 개인에 한정되지 아니하고 사회에도 해를 끼치는 약물』이라고 정의되고 있다(대검찰청, 2015).[21]

우리나라에서는 마약류란 중추신경계에 영향을 미쳐 중추신경의 작용을 과도하게 하거나 억제하는 물질 중 신체적·정신적 의존성이 있는 것으로서 관련 법규에 따라 규제 대상으로 지정된 물질을 말한다. 일반적으로 약리작용에 따라 흥분제(각성제)와 억제제(진정제)로 분류하고, 의존성 면에서 중독성 약물과 습관성 약물로 분류하며, 생성원에 따라 천연마약과 합성·반합성 마약으로 분류하고, 그리고 제조원에 따라 마약, 향정신성의약품, 대마로 분류하고 있다(대검찰청, 2015).[21]

따라서 마약류의 생성원별 분류는 <표 6-1>과 같이 천연마약(아편, 모르핀, 헤로인, 코카인), 합성마약(메사돈, 염산페치딘), 향정신성약물[메스암페타민(히로뽕), 바르비탈류, 벤조디아재판류, LSD, 메스칼린], 대마, 흡입제(본드, 가스)로 나누고 있다. 약리작용별 분류로는 각성제(암페타민류, 코카인, 메스암페타민, 메틸페니데이트, 니코틴), 환각제(LSD, 메스칼린, 펜시이클리딘, 실로사이민, 암페타민 유사약물, 대마초, 해시시, 테트라하이드로카나비놀, 케타민, 아나볼릭), 아편 및 모르핀(코데인, 헤로인, 메사돈, 모르핀, 아편, 옥시코돈), 진정제(알코올, 바르비탈류, 벤조디아제핀계, GHB, 메타과론)으로 나눈다. 또한 마약류의 종류에 따른 분류로는 천연

---

3 대표적 사례 : ① SNS 등 이용, 허브마약(5F-PB-22) 판매, 100여 명 적발(서울지방경찰청), ② 현직교사가 인터넷을 통해 GHB 등 신종 마약 판매, 80여 명 적발(부천원미서), ③ 인터넷 사이트 개설하여 알프라졸람 판매, 40여 명 적발(경기지방경찰청), ④ 비트코인 이용 대마 밀수입, 블로그 등을 통해 대마 판매, 30여 명 적발(창원지검).

마약(아편알카로이드계, 코카알칼로이드계), 합성마약, 향정신성물질, 흡입제, 중추신경흥분제, 중추신경억제제로 나눈다(한국마약퇴치운동본부, 2017).[22]

〈표 6-1〉 우리나라 마약류 분류체계 및 특성

분류	종류	약리 작용 (흥분/억제)	의약용도	사용방법	부작용	작용시간
마약	아편	억제	진정 · 진통	경구, 주사	도취감, 신체조종력 상실, 사망	3~6
	모르핀	억제	진정 · 진통	경구, 주사		
	헤로인	억제	진정 · 진통	경구, 주사		
	코카인	흥분	국소마취	주사, 코흡입	흥분, 정신혼동, 사망	2
	메타돈	억제	진정 · 진통	경구, 주사	도취감, 신체조종력 상실, 사망	12~24
	염산페티딘	억제	진정 · 진통	주사	도취감, 신체조종력 상실, 사망	3~6
향정신성 의약품	메트암페타민	흥분	식욕억제	경구, 주사, 코흡입	환시, 환청,피해망상, 사망	12~34
	바르비탈류	억제	진정 · 수면	경구, 주사	취한 행동, 뇌손상, 호흡기장애, 감각상실	1~6
	벤조디아제핀류	억제	신경안정	경구, 주사	취한 행동, 뇌손상, 호흡기장애, 감각상실	4~8
	LSD	환각	없음	경구, 주사	환각, 환청, 환시	8~12
	날부핀	억제	진정 · 진통	주사	정신불안, 호흡곤란, 언어장애	3~6
	덱스트로메트로판 카리소프로돌	억제	진해거담	경구	취한행동, 환각, 환청	5~6
	펜플루라민	억제	식욕억제	경구	심장판막질환, 정신분열	6~8
	케타민	억제	동물마취	경구, 주사, 흡연	맥박 · 혈압상승, 호흡장애, 심장마비	1~6
대마	대마	환각	없음	경구, 흡연	도취감, 약한 환각	2~4

자료: 한국마약퇴치운동본부(http://www.drugfree.or.kr)

한편, 소셜미디어는 최근 몇 년 동안 데이터가 엄청난 속도로 성장을 계속하며 그 영향력이 증대하고 있다. 소셜미디어의 거대한 자료 양과 거의 즉각적으로 정보를 교환하는 특성이 잘 활용된다면, ADRs의 실시간 모니터링과 보다 많은 관련 보고서의 발견 및 신속한 신호 탐지를 위한 잠재적 기회를 제공할 수 있다.

최근 기존에 알려지지 않았던 ADRs를 감지하는 데 의료진의 보고뿐 아니라 환자가 직접 보고한 안전성 문제의 가치가 커지고 있으면서[23-24] Twitter[25]와 같은 범용 소셜 네트워크 사이트나 PatientsLikeMe,[26] DailyStrength[27] 및 MedHelp[28]와 같은 건강 관련 사이트 등에서의 실제 환자들의 목소리를 통한 약물감시가 주목을 받으며 많은 연구가 이루어지고 있다.[29-31] 따라서 최근 연구들은 소셜미디어에서 환자들이 자발적으로 생성한 대규모 데이터로 의약품 안전 사용에 대한 기존 데이터를 보완하면서, 시판 후 약물감시를 더욱 강화시키는 적절한 수단으로 제시하고 있다. 소셜미디어를 활용하여 최근 몇 년 동안 ADRs를 탐지 예측하기 위한 많은 연구가 있었지만 거의 대부분이 해외에서 진행된 영문 텍스트 소셜미디어를 이용한 것이다. 따라서 본 연구는 우리나라에서 수집 가능한 모든 온라인 채널에서 언급된 의약품 관련 문서를 수집하여 머신러닝을 활용하여 소셜미디어 데이터에 담긴 의약품 문서(buzz)를 분석하여 의약품 부작용과 마약 위험 예측모형을 개발하는 것이다.

2 이론적 배경(약물감시체계 시스템)

2.1 자발적 보고 시스템(Spontaneous Reporting System)

시판 후 약물감시는 시판 전에 예상하지 못했던 실제 상황에서의 유해사례, 약물상호작용, 약물내성 등 다양한 문제들을 조기에 파악하여 그로 인한 피해를 최소화할 수 있다는 점에서 그 중요성이 강조되어 왔다. 자발적 보고 시스템은 시판 후 약물감시의 중추적 역할을 담당해 오고 있으며, 이를 위한 보고체계 구축 및 활성화 노력이 범국가적으로 이루어져 왔다.

세계보건기구(WHO)에서는 1961년 탈리도마이드(Thalidomide)에 의한 사지결손증 부작용이 발생한 후 약물안전성의 문제를 협의하기 위한 첫 번째 국제적 노력으로 1968년 국제약물모니터링프로그램(WHO Programme for International Drug Monitoring)을 구축하여 의약품 부작용 정보를 수집하기 시작하였다. 1978년부터는 WHO 협력센터인 스웨덴 웁살라모니터링센터(Uppsala Monitoring Center, UMC)에서 국제적으로 수집된 의약품 유해사례 정보를 database화하고 분석·관리하고 있으며 현재 150개국 이상이 참여하고 있다.[19]

주요 국가별로 운영되고 있는 자발적 보고 시스템은 다음과 같다.

미국은 자발적 보고 시스템이 잘 운영되고 있는 국가로 1962년부터 FDA에 의해 운영되기 시작하였으며 1993년 MedWatch 프로그램 도입으로 크게 활성화되었다. MedWatch는 크게 자발 보고(Voluntary reporting)와 의무 보고(Mandatory reporting) 2가지로 양식으로 분류된다. 자발 보고는 일반 소비자나 의료전문가들이 직접 보고하는 것이며 의무 보고는 제조업자 및 도소매업자를 대상으로 의약품 부작용 발견 시 즉시 보고하도록 법적으로 요구하고 있다. 의료 전문가와 소비자의 경우 온라인 보고 시스템을 통해 직접 보고가 가능하며 수집된 자료들은 유해사례 보고시스템(Adverse Event Reporting system, AERS, 현재 FAERS)로 연계되어 데이터베이스화되어 관리된다. 2017년 3월 기준으로 그동안 신고된 데이터는 900만 건 이상이 축적되어 있다.[32-33]

유럽은 유럽의약품청(European Medicines Agency, EMA)에서 European Council Directive 2001/83/EC와 Regulation(EC) No 726/2004 지침을 근거로 하여 유럽연합 회원국의 의약품 안전성 관리업무를 관장하고 있으며 유럽 약물감시 부작용 보고 자료 시스템인 EudraVigilance의 개발, 유지 및 통합 작업을 수행하고 있다. EudraVigilance 데이터베이스 자료에는 의약품의 허가 전(Pre-authorization) 단계인 임상 시험 중에 확인된 ADRs 자료나 허가 후(Post-authorization) 단계 동안 의료 전문가의 자발적 보고 및 관찰적 연구에서 보고된 ADRs 자료가 포함된다. EudarVigilance 데이터베이스는 유럽연합 회원국의 의약품 안전관리 관할당국, EMA 및 제약회사가 사용할 수 있다.[34-35]

영국은 1964년부터 의약품의 안전성·유효성 평가 및 모니터링 업무를 담당하고 있는 정부 기관인 MHRA(The Medicines and Healthcare products Regulatory Agency)에서 황색보고카드 체계(Yellow Card Scheme)를 구축하여 영국에서 발생되는 의약품 ADRs를 수집하기 시작하였다. 수집된 자료는 MHRA에서 위험과 이득을 평가하고 필요한 조치를 취하고 정보를 제공한다. 처음엔 의사, 치과의사 및 검시관에게 ADRs를 모니터링하기 위한 시스템이

었으나 1997년부터 약사, 2002년에는 간호사 및 조산사까지로 보고 대상이 확대되었다. 보고 대상이 간호사로 확대되면서 사례 보고 수는 배로 증가되었다. 2003년부터는 환자도 전화로 직접 ADRs를 보고할 수 있게 되었고 2005년부터는 온라인으로도 보고할 수 있게 되었다. 2015년 7월에 Yellow Card smartphone 앱도 개발되어 환자 및 보건 의료 종사자들이 휴대폰을 통해 ADRs에 대한 보고 및 특정 의약품에 대해 주의 경계를 알리고 의약품이 얼마나 많은 yellow card를 받았는지 확인할 수 있다.[36-38]

일본의 자발적 보고 제도는 1967년에 지정된 의료 기관을 중심으로 시작되었다. 1984년부터 지정된 약국이 추가되었으며 1997년부터 모든 의료 기관 및 약국으로 모니터링 기관이 확대되었다. 2003년부터는 보건의료인은 ADRs에 대해 의무적으로 후생 노동성으로 보고되도록 운영되고 있다. 이렇게 수집된 자료들은 PMDA(Pharmaceuticals and medical devices agency)의 데이터베이스에 보내지고 PMDA는 보고된 ADRs 자료 등 각종 안전성 자료를 평가하여 그 결과를 반영한 행정조치 방안을 제안하는 역할을 담당한다.[39]

한국은 1988년부터 자발적 보고 제도를 도입하였으나 2006년 지역약물감시센터 지정이 시작되면서 보고 건수가 급속적으로 증가하기 시작하였다. 2005년에 연간 자발 보고 건수가 약 1,800건이었으나, 2007년 약 3,800건, 2008년 7,210건, 2009년 26,827건으로 급증하였으며 2015년 163,774건이 보고된 것으로 집계되었다.[40-41] 2012년부터는 의약품 안전과 관련한 모든 업무의 효율적 체계적 수행을 목적으로 한국의약품안전관리원이 운영되기 시작하였다. 한국의약품안전관리원은 ADRs에 대한 정보를 보고 및 관리하기 위하여 2012년 10월 의약품이상사례보고시스템(Korea Adverse Event Reporting System, KAERS)을 구축하여 활용하고 있다. 현재 의약품 제조(수입)업체나 약국 개설자 등은 ADRs을 알게 되면 의무적으로 보고하도록 되어 있으며, 의사나 소비자 등은 자발적으로 보고하도록 되어 있다. 보고 방법은 전화, 온라인 및 오프라인 등 다양한 방법을 통해 한국의약품안전관리원으로 보고 가능하며 접수된 자료는 모두 의약품이상사례보고시스템에서 관리 된다.[42]

2.2 전자보건의료데이터(Electronic Healthcare Data, EHD)를 이용한 시스템

자발적 신고는 전체 대상자와 발생 건수가 명확하지 않아 발생률 계산이 불가능하고 실제 발생한 유해사례 중 일부만 보고되는 과소 보고로 자발적 보고만으로는 약물의 안전성 문제를 평가하기 어려운 한계점이 있다.[40] 이러한 자발적 보고의 한계점을 보완하기 위하여 의료보험청구자료(Administrative Claims Data) 및 전자의료기록(EMR) 등과 같은 대규모 전자보건의료데이터를 활용하여 의약품 안전성을 탐지하고 입증하는 적극적인 약물감시(Active Surveillance)가 미국과 유럽 등 약물감시 선진국을 중심으로 추진되고 있다.[5]

미국은[43] 2007년 전자보건의료데이터를 기반으로 한 적극적 약물감시 시스템을 강화하는 법령(FDA Amendments Act, FDAAA)이 통과된 후, 미국 내 여러 의료건강 데이터시스템을 연결하는 국가전산시스템(Sentinel System)을 구축하기 위해 2008년부터 Sentinel Initiative가 FDA에 의해 시작되었다. 그 첫 단계로 실제 Sentinel System에서 발생할 수 있는 장애 요인을 미리 파악하는 것을 목적으로 2009년부터 2014년 9월까지 시범사업으로 Mini-Sentinel이 운영되었다. Mini-Sentinel은 하버드 Pilgrim Health Care Institute를 포함한 17개 대형 의료서비스 기관들과 데이터 협력 체계를 맺고, 이들 여러 기관에서 확보된 자료들은 Sentinel 공통데이터모델(Common Data Model)[4]을 이용하여 표준 양식으로 통합·분석하여 신속하게 의약품의 안전성을 평가하는 분산형 약물감시 네트워크를 구성하였다. 여러 데이터베이스로부터 약 180만 명의 의약품 사용 관련정보 접근이 가능한 Mini-Sentinel을 통해 350백만 명(인/년)의 추적 관찰이 가능하며, 40억건 의약품 처방조제 및 41억 명의 환자를 조사할 수 있다. 이러한 Sentinel System은 2016년 초부터 공식적으로 확대되었다. 28개의 협력기관과 17개 데이터 파트너로 구성된 분산형 데이터 기반의 Sentinel System은 193백만명(인/년) 이상의 전자의료 자료를 이용하여 신속하게 의약품 안전사용을 평가할 수 있다. 이 외에도 2009년부터 2013년까지 FDA가 포함된 제약회사, 학계, 비영리단체 등으로 구성된 민관협력 프로젝트인 OMOP(Observational Medical Outcomes Partnership)를 통해 여러 데이터베이스를 이용한 분석방법인 OMOP 공통데이터모델이 개발되고 그 성능이 입증되었다[5]. 현재 종료된 OMOP 프로젝트는 2017년

4 여러 기관에 흩어져 있는 데이터를 공통된 형태로 만들 수 있도록 해주는 데이터 모델

5 http://omop.org. Accessed June 8, 2017.

기준 12개 국가로부터 6억 명 이상 환자 자료를 소유한 민간 국제 컨소시엄인 OHDSI (Observational Health Data Sciences and Informatics)로 이어져서 운영되고 있다.[44]

유럽은[45-47] 2008년 2월부터 2012년 1월까지 EMA(European Medicines Agency)에 의해 수행된 EU-ADR(Exploring and Understanding Adverse Drug Reactions by integrative mining of clinical records and biomedical knowledge) 프로젝트를 통하여 ADRs를 조기에 탐지하는 혁신적인 전산 통합시스템을 개발하기 시작하였다. EU-ADR은 유럽 4개국(네덜란드, 덴마크, 영국, 이탈리아)의 8개의 서로 다른 EHR(Electronic Healthcare Records) 데이터베이스 (3,000만 명 이상의 환자 데이터)를 기반으로 텍스트마이닝, 역학 및 기타 전산 기법을 이용하여 '실마리정보'(Signals, Drug-Event Associations)을 도출하고 분석하여 ADRs를 입증하고 있다.

캐나다는[48] 2011년 3월에 Health Canada와 CIHR(Canadian Institutes of Health Research)의 연합 프로젝트인 DSEN(the Drug Safety and Effectiveness Network)의 일부로 CNODES(Canadian Network for Observational Drug Effect Studies)의 운영을 시작하였다. CNODES는 캐나다 전역의 연구자 및 자료들을 연결한 분산형 연구 네트워크(distributed network)로 인구 기반의 공동 연구를 통해 의약품의 안전성 및 효과성에 대한 질문을 신속히 해결하는 것을 목표로 하고 있다. 오늘날 4천만 명 이상의 건강 관련 기록 및 처방 기록을 보유하고 있으며 캐나다 7개 지역 데이터베이스(provincial databases)외에 영국 CPRD(Clinical Practice Research Datalink)에도 연결되어 있어서 이를 통해 캐나다에서 출시되기 전에 영국에서 판매 중인 해당 의약품의 안전성 및 효과성을 조사할 수 있다.

일본은[49] 일본어로 Monitoring을 의미하는 MIHARI(The Medical Information for Risk Assessment Initiative)프로젝트를 2009년부터 2013년까지 일본 후생노동성 산하기관인 PMDA(Pharmaceuticals and Medical Devices Agency)에서 5년간 진행하였다. MIHARI는 일본 전산의료 데이터베이스를 이용하여 의약품 안전성을 평가하고 연구하기 위한 목적으로 1.9억 명의 전산청구자료(claim data)와 6개의 병원의 전자의료데이터(EMR)를 데이터베이스로 구축하며 40건의 시범연구를 수행하였다. 2014년부터 2018년까지 MIHARI 프로젝트에서 개발한 Framework를 의약품 안전성을 효과적으로 평가할 수 있는지 적용해 볼 계획이며, 가용 데이터베이스를 확대하고 전자의료데이터를 활용한 새로운 분석방법들을 계속 연구하며 Framework을 고도화시킬 계획에 있다.

2.3 소셜미디어를 활용한 약물감시

소셜 네트워크들의 등장과 이들을 통해 얻어진 방대한 자료는 최근 약물감시(Pharmacovigilance)와 같은 공중보건 모니터링의 자료 공급원으로 많은 주목을 받고 있다. 예를 들면, 트위터를 활용한 한 연구[51]에서는 6개월 동안 의약품에 관련된 트윗이 6,900만개가 수집되었으며, 이들 중 무작위로 추출된 61,000개 트윗 중 4,400개 약물 유해 사례를 발견하였다. 이에 비해 같은 시기에 FAD의 기존 약물사례 보고시스템을 통해 접수된 이들 의약품에 관련된 신고는 1,400건에 불과했다. 또한 환자에 의해 생성된 소셜미디어에서의 ADRs에 대한 게시물은 임상 및 자발적 보고보다 환자의 건강상태에 대한 변화에 더 민감하며 기존에 발견하지 못했던 ADRs를 발견하는 데 효과적으로 사용될 수 있음을 보여주고 있다. 따라서 소셜미디어 데이터를 활용하는 것은 의약품 효과와 안전성을 적시에 이해하는데 새로운 시각을 제공함으로써 현재 이루어지고 있는 약물감시 실행에 가치를 더해 줄 것으로 기대되고 있다.[52]

이미 알려진 기존 약물감시의 제한점, 과소보고, 샘플 및 지리적 다양성의 부재 및 ADRs 발생(occurrence)과 보고(reporting) 사이의 시간 지연(time lag)등을 소셜미디어를 활용하여 보완하려는 노력이 특히 미국과 유럽 등을 중심으로 많이 진행되고 있다.

미국 FDA는 환자들로부터 자발적으로 축적된 방대한 데이터(5천 명 이상 환자, 2,700개 질환 정보로 구성된 4,000만 데이터)를 보유하고 있는 소셜 네트워크 PatientLikeMe와 2015년부터 공동연구 협약[53]을 맺으며, 시판 중인 약의 부작용에 대한 환자들의 목소리를 듣기 위한 통로로 PatientsLikeMe를 활용하겠다고 결정하였다. 이 협약을 통해 FDA는 약물유해 보고 및 엄격하고 유효한 의약품 안전성 평가에 대한 소셜미디어의 관련성에 대해 보다 명확하게 이해하기를 기대하며 소셜미디어를 통한 환자 보고 데이터가 의약품 안전에 새로운 통찰력을 제공할 수 있는 방법을 결정할 수 있기를 바라고 있다.

AskaPatient는 소셜미디어에 게시된 환자의 약물유해 사례 보고를 분석하기 위한 수단으로 개발된 웹사이트[54]로 Consumer Health Resource Group에 의해 2000년부터 운영되고 있다. 이 사이트에서 환자는 의약품 복용 경험을 서로 공유 또는 비교하며 토론할 수 있다. 현재 FDA에 의해 허가된 4,000개 이상의 의약품이 데이터베이스에 포함되어 있으며 처방약 또는 일반 약품에 대한 환자들의 평가를 나이, 성별, 증상 등을 기준으로 수집할 수 있고, 약물부작용에 대한 호전 상태를 확인하기 위해 개별 환자의 경험 등을 시간에 따라 추적할 수 있는 등 많은 정보를 제공하고 있다.

WEB-RADR는[55] 약물감시를 위해 소셜미디어 및 새로운 기술들을 활용할 목적으로 IMI(Innovative Medicines Initiative)와 WHO-UMC가 2014년부터 3년간 수행한 프로젝트이다. WEB-RADR는 혁신적인 약물감시는 혁신적인 커뮤니케이션 기술에 의존해야 한다는 원칙하에 의약품 안전 사용 이슈에서 모바일 애플리케이션 및 소셜미디어의 데이터의 가치를 탐구한다. 이 프로젝트는 의료 전문가 및 일반 대중 모두에게 ADRs을 NCA(National Competent Authority)에 보고할 수 있는 모바일 앱(Mobile application) 제공을 목표로 세우며, 이러한 노력들이 소셜미디어를 통해 확인 보고된 ADRs의 수를 크게 증가시키며 빠르게 ADRs에 대처할 수 있을 것으로 기대하고 있다. 이와 더불어, 기존의 실마리 정보 탐지 방법을 보완하기 위해 공개적으로 사용 가능한 소셜미디어 데이터에 대한 텍스트마이닝(text mining) 기술도 개발할 예정이다. 개선된 텍스트마이닝 알고리즘(text mining algorism)은 소셜미디어 데이터에 대한 분석이 안정적으로 이루어지고, 비정형 프리텍스트(unstructured free text)로 보고된 ADRs를 발견하고 추출 및 분석하는데 도움을 줄 것으로 본다.[56]

이 외에도 소셜미디어는 ADRs 인지도를 향상시키며 ADRs 관련 보고 수를 증가하는데도 이용될 수 있다. 2016년 21개 NCA가 모여서 처음으로 유럽 전역 소셜미디어를 이용하여 'ADR awareness campaign'를 진행하였다. 이 캠페인은 이미 알려진 자발적 보고 시스템의 과소 보고의 문제점을 해결하기 위해 국가 ADRs 보고 시스템에 대한 인지 제고에 중점을 두며 11월 한 주 동안 실시되었다. 캠페인 기간 동안 ADR 보고가 13%(1,056건 보고) 증가하였으며 트위터, 페이스북, 링크인(LinkedIn) 및 유투브를 통해 2,562,071명의 사람들이 메시지를 접한 것으로 나타났다.[57]

앞서 언급한 바와 같이, 오늘날 많은 사람들이 소셜미디어를 통해 복약이나 질병에 관한 정보를 찾고, 본인들의 경험을 공유하고 있으며, 이런 소셜미디어 데이터의 양과 성장은 폭발적으로 증가하고 있다. 그리고 머신러닝(machine learning) 및 텍스트마이닝(text mining) 같은 자연어처리(NLP) 기술의 발전은 대용량 비구조적 데이터로부터 의미 있는 정보 추출을 가능하게 함으로써, 소셜미디어 데이터를 이용한 약물감시 진보에 잠재적 기회를 제공하고 있다. 최근 연구들은 소셜미디어가 환자들에 의해 자발적으로 직접 생성된 대규모 데이터로 의약품 안전 사용에 대한 기존 데이터를 보완하면서, 시판 후 약물감시를 더욱 강화시키는 적합한 수단으로 제시하고 있다.[58-59] 즉, 방대한 데이터의 양, 그리고 거의 실시간으로 정보가 공유되는 소셜미디어 데이터의 올바른 활용은 ADRs에 대한 실시간 모니터링, 보고 수 증가 및 신속한 신호 탐지 분석으로 약물감시에 새로운 기회를 제공한다.[60] 그러나 약물감시에서 소셜미디어가 제공하는 기회들이 제대로 구현되기 위해서는 소셜미디어 데이터 사용에 관한 다음과 같은 여러 기술적인 문제들이 해결 과제로 남아 있다.

첫째, 일반 소비자들이 소셜미디어에서 의약품이나 ADRs에 대해 언급 또는 설명할 때 전문적인 의학용어 대신 구어체나 비형식적 용어를 사용하며 창의적으로 표현한다는 것이다. 예를 들면, 'sleep disturbance(수면 장애)' 또는 'vomiting(구토)'와 같은 의학 용어보다 'messed up my sleeping patterns' 또는 'throwing up'과 같이 관용적이고 속어(slang)로 표현되며, 우울증의 대표적 의약품인 'prozac'도 'prozaac, prozax, prozaxc' 등과 같이 철자 오류를 동반하며 다양하게 표현 된다. 사전 정의(pre-defined)된 어휘 사전을 이용하여 텍스트의 어휘와 일치시키는 간단한 '어휘집 기반(lexicon-based) 접근법' 같은 NLP는 이렇게 다양한 방법으로 표현된 소셜미디어 데이터에서 ADRs를 추출하고 분석하는 데 어려움을 제기한다.[61-63]

둘째, 어휘집 기반 접근법으로 정확하게 식별된 경우에도 일치된 용어가 반드시 ADRs를 나타내는 것은 아니라는 점이다. 예를 들면, ADRs를 표현하는 데 사용되는 용어가 해당 의약품을 사용하는 이유(indication)를 설명하거나 또는 의약품의 유익한 효과(beneficial effects)를 표현하기 위해 사용될 수 있다. 실례로, DailyStrength에 작성된 한 게시물인 "I felt awful, it made my stomach hurt ADR with bad heartburn ADR too, horrid taste in my mouth ADR tho it does tend to clear up the infection Indication."에서 'infection'은 ADRs가 아닌 의약품을 사용하게 된 증상(indication)를 표현하기 위해 사용되었다.[62] 즉, 식별된 용어가 ADRs인지 아니면 indication 또는 beneficial effects를 표현한 것인지 명확한 의미적 유형 분류가 어렵다.

셋째, 방대한 소셜미디어 데이터 중 ADRs와 관련된 정보는 소량에 불과하다는 것이다. 매일 5억 개 이상의 트윗이 생성되는데, 이 중 ADRs 경험과 관련된 게시물은 전체 트윗에 비해 아주 작다. 이렇게 대용량 데이터에서 드물게 존재하는 ADRs를 발견하는 방법을 개발하는 것은 약물 감시에 소셜미디어를 활용하기 위해 해결해야 할 또 하나의 중요 과제이다.[56] ADRs를 자동적으로 탐지하기 위한 주요 접근법인 지도학습 머신러닝(Supervised Machine Learning)은 사람이 수동으로 주석을 단 데이터(annotated data)인 training set(학습데이터)이 필요하다. 소셜미디어에서 전체 데이터 량에 비해 소량으로 존재하는 ADRs 데이터에 따른 데이터 불균형 문제는 training set를 생성하기 위해 더 많은 시간, 비용 및 인력을 요구하며 지도학습 머신러닝 접근법을 어렵게 한다.[61, 64–65]

약물 감시에 소셜미디어를 활용하는 데 있어서, 이런 기술적인 어려움 외에도, 법률 및 윤리적 관점에서 면밀한 검토가 필요하다. 소셜미디어 기반 약물감시에 관한 법률 및 지침의 중요성이 인식되고는 있지만 ADRs를 보고하는 개인 및 단체에 대한 규제기관의 법적인 책임 분야 등 아직 분명하지 않은 모호한 부분이 많이 남아 있다. 그리고 소셜미디어 데이터 활용 시 공적 또는 사적 데이터를 정의하는 경계가 아직 포괄적으로 정의되지 않아 윤리적 논쟁이 야기된다. 사생활 보호, 환자 돌봄의 의무 및 더 나은 안전을 위한 균형적인 노력이 복잡하고 어렵다.[60]

3 연구방법

3.1 연구대상

의약품 관련 소셜 빅데이터의 수집 및 분류는 이론적 배경(WHO-ART, MedDRA, 우리나라 마약류 분류체계 등)을 통한 분류체계와 [그림 6-2]와 같이 식품의약품안전처 홈페이지를 크롤링하여 자연어처리와 주제분석의 과정을 거쳐 최종 의약품과 마약 키워드 등을 도출하여 분류하였다.

1) 의약품 관련 온라인 뉴스채널 기사 Data 기반 온톨로지 구축
2) 식품의약품안전처 홈페이지 의약품 관련 Crawling Data 추가
3) 식품의약품안전처 의약품 부작용 용어집 사전 Data 반영
4) 스마트인사이트 Social Data(2016) 활용

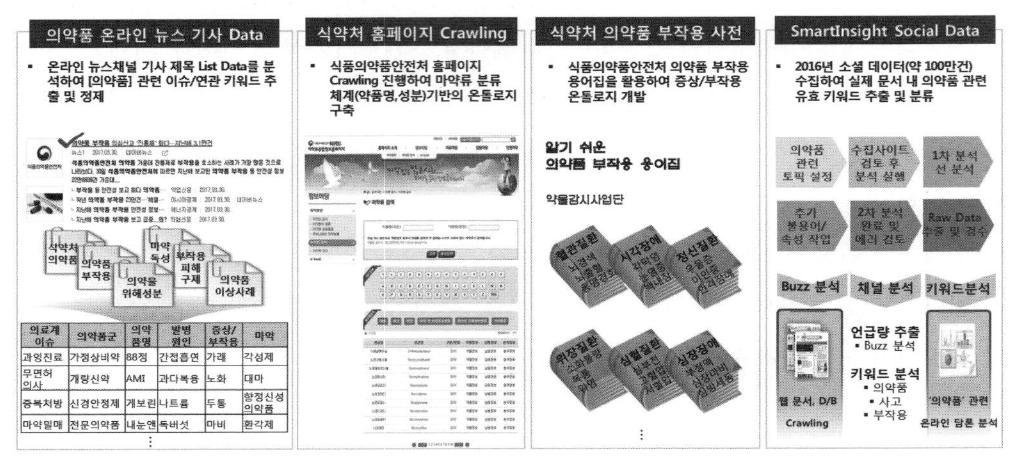

의료계 이슈	의약품군	의약 품명	발병 원인	증상/ 부작용	마약
과잉진료	가정상비약	88정	간접흡연	가래	각성제
무면허 의사	개량신약	AMI	과다복용	노화	대마
중복처방	신경안정제	게보린	나트륨	두통	향정신성 의약품
마약밀매	전문의약품	내눈엔	독버섯	마비	환각제

[그림 6-2] 의약품 주제 분류 분석 절차

본 연구는 국내의 온라인 뉴스 사이트, 블로그, 카페, 소셜 네트워크 서비스, 게시판 등 인터넷을 통해 수집된 소셜 빅데이터를 대상으로 하였다. 본 분석에서는 257개의 온라인 뉴스 사이트, 4개의 블로그(네이버, 티스토리, 다음, 이글루스), 2개의 카페(네이버, 다음), 1개의 SNS(트위터), 16개의 게시판(네이버지식인, 네이트지식, 네이트톡, 네이트판 등)의 총 280개의 온라인 채널을 통해 수집 가능한 텍스트 기반의 웹문서(버즈)를 소셜 빅데이터로 정의하였다. 의약품 관련 토픽의 수집은 2014. 1. 1~2017. 4. 30까지 해당 채널에서 요일별, 주말, 휴일을 고려하지 않고 매 시간단위로 수집하였으며, 수집된 총 2,786,441건(2014년: 575,447건, 2015년: 711,195건, 2016년: 1,113,862건, 2017년: 385,937건)의 텍스트(Text) 문서를 본 연구의 분석에 포함시켰다. 본 연구를 위한 소셜 빅데이터의 수집은 SKT 스마트 인사이트에서 크롤러(crawler)를 사용하였고, 토픽의 분류는 주제분석(text mining) 기법을 사용하였으며, 의약품 토픽 및 토픽유사어는 모든 관련 문서를 수집하기 위해 '의약품', '마약', 그리고 '약물' 등을 사용하였다. 온라인 문서의 잡음을 제거하기 위한 불용어는 '펌제약품, 구약과신약, 마약방석, 대마도' 등을 사용하였다. 분석대상의 의약품 토픽 및 토픽유사어는 기타 의약품, 마약, 약물, 의약품, 치료제, 신약, 만병통치약, 대마, 가정상비약, 환각제, 주사제, 등의 순으로 수집된 것으로 나타났다(표 6-2, 그림 6-3).

〈표 6-2〉 의약품 토픽 및 토픽유사어

토픽	N	토픽	N	토픽	N
마약	478,526	특허의약품	31,941	항체의약품	5,858
약물	226,296	먹는약	27,470	낙태약	5,621
의약품	197,318	신경안정제	24,191	오리지널의약품	5,579
치료제	112,640	각성제	18,329	희귀의약품	4,963
신약	81,356	향정신성의약품	15,372	불법의약품	1,591
만병통치약	65,930	복제약	14,875	방사성의약품	1,412
대마	56,811	원료의약품	8,386	합성마약	1,202
가정상비약	44,275	최신의약품	7,588	단백질의약품	781
환각제	43,573	화공약품	6,609	식약처의약품	448
주사제	43,204	천연의약품	6,338	천연마약	409
바이오의약품	32,004	신종마약	5,875	만성질환관리제	257
편의점의약품	134	기타	1,209,279	전체	2,786,441

2014년 토픽 및 토픽유사어

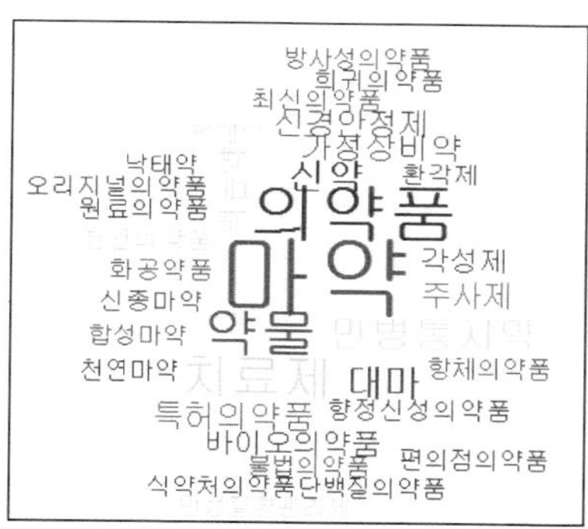

2015년 토픽 및 토픽유사어

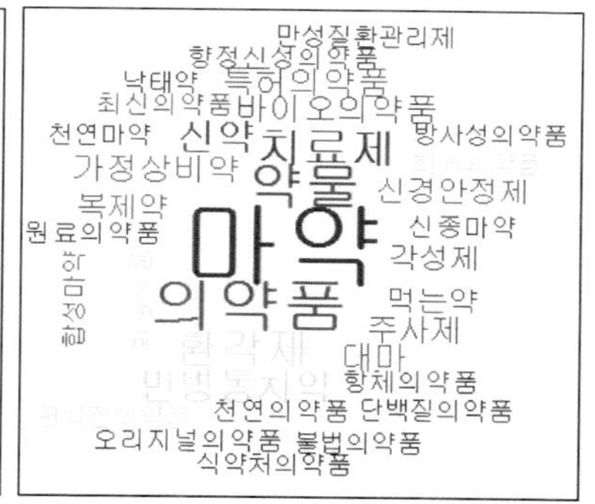

2016년 토픽 및 토픽유사어

2017년 토픽 및 토픽유사어

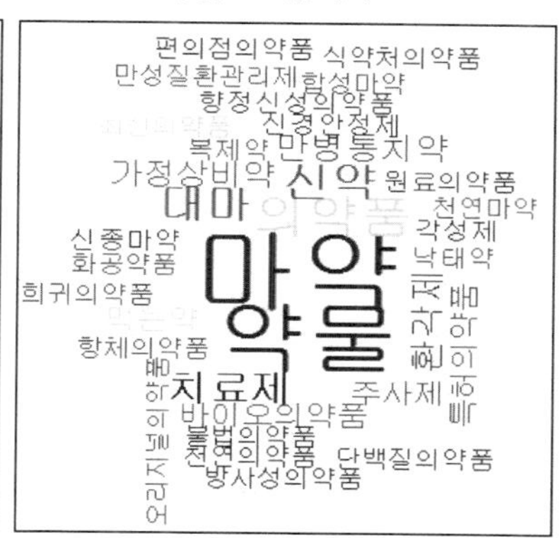

[그림 6-3] 의약품 토픽 및 토픽유사어 시각화(워드클라우드)

3.2 연구도구

본 연구에 사용된 연구도구는 주제분석(text mining)의 과정을 거쳐 다음과 같이 정형화 데이터로 코드화하여 사용하였다.

1) 의약품 감정

본 연구의 종속변수인 의약품에 대한 감정(긍정, 부정)의 정의는 감정 키워드에 대한 주제분석 과정을 거쳐 '가능~힐링'은 긍정의 감정으로, '가짜~희생'은 부정의 감정으로 정의하였다. 그리고 긍정은 '1', 보통(문서 내에 긍정과 부정 감정이 동일한 경우) '2', 부정은 '3'으로 코드화하였다. 의약품에 대한 긍정 감정은 해당 의약품 부작용(증상)에 대해 문제가 없다는 긍정적 감정이고 의약품에 대한 부정적 감정은 해당 의약품 부작용(증상)에 대해 문제가 있다는 부정적 감정이다. 반면, 마약에 대한 긍정적 감정은 마약을 애호하는 위험한 감정이며 마약에 대한 부정적 감정은 마약을 혐오하는 일반적인 감정이다. 따라서 의약품에 대한 최종 감정은 <표 6-3>의 ANOVA 분석과정을 거쳐 긍정과 부정(보통+부정)감정으로 분류하였고, 마약에 대한 최종 감정의 분류는 위험(긍정)과 일반(보통+부정) 감정으로 분류하였다.

〈표 6-3〉 의약품 감정 ANOVA 분석결과

Homogeneous Subsets

n호흡기계증상

	의약품감정	N	Subset for alpha = 0.05	
			1	2
Tukey HSD[a,b]	2.00 보통감정	110681	.0394	
	.00 부정감정	444620	.0410	
	1.00 긍정감정	995370		.1507
	Sig.		.888	1.000
Scheffe[a,b]	2.00 보통감정	110681	.0394	
	.00 부정감정	444620	.0410	
	1.00 긍정감정	995370		.1507
	Sig.		.898	1.000

Means for groups in homogeneous subsets are displayed.

a. Uses Harmonic Mean Sample Size = 244125.973.

b. The group sizes are unequal. The harmonic mean of the group sizes is used. Type I error levels are not guaranteed.

[해석] 의약품 감정(긍정, 보통, 부정)은 호흡기증상을 종속변수로 하여 ANOVA 분석결과, 긍정(positive)과 부정(negative: 보통+부정)의 2개의 그룹(0: negative, 1: positive)으로 분류되었다.

2) 의약품 대응단계

의약품 대응단계(관심, 주의, 경계, 심각) 정의는 대응단계에 대한 주제분석 과정을 거쳐 '감시체계~홍보'는 관심단계로, '30초이상~협조강화'는 주의단계로, '감염확인~흡입기 주의보'는 경계단계로, '가축시장폐쇄~황사특보'는 감시단계로 정의하였다. 그리고, 관심단계는 '1', 주의단계는 '2', 경계단계는 '3', 심각단계는 '4'로 코드화하였다. 그리고 최종 대응단계는 <표 6-4>의 ANOVA 분석과정을 거쳐 주의, 경계, 심각(관심+심각) 3단계로 분류하였다.

〈표 6-4〉 의약품 대응단계 ANOVA 분석결과

Homogeneous Subsets

n소화기계증상

	대응태도	N	Subset for alpha = 0.05		
			1	2	3
Tukey HSD[a,b]	1.00 관심	1008	.0694		
	4.00 심각	51326	.1520	.1520	
	3.00 경계	46067		.2633	
	2.00 주의	172297			1.0105
	Sig.		.610	.349	1.000
Scheffe[a,b]	1.00 관심	1008	.0694		
	4.00 심각	51326	.1520	.1520	
	3.00 경계	46067		.2633	
	2.00 주의	172297			1.0105
	Sig.		.681	.434	1.000

Means for groups in homogeneous subsets are displayed.

a. Uses Harmonic Mean Sample Size = 3849.640.

b. The group sizes are unequal. The harmonic mean of the group sizes is used. Type I error levels are not guaranteed.

[해석] 의약품 대응단계(관심, 주의, 경계, 심각)는 소화기계 증상을 종속변수로 하여 ANOVA 분석 결과, 주의(caution), 경계(alert), 심각(serious: 관심+심각)의 3개의 그룹(1: caution, 2:alert, 3: serious)으로 분류하였다.

3) 호흡기 증상(부작용)

본 연구에서는 의약품 부작용의 위험 예측을 위하여 품목 지정모델[6]인 호흡기 증상(부

6 의약품 부작용 예측모형은 의약품에 대한 모든 부작용을 예측하는 품목 비지정모델과 특정 부작용을 예측하는 품목 지정모델로 구분할 수 있다.

작용)에 대해서 주제분석을 실시하였다. 호흡기 증상의 정의는 <표 6-5>와 같이 주제분석의 과정을 거쳐 '기관지인후통~가래'의 9개 호흡기 증상으로 해당 호흡기 증상이 있는 경우는 'n', 없는 경우는 '0'으로 코드화하였다.

〈표 6-5〉 의약품 품목 지정모델(호흡기 증상) 주제분석

호흡기 증상	키워드
기관지인후통	급성호흡곤란증후군, 기관지수축, 기도폐색, 기도폐쇄, 인후통
질식	기절, 질식
기침	기침, 날기침
폐질환	만성폐쇄성폐질환, 간질성폐질환, 폐렴, 폐고혈압, 폐부종, 폐섬유증, 폐섬유화, 폐손상
호흡곤란	빈호흡, 완서호흡, 호흡곤란, 호흡마비, 호흡장애, 호흡저하, 호흡정지, 무호흡, 저산소증, 저환기증
재채기	재채기
천식	천식
콧물	콧물, 비루
가래	가래

4) 마약

마약의 정의는 주제분석의 과정을 거쳐 <표 6-6>과 같이 '아편~환각제'의 17개로 해당 마약류가 있는 경우는 'n', 없는 경우는 '0'으로 코드화하였다.

〈표 6-6〉 마약 관련 주제분석

마약류	키워드
아편	아편, 천연마약
모르핀	노르모르핀, 니코모르핀, 데소모르핀, 디히드로모르핀, 벤질모르핀, 메칠디히드로모르핀, 모르핀, 에칠모르핀
헤로인	헤로인
코카인	코카인
코데인	노르코데인, 니코디코딘, 니코코딘, 디히드로코데인, 코데인, 아세틸디히드로코데인
암페타민	메사암페타민, 디메칠암페타민, 메스암페타민, 덱스암페타민, 레브암페타민, 암페타민, 하이드록시암페타민
벤조디아제핀류	신경안정제

마약류	키워드
LSD	LSD
대마초	대마, 대마초, 해쉬쉬, 해쉬쉬오일
마리화나	마리화나
프로포폴	프로포폴
원료물질	부탄가스, 메틸알콜 , 초산에틸, 톨루엔, 황산, 아세톤, 염산, 톨루엔_A, 과망간산칼륨, 놀에페드린, 메틸아민, 무수초산, 벤즈알데히드,벤질시아나이드, 사프롤, 슈도에페드린, 에르고메트린, 에르고타민, 에칠아민, 에틸아민, 에페드린, 피페로날, 피페리딘, 카트, 페닐프로파놀아민
엑스터시	엑스터시
신종유사마약	합성마약, 메칠데소르핀, 메칠페니데이트, 메칠아민, 메칠에칠케톤, 메스칼린, 메스케치논, 케타민, 크라톰, 야바, 리저직산, 메사돈, 신종마약, 디페녹신, 디펜옥시레이트, 레보르파놀, 메토폰, 미로핀, 베지트라마이드, 수펜타닐, 아세토르핀,알펜타닐, 에토르핀, 엑고닌, 옥시모르폰, 옥시코돈, 코독심, 타펜타돌, 테바인, 테바콘, 페나조신, 페치딘, 펜타닐, 폴코딘, 프로폭시펜,히드로모르폰, 히드로모르피놀, 히드로코돈, 니메타제팜, 니트라제팜, 디아제팜, 딥트, 로라제팜, 마진돌, 메소카브, 메페노렉스, 메프로바메이트, 멕사졸람, 미다졸람, 밉트, 벤즈페타민, 벤질피페라진, 부토르파놀,부포테닌, 부프레노르핀, 브로마제팜, 사일로시빈, 사일로신,아미노렉스, 알프라졸람, 암페프라몬, 에스타졸람, 에티졸람, 엠디엠에이, 엠디이에이,옥사제팜, 조피클론, 졸피뎀, 지에이치비, 지페프롤, 치아미랄, 치오펜탈, 케치논, 케친,클로나제팜, 클로라제페이트, 클로랄하이드레이트, 클로르디아제폭사이드, 클로바잠, 클로티아제팜, 테마제팜, 트리아졸람,페네틸린, 페몰린, 페이요트, 펜디메트라진, 펜메트라진, 펜사이크리딘, 펜사이클리딘,펜캄파민, 펜타조신, 펜터민, 펜프로포렉스, 프라제팜, 플루니트라제팜,플루라제팜, 피나제팜
향정신성의약품	향정신성의약품
각성제	각성제
환각제	환각제

3.3 분석방법

본 연구에서는 의약품 부작용과 마약의 위험을 설명하는 가장 효율적인 예측모형을 구축하기 위해 [그림 6-4]와 같은 분석방법을 사용하였다. 크롤러를 이용하여 의약품과 마약 관련 온라인 문서를 수집한 후, 주제분석과 감정분석을 실시하여 키워드를 분류하였다. 분류된 키워드는 코딩을 통해 수치로 변환하였고, 단어빈도와 문서빈도를 이용하여 미래신호를 탐색하고, 탐색된 신호들은 분류과정을 통해 새로운 현상을 발견하고 예측할 수 있는 머신러닝 분석을 실시하였다. 마약에 대한 주요 신호의 탐색은 DoV와 DoD를 산출하여 KEM과 KIM으로 확인하였다. 그리고 다양한 머신러닝 분석기술을 사용하여 예측모델링과 시각화를 실시하였다.

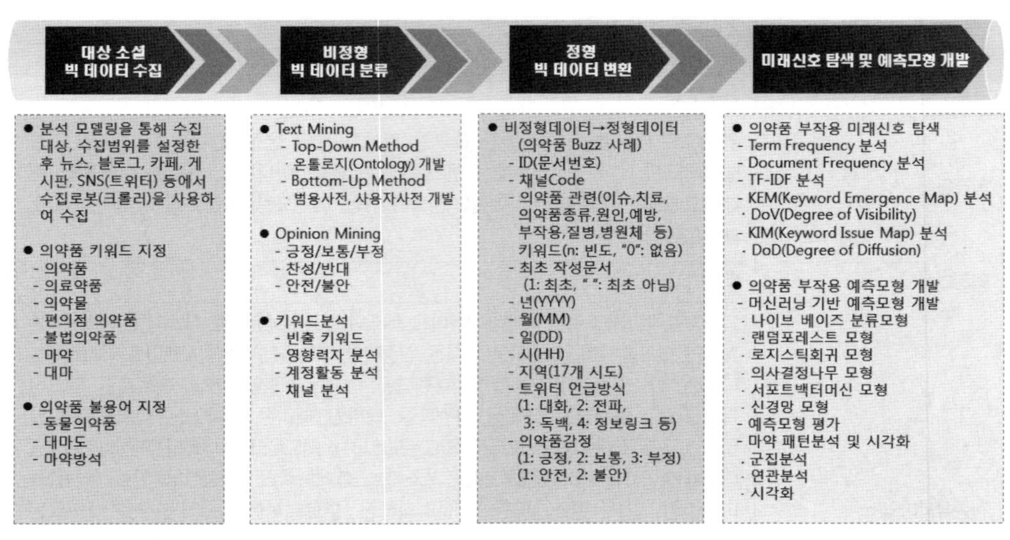

[그림 6-4] 의약품 소셜 빅데이터 분석 방법

4 연구결과

4.1 의약품 부작용과 마약 온라인 문서 현황

의약품 부작용과 마약 관련 온라인 문서 현황은 <표 6-7>과 같다.

의약품 관련 감정은 긍정(64.2%), 보통(7.1%), 부정(28.7%)으로 나타났다. 대응단계는 관심(0.4%), 주의(63.6%), 경계(17.0%), 심각(19.0%)으로 나타났다. 호흡기증상은 기침(25.1%), 천식(20.5%), 가래(12.8%) 등의 순으로 나타났다. 마약은 대마초(18.8%), 환각제(17.9%), 벤조디아제핀류(9.9%), 신종유사마약(8.5%), 각성제(7.5%) 등의 순으로 나타났다.

〈표 6-7〉 의약품 부작용과 마약 관련 온라인 문서(버즈) 현황

구분	항목	N(%)	구분	항목	N(%)
감정	긍정	995,370(64.2)	마약	아편	4,582(1.9)
	보통	110,681(7.1)		모르핀	4,113(1.7)
	부정	444,620(28.7)		헤로인	4,357(1.8)
	계	1,550,671		코카인	11,575(4.8)
대응단계	관심	1,008(0.4)		코데인	2,651(1.1)
	주의	177,297(63.6)		암페타민	7,266(3.0)
	경계	46,067(17.0)		벤조디아제핀류	24,191(9.9)
	심각	51,326(19.0)		LSD	1,747(0.7)
	계	270,698		대마초	45,758(18.8)
호흡기 증상	기관지인후통	1,816(2.0)		마리화나	7,727(3.2)
	질식	6,547(7.2)		프로포폴	16,319(6.7)
	기침	22,799(25.1)		원료물질	7,371(3.0)
	폐질환	9,681(10.7)		엑스터시	6,271(2.6)
	호흡곤란	7,644(8.4)		각성제	18,329(7.5)
	재채기	4,085(4.5)		향정신성의약품	1,6531(6.8)
	천식	18,563(20.5)		환각제	43,573(17.9)
	콧물	8,003(8.8)		신종유사마약	20,773(8.5)
	가래	11,582(12.8)		계	243,134
	계	90,720			

의약품에 대한 일별 위험도(부정적 감정)는 [그림 6-5]와 같이 의약품과 관련된 이슈 발생 시에 의약품에 대한 부정적 커뮤니케이션이 급증하는 양상을 뚜렷이 확인할 수 있다. 특히, 마약과 관련된 이슈가 있을 때 의약품에 대한 부정적 감정의 문서량이 급증하는 것으로 나타났다.

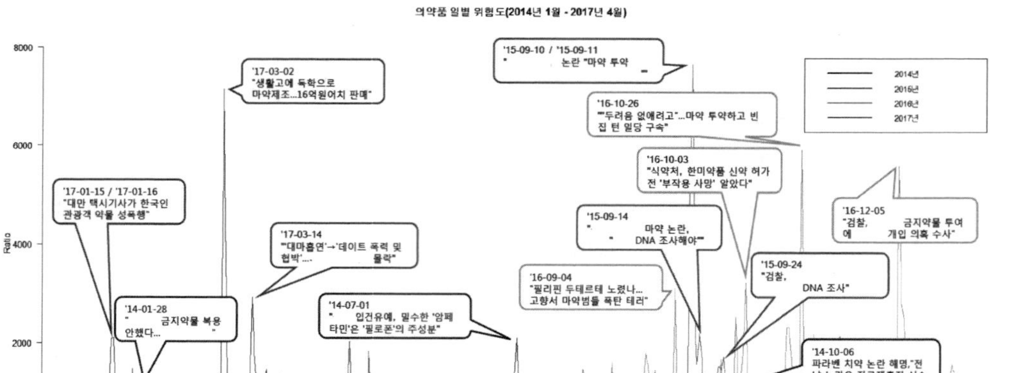

[그림 6-5] 의약품 관련 부정적 문서량의 일별 추이

4.2 마약 관련 미래신호 탐색

단어빈도(TF), 문서빈도(DF), 단어의 중요도 지수를 고려한 문서의 빈도(TF-IDF)의 분석을 통한 마약의 신호 변화는 <표 6-8>과 같다.

단어빈도에서는 대마초, 환각제, 신종유사마약, 벤조디아제핀류, 프로포폴, 각성제, 향정신성의약품 등의 순위로 나타났다. 문서빈도는 대마초, 환각제, 벤조디아제핀류, 각성제, 신종유사마약, 프로포폴, 향정신성의약품 등으로 나타났다. 특히, 신종유사마약은 확산도를 나타내는 문서빈도에서는 5위였으나 중요도 지수를 고려한 단어빈도에서는 2위로 나타나 신종유사마약이 위험 상황으로 발생할 수 있기 때문에 신종유사마약에 대한 모니터링과 관리 방안이 마련되어야 할 것으로 본다.

〈표 6-8〉 온라인 채널의 마약의 키워드 분석

순위	단어빈도		문서빈도		단어빈도-문서빈도	
	키워드	빈도	키워드	빈도	키워드	빈도
1	대마초	56419	대마초	40689	대마초	40262
2	환각제	36136	환각제	34350	신종유사마약	37808
3	신종유사마약	34034	벤조디아제핀류	21511	환각제	28445
4	벤조디아제핀류	24510	각성제	16711	프로포폴	25266
5	프로포폴	22128	신종유사마약	16301	벤조디아제핀류	24276
6	각성제	19910	프로포폴	15180	각성제	21903
7	향정신성의약품	17241	향정신성의약품	14175	향정신성의약품	20199
8	코카인	14575	코카인	10936	암페타민	19753
9	암페타민	13398	암페타민	7059	코카인	18718
10	원료물질	12045	원료물질	6819	원료물질	17940
11	마리화나	9928	마리화나	5720	마리화나	15544
12	아편	6680	엑스터시	4763	아편	11310
13	엑스터시	5852	아편	4265	엑스터시	9628
14	헤로인	5553	헤로인	4070	헤로인	9515
15	모르핀	5440	모르핀	3789	모르핀	9490
16	코데인	3224	코데인	2497	코데인	6208
17	LSD	2521	LSD	1589	LSD	5349
합계		289594	합계	210424	합계	321615

마약의 연도별 순위의 변화는 <표 6-9>와 같이 환각제의 경우 2014년은 10위에서 2015년 1위, 2016년 5위, 2017년 4월 현재까지 1위를 차지하고 있어 환각제에 대한 모니터링 체계가 구축되어야 할 것으로 본다(그림 6-6).

〈표 6-9〉 온라인 채널의 마약의 연별 키워드 순위변화(TF기준)

순위	2014년	2015년	2016년
1	대마초	환각제	대마초
2	신종유사마약	대마초	프로포폴
3	암페타민	신종유사마약	신종유사마약
4	벤조디아제핀류	코카인	벤조디아제핀류
5	각성제	벤조디아제핀류	향정신성의약품
6	향정신성의약품	각성제	환각제
7	프로포폴	원료물질	각성제
8	마리화나	프로포폴	원료물질
9	원료물질	향정신성의약품	코카인
10	환각제	엑스터시	마리화나
11	코카인	마리화나	암페타민
12	아편	암페타민	아편
13	헤로인	아편	모르핀
14	모르핀	모르핀	헤로인
15	엑스터시	헤로인	엑스터시
16	코데인	LSD	코데인
17	LSD	코데인	LSD

2014 마약류　　2015 마약류

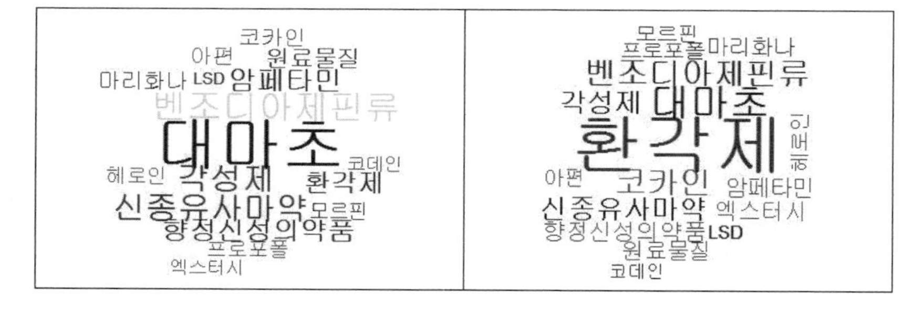

2016 마약류　　2017 마약류

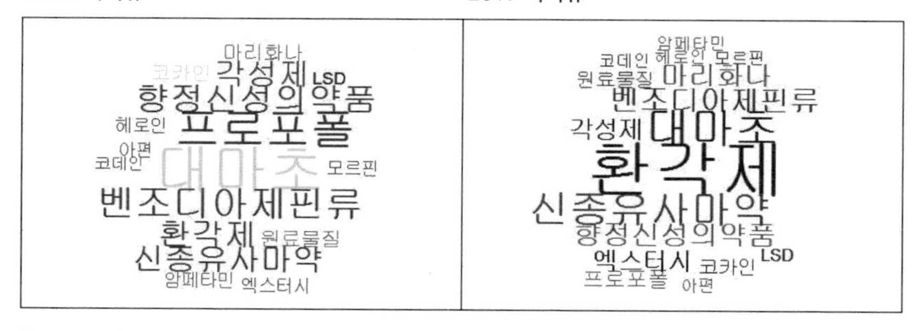

[그림 6-6] 마약류 시각화(워드클라우드)

마약에 대한 DoV 증가율과 평균단어빈도를 산출한 결과 DoV의 증가율은 0.128로 마약의 키워드는 평균적으로 증가하고 있는 것으로 나타났다. 특히, 환각제, 벤조디아제핀류, 프로포폴은 높은 빈도를 보이고 있으며 증가율은 중앙값보다 높게 나타나 이들 마약류에 대한 모니터링과 관리체계가 있어야 할 것으로 본다. DoD는 DoV와 비슷한 추이를 보이고 있으나 프로포폴과 환각제의 확산 속도가 빠른 것으로 나타났다(표 6-10, 6-11).

〈표 6-10〉 마약의 DoV 평균증가율과 평균단어빈도

키워드	DoV			평균증가율	평균단어빈도
	2014년	2015년	2016년		
대마초	19601	14977	21841	0.018	18806
환각제	3402	24190	8544	2.265	12045
신종유사마약	10463	11254	12317	−0.017	11345
벤조디아제핀류	6570	7262	10678	0.173	8170
프로포폴	3836	3556	14736	1.352	7376
각성제	6154	5283	8473	0.128	6637
향정신성의약품	4186	3317	9738	0.725	5747
코카인	2639	8391	3545	0.584	4858
암페타민	8430	2756	2212	−0.480	4466
원료물질	3582	4060	4403	0.004	4015
마리화나	3645	2941	3342	−0.114	3309
아편	2504	2090	2086	−0.167	2227
엑스터시	1197	2997	1658	0.351	1951
헤로인	1990	1817	1746	−0.150	1851
모르핀	1500	1890	2050	0.059	1813
코데인	900	749	1575	0.351	1075
LSD	592	780	1149	0.267	840
중앙값				0.128	4466

〈표 6-11〉 마약의 DoD 평균증가율과 평균문서빈도

키워드	DoD			평균증가율	평균문서빈도
	2014년	2015년	2016년		
대마초	13755	10191	16743	0.074	13563
환각제	3006	23789	7555	2.500	11450
벤조디아제핀류	5761	6434	9316	0.143	7170
각성제	5154	4350	7207	0.124	5570
신종유사마약	4794	4719	6788	0.082	5434
프로포폴	1561	1512	12107	3.114	5060
향정신성의약품	3437	2749	7989	0.683	4725
코카인	1948	6568	2420	0.599	3645
암페타민	4010	1736	1313	−0.467	2353
원료물질	2122	2248	2449	−0.047	2273
마리화나	1785	1682	2253	0.019	1907
엑스터시	909	2633	1221	0.442	1588
아편	1800	1215	1250	−0.238	1422
헤로인	1452	1275	1343	−0.141	1357
모르핀	1169	1216	1404	−0.025	1263
코데인	777	568	1152	0.248	832
LSD	372	364	853	0.498	530
중앙값				0.124	2353

<표 6-12>, [그림 6-7], [그림 6-8]과 같이 KEM과 KIM에 공통적으로 나타나는 강신호(1사분면)에는 환각제, 프로포폴, 향정신성의약품, 코카인, 벤조디아제핀류, 각성제가 포함되었고, 약신호(2사분면)에는 코데인, 엑스터시, LSD가 포함된 것으로 나타났다. KEM과 KIM에 공통적으로 4사분면에 나타난 강하지만 증가율이 낮은 신호는 대마초, 신종유사마약으로 나타났으며, KEM과 KIM에 공통적으로 3사분면에 나타난 잠재신호는 모르핀, 헤로인, 아편, 마리화나, 원료물질, 암페타민으로 나타났다. 특히 강신호인 1사분면에는 프로포폴이 높은 증가율을 보이고 있어 프로포폴에 대한 관리 체계가 신속히 마련되어야 할 것이다.

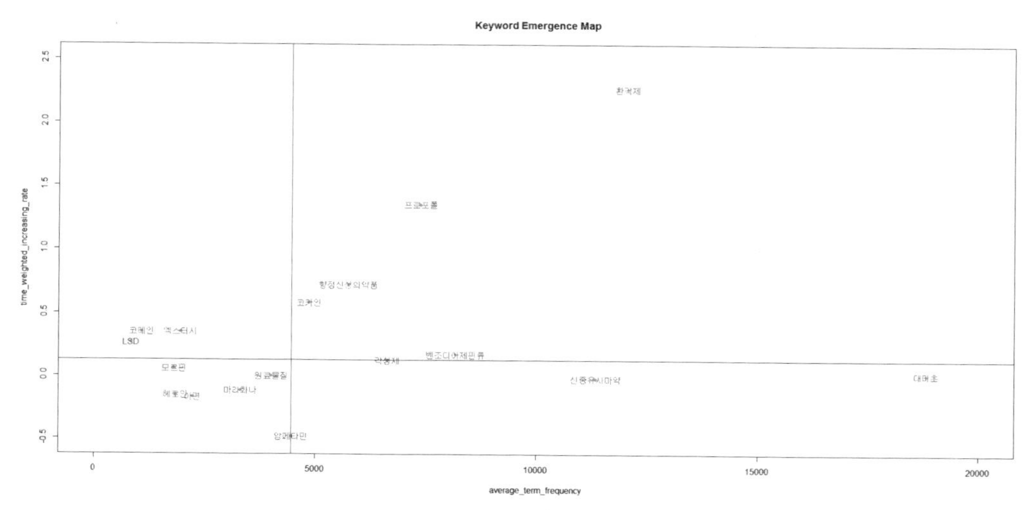

[그림 6-7] 마약 관련 키워드 KEM

R Console

```
> rm(list=ls())
> setwd("c:/2017_마약분석")
> data_spss=read.table(file="미래의약품_DoV_마약.txt",header=T)
> windows(height=8.5, width=8)
> plot(data_spss$tf,data_spss$df,xlim=c(0,20000), ylim=c(-.5,2.5), pch=18 ,
+  col=8,xlab='average_term_frequency', ylab='time_weighted_increasing_rate',
+  main='Keyword Emergence Map')
> text(data_spss$tf,data_spss$df,label=data_spss$마약,cex=0.8, col='red')
> abline(h=0.128, v=4466, lty=1, col=4, lwd=0.5)
> savePlot('미래의약품_DoV_마약',type='png')
>
```

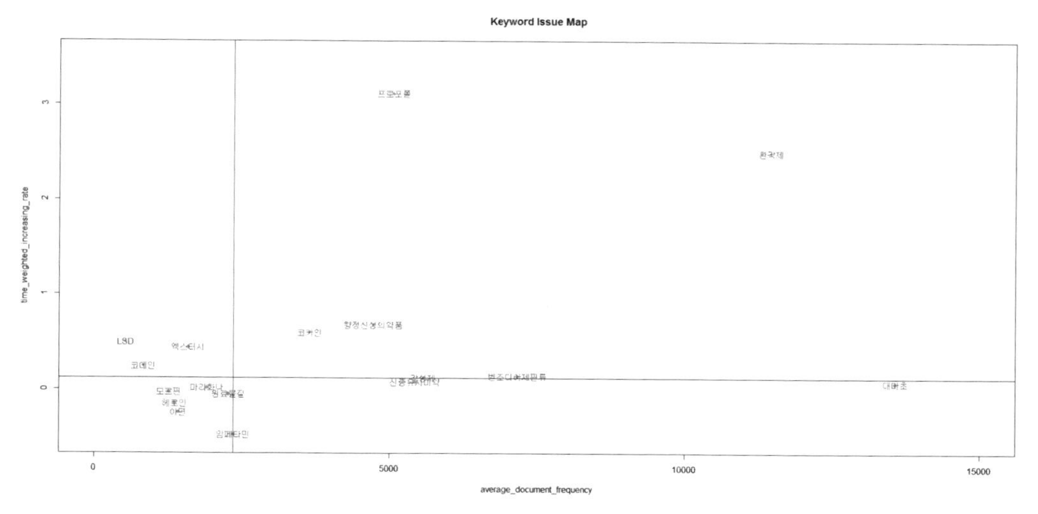

[그림 6-8] 마약 관련 키워드 KIM

```
> rm(list=ls())
> setwd("c:/2017_마약분석")
> data_spss=read.table(file="미래의약품_DoD_마약.txt",header=T)
> windows(height=8.5, width=8)
> plot(data_spss$tf,data_spss$df,xlim=c(0,15000), ylim=c(-.5,3.5), pch=18 ,
+  col=8,xlab='average_document_frequency', ylab='time_weighted_increasing_rate',
+  main='Keyword Issue Map')
> text(data_spss$tf,data_spss$df,label=data_spss$마약,cex=0.8, col='red')
> abline(h=0.124, v=2353, lty=1, col=4, lwd=0.5)
> savePlot('미래의약품_DoV_마약',type='png')
>
```

〈표 6-12〉 마약 관련 키워드의 미래신호

구분	잠재신호 (Latent signal)	약신호 (Weak signal)	강신호 (Strong signal)	강하지만 증가율이 낮은 신호 (Strong but low increasing signal)
KEM	모르핀, 헤로인, 아편, 마리화나, 원료물질, 암페타민	코데인, 엑스터시, LSD	환각제, 프로포폴, 향정신성의약품, 코카인, 벤조디아제핀류, 각성제	대마초, 신종유사마약
KIM	모르핀, 헤로인, 아편, 마리화나, 원료물질, 암페타민	코데인, 엑스터시, LSD	환각제, 프로포폴, 향정신성의약품, 코카인, 벤조디아제핀류, 각성제	대마초, 신종유사마약
주요 신호	모르핀, 헤로인, 아편, 마리화나, 원료물질, 암페타민	코데인, 엑스터시, LSD	환각제, 프로포폴, 향정신성의약품, 코카인, 벤조디아제핀류, 각성제	대마초, 신종유사마약

4.3 머신러닝 기반 의약품 부작용과 마약 위험 예측모형 개발

(1) 신경망 예측모형 개발

① 호흡기 증상(부작용) 예측모형 개발

의약품 부작용중 품목지정 모델인 호흡기 증상의 입력변수의 빈도가 있는 데이터 중 2014년~2017년 데이터(51,628건)를 학습 데이터셋으로 사용하였다. 예측모형을 개발하기 위해 학습데이터에서 훈련데이터와 시험데이터를 50:50으로 추출(sampling)하였다. 9개의 호흡기증상(기관지수축, 질식, 기침, 만성폐쇄성폐질환, 호흡곤란, 재채기, 천식, 콧물, 가래)을 입력층(input layer), 5개의 은닉층(hidden layer), 1개의 출력층(output layer)을 사용한 다층신경망(multilayer neural network)의 분석결과는 [그림 6-9]와 같다.

호흡기 증상의 다층신경망의 예측모형은 (식 6)과 같다.

$$O_{H1}=f_{H1}(\sum_{i=1}^{9} w_{IiH1}\, Ii + w_{B1\,H1}) \qquad (식\ 1)$$

$$O_{H2}=f_{H2}(\sum_{i=1}^{9} w_{IiH2}\, Ii + w_{B1\,H2}) \qquad (식\ 2)$$

$$O_{H3}=f_{H3}(\sum_{i=1}^{9} w_{IiH3}\, Ii + w_{B1\,H3}) \qquad (식\ 3)$$

$$O_{H4}=f_{H4}(\sum_{i=1}^{9} w_{IiH4}\, Ii + w_{B1\,H4}) \qquad (식\ 4)$$

$$O_{H5}=f_{H5}(\sum_{i=1}^{9} w_{IiH5}\, Ii + w_{B1\,H5}) \qquad (식\ 5)$$

$$\hat{y}=f_{O1}(w_{H1\,O1}H1+w_{H2\,O1}H2+w_{H3\,O1}H3+w_{H4\,O1}H4+w_{H5\,O1}H5+w_{B2\,O1}) \qquad (식\ 6)$$

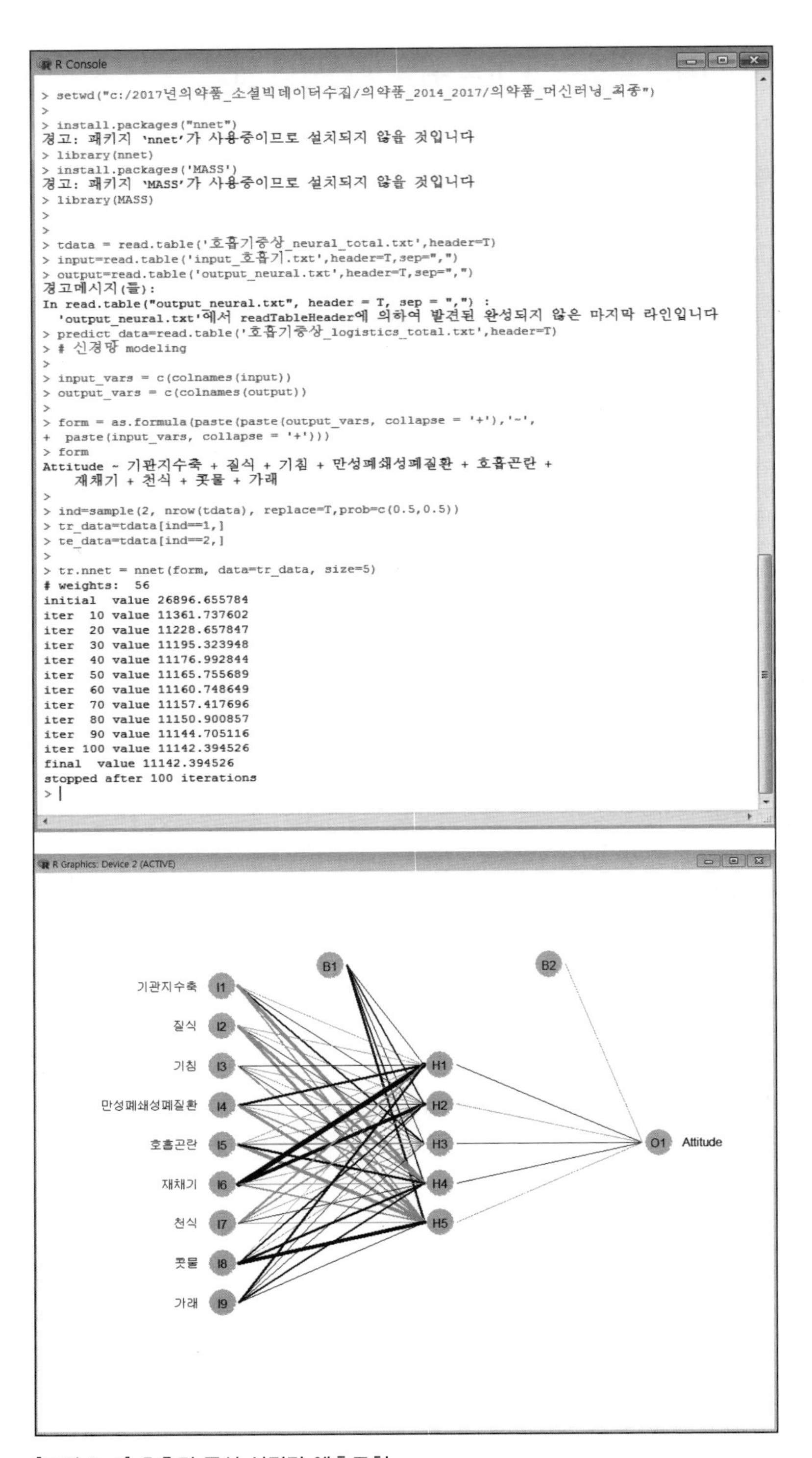

[그림 6-9] 호흡기 증상 신경망 예측모형

예측모형의 평가는 훈련용 데이터와 시험용 데이터를 전체 데이터에서 50%씩 무작위 추출하여 훈련용 데이터로 모형함수를 개발하고 시험용 데이터로 예측(prediction)한 결과를 이용하여 [그림 6-10]과 같이 실제집단과 예측집단(분류집단)의 오분류표로 검정할 수 있다. 따라서 본 연구의 호흡기 증상의 신경망 예측모형 평가결과 정확도는 80.99%, 오류율은 19.01%, 민감도는 3.44%, 특이도는 99.18%, 정밀도는 49.71%로 나타났다.

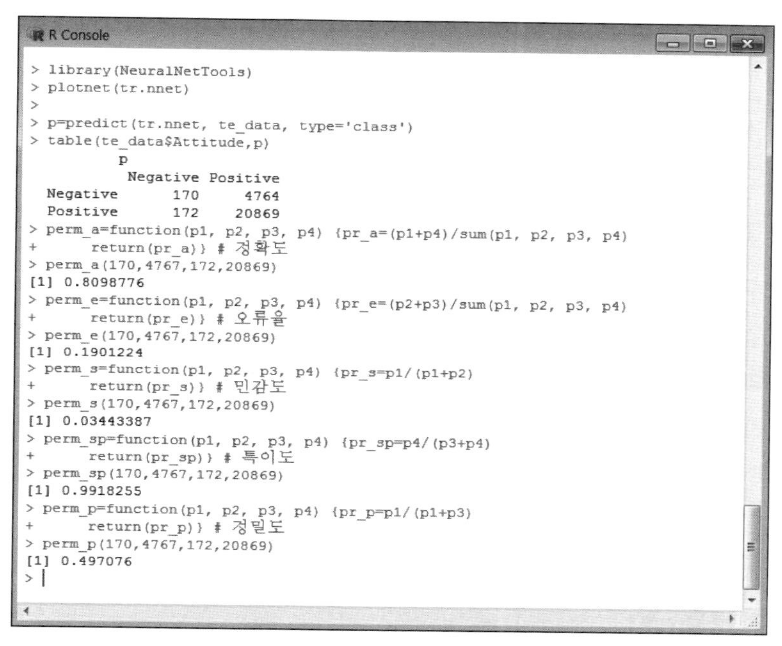

[그림 6-10] 호흡기 증상 신경망 예측모형의 평가

② 마약 위험 예측모형 개발

마약 신경망모형에서 마약에 대한 감정은 일반의 평균 예측확률은 22.95%로 나타났으며, 위험의 평균 예측확률은 77.05%로 나타났다(그림 6-11).

```
R Console
> # neural network model
> setwd("c:/2017_마약분석")
> tdata = read.table('마약_logistic_numeric_new.txt',header=T)
> input=read.table('input_마약.txt',header=T,sep=",")
Warning message:
In read.table("input_마약.txt", header = T, sep = ",") :
  incomplete final line found by readTableHeader on 'input_留덉빟.txt'
> output=read.table('output_마약.txt',header=T,sep=",")
Warning message:
In read.table("output_마약.txt", header = T, sep = ",") :
  incomplete final line found by readTableHeader on 'output_留덉빟.txt'
> input_vars = c(colnames(input))
> output_vars = c(colnames(output))
> form = as.formula(paste(paste(output_vars, collapse = '+'),'~',
+  paste(input_vars, collapse = '+')))
> form
Attitude ~ 아편 + 모르핀 + 헤로인 + 코카인 + 코데인 + 암페타민 +
    벤조디아제핀류 + LSD + 대마초 + 마리화나 + 프로포폴 + 원료물질 +
    엑스터시 + 각성제 + 향정신성의약품 + 환각제 + 신종유사마약
> tr.nnet = nnet(form, data=tdata, size=5)
# weights:  96
initial  value 47825.292650
iter  10 value 44818.557800
iter  20 value 44530.842853
iter  30 value 44482.818449
iter  40 value 44457.048803
iter  50 value 44444.158660
iter  60 value 44437.810288
iter  70 value 44432.164316
iter  80 value 44428.103309
iter  90 value 44425.417035
iter 100 value 44423.021764
final  value 44423.021764
stopped after 100 iterations
> p=predict(tr.nnet, tdata, type='raw')
> mean(p)
[1] 0.7704804
>
```

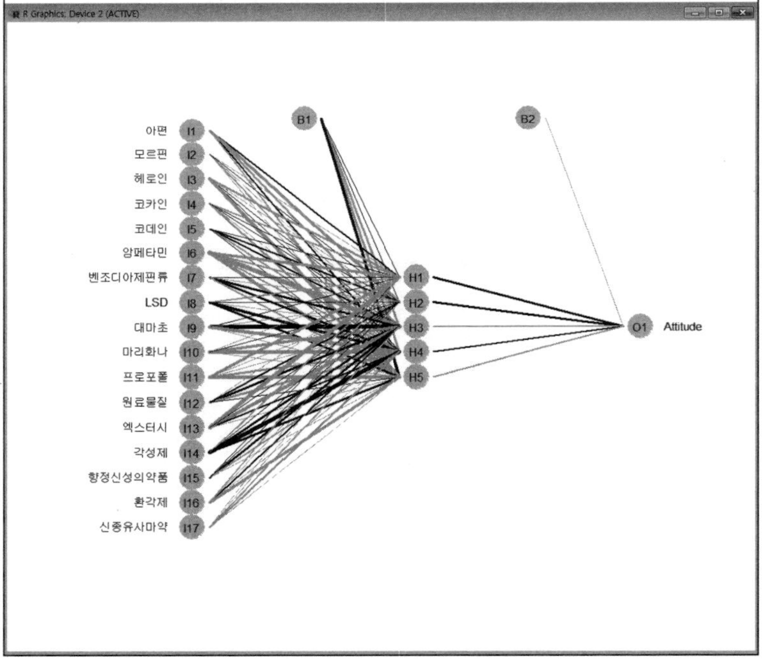

[그림 6-11] 마약 신경망 예측모형

(2) 로지스틱 회귀 예측모형 개발

① 호흡기 증상 예측모형 개발

호흡기 증상의 로지스틱 회귀모형 평가 결과 [그림 6-12]와 같이 정확도는 81.09%, 오류율은 18.91%, 민감도는 12.72%, 특이도는 99.77%, 정밀도는 56.88%로 나타났다.

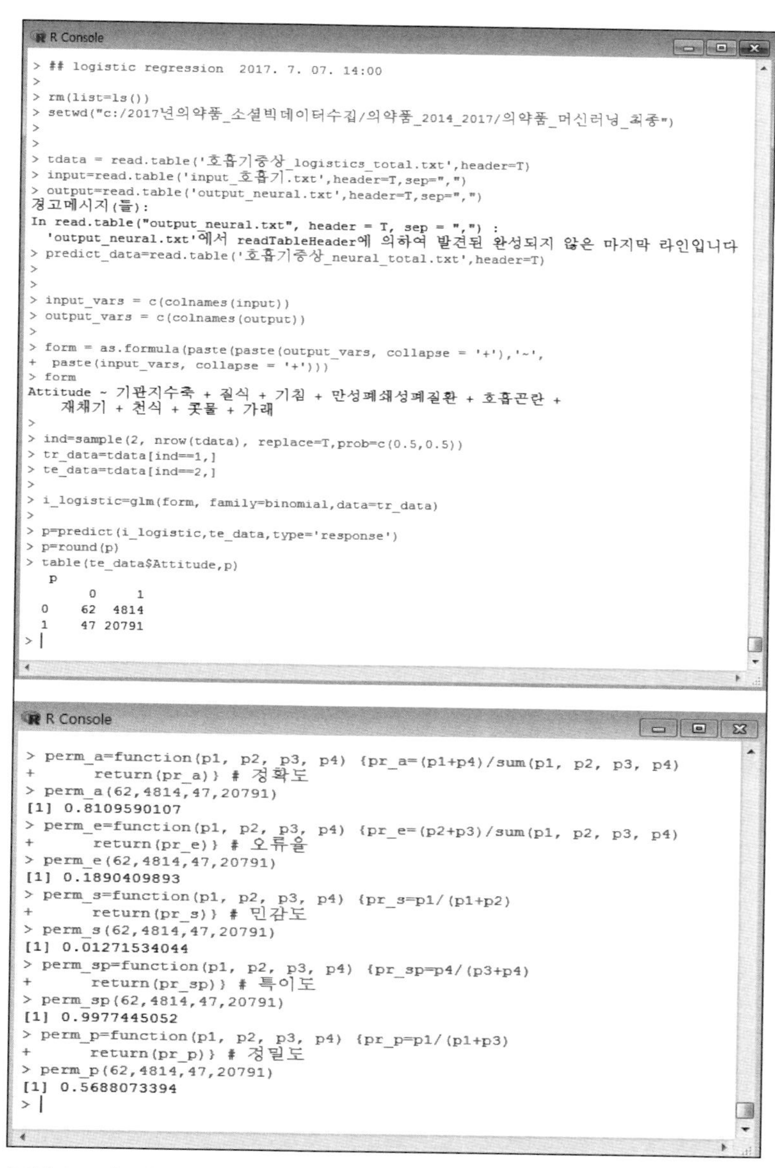

[그림 6-12] 호흡기 증상 로지스틱 회귀 예측모형의 평가

호흡기 증상의 로지스틱 회귀모형의 예측 결과 기침, 만성폐쇄성폐질환, 재채기, 천식, 가래는 긍정의 확률이 높으며, 기관지수축, 질식, 호흡곤란, 콧물은 부정의 확률이 높은 것으로 나타났다(그림 6-13).

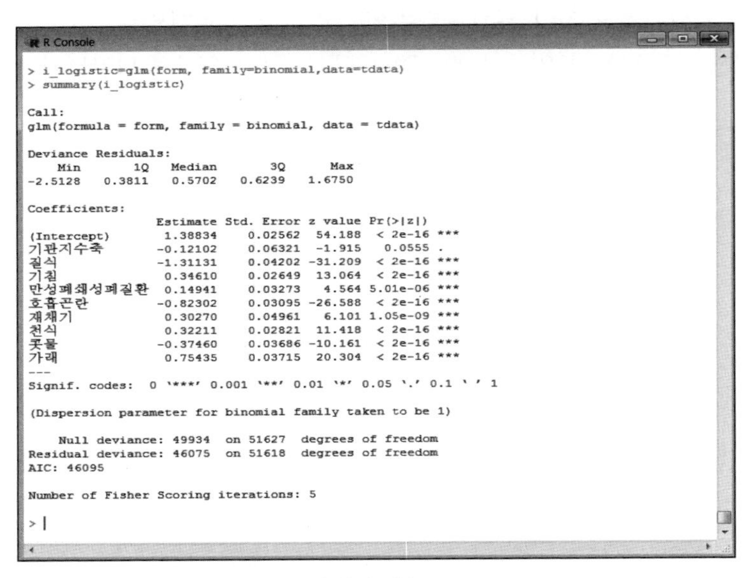

[그림 6-13] 호흡기 증상 로지스틱 회귀모형

② 마약 위험 예측모형 개발

로지스틱 회귀모형에서 마약에 대한 감정은 일반의 평균 예측확률은 22.98%로 나타났으며, 위험의 평균 예측확률은 77.02%로 나타났다(그림 6-14).

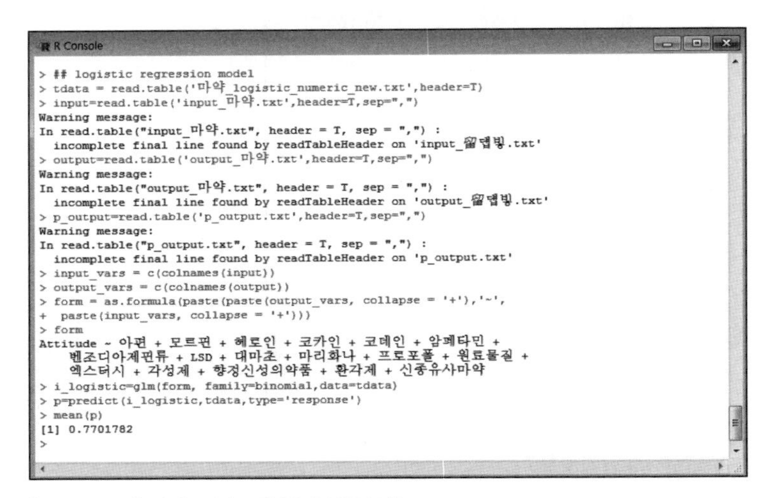

[그림 6-14] 마약 로지스틱 회귀 예측모형

(3) 서포트벡터머신 예측모형 개발

① 호흡기 증상 예측모형 개발

호흡기 증상의 서포트벡터머신 모형 평가결과 [그림 6-15]와 같이 정확도는 81.54%, 오류율은 18.46%, 민감도는 17.78%, 특이도는 96.04%, 정밀도는 50.56%로 나타났다.

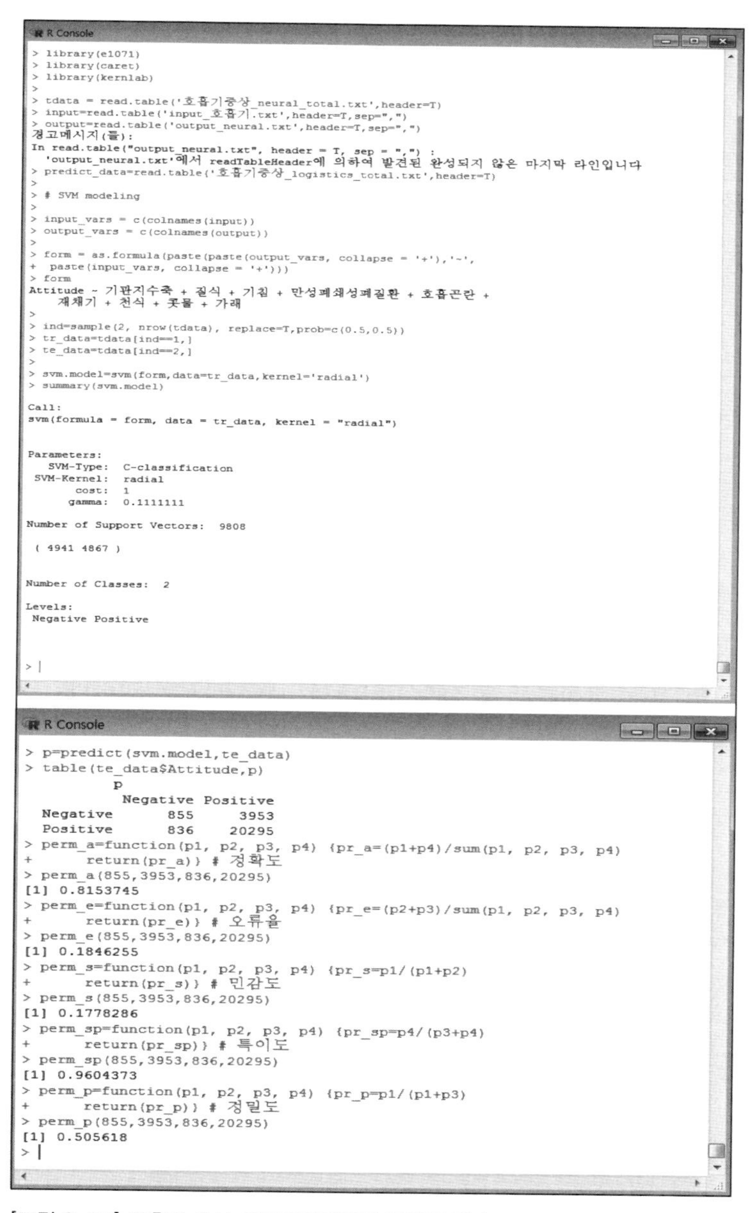

[그림 6-15] 호흡기 증상 서포트벡터머신 모형의 평가

② 마약 위험 예측모형 개발

서포트벡터머신 모형에서 마약에 대한 감정은 일반의 평균 예측확률은 6.41%로 나타났으며, 위험의 평균 예측확률은 93.59%로 나타났다(그림 6-16).

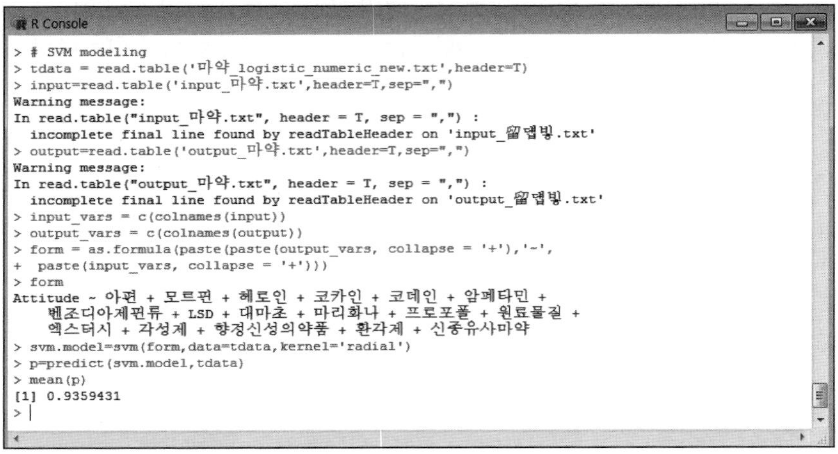

```
R Console
> # SVM modeling
> tdata = read.table('마약_logistic_numeric_new.txt',header=T)
> input=read.table('input_마약.txt',header=T,sep=",")
Warning message:
In read.table("input_마약.txt", header = T, sep = ",") :
  incomplete final line found by readTableHeader on 'input_留덉빟.txt'
> output=read.table('output_마약.txt',header=T,sep=",")
Warning message:
In read.table("output_마약.txt", header = T, sep = ",") :
  incomplete final line found by readTableHeader on 'output_留덉빟.txt'
> input_vars = c(colnames(input))
> output_vars = c(colnames(output))
> form = as.formula(paste(paste(output_vars, collapse = '+'),'~',
+  paste(input_vars, collapse = '+')))
> form
Attitude ~ 아편 + 모르핀 + 헤로인 + 코카인 + 코데인 + 암페타민 +
    벤조디아제핀류 + LSD + 대마초 + 마리화나 + 프로포폴 + 원료물질 +
    엑스터시 + 각성제 + 향정신성의약품 + 환각제 + 신종유사마약
> svm.model=svm(form,data=tdata,kernel='radial')
> p=predict(svm.model,tdata)
> mean(p)
[1] 0.9359431
> |
```

[그림 6-16] 마약 서포트벡터머신 예측모형

(4) 랜덤포레스트 예측모형 개발

① 호흡기 증상 예측모형 개발

호흡기증상의 랜덤포레스트 모형 평가결과 [그림 6-17]과 같이 정확도는 81.69%, 오류율은 18.31%, 민감도는 23.41%, 특이도는 99.65%, 정밀도는 60.54%로 나타났다.

```
R Console
> tdata.rf = randomForest(form, data=tr_data ,forest=FALSE,importance=TRUE)
> tdata = read.table('호흡기증상_neural_total.txt',header=T)
> input=read.table('input_호흡기.txt',header=T,sep=",")
> output=read.table('output_neural.txt',header=T,sep=",")
경고메시지(들):
In read.table("output_neural.txt", header = T, sep = ",") :
  'output_neural.txt'에서 readTableHeader에 의하여 발견된 완성되지 않은 마지막 라인입니다
> predict_data=read.table('호흡기증상_logistics_total.txt',header=T)
> input_vars = c(colnames(input))
> output_vars = c(colnames(output))
>
> form = as.formula(paste(paste(output_vars, collapse = '+'),'~',
+  paste(input_vars, collapse = '+')))
> form
Attitude ~ 기관지수축 + 질식 + 기침 + 만성폐쇄성폐질환 + 호흡곤란 +
    재채기 + 천식 + 콧물 + 가래
>
> ind=sample(2, nrow(tdata), replace=T,prob=c(0.5,0.5))
> tr_data=tdata[ind==1,]
> te_data=tdata[ind==2,]
>
> tdata.rf = randomForest(form, data=tr_data ,forest=FALSE,importance=TRUE)
> |
```

```
R Console
> p=predict(tdata.rf,te_data)
> table(te_data$Attitude,p)
          p
           Negative Positive
  Negative      112     4673
  Positive       73    21061
> perm_a=function(p1, p2, p3, p4) {pr_a=(p1+p4)/sum(p1, p2, p3, p4)
+      return(pr_a)} # 정확도
> perm_a(112,4673,73,21061)
[1] 0.8168911
> perm_e=function(p1, p2, p3, p4) {pr_e=(p2+p3)/sum(p1, p2, p3, p4)
+      return(pr_e)} # 오류율
> perm_e(112,4673,73,21061)
[1] 0.1831089
> perm_s=function(p1, p2, p3, p4) {pr_s=p1/(p1+p2)
+      return(pr_s)} # 민감도
> perm_s(112,4673,73,21061)
[1] 0.02340648
> perm_sp=function(p1, p2, p3, p4) {pr_sp=p4/(p3+p4)
+      return(pr_sp)} # 특이도
> perm_sp(112,4673,73,21061)
[1] 0.9965459
> perm_p=function(p1, p2, p3, p4) {pr_p=p1/(p1+p3)
+      return(pr_p)} # 정밀도
> perm_p(112,4673,73,21061)
[1] 0.6054054
> |
```

[그림 6-17] 호흡기 증상 랜덤포레스트 모형의 평가

호흡기 증상의 랜덤포레스트 모형의 중요도 그림에서 의약품 감정에 가장 큰 영향을 미치는 호흡기 증상은 질식, 호흡곤란, 가래, 천식, 기침, 콧물 등의 순으로 중요한 증상으로 나타났다(그림 6-18).

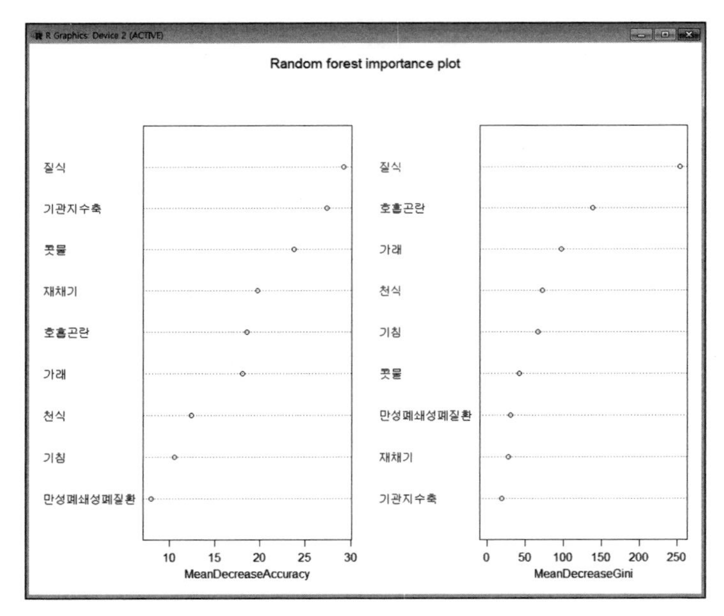

[그림 6-18] 호흡기 증상 랜덤포레스트 모형의 중요도 그림

② 마약 위험 예측모형 개발

랜덤포레스트 모형에서 마약에 대한 감정은 일반의 평균 예측확률은 22.98%로 나타났으며, 위험의 평균 예측확률은 77.02%로 나타났다(그림 6-19).

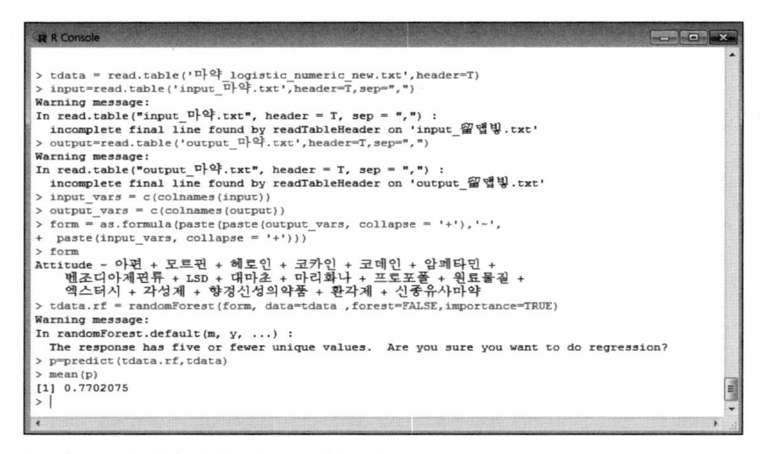

[그림 6-19] 마약 랜덤포레스트 예측모형

랜덤포레스트 모형의 중요도 그림(IncNodePurity)에서 마약에 대한 감정(일반, 위험)에 가장 큰 영향을 미치는 마약류는 신종유사마약으로 나타났으며, 그 뒤를 이어 대마초, 암페타민, 프로포폴, 코카인, 헤로인, 환각제 등의 순으로 중요한 것으로 나타났다(그림 6-20).

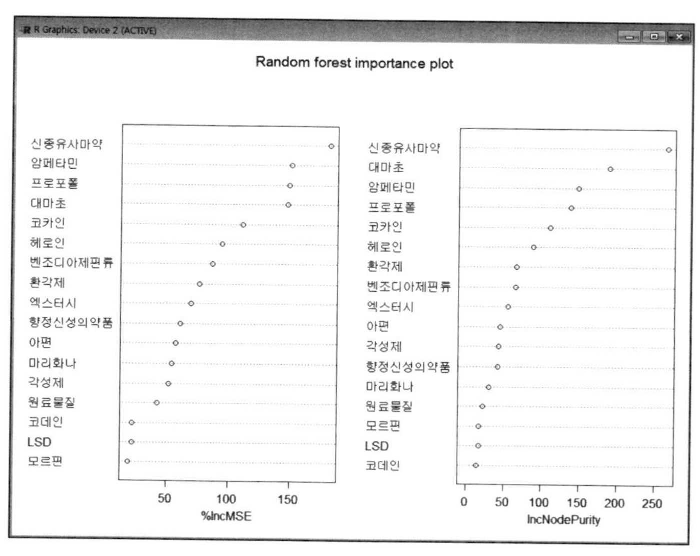

[그림 6-20] 마약 랜덤포레스트 모형의 중요도 그림

(5) 의사결정나무 예측모형 개발

① 호흡기증상 예측모형 개발

호흡기증상의 의사결정나무 모형 평가결과 [그림 6-21]과 같이 정확도는 81.15%, 오류율은 18.85%, 민감도는 23.84%, 특이도는 99.55%, 정밀도는 55.24%로 나타났다.

```
> library(party)
> rm(list=ls())
> setwd("c:/2017년의약품_소셜빅데이터수집/의약품_2014_2017/의약품_머신러닝_최종")
>
> tdata = read.table('호흡기증상_neural_total.txt',header=T)
> input=read.table('input_호흡기.txt',header=T,sep=",")
> output=read.table('output_neural.txt',header=T,sep=",")
경고메시지(들):
In read.table("output_neural.txt", header = T, sep = ",") :
  'output_neural.txt'에서 readTableHeader에 의하여 발견된 완성되지 않은 마지막 라인입$
> predict_data=read.table('호흡기증상_logistics_total.txt',header=T)
>
> # decision trees modeling
>
> input_vars = c(colnames(input))
> output_vars = c(colnames(output))
>
> form = as.formula(paste(paste(output_vars, collapse = '+'),'~',
+  paste(input_vars, collapse = '+')))
> form
Attitude ~ 기관지수축 + 질식 + 기침 + 만성폐쇄성폐질환 + 호흡곤란 +
    재채기 + 천식 + 콧물 + 가래
>
> ind=sample(2, nrow(tdata), replace=T,prob=c(0.5,0.5))
> tr_data=tdata[ind==1,]
> te_data=tdata[ind==2,]
>
>
> i_ctree=ctree(form,tr_data)
> |
```

```
> p=predict(i_ctree,te_data)
> table(te_data$Attitude,p)
          p
           Negative Positive
  Negative      116     4750
  Positive       94    20731
> perm_a=function(p1, p2, p3, p4) {pr_a=(p1+p4)/sum(p1, p2, p3, p4)
+       return(pr_a)} # 정확도
> perm_a(116,4750,94,20731)
[1] 0.8114515
> perm_e=function(p1, p2, p3, p4) {pr_e=(p2+p3)/sum(p1, p2, p3, p4)
+       return(pr_e)} # 오류율
> perm_e(116,4750,94,20731)
[1] 0.1885485
> perm_s=function(p1, p2, p3, p4) {pr_s=p1/(p1+p2)
+       return(pr_s)} # 민감도
> perm_s(116,4750,94,20731)
[1] 0.02383888
> perm_sp=function(p1, p2, p3, p4) {pr_sp=p4/(p3+p4)
+       return(pr_sp)} # 특이도
> perm_sp(116,4750,94,20731)
[1] 0.9954862
> perm_p=function(p1, p2, p3, p4) {pr_p=p1/(p1+p3)
+       return(pr_p)} # 정밀도
> perm_p(116,4750,94,20731)
[1] 0.552381
> |
```

[그림 6-21] 호흡기 증상 의사결정나무 모형의 평가

② 마약 위험 예측모형 개발

의사결정나무 모형에서 마약에 대한 감정은 일반의 평균 예측확률은 22.98%로 나타났으며, 위험의 평균 예측확률은 77.02%로 나타났다(그림 6-22).

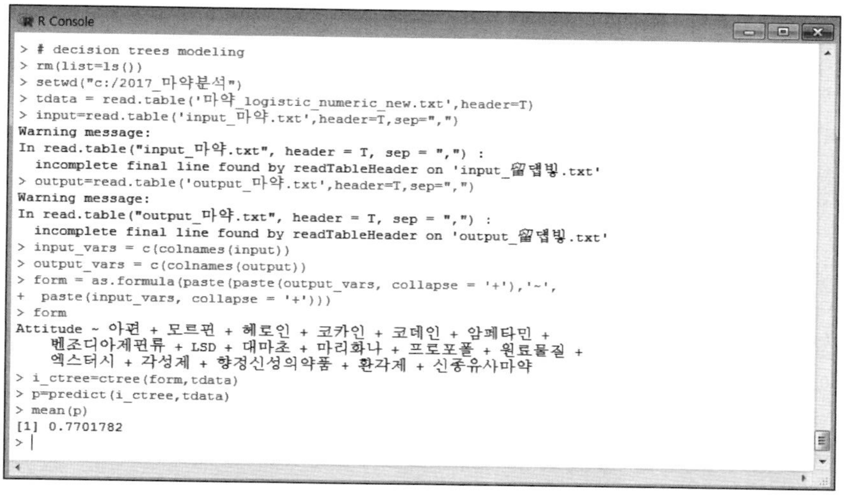

```
R Console
> # decision trees modeling
> rm(list=ls())
> setwd("c:/2017_마약분석")
> tdata = read.table('마약_logistic_numeric_new.txt',header=T)
> input=read.table('input_마약.txt',header=T,sep=",")
Warning message:
In read.table("input_마약.txt", header = T, sep = ",") :
  incomplete final line found by readTableHeader on 'input_留덈빟.txt'
> output=read.table('output_마약.txt',header=T,sep=",")
Warning message:
In read.table("output_마약.txt", header = T, sep = ",") :
  incomplete final line found by readTableHeader on 'output_留덈빟.txt'
> input_vars = c(colnames(input))
> output_vars = c(colnames(output))
> form = as.formula(paste(paste(output_vars, collapse = '+'),'~',
+  paste(input_vars, collapse = '+')))
> form
Attitude ~ 아편 + 모르핀 + 헤로인 + 코카인 + 코데인 + 암페타민 +
    벤조디아제핀류 + LSD + 대마초 + 마리화나 + 프로포폴 + 원료물질 +
    엑스터시 + 각성제 + 향정신성의약품 + 환각제 + 신종유사마약
> i_ctree=ctree(form,tdata)
> p=predict(i_ctree,tdata)
> mean(p)
[1] 0.7701782
> |
```

[그림 6-22] 마약 의사결정나무 예측모형

마약 감정에 신종유사마약의 영향력이 가장 큰 것으로 나타났다. 다음으로 대마초의 영향력이 큰 것으로 나타났다(그림 6-23).

```
> print(i_ctree)

	 Conditional inference tree with 10 terminal nodes

Response:  Attitude 
Inputs:  아편, 모르핀, 헤로인, 코카인, 코데인, 암페타민, 벤조디아제핀류, LSD, 대마초, 마리화나, 프로$
Number of observations:  258013 

1) 신종유사마약 <= 0; criterion = 1, statistic = 1777.768
  2)*  weights = 254697 
1) 신종유사마약 > 0
  3) 대마초 <= 0; criterion = 1, statistic = 31.187
    4) 향정신성의약품 <= 0; criterion = 1, statistic = 19.275
      5) 벤조디아제핀류 <= 0; criterion = 0.999, statistic = 17.25
        6) 코데인 <= 0; criterion = 0.998, statistic = 14.551
          7) 프로포폴 <= 0; criterion = 0.983, statistic = 10.83
            8) 헤로인 <= 0; criterion = 0.964, statistic = 9.423
              9)*  weights = 1893 
            8) 헤로인 > 0
              10)*  weights = 79 
          7) 프로포폴 > 0
            11)*  weights = 218 
        6) 코데인 > 0
          12) 헤로인 <= 0; criterion = 0.999, statistic = 16.398
            13)*  weights = 38 
          12) 헤로인 > 0
            14)*  weights = 8 
      5) 벤조디아제핀류 > 0
        15)*  weights = 191 
    4) 향정신성의약품 > 0
      16) 엑스터시 <= 0; criterion = 1, statistic = 22.787
        17)*  weights = 703 
      16) 엑스터시 > 0
        18)*  weights = 34 
  3) 대마초 > 0
    19)*  weights = 152 
> 
```

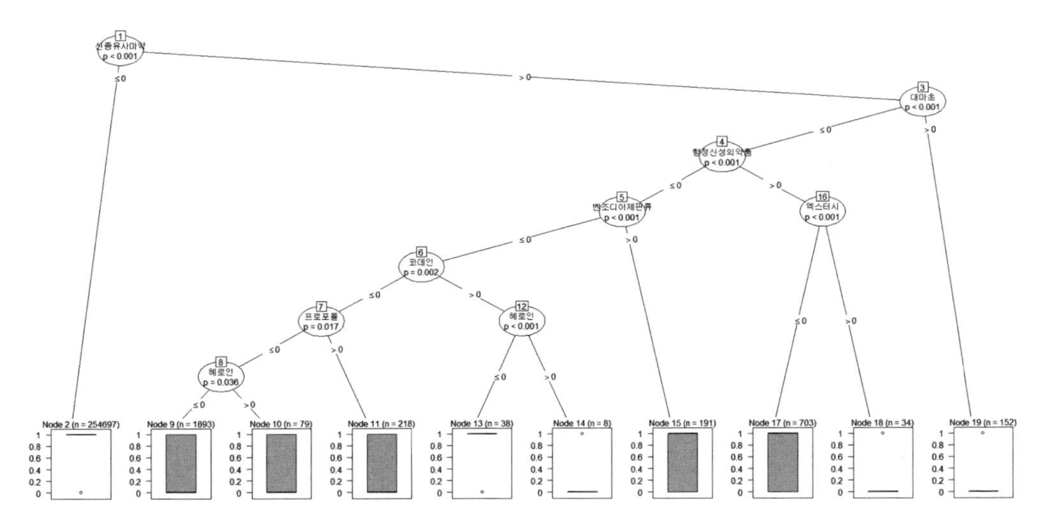

[그림 6-23] 마약 의사결정나무 예측모형

(6) 나이브 베이즈 분류 예측모형 개발

① 호흡기 증상 예측모형 개발

호흡기 증상의 나이브 베이즈 분류모형 평가 결과 [그림 6-24]와 같이 정확도는 78.16%, 오류율은 21.84%, 민감도는 34.14%, 특이도는 88.41%, 정밀도는 40.68%로 나타났다.

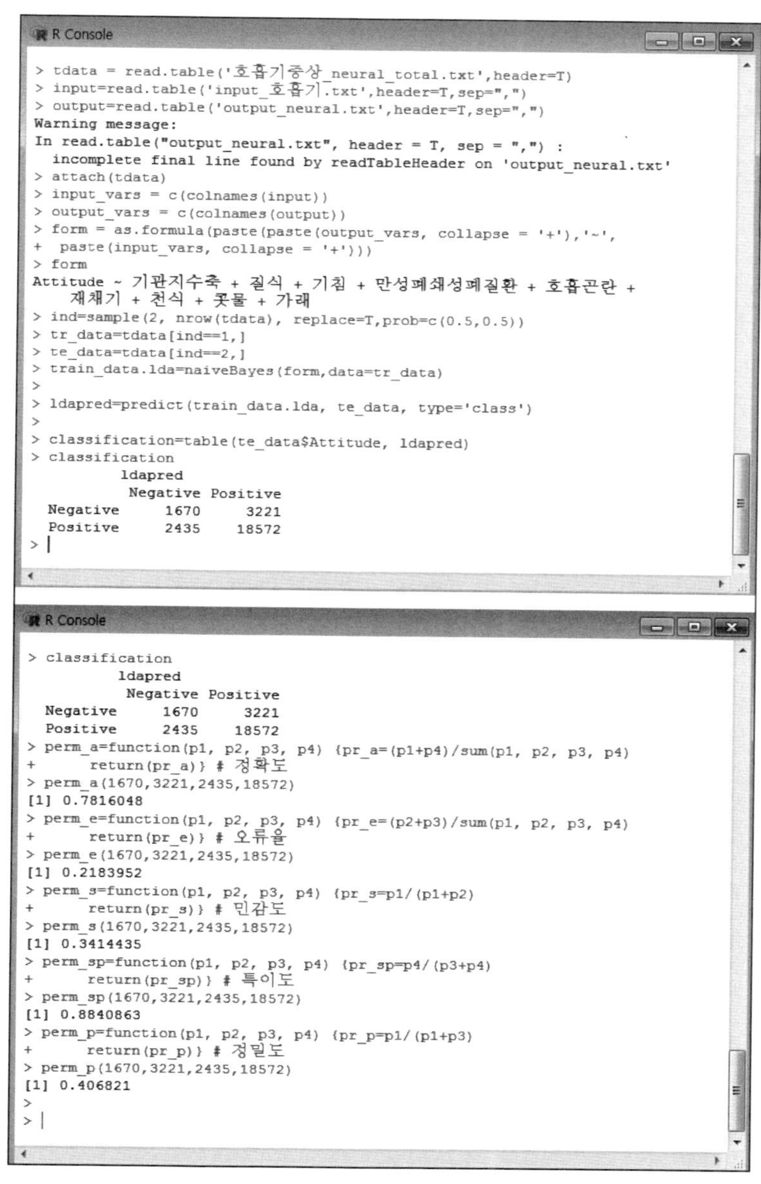

[그림 6-24] 호흡기 증상 나이브 베이즈 분류모형의 평가

② 마약 위험 예측모형 개발

나이브 베이즈 분류모형에서 마약에 대한 감정은 일반의 평균 예측확률은 5.72%로 나타났으며, 위험의 평균 예측확률은 94.28%로 나타났다(그림 6-25).

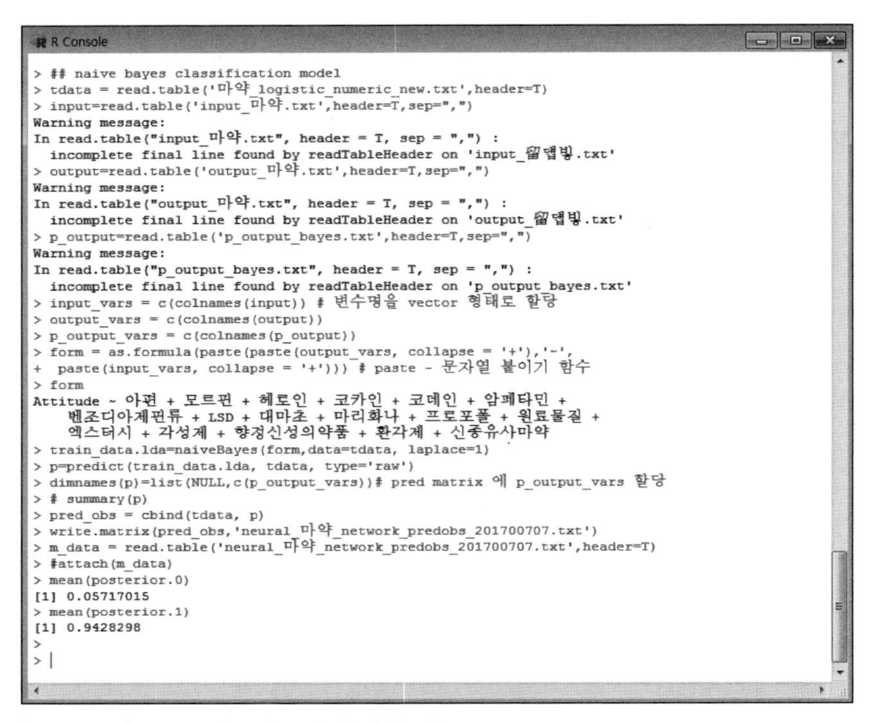

[그림 6-25] 마약 나이브 베이즈 분류 예측모형

4.4 머신러닝 기반 예측모형 평가

(1) 호흡기 증상 예측모형

호흡기 증상 머신러닝 모형의 분석결과 ROC 곡선의 평가는 랜덤포레스트, 신경망, 의사결정나무 등의 순으로 성능이 좋은 것으로 나타났다(그림 6-26).

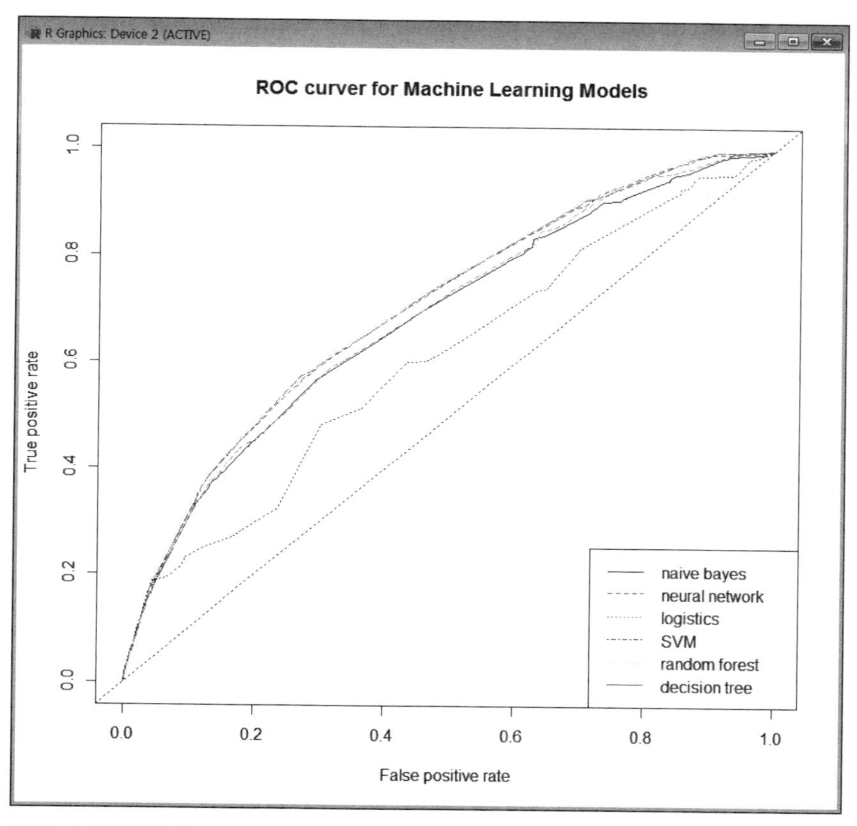

[그림 6-26] 호흡기 증상 머신러닝 예측모형의 ROC 곡선 평가

(2) 마약 위험 예측모형

마약 머신러닝 모형의 분석결과 ROC곡선의 평가는 랜덤포레스트, 의사결정나무, 신경망 등의 순으로 성능이 좋은 것으로 나타났다(그림 6-27).

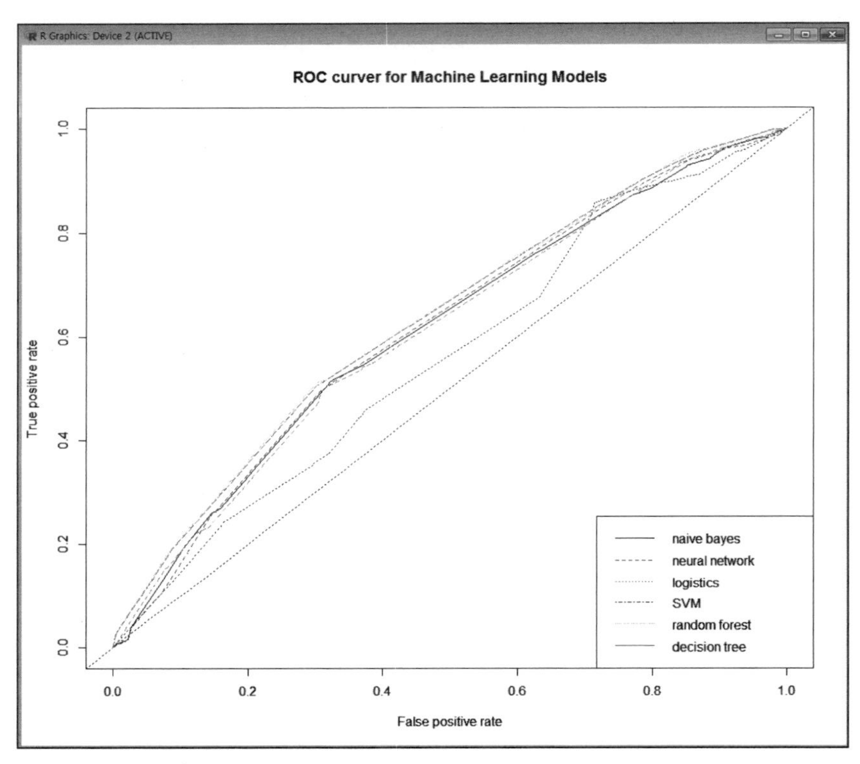

[그림 6-27] 마약 머신러닝 예측모형의 ROC 곡선 평가

4.5 연관분석

(1) 호흡기 증상 연관규칙

호흡기 증상 간 연관규칙은 {기침, 재채기, 가래} => {콧물} 4개 변인의 연관성은 지지도 0.01, 신뢰도 86.70, 향상도 5.91로 나타나 이는 온라인 문서에서 '기침, 재채기, 가래' 부작용이 언급되면 '콧물'이 언급될 확률이 약 5.91배 높아지는 것으로 나타났다(그림 6-28).

```
> inspect(rules.sorted)
     lhs                                rhs      support    confidence lift
[1]  {기침,재채기,가래}              => {콧물}   0.01022701 0.8669951  5.9051744
[2]  {재채기,가래}                   => {콧물}   0.01138917 0.8583942  5.8465928
[3]  {천식,콧물}                     => {재채기} 0.01090494 0.4340786  5.6350546
[4]  {재채기,천식}                   => {콧물}   0.01090494 0.7929577  5.4009001
[5]  {재채기}                        => {콧물}   0.05218099 0.6773950  4.6137929
[6]  {기침,재채기}                   => {콧물}   0.02066708 0.6404562  4.3621994
[7]  {기침,천식,콧물}                => {가래}   0.01020764 0.5317861  2.4300807
[8]  {천식,콧물,가래}                => {기침}   0.01020764 0.9705341  2.2755101
[9]  {기침,재채기,콧물}              => {가래}   0.01022701 0.4948454  2.2612742
[10] {만성폐쇄성폐질환,천식,가래}    => {기침}   0.01433331 0.9487179  2.2243601
[11] {호흡곤란,가래}                 => {기침}   0.01443015 0.9074300  2.1275565
[12] {재채기,콧물,가래}              => {기침}   0.01022701 0.8979592  2.1053514
[13] {콧물,가래}                     => {기침}   0.02729139 0.8940355  2.0961520
[14] {재채기,가래}                   => {기침}   0.01179592 0.8890511  2.0844655
[15] {기침,천식}                     => {가래}   0.06955528 0.4428413  2.0236334
[16] {천식,가래}                     => {기침}   0.06955528 0.8505448  1.9941837
[17] {만성폐쇄성폐질환,가래}         => {기침}   0.02750445 0.8165612  1.9145061
[18] {천식,콧물}                     => {가래}   0.01051755 0.4186584  1.9131260
[19] {기침,콧물}                     => {가래}   0.02729139 0.4053510  1.8523155
[20] {천식,콧물}                     => {기침}   0.01919501 0.7640709  1.7914375
[21] {만성폐쇄성폐질환,천식}         => {기침}   0.03970714 0.7008547  1.6432210
[22] {가래}                          => {기침}   0.14472767 0.6613560  1.5506125
[23] {기침,만성폐쇄성폐질환,가래}    => {천식}   0.01433331 0.5211268  1.4743127
[24] {기침,만성폐쇄성폐질환}         => {천식}   0.03970714 0.5207010  1.4731083
[25] {호흡곤란,천식}                 => {기침}   0.01762609 0.6232877  1.4613577
[26] {만성폐쇄성폐질환,호흡곤란}     => {기침}   0.01365538 0.5939343  1.3925359
[27] {기침,가래}                     => {천식}   0.06955528 0.4805942  1.3596426
[28] {기관지수축}                    => {기침}   0.01981483 0.5689655  1.3339942
[29] {만성폐쇄성폐질환,가래}         => {천식}   0.01510808 0.4485336  1.2689405
[30] {기침,호흡곤란}                 => {천식}   0.01762609 0.4469548  1.2644738
[31] {콧물}                          => {기침}   0.06732781 0.4585752  1.0751735
[32] {천식}                          => {기침}   0.15706593 0.4443531  1.0418285
[33] {}                              => {기침}   0.42651275 0.4265127  1.0000000
[34] {재채기}                        => {기침}   0.03226931 0.4189087  0.9821716
[35] {만성폐쇄성폐질환}              => {기침}   0.07625707 0.4132899  0.9689979
```

[그림 6-28] 호흡기 증상 연관규칙

호흡기 증상 간 연관규칙 시각화에서 대부분의 호흡기 증상은 기침, 천식, 가래와 상호 연결되어 있는 것으로 나타났다(그림 6-29).

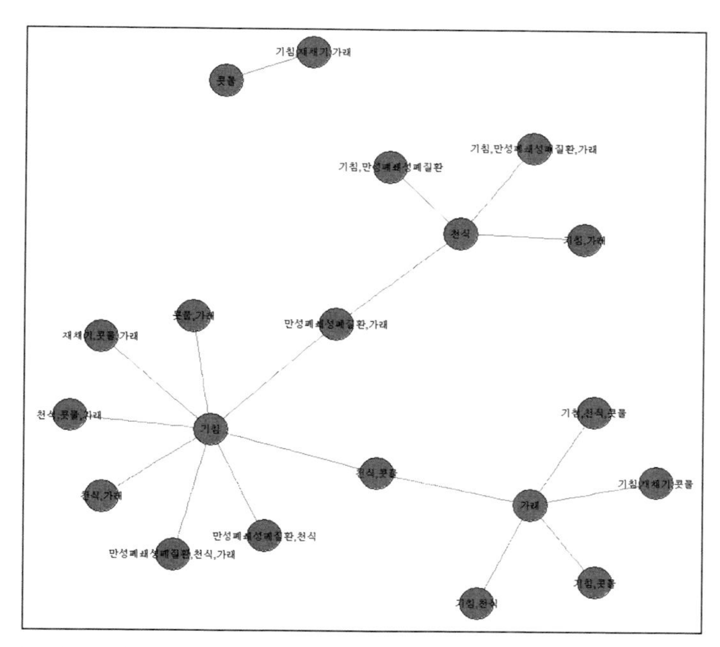

[그림 6-29] 호흡기 증상 연관규칙 시각화

(2) 마약 연관규칙

마약에 대한 키워드의 연관성 예측에서 {헤로인} =>{코카인} 두 변인의 연관성은 지지도 0.001, 신뢰도는 0.374, 향상도는 67.64로 나타났다. 이는 온라인 문서에서 헤로인이 언급되면 코카인이 나타날 확률이 37.4%이며, 헤로인이 언급되지 않은 문서보다 코카인이 나타날 확률이 약 67.6배 높아지는 것을 의미한다(그림 6-30).

```
R Console
> inspect(rules.sorted)
     lhs                 rhs                support     confidence lift     count
[1]  {헤로인}         => {코카인}         0.001453415 0.3746254  67.64046 375
[2]  {코카인}         => {헤로인}         0.001453415 0.2624213  67.64046 375
[3]  {코카인}         => {암페타민}       0.001445664 0.2610217  55.93604 373
[4]  {암페타민}       => {코카인}         0.001445664 0.3098007  55.93604 373
[5]  {향정신성의약품} => {프로포폴}       0.001383651 0.1479486  35.80925 357
[6]  {프로포폴}       => {향정신성의약품} 0.001383651 0.3348968  35.80925 357
[7]  {암페타민}       => {각성제}         0.001542558 0.3305648  34.11600 398
[8]  {각성제}         => {암페타민}       0.001542558 0.1592000  34.11600 398
[9]  {프로포폴}       => {신종유사마약}   0.001558061 0.3771107  29.34242 402
[10] {신종유사마약}   => {프로포폴}       0.001558061 0.1212304  29.34242 402
[11] {향정신성의약품} => {신종유사마약}   0.003019228 0.3228346  25.11928 779
[12] {신종유사마약}   => {향정신성의약품} 0.003019228 0.2349216  25.11928 779
[13] {코카인}         => {각성제}         0.001116223 0.2015395  20.79993 288
[14] {각성제}         => {코카인}         0.001116223 0.1152000  20.79993 288
>
> |
```

[그림 6-30] 마약 연관규칙

4.6 군집분석

(1) 호흡기 증상 군집분석

군집분석(cluster analysis)은 동일 집단에 속해 있는 개체들의 유사성에 기초하여 집단을 몇 개의 동질적인 군집으로 분류하는 분석기법이다. 군집분석을 실시하기 전에 사전에 군집의 개수를 지정해야 한다. 동 연구의 호흡기 증상의 군집분석에서 스크리도표를 분석한 결과 군집의 플롯이 군집 5에서 경사가 증가하여 군집의 수는 5개로 선정하였다(그림 6-31).

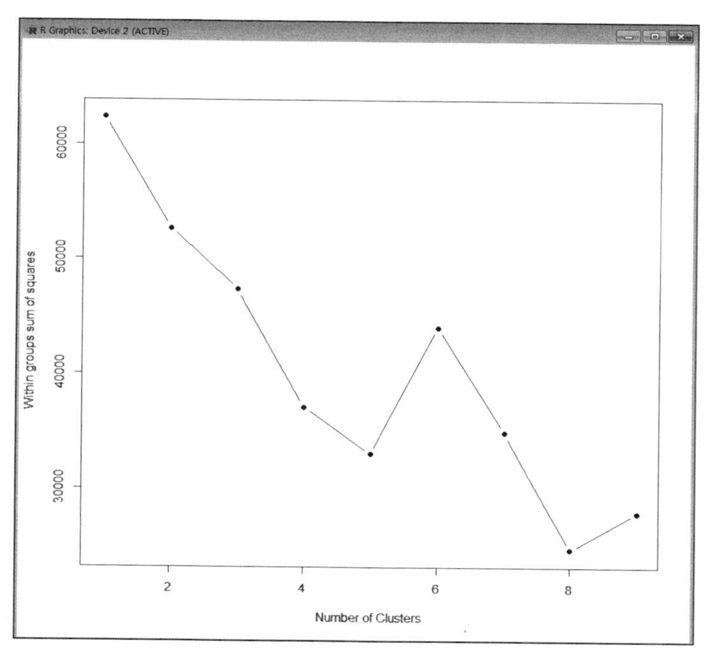

[그림 6-31] 호흡기 증상 군집의 스크리도표

군집을 5개로 선정하여 군집분석을 실시하여 Cluster means가 0.3 이상인 요인을 군집에 포함한 결과 군집 1은 14,002건으로 '기침, 천식'으로 분류되었고 군집 2는 7,217건으로 '기침, 천식, 가래'로 분류되었고, 군집 3은 12,523건으로 '만성폐쇄성폐질환, 호흡곤란'으로 분류되었고, 군집 4는 5,342건으로 '재채기, 콧물'로 분류되었고, 군집 5는 12,544건으로 '천식'으로 분류되었다(그림 6-32).

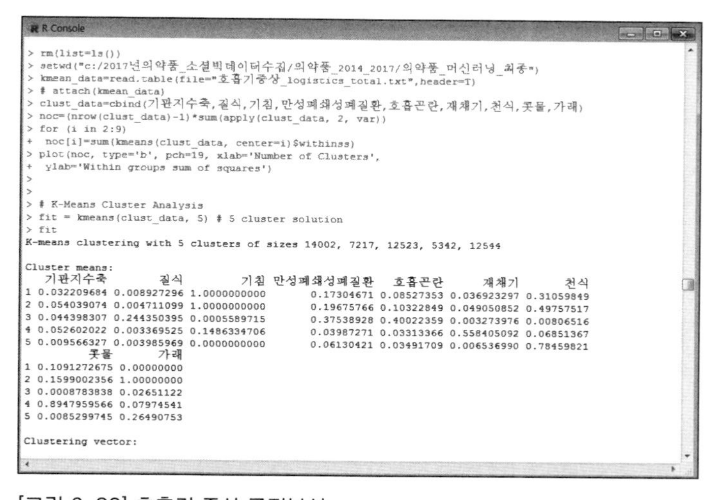

[그림 6-32] 호흡기 증상 군집분석

군집분석에서 저장된 소속군집을 이용하여 의약품 감정(부정, 긍정)에 영향을 미치는 군집에 대해 세분화 분석을 실시하였다. 의약품의 부정적 감정은 군집 3(만성폐쇄성폐질환, 호흡곤란)이 22.06%로 가장 높게 나타났으며, 다음으로 군집 1(기침, 천식)이 21.95%로 높게 나타났다(그림 6-33).

```
R Console
> # append cluster assignment
> kmean_data=data.frame(kmean_data, fit$cluster)
> ## cluster save (시장세분화 적용)
> ## kmean_data의 출력(저장하기)
>
> library(MASS)
> write.matrix(kmean_data,
+  "c:/2017년의약품_소셜빅데이터수집/의약품_2014_2017/의약품_머신러닝_최종/drug_cluster.txt")
> install.packages('Rcmdr'); library(Rcmdr)
경고: 패키지 'Rcmdr'가 사용중이므로 설치되지 않을 것입니다
> install.packages('catspec'); library(catspec)
경고: 패키지 'catspec'가 사용중이므로 설치되지 않을 것입니다
> setwd("c:/2017년의약품_소셜빅데이터수집/의약품_2014_2017/의약품_머신러닝_최종")
> data_spss=read.table(file='drug_cluster.txt', header=T)
> t1=ftable(data_spss[c('fit.cluster','Attitude')])
> ctab(t1,type=c('n','r','c','t'))
                    Attitude        0        1
fit.cluster
1            Count            6787.00 24128.00
             Row %              21.95    78.05
             Column %           69.85    57.57
             Total %            13.15    46.73
2            Count            1219.00  5137.00
             Row %              19.18    80.82
             Column %           12.55    12.26
             Total %             2.36     9.95
3            Count             536.00  1894.00
             Row %              22.06    77.94
             Column %            5.52     4.52
             Total %             1.04     3.67
4            Count             386.00  3089.00
             Row %              11.11    88.89
             Column %            3.97     7.37
             Total %             0.75     5.98
5            Count             788.00  7664.00
             Row %               9.32    90.68
             Column %            8.11    18.29
             Total %             1.53    14.84
> chisq.test(t1)

        Pearson's Chi-squared test

data:  t1
X-squared = 850.16, df = 4, p-value < 2.2e-16

> |
```

[그림 6-33] 호흡기 증상 군집의 세분화 분석

(2) 마약 군집분석

스크리 도표의 군집 6에서 급격한 경사가 완만해져 마약류의 군집의 수를 6으로 선정하였다(그림 6-34).

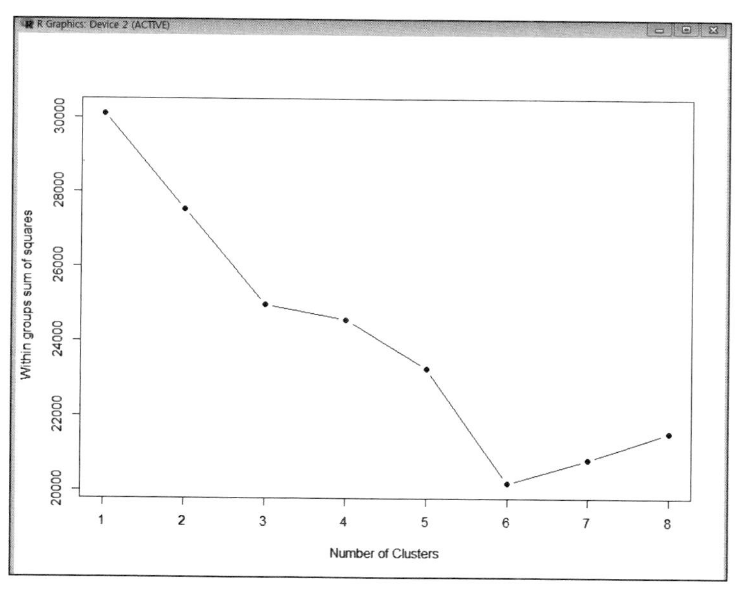

[그림 6-34] 마약 군집의 스크리도표

Cluster means가 0.3 이상인 요인을 군집에 포함하였다. 군집 1은 8,326건(벤조디아제핀류)으로 분류할 수 있다. 군집 2는 350건(아편, 모르핀, 헤로인, 코카인, 암페타민, 벤조디아제핀류, LSD, 각성제, 향정신성의약품, 신종유사마약)으로 분류할 수 있다. 군집 3은 244,011건으로 포함되는 요인이 없는 것으로 나타났다. 군집 4는 1,326건(대마초)로 분류할 수 있다. 군집 5는 1,109건(코카인)으로 분류할 수 있다. 군집 6은 2,891건(신종유사마약)으로 분류할 수 있다(그림 6-35).

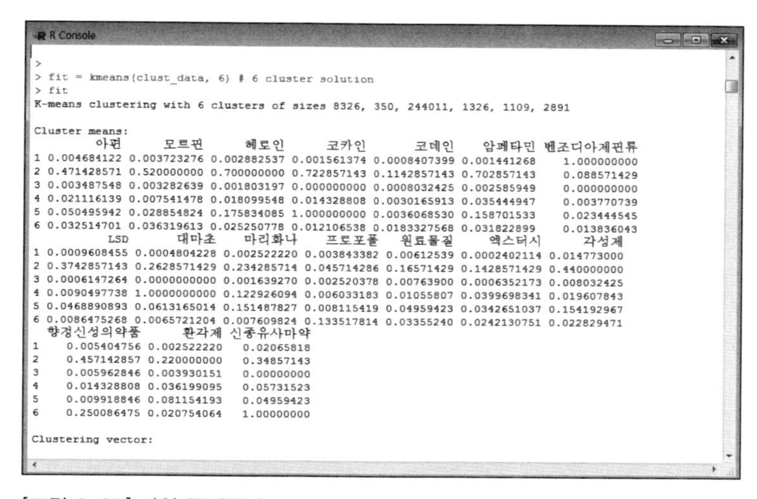

```
>
> fit = kmeans(clust_data, 6) # 6 cluster solution
> fit
K-means clustering with 6 clusters of sizes 8326, 350, 244011, 1326, 1109, 2891

Cluster means:
         아편      모르핀      헤로인      코카인       코데인    암페타민 벤조디아제핀류
1 0.004684122 0.003723276 0.002882537 0.001561374 0.0008407399 0.001441268    1.000000000
2 0.471428571 0.520000000 0.700000000 0.722857143 0.1142857143 0.702857143    0.088571429
3 0.003487548 0.003282639 0.001803197 0.000000000 0.0008032425 0.002585949    0.000000000
4 0.021116139 0.007541478 0.018099548 0.014328808 0.0030165913 0.035444947    0.003770739
5 0.050495942 0.028854824 0.175834085 1.000000000 0.0036068530 0.158701533    0.023444545
6 0.032514701 0.036319613 0.025250778 0.012106538 0.0183327568 0.031822899    0.013836043
           LSD       대마초    마리화나    프로포폴   원료물질     엑스터시      각성제
1 0.0009608455 0.0004804228 0.002522220 0.003843382 0.00612539 0.0002402114 0.014773000
2 0.3742857143 0.2628571429 0.234285714 0.045714286 0.16571429 0.1428571429 0.440000000
3 0.0006147264 0.0000000000 0.001639270 0.002520378 0.00763900 0.0006352173 0.008032425
4 0.0090497738 1.0000000000 0.122926094 0.006033183 0.01055807 0.0399698341 0.019607843
5 0.0468890893 0.0613165014 0.151487827 0.008115419 0.04959423 0.0342651037 0.154192967
6 0.0086475268 0.0065721204 0.007609824 0.133517814 0.03355240 0.0242130751 0.022829471
  향정신성의약품      환각제 신종유사마약
1    0.005404756 0.002522220   0.02065818
2    0.457142857 0.220000000   0.34857143
3    0.005962846 0.003930151   0.00000000
4    0.014328808 0.036199095   0.05731523
5    0.009918846 0.081154193   0.04959423
6    0.250086475 0.020754064   1.00000000

Clustering vector:
```

[그림 6-35] 마약 군집분석

4.7 시각화

호흡기 증상의 일별 위험도는 [그림 6-36]과 같다.

```
R Console
> ## 호흡기질환 일별 위험도 2017. 7. 16.
>
> rm(list=ls())
> setwd("c:/2017년의약품_소셜빅데이터수집/의약품_2014_2017/의약품_머신러닝_최종")
> drug=read.csv("호흡기증상_일별_위험도.csv",sep=",",stringsAsFactors=F)
> a=drug$Y2014
> b=drug$Y2015
> c=drug$Y2016
> d=drug$Y2017
> plot(a,xlab="",ylab="",ylim=c(0,130),type="l",axes=FALSE,ann=F,col=1)
>
> title(main="호흡기증상 일별 일별 위험도(2014년 1월 - 2017년 4월)",col.main=1,font.main=2)
>
> title(xlab="Day",col.lab=1)
> title(ylab="Buzz",col.lab=1)
>
> axis(1,at=1:365)
> axis(2,ylim=c(0,130),las=2)
>
> lines(b,col=2,type="l")
> lines(c,col=3,type="l")
> lines(d,col=4,type="l")
>
> colors=c(1,2,3,4)
> legend(300,125,c("2014년","2015년","2016년","2017년"),cex=0.9,col=colors,lty=1,lwd=2)
>
> savePlot("호흡기증상 일별 위험도(2014년 1월 - 2017년 4월).png",type="png")
>
```

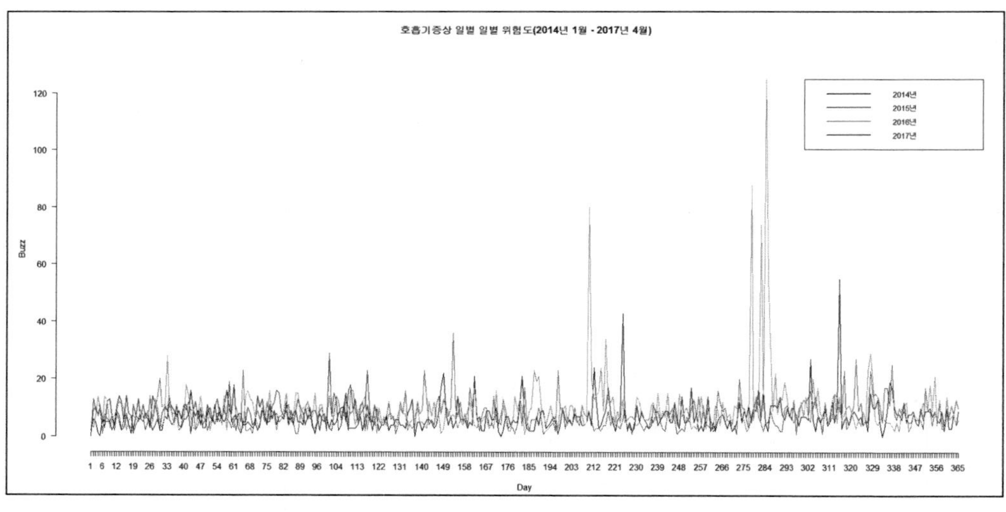

[그림 6-36] 호흡기 증상의 일별 위험도

2014년-2017년 호흡기 증상의 지역별 위험은 [그림 6-37]과 같다.

```
R Console
> ## 의약품_비지정 위험 연도별 비교
>
> pop = read.table('의약품_지정_gadm.txt',header=T)
>
> # 2014년
>
> pop_s = pop[order(pop$Code),]
> inter=c(0.0,11.8,13.6,14.8,14.9,15.1,15.5,16.2,16.5,16.6,17.0,19.0,19.6,20.6,20.8,22.4,22.$
> pop_c=cut(pop_s$Y2014,breaks=inter)
> gadm$pop=as.factor(pop_c)
> col=rev(heat.colors(length(levels(gadm$pop))))
> p1=spplot(gadm, 'pop', col.regions=col, main='2014년 지역별 의약품 부작용(지정모델) 위험')
>
>
> # 2015년
>
> pop_s = pop[order(pop$Code),]
> inter=c(0.0,12.0,14.1,15.1,15.2,15.3,15.4,16.2,16.4,18.0,18.4,18.8,20.9,21.4,21.6,22.6,23.$
> pop_c=cut(pop_s$Y2015,breaks=inter)
> gadm$pop=as.factor(pop_c)
> col=rev(heat.colors(length(levels(gadm$pop))))
> p2=spplot(gadm, 'pop', col.regions=col, main='2015년 지역별 의약품 부작용(지정모델) 위험')
>
> # 2016년
>
> pop_s = pop[order(pop$Code),]
> inter=c(0.0,13.2,14.3,15.4,16.2,17.0,17.7,18.7,19.1,19.4,19.9,20.7,22.1,22.5,22.9,23.6,24.$
> pop_c=cut(pop_s$Y2016,breaks=inter)
> gadm$pop=as.factor(pop_c)
> col=rev(heat.colors(length(levels(gadm$pop))))
> p3=spplot(gadm, 'pop', col.regions=col, main='2016년 지역별 의약품 부작용(지정모델) 위험')
>
> # 2017년
>
> pop_s = pop[order(pop$Code),]
> inter=c(0.0,13.3,14.0,14.2,15.6,17.0,17.2,17.5,19.1,19.3,20.8,21.5,22.5,24.5,25.3)
> pop_c=cut(pop_s$Y2017,breaks=inter)
> gadm$pop=as.factor(pop_c)
> col=rev(heat.colors(length(levels(gadm$pop))))
> p4=spplot(gadm, 'pop', col.regions=col, main='2017년 지역별 의약품 부작용(지정모델) 위험')
>
>
> ##  여러 객체 인쇄
>
> print(p1,pos=c(0, 0.5, 0.5, 1), more=T)
> print(p2,pos=c(0.5, 0.5, 1, 1), more=T)
> print(p3,pos=c(0, 0, 0.5, 0.5), more=T)
> print(p4,pos=c(0.5, 0, 1, 0.5), more=T)
>
> |
```

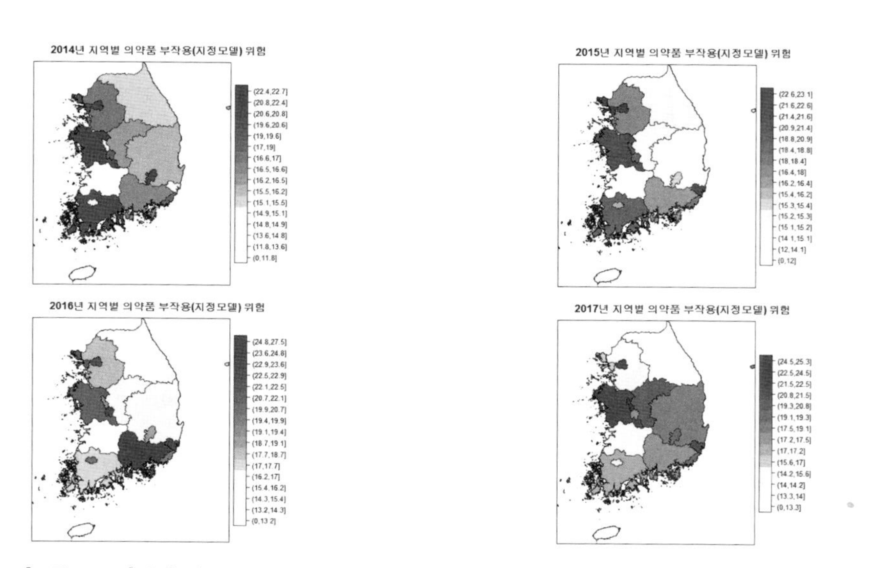

[그림 6-37] 호흡기 증상의 지역별 위험도

5 결론 및 고찰

본 연구는 우리나라에서 수집 가능한 모든 온라인 채널에서 언급된 의약품 관련 문서를 수집하여 머신러닝을 활용하여 소셜미디어 데이터에 담긴 의약품 문서를 분석하여 의약품 부작용과 마약 위험 예측모형을 개발하는 것이다. 본 연구결과를 요약하면 다음과 같다.

첫째, 의약품 관련 감정은 긍정(64.2%), 보통(7.1%), 부정(28.7%)으로 나타났다. 대응단계는 관심(0.4%), 주위(63.6%), 경계(17.0%), 심각(19.0%)으로 나타났다. 호흡기 부작용은 기침(25.1%), 천식(20.5%), 가래(12.8%) 등의 순으로 나타났다. 마약은 대마초(18.8%), 환각제(17.9%), 벤조디아제핀류(9.9%), 신종유사마약(8.5%), 각성제(7.5%) 등의 순으로 나타났다.

둘째, 의약품 일별 위험도는 마약과 관련된 이슈가 있을 때 의약품에 대한 부정적 감정의 문서량이 급증하는 것으로 나타났다.

셋째, 마약의 미래신호 탐색에서 강신호에는 환각제, 프로포폴, 향정신성의약품, 코카인, 벤조디아제핀류, 각성제가 포함되었고, 약신호에는 코데인, 엑스터시, LSD가 포함된 것으로 나타났다. 강하지만 증가율이 낮은 신호는 대마초, 신종유사마약으로 나타났으며, 잠재신호는 모르핀, 헤로인, 아편, 마리화나, 원료물질, 암페타민으로 나타났다. 특히 강신호인 1사분면에는 프로포폴이 높은 증가율을 보이고 있어 프로포폴에 대한 관리 체계가 신속히 마련되어야 할 것이다.

넷째, 호흡기 증상 머신러닝 모형의 ROC 곡선의 평가는 랜덤포레스트, 신경망, 의사결정나무 등의 순으로 성능이 좋은 것으로 나타났다. 마약의 머신러닝 모형의 ROC 곡선의 평가는 랜덤포레스트, 의사결정나무, 신경망 등의 순으로 성능이 좋은 것으로 나타났다.

다섯째, 호흡기 증상 간 연관규칙은 {기침, 재채기, 가래} => {콧물} 4개 변인의 연관성이 가장 높은 것으로 나타났다. 마약에 대한 키워드의 연관규칙은 {헤로인} =>{코카인} 두 변인의 연관성이 가장 높은 것으로 나타났다.

본 연구결과 정책제언은 다음과 같다.

첫째, 의약품 온톨로지(용어사전)의 지속적인 개편이 있어야 할 것이다. 본 연구에 사용된 온톨로지는 의약품 부작용 분류체계 등을 이용하여 2014년부터 3개년에 동안 온라인 채널에 언급된 데이터를 기본으로 개발된 분류사전이기 때문에 연도별 신규 의약품이나 부작용 등의 키워드를 추가하는 등 수정·보완이 지속적으로 이루어져야 할 것이다.

둘째, 본 연구에서 개발된 머신러닝 모형은 지속적인 학습을 통하여 지능화되어야 할 것이다. 따라서 신규 데이터가 추가되어 주기적인 학습을 통하여 모형의 고도화가 이루어져야 할 것이다.

셋째, 머신러닝 모형에 사용된 데이터에 대한 지속적인 개선(update)이 필요하다. 훈련데이터를 학습하여 개발된 머신러닝 모형은 시험데이터를 적용할 경우 실제 분류와 예측 분류는 다르다. 따라서 모형의 예측률을 높이기 위해서는 실제 데이터의 분류와 예측데이터의 분류가 동일한 케이스만 선택(selection)하여 양질의 훈련데이터로 생성한 후, 훈련데이터를 다시 학습하게 되면 머신러닝 모형의 예측 정확도가 향상될 수 있을 것이다.

넷째, 본 연구에서 마약 예측모형의 평가는 전반적으로 매우 낮은 것으로 나타났다. 이는 마약과 같이 부정적 의미를 가지는 토픽의 감성분석은 감성어 사전을 개발하여 마약에 대한 감정을 측정해야 하나, 본 연구에서는 긍정과 부정의 단어로만 측정하여 마약에 대한 감정의 분류가 명확하지 않은 것에 기인한 것으로 본다.

다섯째, 소셜미디어를 활용한 약물감시의 이론적 배경과 같이 의약품과 마약에 대해 일반 소비자들이 언급하는 용어는 본 연구의 분류체계와 같은 전문용어를 사용하고 있지 않기 때문에 향후, 의약품과 마약의 구어체나 속어에 대한 용어사전을 개발하여 수집할 수 있는 체계가 필요할 것으로 본다.

끝으로 본 연구의 결과가 실질적으로 적용된다면 의약품 사고에 대한 미지의 위기상항을 조기에 포착하여 재발을 방지할 수 있는 지능형 정보서비스가 가능할 것이다.

참고문헌

1. Lazarou J, Pomeranz BH, Corey PN. Incidence of adverse drug reactions in hospitalized patients: a meta-analysis of prospective studies. JAMA 1998;279(15):1200-5.
2. Pirmohamed M, James S, Meakin S et al. Adverse drug reactions as cause of admission to hospital: prospective analysis of 18,820 patients. BMJ 2004;329(7456):15-9.
3. Bouvy JC, De Bruin ML, Koopmanschap MA. Epidemiology of adverse drug reactions in Europe: a review of recent observational studies. Drug Saf 2015;38:43753. doi:10.1007/s40264-015-0281-0.
4. Ernst FR, Grizzle AJ. et al. Drug-related morbidity and mortality: updating the cost-of-illness model. J Am Pharm Assoc 2001;41(2):192-9.
5. 박래웅(2016) 건강보험 빅데이터를 활용한 의약품 안전사용 모니터링 구축방안, 아주대학교산학협력단.국민건강보험공단.
6. http://www.sciencetimes.co.kr/?p=110174&post_type=news&news-tag=
7. http://www.biopharminternational.com/report-south-korea-0
8. 구현경. 2009. "모니터링 시스템을 통해 파악된 약물유해반응이 입원환자의 재원일수 및 진료비에 미치는 영향", 서울대학교 대학원 박사학위 논문.
9. Greener M. Understanding adverse drug reactions: an overview. Nurse Prescribing.2014; 12(4): 189-195.
10. Cossey M. Applied pharmacology. In Courtenay M, Griffiths M (Eds) *Independent and Supplementary Prescribing: An Essential Guide*. Second edition. Cambridge University Press, Cambridge;2010: 65-84.
11. Sultana J, Cutroneo P, Trifir G. Clinical and economic burden of adverse drug reactions. J Pharmacol Pharmacother. 2013;4:S73S77.
12. Aagaard L, Nielsen LH, Hansen EH. Consumer reporting of adverse drug reactions: a retrospective analysis of the Danish adverse drug reaction database from 2004 to 2006. Drug Saf. 2009;32:10671074.
13. Avery AJ, Anderson C, Bond CM, et al. Evaluation of patient reporting of adverse drug reactions to the UK Yellow Card Scheme: literature review, descriptive and qualitative analyses, and questionnaire surveys. Southampton: NIHR HTA; 2011. doi:10.3310/hta15200.
14. Van Geffen ECG, van der Wal SW, van Hulten R, et al. Evaluation of patients' experiences with antidepressants reported by means of a medicine reporting system. Eur J Clin

Pharmacol. 2007;63:11931199.
15. Vilhelmsson A, Svensson T, Meeuwisse A, et al. What can we learn from consumer reports on psychiatric adverse drug reactions with antidepressant medication? Experiences from reports to a consumer association. BMC Clin Pharmacol. 2011;11:16.
16. Hazell L, Shakir SA. Under-reporting of adverse drug reactions. Drug Saf. 2006:29:385396.
17. Chung SY, Jung SY, Shin JY, Park BJ. The role of the KIDS for enhancing drug safety and risk management in Korea. J Korean Med Assoc 2012;55:861-868.
18. 한국의약품안전관리원. 의약품 부작용 보고 용어선택 길라잡이. 2014. 12.
19. Uppsala Monitoring Centre. What is WHO-ART?. Updated Jan 9, 2017. https://www.who-umc.org/vigibase/services/learn-more-about-who-art/. Accessed May 25, 2017.
20. Ellene C, Baumgarten A. WHO Drug dictionaries and ATC, WHO-ART and MedDRA; Presentation for UMC PV course in Mysore. September 3, 2015. https://www.dropbox.com/sh/ombjtus3ovo22j5/AACftHSIaDN6b-tWSHfEPINsa?dl=0&preview=Terminologies,for,coding,-,Carin,%26,AnnaB.pdf. Accessed May 25, 2017.
21. 대검찰청, 2015년 마약류범죄백서.
22. http://www.drugfree.or.kr/information/, 한국마약퇴치운동본부. 2017. 7. 11. 인출.
23. Blenkinsopp A, Wilkie P, Wang M, Routledge PA. Patient reporting of suspected adverse drug reactions: a review of published literature and international experience. Br J Clin Pharmacol. 2007; 63(2):148-156. doi:10.1111/j.1365-2125.2006.02746.x
24. Hughes S, Cohen D. Can online consumers contribute to drug knowledge? A mixed-methods comparison of consumer-generated and professionally controlled psychotropic medication information on the internet. J Med Internet Res. 2011;13(3):e53.doi: 10.2196/jmir.1716.
25. Twitter. Welcome to Twitter. https://www.twitter.com/ accessed May 18, 2017.
26. PatientsLikeMe: Live better, together. https://www.patientslikeme.com/ accessed May 18, 2017.
27. DailyStrength: Online Suppoprt Groups and Forums. https://www.dailystrength.org/ accessed May 18, 2017.
28. MedHelp-Health Community, health information, medical questions. http://www.medhelp.org/ accessed May 18, 2017.
29. Sarker A, Ginn R, Nikfarjam A, et al. Utilizing social media data for pharmacovigilance: a review. J Biomed Inform. 2015;54(4):202-12. doi: 10.1016/j.jbi.2015.02.004.

30. Lardon J1, Abdellaoui R, Bellet F, et al. Adverse drug reaction identification and extraction in social media: a scoping review. J Med Internet Res. 2015;17(7):e171. doi: 10.2196/jmir.4304.
31. Sloane R, Osanlou O, Lewis D, et al. Social media and pharmacovigilance: a review of the opportunities and challenges. Br J Clin Pharmacol. 2015; 80(4):910-20. doi: 10.1111/bcp.12717.
32. US Food and Drug Administration. MedWatch: The FDA Safety Information and Adverse Event Reporting Program. J Med Libr Assoc. 2007;95(2):224-225.
33. US Food and Drug Administration. FDA Adverse Events Reporting System(FAERS) Public Dashboard. US Food and Drug Administration. https://www.fda.gov/Drugs/GuidanceComplianceRegulatoryInformation/Surveillance/AdverseDrugEffects/ucm070093.htm. Updated March 24, 2017. Accessed June 7, 2017.
34. European Medicines Agency. EudraVigilance. European Medicines Agency. http://www.ema.europa.eu/ema/index.jsp?curl=pages/regulation/general/general_content_000679.jsp&mid=WC0b01ac05800250b5. Accessed June 7, 2017.
35. European Medicine Agency. EudraVigilance. European database of suspected adverse drug reaction reports. http://www.adrreports.eu/en/eudravigilance.html. Accessed June 7, 2017.
36. Metters J. Report of an Independent Review of Access to the Yellow Card Scheme. Published by TSO; 2004. http://www.mhra.gov.uk/home/groups/comms-ic/documents/websiteresources/con2015008.pdf. Accessed June 7, 2017.
37. MHRA. About Yellow Card. Yellow Card. https://yellowcard.mhra.gov.uk/the-yellow-card-scheme/. Accessed June 7, 2017.
38. GOV. UK. Digital evolution for ground-breaking Yellow Card Scheme(press release). https://www.gov.uk/government/news/digital-evolution-for-ground-breaking-yellow-card-scheme. Published July 14, 2015. Accessed June 7, 2017.
39. Biswas P. Pharmacovigilance in Asia. J Pharmacol Pharmacother. 2013;4(Suppl1):S7-S19.
40. Chung SY, Jung SY, Shin JY, Park BJ. The role of the KIDS for enhancing drug safety and risk management in Korea. J Korean Med Assoc 2012;55:861-868.
41. 한국의약품안전관리원 안전정보관리팀. 의약품 안전정보 보고동향 제 13호. 한국의약품안전관리원. 2016.
42. 한국의약품안전관리원. 의약품유해사례보고시스템(KAERS)이란?. https://www.drugsafe.or.kr/iwt/ds/ko/report/WhatIsKAERS.do. Accessed June 8, 2017.
43. https://www.sentinelinitiative.org/ Accessed June 8, 2017.

44. http://www.ohdsi.org. Accessed June 8, 2017.
45. Trifiro G, Fourrier-Reglat A, Sturkenboom MC, et al. The EU-ADR Project: Preliminary results and perspective. Stud Health Technol Inform. 2009;148:43-49.
46. https://www.euadr-project.org/. Accessed June 8, 2017.
47. Molero E, Diaz C, Sanz F, et al. The EU-ADR Alliance: A federated collaborative framework for drug safety studies. 2013. http://synapse-pi.com/new_web/wp-content/uploads/2013/12/EU-ADR-alliance1.pdf. Accessed June 8, 2017.
48. Huang YL, Moon J, Segal JB. A comparison of active adverse event surveillance systems worldwide. Drug Saf. 2014;37(8):581-96.
49. Ishiguro C, Takeuchi Y, Uyama Y, Tawaragi T. The MIHARI project: establishing a new framework for pharmacoepidemiological drug safety assessments by the Pharmaceuticals and Medical Devices Agency of Japan. Pharmacoepidemiol Drug Saf. 2016;25(7):854-9.
50. Fox S. The Social Life of Health Information, 2011. Pew Research Center. May 12, 2011. http://www.pewinternet.org/files/old-media/Files/Reports/2011/PIP_Social_Life_of_Health_Info.pdf.Accessed June 9, 2017.
51. Freifeld CC, Brownstein JS, Menone CM, et al. Digital drug safety surveillance: monitoring pharmaceutical products in twitter. Drug Saf. 2014; 37(5): 343-50.
52. Liu X, Chen H. Identifying Adverse Drug Events from Patient Social Media: A case Study for Diabetes. Purdue Krannert School of Management. 2015. https://www.krannert.purdue.edu/academics/mis/workshop/papers/IEEE%20IS%20Xiao.pdf. Accessed June 9, 2017.
53. Comstock J. FDA taps PatientsLikeMe to test the waters of social media adverse event reporting. MOBIHEALTHNEWS. June 14, 2015. http://www.mobihealthnews.com/44366/fda-taps-patientslikeme-to-test-the-waters-of-social-media-adverse-event-reporting. Accessed June 9, 2017.
54. Ask a Patient: Medicine Ratings and Health Care Opinions. http://www.askapatient.com/. Accessed June 11, 2017.
55. IMI. WEB-RADR. http://www.imi.europa.eu/content/web-radr. Accessed June 11, 2017.
56. Borgvall T. Mining social media to find adverse drug reactions. UPPSALA REPORT. 2017;Issue 75:.8. https://www.who-umc.org/media/3102/uppsalareports75web.pdf. Accessed June 11, 2017.
57. Jadeja M. ADR reporting awareness on social media. Uppsala Monitoring Centre. Updated May 4, 2017.

https://www.who-umc.org/safer-use-of-medicines/uppsala-reports/the-puberty-of-a-medicine/adr-awareness-on-social-media/. Accessed June 11, 2017.

58. Harpaz R, Callahan A, Tamang S, et al. Text mining for adverse drug events: the promise, challenges, and state of the art. Drug Saf. 2014; 37(10): 777-90.

59. Powell GE, Seifert HA, Reblin T, et al. Social media listening for routine post-marketing safety surveillance. Drug Saf. 2016;39(5):44354. doi:10.1007/s40264-015-0385-6.

60. Sloane R, Osanlou O, Lewis D, et al. Social media and pharmacovigilance: A review of the opportunities and challenges. Br J Clin Pharmacol. 2015; 80(4): 910-20.

61. Ginn R, Pimpalkhute P, Nikafarjam A, et al. Mining Twitter for Adverse Drug Reaction Mentions: A Corpus and Classification Benchmark. Proceedings of the Fourth Workshop on Building and Evaluating Resources for Health and Biomedical Text Processing. 2014. http://www.nactem.ac.uk/biotxtm2014/papers/Ginnetal.pdf. Accessed June 11, 2017.

62. Nikfarjam A, Sarker A, O'Connor K, Ginn R, Gonzalez G. Pharmacovigilance from social media: mining adverse drug reaction mentions using sequence labeling with word embedding cluster features. J Am Med Inform Assoc. 2015;22(3):671-81.

63. Nguyen T, Larsen ME, O'Dea B, et al. Estimation of the prevalence of adverse drug reactions from social media. Int J Med Inform. 2017;102:130-137.

64. Patki A, Sarker A, Pimpalkhute P, et al. Proceedings of BioLinkSig 2014. 2014. Mining Adverse Drug Reaction Signals from Social Media: Going Beyond Extraction. https://www.researchgate.net/publication/280446645_Mining_Adverse_Drug_Reaction_Signals_from_Social_Media_Going_Beyond_Extraction. Accessed June 11, 2017.

65. Chee BW, Berlin R, Schatz B. Predicting adverse drug event from personal health messages. AMIA Annu Symp Proc. 2011;2011:217-26.

찾아보기

1종 오류(α) 89
2종 오류(β) 89
4분위수(quartiles) 92
4차 산업혁명 13

A

abline() 124
array() 62
attach 67
AUC(Area Under the Curve) 234

C

c() 60
cbind() 73
CRAN(www.r-project.org) 49, 55

D

data.frame() 69
decision trees ROC 258
DoD(Degree of Diffusion) 25
DoV(Degree of Visibility) 25
Dunnett() 112
dwtest() 139

F

Feature Vectors 164
function() 63

G

GADM(Global Administrative Area) 273

I

if() 66
install.packages('arules') 220
install.packages('arulesViz') 223
install.packages('caret') 204
install.packages('catspec') 99
install.packages('corrplot') 128
install.packages('dplyr') 78, 221
install.packages('e1071') 171, 204
install.packages('foreign') 71
install.packages('ggplot2') 204
install.packages('gmodels') 106
install.packages('igraph') 222
install.packages('MASS') 171
install.packages('multcomp') 113
install.packages('neuralnet') 200
install.packages('NeuralNetTools') 200
install.packages('nnet') 178, 198
install.packages('party') 187
install.packages('partykit') 188
install.packages('ppcor') 129
install.packages('psych') 143
install.packages('randomForest') 181
install.packages('Rcmdr') 93

install.packages('ROCR') 203
install.packages('sp') 274
install.packages('wordcloud') 261
interaction.plot() 123

K

KEM(Keyword Emergence Map) 25
KIM(Keyword Issue Map) 25

L

Labels 164
laplace smoothing 171
LHS(left-hand-side) 223
library(caret) 209
library(e1071) 209
library(kernlab) 209
library(lm.beta) 130
library(MASS) 72
library(RColorBrewer) 261
lm() 133
logistic ROC 257

M

matrix() 61
Mcnemar's Test 205
merge() 75
multinom() 159

N

naiveBayes ROC 254
neural networks ROC 256
numSummary() 95

O

OLS(Ordinary Least Square) 133

P

plot() 264
plotmeans() 116

R

random forests ROC 258
rbind() 74
Rconsole 54
read.spss() 71
read.table() 70
RHS(right-hand-side) 223
ROC(Receiver Operation Characteristic) 234

S

Scheffe() 112
seq() 61
step() 133
SVM ROC 257

T

tapply() 121
TF-IDF 27

V

varImpPlot() 181
VIF(Variance Inflation Factor) 133

W

with() 68
write.matrix() 72

ㄱ

가설(hypothesis) 89
가설검정 88
감성분석(opinion mining) 22
강신호(strong signal) 25
강화학습(Reinforcement Learning) 164
개인주의적 오류(individualistic fallacy) 85
계층적 군집분석 227
고유값(eigen value) 142
공간 데이터(spatial data) 273
공차한계(tolerance) 138
과적합(overfit) 198
교차분석 103
교차표(crosstabs) 103
구성개념(construct) 83
군집분석(cluster analysis) 226, 396
귀납법 82
귀무가설 89
근사(approximation) 197
기술통계(descriptive statistics) 90

ㄴ

나이브 베이즈 분류모형 169
나이브 베이즈 분류모형 평가 235
내장함수 58
네트워크 분석(network analysis) 18
눈덩이표본추출(snowball sampling) 87
뉴런(neuron) 195

ㄷ

다변량 분산분석(MANOVA) 112, 153
다중공선성(multicollinearity) 133
다중회귀분석 133
다층신경망(multilayer neural network) 196
다항 로지스틱 회귀분석 159
단순무작위표본추출 87
단순회귀분석 130
단어빈도(Term Frequency) 27
대립가설 89
대응표본 T검정(Paired T Test) 111
데이터마이닝(data mining) 163
데이터 시각화(data visualization) 260
독립변수(independent variable) 85
독립성(independence) 103
독립표본 T검정(independent-sample T Test) 109
동질성(homogeneity) 103
등간척도(interval scale) 84
딥러닝(deep learning) 163, 196

ㄹ

랜덤포레스트 모형 180
랜덤포레스트 모형 평가 248
로딩(library) 55
로지스틱 회귀모형(logistic regression) 176
로지스틱회귀 모형 평가 242

ㅁ

매개변수(mediator variable) 85
머신러닝(machine learning) 163
머신러닝 용어정의(terminology) 164
명목척도(nominal scale) 84

모바일(mobile) 13
모수(parameter) 86
모집단(population) 86
문서빈도(Document Frequency) 27
미래신호(future sign) 25
미래예측(foresight) 14
미러 사이트(Mirrors site) 55
민감도(sensitivity) 233

ㅂ

바틀렛 검정(Bartlett's test) 142
배열(array) 62
백분위수(percentiles) 92
범위(range) 93
범주형 데이터(categorical data) 84
벡터(vector) 60
변수(variable) 84
변이계수(coefficient of variance) 93
부분상관분석(편상관분석) 129
분계점(threshold) 195
분산(variance) 93
분산분석(Analysis of Variance, ANOVA) 112
분석단위 85
분할표(contingency table) 103
불용어(stop word) 26
붓스트랩(bootstrap) 180
블랙박스(black box) 197
비계층적 군집분석 227
비선형함수(nonlinear combination function) 197
비율(비)척도(ratio scale) 84
비확률표본추출(nonprobability sampling) 87
빅데이터(Big Data) 13

ㅅ

사각회전(oblique) 142
사물인터넷(Internet of Things, IoT) 13
사전확률(prior probability) 169
사후분석(multiple comparisons) 112
사후확률(posterior probability) 169
산술평균(mean) 92
산점도(scatter diagram) 124
산포도(dispersion) 92
상관분석(correlation analysis) 125
상수(constant) 84
상향정확도(Upward accuracy) 233
생태학적 오류(ecological fallacy) 85
서열척도(ordinal scale) 84
서포트벡터머신(support vector machine, SVM) 208
서포트벡터머신 모형 평가 245
선그래프의 시각화 264
선험적 규칙(apriori principle) 219
세분화 231
세포체(cell body) 195
소셜 네트워크 분석(Social Network Analysis, SNA) 41
속성(Features) 163
수상돌기(dendrite) 195
스크리차트 142
스피어만(Spearman) 126
시계열 데이터의 시각화 264
시그모이드(sigmoid) 함수 197
시냅스(synapses) 195
시험용 데이터(training data) 232
신경망(Biological Neural Network) 195
신뢰구간(Confidence Interval, CI) 89
신뢰도(confidence) 219
신뢰성 분석(reliability) 150

ㅇ

아프리오리 알고리즘(Apriori Algorithm) 219
앙상블(ensemble) 180
약신호(weak signal) 25
역문서 빈도(Inverse Document Frequency) 27
역전파(back propagation) 196
연관규칙(association Rule) 218
연관성 측도(measures of association) 104
연산자 58
연속형 데이터(continuous data) 84
연역법 82
오류율(error rate) 233
오분류표 232
오피니언마이닝(opinion mining) 18
온톨로지(ontology) 20
왜도(skewness) 93
요인부하량(factor loading) 142
요인분석(factor analysis) 141
워드클라우드(word cloud) 261
유의수준(significance) 89
유의확률(p-value) 89
유클리디안 거리(Euclidean Distance) 227
은닉층(hidden layer) 196
의사결정나무 모형(decision tree) 186
의사결정나무 모형 평가 251
이분형 로지스틱 회귀분석 156
이원배치 분산분석(two-way ANOVA) 112
인공신경망 모형 195
인공지능(Artificial Intelligence, AI) 13, 163
인스턴스 기반 학습 226
일원배치 분산분석(one-way ANOVA) 112
일표본 T검정(One-sample T Test) 108
입력층(input layer) 196

ㅈ

자기상관(autocorrelation) 133
자율학습(Unsupervised Learning) 164
정량적 데이터 84
정밀도(precision) 233
정성적 데이터 84
정확도(accuracy) 233
조건부 확률(conditional probability) 169
조절변수(moderation variable) 85
종속변수(dependent variable) 85
주제분석(text mining) 20
중심위치(대푯값) 92
중앙값(median) 92
지능정보기술 13
지도학습(Supervised Learning) 164
지리적 데이터의 시각화 273
지지도(support) 219
직각회전(varimax) 142
집락표본추출(cluster sampling) 87

ㅊ

척도(scale) 83
첨도(kurtosis) 93
체계적 표본추출(systematic sampling) 87
초평면(support vector) 208
최빈값(mode) 92
추리통계(stochastic statistics) 90
축삭돌기(axon) 195
출력층(output layer) 196
측정(measurement) 83
층화집락무작위표본추출 87
층화표본추출(stratified sampling) 87

ㅋ

켄달(Kendall) 126
크론바흐 알파계수(Cronbach Coefficient Alpha) 150

ㅌ

타당성(validity) 141
탐색적 요인분석 141
텍스트 데이터의 시각화 261
텍스트마이닝(text mining) 18
통계량(statistics) 86
특이도(specificity) 233

ㅍ

판단표본추출 87
패키지(package) 55
퍼셉트론(perceptron) 196
편의표본추출(convenience sampling) 87
편향(bias term) 197
편회귀잔차도표 133
평균편차(mean deviation) 93
표본(sample) 86
표본오차(sampling error) 89
표본추출 86
표준편차(standard deviation) 93
피어슨(Pearson) 126

ㅎ

하향정확도(Downward accuracy) 233
학습데이터(training data) 195
할당표본추출(quota sampling) 87
함수(function) 58
합성함수(combination function) 197
행렬(matrix) 61
향상도(lift) 219
확률표본추출(probability sampling) 87
확인적 요인분석 141
환원주의적 오류(reductionism fallacy) 85
활성함수(activation function) 197
훈련데이터(training data) 164, 232